应用型本科机械类专业"十三五"规划教材

液压与气压传动

主　编　张兴国
副主编　孙　波　张　磊　张中杰
　　　　曹　阳　戴子华

U0352301

西安电子科技大学出版社

内 容 简 介

本书紧密结合教学大纲，集基础理论、经典案例、工程实例等于一体。全书共 12 章，分为绪论、液压传动篇、气压传动篇三大部分。绪论部分主要综合介绍了液压与气压传动的起源、工作原理、基本组成及其特点。液压传动篇包括第 1 章至第 7 章，主要介绍液压传动基础知识、液压传动动力元件、液压传动执行元件、液压传动控制元件、液压传动辅助元件、液压传动基本回路、液压传动系统分析与设计。气压传动篇包括第 8 章至第 11 章，主要介绍气压传动基础知识、气源装置与气动元件、气压传动基本回路、气压传动系统分析与设计。书中"液压传动"和"气压传动"两部分独立成篇，思路清晰，便于组织教学。本书具有实用性、系统性及先进性，在每一章都给出了工程实际案例，注重工程特色，特别强调理论与实际相结合。

本书可作为普通高等院校机械类、交通运输类、自动化类等各专业，各类成人高校、自学考试等相关专业主干技术基础课程"液压传动"或"气压传动"的教材，也可供相关工程技术人员和研究人员学习与参考。

图书在版编目(CIP)数据

液压与气压传动/张兴国主编. —西安：西安电子科技大学出版社，2017.1

应用型本科机械类专业"十三五"规划教材

ISBN 978 - 7 - 5606 - 4276 - 5

Ⅰ. ① 液…　Ⅱ. ① 张…　Ⅲ. ① 液压传动—高等学校—教材　② 气压传动—高等学校—教材
Ⅳ. ① TH137　② TH138

中国版本图书馆 CIP 数据核字(2016)第 260018 号

策　　划	高　樱
责任编辑	马武装
出版发行	西安电子科技大学出版社(西安市太白南路 2 号)
电　　话	(029)88242885　88201467　　邮　　编　710071
网　　址	www.xduph.com　　　　　电子信箱　xdupfxb001@163.com
经　　销	新华书店
印刷单位	陕西大江印务有限公司
版　　次	2017 年 1 月第 1 版　　2017 年 1 月第 1 次印刷
开　　本	787 毫米×1092 毫米　1/16　印张 23.5
字　　数	555 千字
印　　数	1～3000 册
定　　价	48.00 元

ISBN 978 - 7 - 5606 - 4276 - 5/TH

XDUP 4568001 - 1

＊＊＊如有印装问题可调换＊＊＊

应用型本科　机械类专业规划教材
编审专家委员会名单

主　任：张　杰（南京工程学院 机械工程学院 院长/教授）

副主任：杨龙兴（江苏理工学院 机械工程学院 院长/教授）

　　　　张晓东（皖西学院 机电学院 院长/教授）

　　　　陈　南（三江学院 机械学院 院长/教授）

　　　　花国然（南通大学 机械工程学院 副院长/教授）

　　　　杨　莉（常熟理工学院 机械工程学院 副院长/教授）

成　员：（按姓氏拼音排列）

　　　　陈劲松（淮海工学院 机械学院 副院长/教授）

　　　　郭兰中（常熟理工学院 机械工程学院 院长/教授）

　　　　高　荣（淮阴工学院 机械工程学院 副院长/教授）

　　　　胡爱萍（常州大学 机械工程学院 副院长/教授）

　　　　刘春节（常州工学院 机电工程学院 副院长/教授）

　　　　刘　平（上海第二工业大学 机电工程学院 教授）

　　　　茅　健（上海工程技术大学 机械工程学院 副院长/副教授）

　　　　唐友亮（宿迁学院 机电工程系 副主任/副教授）

　　　　王荣林（南理工泰州科技学院 机械工程学院 副院长/教授）

　　　　王树臣（徐州工程学院 机电工程学院 副院长/教授）

　　　　王书林（南京工程学院 汽车与轨道交通学院 副院长/副教授）

　　　　吴懋亮（上海电力学院 能源与机械工程学院 副院长/副教授）

　　　　吴　雁（上海应用技术学院 机械工程学院 副院长/副教授）

　　　　许德章（安徽工程大学 机械与汽车工程学院 院长/教授）

　　　　许泽银（合肥学院 机械工程系 主任/副教授）

　　　　周　海（盐城工学院 机械工程学院 院长/教授）

　　　　周扩建（金陵科技学院 机电工程学院 副院长/副教授）

　　　　朱龙英（盐城工学院 汽车工程学院 院长/教授）

　　　　朱协彬（安徽工程大学 机械与汽车工程学院 副院长/教授）

前　言

　　液压与气压传动技术所具有的独特优点，使其广泛应用于国民经济和国防建设的各个领域，成为实现设备传动与控制的关键技术之一。"液压与气压传动"课程则是高等院校机械类、交通运输类等专业的必修课程之一。随着机、电、液、气等综合控制技术的实际应用日益广泛及自动化技术的快速发展，对人才的培养也提出了新的要求，要求培养学生具有良好的工程应用能力和解决实际问题的能力，并同时提高学生的实践能力和创新能力等工程素养。

　　要满足上述要求，应进一步深化教学改革，充分调动学生学习的积极性和创造性，激发学生学习的热情和兴趣，全面提高教学质量，为此本书在编写过程中注重"工程教育"的教学理念，紧密结合教学大纲，集基础理论、经典案例、工程实例、经验总结等于一体，力求处理好理论与实践的关系，从而使学生掌握液压与气压传动的相关理论与实用技术，能够解决生产中的一些实际问题。

　　全书共 12 章，分为绪论、液压传动篇、气压传动篇三大部分。绪论部分综合介绍了液压与气压传动的起源、工作原理、基本组成及其特点，真正起到提领全书的作用，通过工程实例的引入，激发学生的学习兴趣。"液压传动篇"和"气压传动篇"两部分独立成篇，思路清晰，便于组织教学，教学中以"液压传动篇"为教学主体内容，"气压传动篇"则进行比较学习；也可以单独作为"液压传动"或"气压传动"课程的教材，以满足不同的教学要求。本书具有实用性、系统性及先进性，在教学内容中除了采用经典例题来辅助理论教学，还在每一章给出工程实际案例，注重工程特色，特别强调理论与实际相结合，帮助学生理解抽象的理论知识，并培养学生运用理论知识解决实际问题的能力，以达到让学生"会运用"的教学目的，实现"应用型"人才的培养目标。

　　本书可供普通高等院校机械类、交通运输类、自动化类等专业，各类成人高校、自学考试等相关专业主干技术基础课程"液压传动"或"气压传动"使用，也可作为相关技术人员的学习和参考资料。

　　本书由南通大学张兴国担任主编；常州大学孙波、南通大学张磊、南通大学曹阳、上海工程技术大学张中杰、淮阴工学院戴子华担任副主编。全书共 12 章，其中第 2、5、8、9 章及附录 1 由张兴国编写，第 3、4 章及附录 2 由孙波编写，第 6、10 章由张磊编写，绪论和第 11 章由曹阳编写，第 1 章由张中杰编写，第 7 章由戴子华编写。全书由张兴国统稿。

在本书的编写过程中，编者参阅了很多国内外有关液压与气压传动技术方面的文献、书籍和资料，并得到了许多同行专家教授的支持和帮助，在此谨向有关作者和单位致以衷心的感谢！

限于编者水平有限，书中难免存在不妥之处，敬请读者批评指正。

编　者

2016 年 11 月

目　录

第一部分　液压传动篇

第二部分　气 压 传 动 篇

绪　论

　　一台完整的机器主要由原动机、传动机构、控制装置和工作机构等组成。原动机包括内燃机、电动机等，工作机构是该机器完成工作任务所需的直接工作部分，为了满足工作任务中输出扭矩（力）和输出转速（速度）变化范围较宽，以及控制、操作性能方面的要求，必须在原动机和工作机构之间设置传动机构和控制装置。

　　传动机构是一个中间环节，其作用是把原动机的输出功率传递给工作机构。传动有多种形式，如机械传动、电力传动、液体传动、气压传动以及复合传动等。液体传动和气压传动又合称为流体传动。

　　（1）机械传动：通过齿轮、齿条、皮带、链条等机件传递动力和进行控制的一种传动方式，它是发展最早、应用最为广泛的传动方式。

　　（2）电力传动：利用电力设备，通过调节电参数来传递动力和进行控制的一种传动方式。

　　（3）液体传动：以液体为工作介质来进行能量传递和控制的一种传动方式，按其工作原理的不同又可分为液力传动和液压传动。液力传动是基于流体力学的动量矩原理，主要是以液体动能来传递动力，故又称为动力式液体传动。液压传动是基于流体力学的帕斯卡原理，主要是用液体静压能来传递动力，故又称为静液传动。

　　（4）气压传动：以空气压缩机为动力源，以压缩空气为工作介质，进行能量传递和控制的一种传动方式。

0.1　液压与气压传动的起源及发展概况

1. 液压传动的起源及发展概况

　　相对于机械传动，液压传动（Hydraulics）是一门新的技术。液压传动与控制是人类在生产实践中逐步发展起来的一门实用技术。1653 年法国人帕斯卡提出了静压传动原理——"帕斯卡原理"，即"作用在封闭液体上的压力，可以无损失地传递到各个方向，并与作用面保持垂直"。该原理解释了为什么用锤子敲击充满了液体的玻璃瓶的瓶塞时，会使该玻璃瓶的瓶底破裂。由于液体基本上是不可压缩的，则作用在瓶塞上的力被传送到玻璃瓶内的各个部位，结果在大面积上受到的力要比该瓶塞上受到的力大得多，因此，在瓶塞上作用一个中等大小的力就有可能使瓶底破碎。帕斯卡原理描述了封闭的液体在传递动力、放大力和控制运动中的应用。

1750 年，意大利科学家伯努利（Bernoulli）在做了许多实验后，提出了流体流动时必定遵循能量守恒规律，即伯努利定律。帕斯卡原理和伯努利定律奠定了流体静压传动的理论基础。

1795 年，英国人 Joseph Bramah 首次在伦敦用水作为工作介质，将流体静压传动应用于"水压机"，第一台水压机问世。

1905 年，将水压机的工作介质由水改为油后，性能得到很大改善。使用油作为传动介质，同时又解决了密封问题，对液压传动的发展具有划时代的意义。而 1906 年美国弗吉尼亚号军舰上火炮采用液压传动驱动，由此开拓了液压传动广泛应用于工业各个领域的先河。第二次世界大战期间，军事装备对反应迅速、动作准确、输出功率大的液压传动和控制装置的需求，促使液压技术迈上了新的台阶。如舰艇和飞机的操作系统，以及声呐和雷达的驱动系统等。随着加工能力和材料强度的不断提高，液压系统的压力也不断地提高，高功率质量比，又使其在行走机械、航海、交通运输和航空航天等领域得到青睐。到 20 世纪 70 年代，液压传动已成为"工业的肌肉"。

至今，液压工业已经成为现代装备制造工业的一个重要组成部分，液压技术在现代新技术和核心技术领域中占有着非常重要的地位。

2. 气压传动的起源及发展概况

气动（Pneumatic）是"气压传动与控制"的简称，气动技术是实现各种生产控制、自动控制的重要手段之一。

人们利用压缩空气完成各种工作的历史可以追溯到远古，但作为气动技术的应用，源于 1776 年 John Wikinson 发明的能产生 1 个大气压左右的空气压缩机。20 世纪 30 年代初，气动技术成功地应用于自动门的开闭及各种机械的辅助动作上。进入到 20 世纪 60 年代，尤其是 70 年代初，随着工业机械化和自动化的发展，气动技术才广泛应用在生产自动化的各个领域，形成了现代气动技术。气动自动化控制技术是利用压缩空气作为传递动力或信号的工作介质，通过各类气动元件，与机械、液压、电气、PLC 控制器和微机等综合构成气动系统，使气动执行元件自动按设定的程序运行。用气动自动化控制技术实现生产过程自动化，是现代工业自动化的一种重要技术手段。

0.2　液压与气压传动的基本原理及组成

0.2.1　液压与气压传动的基本原理

液压系统以液体作为工作介质，而气动系统以空气为工作介质。液体几乎不可压缩，而气体却具有较大的可压缩性。尽管两者工作介质不同，但液压与气压传动的基本工作原理、元件的工作机理以及回路的构成等方面极为相似；也正因为介质不同，所以这两种系统的工作特性有较大不同，所应用的场合也不一样，其相应的元件也不能互换。

1. 液压传动的工作原理

图 0-1 所示为实现工作台往复运动的简单机床的液压传动系统，以其为例来分析液压传动的工作原理。2 为网式过滤器，起滤油作用。液压缸 8 固定在床身上，活塞 9 连同活

塞杆带动工作台 10 作直线往复运动。电动机带动液压泵 3 旋转，液压泵 3 从油箱 1 经过过滤器 2 吸油，油液通过节流阀 4 流至换向阀 6。当手柄 7 处于图 0-1(a)中所示位置时，P 与 A、B、T 均不相通，液压缸 8 不通油，所以工作台静止不动。

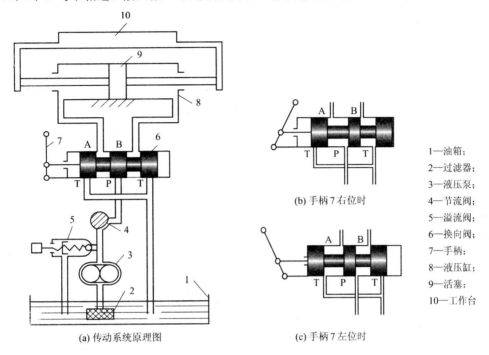

1—油箱；
2—过滤器；
3—液压泵；
4—节流阀；
5—溢流阀；
6—换向阀；
7—手柄；
8—液压缸；
9—活塞；
10—工作台

(a) 传动系统原理图　　(b) 手柄 7 右位时　　(c) 手柄 7 左位时

图 0-1　简单机床的液压传动系统

若将手柄 7 推至图 0-1(b)所示位置，此时油液从"P→A→液压缸 8 左腔"进入液压缸，从"液压缸 8 右腔→B→T"流出液压缸，实现工作台 10 向右移动。若将手柄 7 推至图 0-1(c)所示位置，这时油液从"P→B→液压缸 8 右腔"进入液压缸，从"液压缸 8 左腔→A→T"流出液压缸，实现工作台 10 向左移动。由此可见：由于设置了换向阀 6，所以可改变压力油的通路，使液压缸不断换向，从而实现工作台的往复运动。

工作台速度可通过节流阀 4 来调节，通过改变节流阀 4 开口的大小来调节通过节流阀油液的流量，以控制工作台的速度。

工作台运动时，要克服阻力、切削力和相对运动件表面的摩擦力等，这些阻力由液压泵输出油液的压力来克服。根据工作情况的不同，液压泵输出油液的压力应该能够调整。另外在一般情况下，液压泵排出的油液往往多于液压缸所需的油液，多余的油液经溢流阀 5 流回油箱。

通过对上面系统的分析可知：

(1) 液压传动是依靠运动着的液体的压力能来传递动力的，它与依靠液体的动能来传递动力的"液力传动"不同。

(2) 液压系统工作时，液压泵将机械能转变为压力能，执行元件(液压缸)将压力能转变为机械能。

(3) 液压传动系统中的油液是在受调节、受控制的状态下进行工作的，液压传动与控制难以截然分开。

（4）液压传动系统必须满足它所驱动的机床部件（工作台）对力和速度方面的要求。

（5）液压传动需有工作介质。液压传动是以液体作为工作介质来传递信号和动力的。

2. 气压传动的工作原理

气压传动与液压传动的基本工作原理是相似的，它利用空气压缩机将原动机（电动机、内燃机等）输出的机械能转变为空气的压力能，然后在控制元件的控制及辅助元件的配合下，利用执行元件把空气的压力能转变为机械能，从而完成直线或回转运动并对外作功。下面以气动剪切机的工作过程为例来说明其工作原理。

图 0-2 所示为气动剪切机工作原理图，当工料 11 由上料装置（图中未画）送入剪切机的规定位置时，将行程阀 8 顶开，换向阀 9 的下腔通过行程阀 8 与大气相通，使换向阀 9 的阀芯在弹簧力的作用下向下移动。由空气压缩机 1 产生的压缩空气，经过初次净化处理后储藏在储气罐 4 中，经过分水滤气器 5、减压阀 6、油雾器 7 和换向阀 9，进入气缸 10 的下腔。气缸 10 上腔的压缩空气通过换向阀 9 排入大气。此时，气缸活塞在大气压力的作用下向上运动，带动剪切刀将工料 11 剪断。工料剪下后，马上与行程阀 8 脱开，行程阀复位，阀芯将排气通道堵死，换向阀 9 下腔的气压升高，迫使换向阀 9 的阀芯上移，气路换向。压缩空气进入气缸 10 的上腔，气缸 10 的下腔排气，气缸活塞下移，带动剪切刀复位，准备第二次下料。

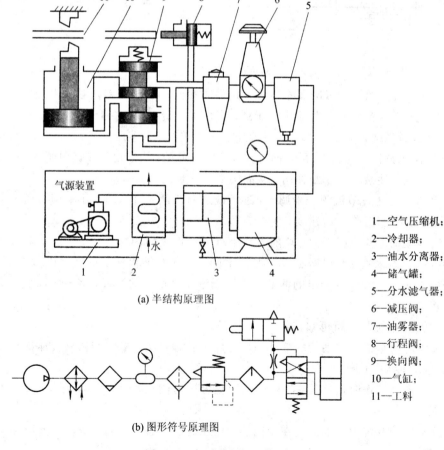

(a) 半结构原理图

1—空气压缩机；

2—冷却器；

3—油水分离器；

4—储气罐；

5—分水滤气器；

6—减压阀；

7—油雾器；

8—行程阀；

9—换向阀；

10—气缸；

11—工料

(b) 图形符号原理图

图 0-2 气动剪切机工作原理图

0.2.2 液压与气压传动的组成

尽管液压传动系统和气压传动系统的特点不尽相同，但其组成形式类似。从上述液压和气压传动系统的工作原理分析可以看出，液压与气压传动系统大致由以下五部分组成。

(1) 动力元件。动力元件是指能将原动机的机械能转换成液压能或气压能的装置，它是液压与气压传动系统的动力源。对液压传动系统而言是液压泵，其作用是为液压传动系统提供压力油；对气压传动系统而言是气压发生装置，也称为气源装置，其作用是为气压传动系统提供压缩空气。

(2) 控制调节元件。控制调节元件包括各种阀类元件，其作用是控制工作介质的流动方向、压力和流量，以保证执行元件和工作机构按要求工作。

(3) 执行元件。执行元件指缸或马达，是将压力能转换为机械能的装置，其作用是在工作介质的作用下输出力和速度(或转矩和转速)，以驱动工作机构做功。

(4) 辅助元件。除以上装置外的其他元器件都称为辅助元件，如油箱、过滤器、蓄能器、冷却器、分水滤气器、油雾器、消声器、管件、管接头、各种信号转换器等。它们是对完成主运动起辅助作用的元件，在系统中也是必不可少的，对保证系统正常工作起着重要的作用。

(5) 工作介质。工作介质指传动液体或传动气体，在液压传动系统中通常称为液压油，在气压传动系统中通常指压缩空气。

图 0-3 所示为液压与气压传动系统在工作过程中的能量转换和传递情况。

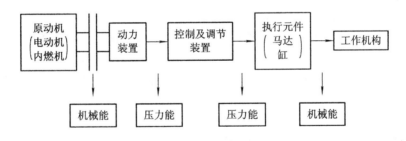

图 0-3 液压与气压传动系统能量转换和传递图

0.2.3 液压与气压传动的图形符号

图 0-1 为液压系统的半结构原理图，这种原理图直观性强，容易理解，但图形较复杂，特别是当元件较多时，绘制很不方便。为简化原理图的绘制，系统中各元件可采用图形符号来表示，这些符号只表示元件的职能，不表示元件的结构和参数。GB/T 786.1—2009 为元件图形符号的国家标准。

(1) 液压泵图形符号。由一个圆加上一个实心三角以及圆外的旋转运动方向来表示，三角尖向外，表示油液的方向。图 0-4 中旋转方向为单向箭头，表示单向旋转；若为双向箭头，则表示双向旋转。图 0-4 中无斜向穿过圆的箭头表示该泵为定量泵，若有箭头则为变量泵。

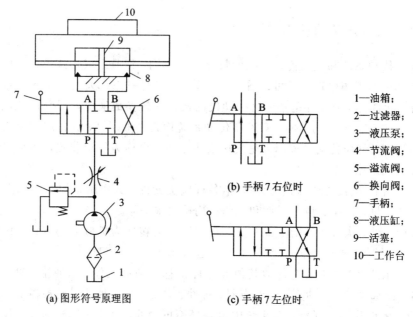

1—油箱;
2—过滤器;
3—液压泵;
4—节流阀;
5—溢流阀;
6—换向阀;
7—手柄;
8—液压缸;
9—活塞;
10—工作台

(a) 图形符号原理图　　　(b) 手柄7右位时　　　(c) 手柄7左位时

图 0-4　用图形符号表示的简单机床的液压传动系统

（2）换向阀图形符号。为改变油液的流动方向，换向阀的阀芯位置要变换，它一般可变动2～3个位置；阀体上的通路数根据需要也不同。根据阀芯可变动的位置数和阀体上的通路数，可组成"×位×通"换向阀。其图形意义如下：

① 换向阀的工作位置用方格表示，有几个方格即表示几位阀。

② 方格内的箭头符号表示油液的连通情况，不表示油液的流动方向，"┳"表示油液被阀芯闭死的符号。这些符号在一个方格内和方格的交点数，即表示阀的通路数。

③ 方格外的符号为操纵阀的控制符号。控制形式有手动、机动、电动和液动等。

（3）压力阀图形符号方格相当于阀芯，方格中的箭头表示油液的通道，两侧的直线代表进出油管。图0-4中的虚线表示控制油路，压力阀就是利用控制油路的液压力与另一侧弹簧力相平衡的原理进行工作的。

（4）节流阀图形符号两圆弧所形成的缝隙即为节流孔道，油液通过节流孔使流量变化。图0-4中节流阀的箭头表示节流孔的大小可以改变，称为可调节流阀，即表示通过该阀的流量是可以调节的。

绘制液压系统图时规定：图中液压元件的图形符号应以元件的静止状态或零位来表示。由此，可将图0-1对应画成图0-4所示的用图形符号表示的液压系统原理图。

气压传动的职能符号要求与液压传动基本相似，图0-2(b)为用图形符号表示的气动剪切机工作原理图。

0.3　液压与气压传动的特点、应用及发展趋势

0.3.1　液压与气压传动的特点

每一种传动方式都有其特点、用途和适用范围。

机械传动是通过齿轮、齿条、带、链等构件来传递动力和进行控制的传动方式，其优点是传动准确可靠、制造容易、操作简单、维护方便和传动效率高等。缺点是一般不能进行无级调速，远距离传动较困难，结构比较复杂等。

电力传动是利用电力设备并调节电参数来传递动力和进行控制的。其主要优点是能量传递方便，信号传递迅速，标准化程度高，易于实现自动化等。缺点是运动平稳性差，易受外界负载的影响；惯性大，启动及换向慢；成本较高；受温度、湿度、振动、腐蚀等环境影响较大。

与机械传动和电力传动相比较，液压与气压传动具有以下特点。

1. 液压传动的特点

1）主要优点

（1）液压传动的各个元件，可根据需要方便、灵活地来布置。

（2）重量轻、体积小、运动惯性小、反应速度快。

（3）操纵控制方便，可实现大范围的无级调速（调速范围达 2000∶1）。

（4）可自动实现过载保护，实用安全可靠，不会因过载造成元件损坏。

（5）一般采用矿物油为工作介质，相对运动面可自行润滑，使用寿命长。

（6）很容易实现直线运动。

（7）容易实现机器的自动化，特别是采用机、电、液联合控制后，不仅可实现更高程度的自动控制过程，而且可以实现遥控。

（8）由于液压元件已经实现标准化、系列化和通用化，故液压传动系统的设计、制造、维修过程都大大简化，从设计到投入使用的周期短。

2）主要缺点

（1）由于液体流动的阻力损失和泄漏较大，所以效率较低。如果处理不当，泄漏不仅污染场地，而且还可能引起火灾或爆炸事故。

（2）液压传动中的泄漏会影响执行元件的准确性。故液压传动系统不宜用于传动比要求严格的情况（如切削螺纹、齿轮加工等）。

（3）液压传动对油温的变化比较敏感。其工作稳定性很容易受温度的影响，因而不宜在很高或很低的温度下工作。

（4）造价较高。为了减少泄漏，液压元件的制造和装配精度要求较高，因此液压元件及液压设备的造价较高。同时，由于液压元件相对运动件之间的配合间隙很小，所以对工作介质的污染比较敏感，需要较好的工作环境。

（5）故障诊断困难。液压元件与系统容易因液压油液污染等原因造成系统故障，若使用者和维修者工作经验不足，发生故障是很难诊断的。

2. 气压传动的特点

1）主要优点

（1）工作介质为空气，可以从大气中取得，同时，用过的空气可直接排放到大气中去，不会污染环境。

（2）空气的黏度很小，流动阻力小，在管道中的压力损失较小，因此压缩空气便于集中供应（空压站）和远距离输送。

（3）压缩空气的工作压力较低（一般为 0.3～0.8 MPa）。因此对气动元件的材料和制造精度要求较低。

（4）空气的特性受温度影响小。在高温下能可靠地工作，不会发生燃烧或爆炸。且温度变化时，空气的黏度变化极小，故不会影响传动性能。

（5）气动系统维护简单，管道不易堵塞，也不存在介质变质、补充、更换等问题。

（6）环境适应性好，特别是在易燃、易爆、多尘埃、强磁、辐射、振动等恶劣环境中，比液压、电子、电气传动和控制优越。

（7）气体压力具有较强的自保持能力，即使压缩机停机，气阀关闭，但装置中仍然可以维持一个稳定的压力。

（8）气动装置结构简单，成本低，维护方便，过载时能自动保护。

2）主要缺点

（1）气压传动装置中的信号传递速度限制在声速（约 340 m/s）范围内，所以它的工作频率和响应速度远不如电子装置，并且信号要产生较大的失真和延滞，也不便于构成较复杂的回路，但对一般的机械设备，工业生产过程气动信号的传递速度是能满足工作要求的。

（2）空气的压缩性比较大，因此气动装置的动作稳定性较差，外载变化时，对工作速度的影响较大。

（3）由于工作压力低，气动装置的输出力或力矩受到限制。在结构尺寸相同的情况下，气压传动装置比液压传动装置输出的力要小得多。气压传动装置的输出力不宜大于 10～40 kN，且传动效率低。

（4）噪音较大，尤其是在排气时需加消声器。

0.3.2　液压与气压传动的应用

液压与气压传动系统，由于其明显、独特的优点，在许多经济领域和工业部门得到了广泛的应用。

各部门使用液压与气压传动的出发点是不同的，如机床上采用液压传动是利用其无级变速方便、运动平稳、易于实现自动化控制、易于实现频繁的换向等优点；工程机械、压力机械主要是利用其结构简单、输出功率大的特点；航空工业主要是利用其体积小、重量轻、动态性能好、有良好的操纵控制性能的特点；采矿、钢铁和化工工业等采用气压传动主要是利用其空气工作介质具有防爆、防火等特点。液压传动在某些机械工业部门的应用情况如表 0-1 所示。

表 0-1　液压传动在某些机械工业部门中的应用

行业名称	应用场合举例
机床工业	磨床、铣床、拉床、刨床、压力机、自动车床、组合车床、数控机床、加工中心等
工程机械	挖掘机、装载机、推土机、压路机、铲运机等
起重运输机械	起重机、叉车、装卸机械、皮带运输机、液压千斤顶等
矿山机械	开采机、凿岩机、开掘机、破碎机、提升机、液压支架等

行业名称	应用场合举例
建筑机械	打桩机、平地机等
农业机械	联合收割机的控制系统、拖拉机和农用机的悬挂装置等
冶金机械	电炉控制系统、轧钢机控制系统等
轻工机械	注塑机、打包机、校直机、橡胶硫化机、造纸机等
汽车工业	自卸式汽车、平板车、高空作业车、汽车转向器、减振器等
船舶港口机械	起货机、起锚机、舵机等
铸造机械	砂型压实机、加料机、压铸机等
智能机械	折臂式小汽车装卸器、数字式体育锻炼机、模拟驾驶舱、机器人等

气压传动的应用也相当普遍，许多机器设备中都装有气压传动系统。在工业各个领域，如机械、电子、钢铁、车辆、制造、橡胶、纺织、化工、食品、包装、印刷和烟草领域等，气压传动技术已成为其基本组成部分。在尖端技术领域（如核工业和宇航）中，气压传动技术也占据着重要的地位。

0.3.3　液压与气压传动的发展趋势

目前，液压与气压技术广泛与新技术成果紧密结合，如自动控制技术、计算机技术、微电子技术、磨擦磨损技术、可靠性技术及新工艺和新材料等，使传统技术有了新的发展，系统和元件的质量、水平有一定的提高。综合国内外专家的意见，其主要的发展趋势将集中在以下几个方面。

1. 液压传动的发展趋势

1）减少能耗，充分利用能量

液压技术在将机械能转换成压力能及反转换方面，已取得很大进展，但一直存在能量损耗的问题，主要反映在系统的容积损失和机械损失上。如果全部压力能都能得到充分利用，则将使能量转换过程的效率得到显著提高。为减少压力能的损失，必须解决下面几个问题：

（1）减少元件和系统的内部压力损失，以减少功率损失。主要表现在改进元件内部流道的压力损失，采用集成化回路和铸造流道，可减少管道损失，同时还可减少漏油损失。

（2）减少或消除系统的节流损失，尽量减少非安全需要的溢流量，避免采用节流系统来调节流量和压力。

（3）采用静压技术，新型密封材料，减少摩擦损失。

（4）发展小型化、轻量化、复合化、3通径、4通径电磁阀以及低功率电磁阀。

（5）改善液压系统性能，采用负荷传感系统，二次调节系统和采用蓄能器回路。

（6）为及时维护液压系统，防止污染对系统寿命和可靠性造成影响，必须发展新的污染检测方法，对污染进行在线测量，要及时调整，不允许滞后，以免由于处理不及时而造成损失。

2）主动维护

液压系统维护已从过去简单的故障拆修，发展到故障预测，即发现故障苗头时，预先进行维修，清除故障隐患，避免设备恶性事故的发生。

要实现主动维护技术必须要加强液压系统故障诊断方法的研究，当前，凭有经验的维修技术人员的感官和经验，通过看、听、触、测等判断找故障已不适于现代工业向大型化、连续化和现代化方向发展，必须使液压系统故障诊断现代化，加强专家系统的研究，要总结专家的知识，建立完整的、具有学习功能的专家知识库，并利用计算机根据输入的现象和知识库中知识，用推理机中存在的推理方法，推算出引出故障的原因，提高维修方案和预防措施。要进一步引发液压系统故障诊断专家系统通用工具软件，对于不同的系统只需修改和增减少量的规则。

另外，还应开发液压系统自补偿系统，包括自调整、自润滑、自校正，在故障发生之前，进行补偿，这是液压行业努力的方向。

3）机电一体化

电子技术和液压传动技术相结合，使传统的液压传协与控制技术增加了活力，扩大了应用领域。实现机电一体化可以提高工作可靠性，实现液压系统柔性化、智能化，改变液压系统效率低，漏油、维修性差等缺点，充分发挥液压传动出力大、贯性小、响应快等优点。其主要发展动向如下：

（1）电液伺服比例技术的应用将不断扩大。液压系统将由过去的电气液压 on-oE 系统和开环比例控制系统转向闭环比例伺服系统，为适应上述发展，压力、流量、位置、温度、速度、加速度等传感器应实现标准化。计算机接口也应实现统一和兼容。

（2）发展和计算机直接接口的功耗为 5 mA 以下电磁阀，以及用于脉宽调制系统的高频电磁阀（小于 3 ms）等。

（3）液压系统的流量、压力、温度、油的污染等数值将实现自动测量和诊断，由于计算机的价格降低，监控系统，包括集中监控和自动调节系统将得到发展。

（4）计算机仿真标准化，特别对高精度、"高级"系统更有此要求。

（5）由电子直接控制元件将得到广泛采用，如电子直接控制液压泵，采用通用化控制机构也是今后需要探讨的问题。

4）可靠性和性能稳定性逐渐提高

可靠性和性能稳定性是涉及面最广的综合指标，它包括系统的可靠性设计、制造以及可靠性维护三大方面。随着诸如工程塑料、复合材料、高强度轻合金等新材料的应用，新工艺新结构的出现，元、器件性能的可靠性得以大大增加。系统可靠性设计理论的成熟与普及，使合理地进行元器件的选配有了理论依据。此外，过滤技术的完善和精度的提高（过滤器精度可达 $1\sim3$ μm），除了能彻底清除固体杂质外，还能分离油中的气体和水分。在线实时油污检测器和电子报警逻辑系统的应用，使得液压系统的维护从过去的简单拆修发展到主动维护，对可预见的诸因素进行全面分析，最大限度地提前消除诱发故障的潜在因素。

5）污染控制

目前，污染控制主要致力于控制固体颗粒的污染，而对水、空气等的污染控制往往不够重视。今后应重视解决：严格控制产品生产过程中的污染，发展封闭式系统，防止外部污染物侵入系统；应改进元件和系统设计，使之具有更大的耐污染能力。同时开发耐污染能力强的高效滤材和过滤器。研究对污染的在线测量；开发油水分离净化装置和排湿元件，以及开发能清除油中的气体、水分、化学物质和微生物的过滤元件及检测装置。

6）增强对环境的适应性、拓宽应用范围

液压传动虽然具有很多优点，但由于存在着发热、噪声、工作介质污染等不尽如人意的地方，使其应用受到某种程度上的制约。面对环保意识越来越强的未来，应采取相应措施逐步解决和改善以上问题。

总之，液压行业中液压元件将向高性能、高质量、高可靠性、系统成套方向发展；向低能耗、低噪声、振动、无泄漏以及污染控制、应用水基介质等适应环保要求方向发展；开发高集成化高功率密度、智能化、机电一体化以及轻小型微型液压元件；积极采用新工艺、新材料和电子、传感等高新技术。

2. 气压传动的发展趋势

产品向体积小、重量轻、功耗低、组合集成化方向发展，执行元件向种类多、结构紧凑、定位精度高方向发展；气动元件与电子技术相结合，向智能化方向发展；元件性能向高速、高频、高响应、高寿命、耐高温、耐高压方向发展，普遍采用无油润滑，应用新工艺、新技术、新材料，气压传动向以下几方面发展：

（1）向小型化和高性能发展。体现在小型化、低功耗、高速化、高精度、高输出力、高可靠性和高寿命等方面。

（2）向多功能化发展。为了满足用户对元件多品种的不同需求，元件的多样化和多功能化势在必行。

（3）向集成化发展。计算机发展技术、微电子技术和 IC 技术的发展，使得机电一体化有了更加广阔的发展空间，实现气动元件的集成化，极大地提高了系统的可靠性和维修使用性能。

（4）向网络化和智能化发展。计算机网络技术的迅猛发展，制造业的过程控制和监测技术方兴未艾，现场总线和局域网技术使集成制造过程已成了大势。气动技术的发展也体出在其产品智能化上，需求具有判断推理、逻辑思维和自主决策的能力。

（5）向节能、环保与绿色化发展。

0.4　"液压与气压传动"课程内容及学习要求

1. 课程内容

"液压与气压传动"课程属于专业基础课，主要内容包括基础理论部分，元件部分，回路与系统部分，设计与计算部分。因为液压传动和气压传动两者工作原理等方面的相似性，以及便于教学组织工作的开展，本书在内容安排上把液压传动与气压传动独立成篇，包括三大部分：绪论、液压传动部分及气压传动部分，其中绪论部分综合讲述了液压与气压传动的基本知识。在教学安排上可以以液压传动技术教学内容为主，再通过比较学习的方法掌握气压传动的相关知识。

2. 学习要求

（1）掌握液压与气压传动的基本理论知识（包括流体力学基本概念）。

（2）掌握主要液压与气压元件的工作原理、性能、用途，以便在设计系统时能合理选用元件。

（3）能对一般工业设备的液压系统与气压系统进行分析，具有一般工业设备液压系统与气压系统的设计计算能力。

（4）初步了解液压与气压元件与系统的动态特性分析方法。

（5）对液压伺服系统有一般了解。

0.5　工　程　实　例

0.5.1　液压千斤顶

液压千斤顶是机械行业常用的工具，一般用来顶起较重的物体。图 0－5 所示为液压千斤顶的工作原理图。有两个液压缸 1 和 6，内部分别装有活塞，活塞和缸体之间保持良好的配合关系，不仅活塞能在缸内滑动，而且配合面之间又能实现可靠的密封。当向上抬起杠杆时，液压缸 1 活塞向上运动，液压缸 1 下腔容积增大形成局部真空，单向阀 2 关闭，油箱 4 的油液在大气压作用下经吸油管顶开单向阀 3 进入液压缸 1 下腔，完成一次吸油动作。当向下压杠杆时，液压缸 1 活塞下移，液压缸 1 下腔容积减小，油液受挤压，压力升高，关闭单向阀 3，液压缸 1 下腔的压力油顶开单向阀 2，油液经排油管进入液压缸 6 的下腔，推动大活塞上移顶起重物。如此不断上下扳动杠杆就可以使重物不断升起，达到起重的目的。如杠杆停止动作，液压缸 6 下腔油液压力将使单向阀 2 关闭，液压缸 6 活塞连同重物一起被自锁不动，停止在举升位置。如打开截止阀 5，液压缸 6 下腔通油箱，液压缸 6 活塞将在重力作用下向下移，迅速回复到原始位置。设液压缸 1 和 6 的面积分别为 A_1

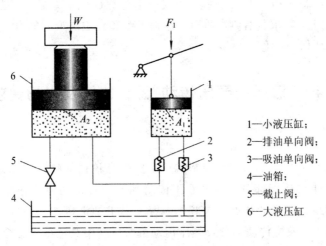

1—小液压缸；
2—排油单向阀；
3—吸油单向阀；
4—油箱；
5—截止阀；
6—大液压缸

图 0－5　液压千斤顶工作原理图

和 A_2，则液压缸 1 单位面积上受到的压力 $p_1 = F_1/A_1$，液压缸 6 单位面积上受到的压力 $p_2 = W/A_2$。根据流体力学的帕斯卡定律"平衡液体内某一点的压力值能等值地传递到密闭液体内各点"，则有 $p_1 = p_2 = \dfrac{F_1}{A_1} = \dfrac{W}{A_2}$。

　　由液压千斤顶的工作原理得知，液压缸 1 与单向阀 2、3 一起完成吸油与排油，将杠杆的机械能转换为油液的压力能输出。液压缸 6 将油液的压力能转换为机械能输出，抬起重物。有了负载作用力，才产生液体压力。因此就负载和液体压力两者来说，负载是第一性的，压力是第二性的，即"液压系统中的工作压力取决于外界负载"。液压传动装置本质上是一种能量转换装置。在这里液压缸 6、1 组成了最简单的液压传动系统，实现了力和运动的传递。

　　工程机械的起重机、推土机，汽车起重机，注塑机，机床行业的组合机床的滑台、数控车床工件的夹紧、加工中心主轴的松刀和换刀等都应用了液压系统传动的工作原理。

0.5.2　简易气动机械手

　　气动机械手是机械手的一种，它具有结构简单，重量轻，动作迅速、平稳、可靠和节能等优点。它的压力一般在 0.4～0.6 MPa 之内，个别气压系统的压力可达 0.8～1.0 MPa，其臂力压力一般在 30 MPa 以下。

　　如图 0-6 所示是用于某专用设备上的气动机械手的结构示意图，它由四个气缸组成，可在三个坐标内工作。图中 A 为夹紧缸，其活塞退回时夹紧工件，活塞杆伸出时松开工件；B 缸为长臂伸缩缸，可实现伸出和缩回动作；C 缸为立柱升降缸；D 缸为回转缸，该气缸有两个活塞，分别装在带齿条的活塞杆两头，齿条的往复运动带动立柱上的齿轮旋转，从而实现立柱及长臂的回转。

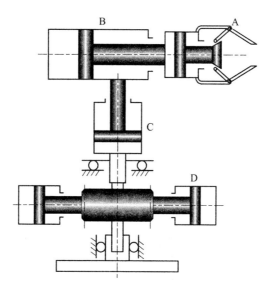

图 0-6　气动机械手的结构示意图

该气压传动机械手气压系统有以下特点：

（1）用增速机构即能获得较高的运动速度。

（2）结构简单，刚性好，成本低。

（3）空气泄漏对环境无污染，对管路要求低。

（4）驱动立柱旋转的气缸采用气液联动缸 C，以气压缸作动力，液压缸起阻尼作用，为保证机械手速度均匀、动作协调，系统中需增设一定的气压辅助元件，如蓄压器、压力继电器等。

练 习 题

0-1 什么是液压传动？简述其工作原理。

0-2 什么是气压传动？简述其工作原理。

0-3 简述液压与气压传动系统的组成及各部分作用。

0-4 简述液压与气压传动系统的优缺点。

0-5 绘制几个液压与气动元件的图形符号。

第一部分

液压传动篇

第1章　液压传动基础知识

　　液压传动是以液压油作为工作介质，进行动力和信号的传递。因此，本章内容主要介绍液压油的主要物理性质及要求、种类和选用，着重叙述与液压技术相关的流体力学的基本内容，其中包括液体静力学、液体动力学及液体流经管道及孔口缝隙时的力学特性等。

1.1　液压传动的工作介质

　　在液压系统中，工作介质的主要作用是：① 传递能量和信号；② 润滑、防锈；③ 将热量和污染物带走。液压系统运转的可靠性、准确性和灵活性，在很大程度上取决于工作介质的选择与使用是否合理。

1.1.1　工作介质的种类

　　液压系统使用的工作介质种类较多，大体可分为石油基液压油、抗燃液压油和水三大类。其中石油基液压油最为常用。表 1-1 为各种工作介质的性能特点与适用场合。

表 1-1　液压传动工作介质的性能特点与适用场合

类型	名称	组　成	特　性	适用场合
石油基液压油	L-HH 液压油	无添加剂的石油基液压油	氧化稳定性、低温性能、防锈性较差	不重要的液压系统
	L-HL 普通液压油	HH＋抗氧化、抗腐、抗泡、抗磨、防锈等添加剂	良好的防锈性、抗氧化性、抗泡性和对橡胶密封件的适应性	高精密机床或要求较高的中、低压系统
	L-HR 高黏度指数液压油	HL＋增黏、油性等添加剂	良好的黏温特性及抗剪切安定性，黏度指数达 175 以上。较好的润滑性，可有效地防止低速爬行和低速不稳定现象	环境温度变化较大的低压系统。数控精密机床及高精度坐标镗床的液压系统
	L-HM 抗磨液压油	HL＋抗磨剂	良好的抗磨、润滑、抗氧化及防锈性	高压、高速工程机械和车辆液压系统

续表

类型	名称	组成	特性	适用场合
石油基液压油	L-HV 低凝液压油	HM＋增黏、降凝等添加剂	低温下有良好的启动性能，正常温度下有很好的工作性能，黏度指数130以上。良好的抗剪切性能	低温地区的户外高压系统。环境温度变化较大的中、高压系统
	L-HG 液压导轨油	HM＋油性剂	用于导轨润滑时具有良好的防爬性能	机床液压和导轨润滑合用的系统
抗燃液压油	L-HFAE 水包油乳化液	水（90%～95%）＋基础油（5%～10%）＋乳化、助溶、防霉、抗泡等添加剂	微小油滴均匀分布在水中，润滑性、黏温特性、低温性差。良好的阻燃性和冷却性。具有较高的饱和蒸汽压及PH值	对润滑性、黏温特性要求不高的低压系统，如液压支架、水压机系统。系统所用液压泵的转速不宜超过1200 r/m
	L-HFB 油包水乳化液	水（40%）＋基础油（60%）＋乳化、抗磨、防锈、抗氧化、抗泡等添加剂	既具有石油基液压油的良好特性，又具有抗燃性。对金属材料和密封材料无特殊要求	对于抗燃性、润滑性、防锈性均有要求的液压系统。使用温度不超过65℃
	L-HFAS 高水基抗燃工作液	水（95%）＋抗磨、防锈、抗腐、乳化、抗泡、增黏等添加剂（5%）	成本低；良好的抗燃性；良好的冷却性。黏温特性、润滑性差	对润滑性和黏温特性要求不高，但是对抗燃性要求特别高的液压系统
	L-HFC 水-乙二醇液	水（35%～55%）＋乙二醇＋增稠、抗氧化、抗泡、防锈、抗磨、防腐等添加剂	良好的黏温特性、黏度指数高（130～170）；良好的抗燃性；凝点低（－50℃）；与大多数金属材料相适应	要求防火的中、低压系统，以及在低温下使用的液压系统。使用温度为－18～65℃
	L-HFDR 磷酸酯液	无水磷酸酯＋增稠、抗氧化、抗泡、防锈、抗磨等添加剂	优良的抗燃性；良好抗氧化性和润滑性；可在高压下使用；价格昂贵；有毒性；与多种密封材料（如丁腈橡胶、氯丁橡胶等）相容性差	抗燃性要求很高的中、高压系统；温度范围可达－45℃－135℃；与丁基胶、乙丙胶、氟橡胶、硅橡胶、聚四氟乙烯等均可相容
水	海水	海水	无可燃性；优良的环保性。润滑性、抗磨性、防锈性差；需要专门材质（如海军黄铜、陶瓷等）的液压元件；元件制造工艺要求高；系统效率较低	海上钻井平台、潜艇、军舰、水下机器人等的液压系统
	淡水（纯水）	淡水、自来水	无可燃性；优良的环保性。润滑性、抗磨性、防锈性差；需要专门材质的液压元件；元件制造工艺要求高；系统效率较低	对环保要求高的系统；不允许有油液泄露的液压设备（如食品机械、印刷机械、制药机械等）

注：HL、HM分别为改善了抗磨性、黏温性的精制矿物油。

1.1.2　工作介质的主要物理性质

1. 密度

单位体积内所包含液体的质量称为该液体的密度，用 ρ 表示，单位为 kg/m^3。

$$\rho = \frac{m}{V} \tag{1-1}$$

式中：V 为液体的体积（m^3）；m 为液体的质量（kg）。

液体的密度随温度的降低而增大，随压力的下降而降低。对于液压传动中常用的液压油（矿物油）来说，在常用的温度和压力范围内，密度变化很小，其密度常视为 $900\ kg/m^3$。

单位体积液体的重力称为液体的比重，用 γ 表示，单位为 N/m^3。

$$\gamma = \frac{W}{V} = \rho g \tag{1-2}$$

式中：W 为液体的重力；g 为液体重力加速度。

2. 可压缩性

液体的可压缩性即液体体积受压力作用而发生减小的性质。可压缩性的大小用体积压缩系数 κ 表示，即为液体在单位压力变化下所引起的体积相对变化率。

$$\kappa = -\frac{1}{\Delta p}\frac{\Delta V}{V} \tag{1-3}$$

式中：V 为增压前液体的体积；ΔV 为压力变化 dP 时液体体积的变化量；Δp 为液体压力的变化量。

由于压力增大时液体的体积减小，即 ΔV 与 Δp 的符号始终相反，为保证 κ 为正值，在式（1-3）的右边添加负号。κ 值越大，液体的可压缩性越大；反之，液体的可压缩性越小。

液体的体积压缩系数 κ 的倒数即为液体的体积弹性模量，用 K 表示。

$$K = \frac{1}{\kappa} = -\frac{V}{\Delta V}\Delta p \tag{1-4}$$

在实际应用中，常用 K 值说明液体抵抗压缩能力的大小，表示产生单位体积相对变化量所需的压力增量。对于一般液压系统，可以认为液体不可压缩；只有在液体中混入空气、高压液压系统或考虑液压系统的动态特性时，才计及液体的压缩性。

3. 黏性

液体在外力作用下流动（或有流动趋势）时，液体分子间内聚力会阻碍分子相对运动而产生一种内聚力，这种特性称为液体的黏性。显然，静止液体不呈现黏性。

1）牛顿液体内摩擦定律

液体流动时，由于液体和固体壁面间的附着力及液体本身的黏性，会使其内部各液层间的速度大小不等。设在两个平行平板之间充满液体，两平行平板间的距离为 h，如图 1-1 所示，其中一块板固定，另一块板以速度 v 运动。紧贴于上平板极薄的一层液体，在附着力的作用下，随着上平板一起以 v 的速度向右运动；紧贴于下平板极薄的一层液体和下平板一起保持不动；而中间各层液体则从上到下按递减的速度向右运动，这是因为相邻两薄层液体间存在内摩擦力，该力对上层液体起阻滞作用，而对下层液体起拖曳作用。当两平板间的距离较小时，两平板间的各液层的速度按线性规律变化。

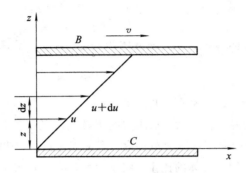

图 1-1　液体的黏性示意图

实验测定结果表明，液体流动时相邻液层间的内摩擦力 F_f 与液层接触面积 A 和液层间的速度梯度 $\mathrm{d}u/\mathrm{d}z$ 成正比，并且与液体的性质有关，即

$$F_f = \mu A \frac{\mathrm{d}u}{\mathrm{d}z} \qquad (1-5)$$

式中：μ 为由液体性质决定的比例系数，又称为黏度系数或动力黏度；A 为接触面积；$\mathrm{d}u/\mathrm{d}z$ 为速度梯度，即相对运动速度对液层距离的变化率。

若以 τ 表示液层间在单位面积上的内摩擦力，则式(1-5)可以改写成

$$\tau = \frac{F_f}{A} = \mu \frac{\mathrm{d}u}{\mathrm{d}z} \qquad (1-6)$$

这就是牛顿液体内摩擦定律。

由式(1-6)可知，在静止液体中，因速度梯度 $\mathrm{d}u/\mathrm{d}z=0$，故内摩擦力为零，因此液体在静止状态下是不呈现黏性的。

2）液体的黏度

液体黏性的大小用黏度来表示。常用的表示液体黏度的方法有三种：动力黏度、运动黏度和相对黏度。

（1）动力黏度 μ。根据式(1-6)可知，它表征液体黏度的内摩擦系数

$$\mu = \frac{\tau}{\dfrac{\mathrm{d}u}{\mathrm{d}z}} \qquad (1-7)$$

式(1-7)表示动力黏度的物理意义：当速度梯度为 1 时，接触液体液层间单位面积上的内摩擦力 τ，即为动力黏度，动力黏度又称为绝对黏度。

在国际单位制中，动力黏度 μ 的单位为 Pa·s（或 N·s/m^2），工程上常用的单位是 P（泊）或 cP（厘泊）。三者相互间的关系为

$$1 \text{ Pa·s} = 10 \text{ P} = 10^3 \text{ cP}$$

（2）运动黏度 υ。液体的动力黏度 μ 与其密度 ρ 的比值 υ 称为运动黏度，即

$$\upsilon = \frac{\mu}{\rho} \qquad (1-8)$$

液体的运动黏度 v 没有明确的物理意义，但在工程实际中经常用到。在国际单位制中，运动黏度的单位是 m^2/s。工程上常用的单位是 cm^2/s（斯，St），或者 mm^2/s（厘斯，cSt）。液压油的牌号常用液压油在一定温度下的运动黏度的平均值来表示，例如，L-AN32 液压油就是指这种液压油在 40℃ 时的运动黏度 v 的平均值为 32 mm^2/s。

（3）相对黏度。动力黏度和运动黏度都很难直接测量，所以在工程上常用相对黏度来表示液压油的黏性，相对黏度又称为条件黏度。相对黏度是采用特定的黏度计，在规定的条件下测量出来的液体黏度。根据测量的条件不同，各国采用的相对黏度也不同。例如，我国、德国及前苏联等国采用恩氏黏度（$^\circ$E），而美国则采用国际赛氏秒（SSU），英国采用雷氏黏度（R）等等。

恩氏黏度由恩氏黏度计测定。将 200 cm^3、温度为 t 的被测液体装入黏度计的容器内，由其底部直径为 2.8 mm 的小孔流出，测出全部液体在自重作用下流尽所需的时间 t_1，与同体积的蒸馏水在 20℃ 时流过上述小孔所需的时间 t_2 之比值，便是该液体在 t ℃时的恩氏黏度。恩氏黏度用符号 $^\circ$E 表示，它是一个无量纲数。

$$^\circ E = \frac{t_1}{t_2} \qquad (1-9)$$

恩氏黏度与运动黏度的关系可用式（1-10）的经验公式进行换算。

$$v = \left(7.31^\circ E - \frac{6.31}{^\circ E}\right) \times 10^{-6} \qquad (1-10)$$

3）影响黏度的因素

（1）黏度与压力的关系。液体所受的压力增大时，其分子间的距离就减小，内摩擦力增大，黏度也随之增大。当压力在 20 MPa 以下时，压力对黏度的影响不大，可以忽略不计。当压力较高或压力变化较大时，黏度就会急剧增加，黏度的变化则不能忽视。石油型液压油的黏度与压力的关系可用式（1-11）表示。

$$v_p = v_a(1 + 0.003p) \qquad (1-11)$$

式中：v_p 为油液在压力 p 时的运动黏度；v_a 为油液在表压力为零时的运动黏度。

（2）黏度与温度的关系。在液压系统中使用的矿物油对温度的变化比较敏感，温度升高时，油液的黏度显著降低，这种特性称为液体的黏—温特性。黏—温特性常用黏度指数 VI 和黏—温特性曲线来表示，图 1-2 列出了 5 种油液的黏—温特性曲线。

一般要求液压油的黏度指数要在 90 以上，优异的液压油黏度在 100 以上。当液压系统的工作温度具有较大范围时，应该选用黏度指数较高的液压介质。表 1-2 列出了 5 种典型液压油的黏度指数。

表 1-2 典型液压油的黏度指数

介质种类	矿油型普通液压油 L-HM	矿油型高黏度指数液压油 L-HR	水包油乳化液 L-HFB	水-乙醇 L-HFB	磷酸脂液 L-HFDR
黏度指数 VI	≥90	≥160	130~170	140~170	31~170

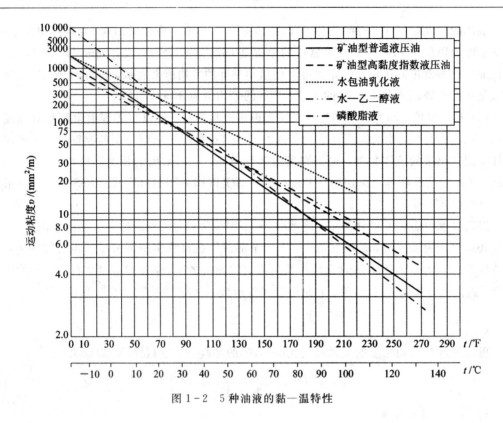

图 1-2　5 种油液的黏—温特性

1.1.3　工作介质的选用

1. 对工作介质的要求

工作介质的性能会直接影响液压系统的工作可靠性、灵敏性、工况稳定性、系统效率及零件的寿命等。不同的工作机械设备和系统对工作介质的要求不同。通常，工作介质应满足如下要求：

(1) 合适的黏度、较好的黏—温特性。

(2) 润滑性能好。

(3) 质地纯净，不含有腐蚀性物质等杂质。

(4) 具有良好的化学稳定性。

(5) 对金属、密封件具有良好的相容性。

(6) 具有良好的抗泡沫性、抗乳化性、防锈性。

(7) 体积膨胀因数低，比热容和传热因数高；流动点和凝固点低，闪点和燃点高。

(8) 可滤性好。

(9) 对人体无害，价廉。

2. 工作介质的选用

正确、合理地选用工作介质，对于液压系统适应各种工作环境条件和工作状况的能力，延长系统和元件的寿命，提高主机设备的可靠性，防止事故发生等方面都具有重要意义。

液压油的选用原则如下：

（1）应根据液压元件生产厂家推荐的油品及黏度来选择液压油。

（2）黏度是选择液压油的重要参数。液压油黏度的选用需要充分地考虑运动速度、工作压力、环境温度等影响，比如温度低时应选用低黏度油，温度高时应选用高黏度油；执行元件的速度越快，选用油液的黏度越低；压力越高，选用的液压油黏度越高。

表 1-3 列出了各类液压泵适用的黏度范围。

表 1-3　各类液压泵适用的黏度范围

液压泵类型		运动黏度/（mm²/s）		适用品种和黏度等级
		温度 5℃~40℃	温度 40℃~80℃	
叶片泵	$p<7$ MPa	30~50	40~75	HM 油，32、46、68
	$p \geqslant 7$ MPa	50~70	55~90	HM 油，46、68、100
螺杆泵		30~50	40~80	HL 油，32、46、48
齿轮泵		30~70	95~165	HL 油（中高压用 HM 油），32、46、48
轴向柱塞泵		40~75	70~150	HL 油（高压用 HM 油），32、46、48
径向柱塞泵		30~80	65~240	HL 油（高压用 HM 油），32、46、48

1.1.4　工作介质的污染和控制

工作介质的污染问题直接影响着液压系统的性能和使用寿命，液压系统的许多故障都是由工作介质受到污染导致的。如何正确使用与维护液压系统，有效地控制污染，保证工作介质的清洁，是确保液压系统安全可靠运行的关键，是液压系统日常维护和使用中的一项重要工作。

1. 工作介质污染物的种类

工作介质污染物的种类有固体污染物、液体污染物和气体污染物三种：

（1）固体污染物：主要有金属切屑、毛刺、硅砂、磨料、焊渣、锈片、添加剂、粉尘、沙粒、纤维物、氧化生成物和灰尘等固体颗粒。

（2）液体污染物：一般包括不符合系统要求的油液（新旧油及异种油的交叉污染）、水、涂料和氯及其卤化物等。

（3）气体污染物：主要是混入系统中的空气。

其中，系统残留的金属颗粒（如铁屑、铁锈、焊渣及金属磨损粉末等固体颗粒）是液压系统的主要污染物。

2. 液压污染的原因及危害

液压系统中污染产生的原因包括内因和外因两方面。

（1）液压油本身的变质所产生的黏度变化和酸值变化。

（2）外界污染物混入液压油内（包括制作、安装过程中潜伏在液压系统内部的污染物；或者在液压系统工作过程中产生的污染物）。

污染带来的危害如下：

（1）使节流阀和压力阻尼孔时堵时通，引起系统的工作压力和速度的较大变化，从而影响液压系统的工作性能或产生故障。

（2）使得液压泵、液压马达、阀组等元件的运动副磨损加剧，加剧内泄漏。

（3）混入液压油中的水分会导致液压油变质劣化，腐蚀并加速金属表面疲劳失效。

（4）使吸油过滤器严重阻塞，引起爬行、气蚀等现象。

（5）污物进入滑阀间隙，可能使阀芯卡住，导致执行机构动作失控，或导致电控阀线圈烧毁。

（6）影响润滑性能。

（7）影响环保效益。

3. 工作介质污染的控制

为了保证液压系统的正常工作，应将工作介质的污染控制在一定范围内，防污染的控制措施有：

（1）尽量减少外来污染。在液压系统装配、维护时，必须对各种元件进行严格清洗；油箱透气孔要安装空气过滤器；活塞缸处要加设防尘装置；向油箱倒油时要通过过滤器进行；系统维护、维修尽量安排在无尘区进行；注意防止外来液体污染物的倾入。

（2）选用合适的过滤器。根据液压元件对污染物的敏感度，在保证液压系统正常工作的前提下，选用精度适宜的过滤器，并做到定期检查，及时按要求清洗或更换滤芯。

（3）定期检查、过滤或更换工作介质。根据液压设备的使用说明手册、维护保养规程等的要求，定期检查、过滤或更换工作介质，更换时一定要排放干净，同时要清洗油箱、冲洗系统管道和液压元件等。

1.2 液体静力学

液体静力学主要研究液体相对平衡时的力学规律、确定静压力对固体表面产生的作用力及上述规律在实际工程中的应用。相对平衡是指液体质点间的相对位置不变，整个液体可以是处于静止状态，也可以是处于运动状态，但液体内质点之间没有产生相对运动。液体静力学的所有结论对实际流体和理想流体都是适用的。

1.2.1 液体静压力及其特性

1. 液体静压力

作用在液体上的力有两种，即质量力和表面力。质量力作用在液体每一个质点上，其大小与液体质量成正比，如惯性力和重力等。表面力作用在液体表面上，且与液体表面积成正比，如切向力和法向力。液体在相对平衡状态下不会呈现黏性，所以，静止液体内部不存在切应力，只存在法向的压应力，即静压力。

工程上，把静止液体在单位面积上所受的内法向力称为静压力，简称压力（即物理学中的压强），用 p 表示静压力。当有法向力 ΔF_N 作用于液体面积 ΔA 上时，液体某点的静压力即为

$$p = \lim_{\Delta A \to 0} \frac{\Delta F_N}{\Delta A} \qquad (1-12)$$

若在液体的面积 A 上所受的力均匀分布，则压力可表示为

$$p = \frac{F_N}{A} \qquad (1-13)$$

2. 静压力的特性

液体质点之间的凝聚力非常小，只能受压，不能受拉，所以液体静压力有两个重要特性：

（1）液体静压力垂直于其承压面，方向和该面的内法线方向一致。

（2）静止液体内任一点所受的压力在各个方向上都相等。

由此可知，静止液体总处于受压状态，并且其内部的任何质点都受平衡压力的作用。

1.2.2　静止液体内的压力分布

1. 静压力基本方程

当质量力只有重力时，静止液体所受的力除了液体重力，还有液面上的压力和固体壁面作用在液体上的压力，其受力情况如图 1-3(a)所示。如要计算离液面深度为 h 处的某一点压力，可以从液体内部取出一个底面通过该点的垂直液柱，如图 1-3(b)所示。设液柱横截面积为 ΔA，高为 h。当液柱处于平衡状态时，液柱在垂直方向上所受各力关系如下：其体积为 $\Delta A h$，则液柱的重力为 $\rho g h \Delta A$，并作用于液柱的重心上，由于液柱处于平衡状态，因此液柱在垂直方向所受各力关系为

$$p\Delta A = p_0 \Delta A + \rho g h \Delta A \qquad (1-14)$$

式(1-14)两边同除以 ΔA，即可得到液体静压力基本方程，即

$$p = p_0 + \rho g h \qquad (1-15)$$

若液面上仅作用有大气压，则 $p_0 = p_a$（p_a 为标准大气压，$p_a = 1.013\,25 \times 10^5$ Pa）。

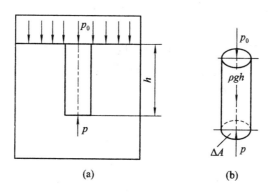

(a)　　　　　　　　　(b)

图 1-3　重力作用下的静止液体静力学分析

液体静压力基本方程表明，液体静压力分布具有如下的特征：

（1）静止液体内任一点处的压力由两部分组成：一部分是液面上的压力 p_0，另一部分是该点以上液体自重所形成的压力 $\rho g h$。

（2）静止液体内的压力随液体深度 h 呈线性规律递增。

（3）在同一液体中，离液面深度相等的各点处压力相等。压力相等的各点组成的面称为等压面。

2. 静压力基本方程的物理意义

如果将图1－3所示的盛有液体的密闭容器放在基准水平面（$O\text{-}X$）上考察，如图1－4所示，那么静压力基本方程可以改写为

$$p = p_0 + \rho g h = p_0 + \rho g(z_0 - z) \qquad (1-16)$$

式中：z_0为基准水平面到液面的距离；z为深度为h的点与基准水平面之间的距离。

那么，液体静压力基本方程的另一表达形式如式（1－17）所示。

$$\frac{p}{\rho g} + z = \frac{p_0}{\rho g} + z_0 \qquad (1-17)$$

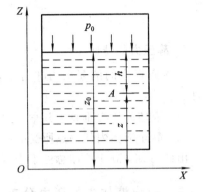

图1－4　静压力基本方程的物理意义

液体静压力基本方程的物理意义是：静止的液体内部任意一点具有位能和压力能两种能量形式，并且两种能量总和保持不变，即能量守恒。

1.2.3　压力的表示方法和单位

1. 压力的表示方法

根据压力度量起点的不同，液体压力有绝对压力和相对压力两种表示方法。

以式 $p = p_a + \rho g h$ 表示时，是以绝对真空为基准进行度量的压力，称为绝对压力。

超出大气压的那部分压力 $\rho g h$，即用大气压作为基准来进行度量的压力，称为相对压力。大多数测压仪表都受到大气压的作用，因此，仪表测量的压力都是相对压力，又称为表压力。在液压与气动系统中，如没有特殊说明，一般均为相对压力。

液体中某点的绝对压力低于大气压时，将绝对压力不足于大气压力的那部分压力数值称为真空度。

图1－5所示为绝对压力、相对压力、真空度的关系。由图1－5可知，以大气压为基准计算压力时，基准以上的正值是表压力，基准以下的负值就是真空度，即

真空度 ＝ 大气压力 － 绝对压力

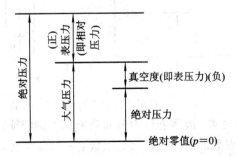

图1－5　绝对压力、相对压力、真空度的关系

2. 压力单位

压力的法定计量单位及 SI 单位是 Pa(帕)，$1\ Pa=1\ N/m^2$。液压与气动技术中常用 MPa，$1\ MPa=10^6\ Pa$。

由于液体内某一点处的表压力与它所处的深度 h 成正比，所以工程上也用液柱高度来表示压力大小的，称为能头。

其他常用的一些压力单位还有 bar(巴)、at(埃塔，工程大气压，即 kgf/cm^2)、atm(标准大气压)、mmH_2O(约定毫米水柱)或 mmHg(约定毫米汞柱)等。各种压力单位之间的换算关系见表 1 - 4。当要求不严格时，可认为 $1\ kgf/cm^2=1\ bar$。

表 1 - 4　各种压力单位之间的换算关系

Pa	MPa	bar	at(kgf/cm^2)	1 bf/in²	atm	mmH_2O	mmHg
1×10^5	0.1	1	1.019 72	1.45×10	1.013 25	$1.019\ 72\times10^4$	$7.500\ 62\times10^4$

1.2.4　液体静压力的传递原理——帕斯卡原理

在液压传动技术中，液体处于受压状态下，由外力所引起的压力要比重力所引起的压力大得多，因此后者可忽略不计，则式(1 - 16)可表示为

$$p = p_0 = 常数$$

在后面的液压系统的应用分析中，都采用这种方式，忽略油管中液压油重力的影响。

液压系统中静压力的传递服从静压力传递原理即帕斯卡原理(Pascal's Law)：密闭容器内静止液体的压力可以等值地向液体中各点传递。其意义是：盛放在密闭容器内的液体，当施加在液体上的压力 p_0 发生变化时，只要液体仍然保存原来的静止状态不变，那么液体中任意一点的压力，均发生同样大小的改变。

如图 1 - 6 所示，A_1、A_2 分别为液压缸 1、2 的活塞面积，两缸用管道 3 连接。大活塞缸 2 内的活塞受重力 W 作用，当给小活塞缸 1 的活塞上施加力 F 时，液体中就产生压力 $p=F/A_1$，随着外力 F 的增加，液体内的压力也不断增加，当压力达到 $p=W/A_2$ 时，大活塞杆 2 的活塞开始运动，即 $F/A_1=W/A_2$。

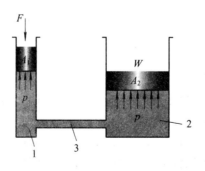

图 1 - 6　帕斯卡原理的示意图

(1) 由上可知，由于 $A_2/A_1>1$，所以用一个较小的输入力 F，就可以推动一个比较大的负载 W，等效于一个力的放大机构。液压千斤顶和液压增压器就是利用这个原理工作的。

（2）当负载 $W=0$ 时，如不计活塞自重及其他阻力，则无论怎样推动小活塞缸 1 的活塞，也不能在液体中产生压力，这说明：液压系统中的压力是由外界负载决定的。反之，只有外界负载 W 的作用，而没有小活塞缸 1 的输入力 F，液体中也不会产生压力。

总之，液压系统中的压力是在所谓"前阻后推"的条件下产生的，液压传动就是依靠液体内部的压力来传递动力的，在密闭容器中压力以等值传递。

1.2.5　静压力对固体壁面的作用力

液体流经控制元件和管道并且推动执行元件作功时，都需要接触固体壁面，因此需要计算出液体对固体壁面的作用力。

当静止液体和固体壁面接触时，固体壁面上各点在某一方向上受到的液体静压作用力的总和，即为液体在该方向上作用于固体壁面上的力。当固体壁面为一平面时，不计重力作用，则平面上各点的静压力大小相等，静压力在该平面上的总作用力 F 等于液体压力 p 与该平面面积 A 的乘积，其作用方向与该平面垂直，即 $F=pA$。

当固体壁面为曲面时，曲面上每点所受的静压力的方向是变化的，但大小相等。液体压力在该曲面某 x 方向上的分力 F_x，等于液体静压力 F 与曲面在该方向投影面积 A_x 的乘积，即

$$F_x = pA_x \tag{1-18}$$

由此可得出结论：作用在曲面上的液压力在某一方向上的分力等于静压力与曲面在该方向投影面积的乘积。此结论适用于任何曲面。

1.3　液体运动学和液体动力学基础

液体运动学研究液体的运动规律，液体动力学研究作用于液体上的力与运动之间的关系。流动液体的连续性方程、能量方程（伯努利方程）、动量方程是描述流动液体力学规律的三个基本方程式。前两个方程式反映压力、流速与流量之间的关系，而动量方程则用来解决流动液体与固体壁面间的作用力问题。这些内容对解决液压技术中各种关于液体流动问题十分重要。

1.3.1　基本概念

1. 理想液体和恒定流动

由于液体具有黏性，而且黏性只是在液体流动中才体现出来，因此在研究流动液体时必须考虑黏性的影响。实际液体中的黏性问题非常复杂，为了便于分析和计算，在分析时可以先假设液体没有黏性，然后再考虑黏性的影响，并通过实验等方法对已得出的结果进行修正。对于液体的压缩性问题，也可采用同样方法来处理。

将假设这种既没有黏性，又不可压缩的一种假想液体，称之为理想液体。理想液体在流动时不产生摩擦阻力。与之对应，把事实上既有黏性，又可压缩的实际的液体，称为实际液体。

液体流动时，如果液体中任意一点的速度、压力和密度均不随时间的变化而变化，便

称为恒定流动(或称定常流动、非时变流动);反之,只要速度、压力和密度中有一个参数随时间变化而变化,则称为非恒定运动(或非定常流动)。由于非恒定流动情况非常复杂,本节只讨论恒定流动时的基本方程。

2. 流线、流管和流束

流线(如图 1-7 所示)是指流场中的一条条曲线,它表示在同一瞬时流场中各个质点的运动状态。由于流线上每一个质点的速度向量都与曲线相切,所以流线代表了某一瞬时一群流体质点的方向。在非恒定流动时,液体通过空间点的速度随时间变化而变化,因而流线形状也随时间变化而变化;在恒定流动时,流线形状不随时间变化而变化。因为流场中每一质点在每一瞬时只能有一个速度,所以流线不相交,也不能突然转折,只能是一条光滑曲线。

图 1-7　流线

流管是指由多条流线所组成的表面(如图 1-8 所示),流束是指流管内的流线群。根据流线不会相交的性质,可知流管内外的流线也不会交错,流管与真实管道相似。若将流管无限缩小趋近于零,便可得到微小流管或微小流束(如图 1-9 所示)。微小流束截面各点的流速均相等。

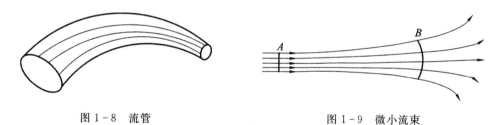

图 1-8　流管　　　　　　　　　　　　　図 1-9　微小流束

3. 通流截面、流量和平均速度

垂直于流束的截面称为通流截面(如图 1-10 所示)。通流截面上各点的运动速度均与其垂直,通流截面可能是平面,也可以是曲面。

单位时间内通过某一通流截面的液体的体积称为流量,以 q 表示,单位为 m^3/s 或 L/min,即

$$q = \frac{V}{t} \qquad (1-19)$$

式中:q 为流量;V 为液体的体积;t 为流过液体体积 V 所需的时间。

对于实际液体的流动,由于黏性力的作用,液体在管道内部流动时,通流截面上各点流速的分布规律难以确定,因此引入平均流速的概念,即假设过通流截面上的各点的流速均匀分布,用

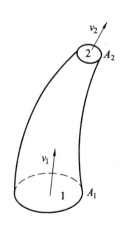

图 1-10　通流截面

平均流速 v 来表示，则通过通流截面的流量就等于平均流速乘以通流截面积：

$$q = \frac{V}{t} = Av \qquad (1-20)$$

则平均流速 v 为

$$v = \frac{q}{A} \qquad (1-21)$$

平均流速 v 在工程计算中具有应用价值。如液压缸工作时，活塞运动的速度就等于缸内液体的平均流速，因而根据式(1-21)建立起活塞运动速度 v 与液压缸有效面积 A 和流量 q 之间的关系，当液压缸有效面积 A 一定时，活塞运动速度 v 决定于输入液压缸的液体的流量 q。

1.3.2　连续性方程

连续性方程实质上是质量守恒定律在流体力学中的另一种表达形式。

理想液体在具有不同横截面的任意形状的管道中作恒定流动时，如图 1-10 所示。任取两个不同的通流截面 1、2，面积分别为 A_1 和 A_2，平均流速分别为 v_1、v_2。根据质量守恒定律可知，单位时间内流过这两个截面的液体质量相等，即

$$v_1 A_1 = v_2 A_2 = 常数 \qquad (1-22)$$

式(1-22)就是理想液体作恒定流动时的连续性方程。它表明：在密闭管路内作恒定流动的理想液体，不管平均流速和通流截面沿流程怎样变化，流过各截面的流量是不变的；当流量一定时，任一通流截面上的流速与通流面积成反比，即管道细的地方流速快，管道粗的地方流速慢。

1.3.3　伯努利方程

伯努利方程是能量守恒定律在流体力学中的一种具体表现形式，又称为能量方程。为了研究方便，先讨论理想液体的伯努利方程，然后再进行修正，得出实际液体的伯努利方程。

1. 理想液体的伯努利方程

理想液体无黏性、不可压缩，因此在管内作恒定流动时没有能量损失。根据能量守恒定律，同一管道内每一截面的总能量都是相等的。

如前所述，对静止液体，单位质量液体的总能量为单位质量液体的压力能 p/ρ 和势能 zg 之和；而对于流动液体，除上述两项外，还要考虑单位质量液体的动能 $v^2/2$。

如图 1-11 所示，任取两个截面 A_1 和 A_2，它们距基准水平面的距离分别为 z_1 和 z_2，断面平均流速分别为 v_1 和 v_2，压力分别为 p_1 和 p_2。根据能量守恒定律可知

$$\frac{p_1}{\rho} + z_1 g + \frac{v_1^2}{2} = \frac{p_2}{\rho} + z_2 g + \frac{v_2^2}{2} \qquad (1-23)$$

由于两个截面是任意取的，因此上式可改写为

$$\frac{p}{\rho} + zg + \frac{v^2}{2} = 常数 \qquad 或 \qquad \frac{p}{\rho g} + z + \frac{v^2}{2g} = 常数 \qquad (1-24)$$

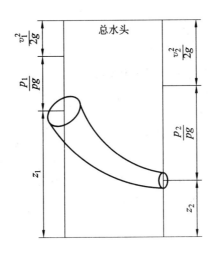

图 1 - 11　理想液体的伯努利方程

这就是理想液体的伯努利方程，其物理意义为：当理想液体在恒定流动时，各截面上具有的总能量由压力能、位能、动能组成，三者之间可相互转化，但三者之和为定值。

2. 实际液体的伯努利方程

实际液体在管道内流动时，由于液体黏性的存在，会产生内摩擦力，从而消耗能量；另外，由于管道形状和尺寸的变化，液流产生扰动，也会消耗能量。因此，实际液体流动时存在能量损失，用 $h_w g$ 来表示单位质量的液体在两截面间流动时的能量损失。

除此之外，实际流速 u 在管道通流截面上的分布不是均匀的，为便于计算，一般用平均流速替代实际流速计算动能，这样就会产生计算误差。为修正这一误差，需要引入动能修正系数 α，其值等于单位时间内某截面处的实际动能与按平均流速计算的动能之比，即

$$\alpha = \frac{\int_A u^3 \, dA}{v^3 A} \qquad (1-25)$$

式中，层流时取 $\alpha = 2$、紊流时取 $\alpha = 1.1$（层流、紊流的内容将在后面介绍）。

在引入能量损失和动能修正系数后，实际液体的能量方程为

$$\frac{p_1}{\rho} + z_1 g + \frac{\alpha_1 v_1^2}{2} = \frac{p_2}{\rho} + z_2 g + \frac{\alpha_2 v_2^2}{2} + h_w g \qquad (1-26)$$

或

$$\frac{p_1}{\rho g} + z_1 + \frac{\alpha_1 v_1^2}{2g} = \frac{p_2}{\rho g} + z_2 + \frac{\alpha_2 v_2^2}{2g} + h_w \qquad (1-27)$$

伯努利方程揭示了液体流动过程中的能量变化关系，用它可对液压系统中的一些基本问题进行分析、计算。

1.3.4　动量方程

动量方程是动量定理在流体力学中的具体应用。利用动量方程可以计算流动液体作用于限制其流动的固体壁面上的总作用力。动量定理的物理意义是作用在物体上全部外力的矢量和等于物体在力作用方向上的动量的变化率，即

$$\Sigma F = \frac{\mathrm{d}(mv)}{\mathrm{d}t} \qquad (1-28)$$

图 1-12 为动量方程推导用图，在作恒定流动的液体中，取任意被通流截面 I、II 所限制的液体体积，称为控制体积。截面 I、II 上的通流面积分别为 A_1 和 A_2，流速分别为 v_{I} 和 v_{II}。设该段控制体积内的液体在 t 时刻的动量为 $(mv)_{\mathrm{I-II}}$，经 $\mathrm{d}t$ 时间后，该段液体移动到 $\mathrm{I}_1-\mathrm{II}_1$ 位置后的动量为 $(mv)_{\mathrm{I}_1-\mathrm{II}1}$。由于液体为恒定流动，则流量 $q_{\mathrm{I}}=q_{\mathrm{II}}=q$，$\rho_{\mathrm{I}}=\rho_{\mathrm{II}}=\rho$，$\mathrm{I}_1-\mathrm{II}$ 之间的液体动量没有变化。所以，在 $\mathrm{d}t$ 时间内，所研究的控制体中的液体的动量变化为

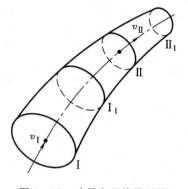

图 1-12　动量方程推导用图

$$\begin{aligned}\mathrm{d}(mv) &= (mv)_{\mathrm{I}_1-\mathrm{II}_1} - (mv)_{\mathrm{I-II}}\\ &= (mv)_{\mathrm{II-II}_1} - (mv)_{\mathrm{I-I}_1} \qquad (1-29)\\ &= \rho q(v_{\mathrm{II}} - v_{\mathrm{I}})\mathrm{d}t\end{aligned}$$

将式(1-29)代入式(1-28)后整理可得

$$\sum F = \frac{\mathrm{d}(mv)}{\mathrm{d}t} = \rho q(v_{\mathrm{II}} - v_{\mathrm{I}}) \qquad (1-30)$$

式(1-30)为液体作恒定流动时的动量方程，其意义为：作用在液体控制体积内的液体上的外力总和 ΣF 等于单位时间内流出控制体与流入控制体的液体的动量之差。

考虑到用平均流速计算动量存在误差，应用中要加以修正。式(1-30)则表示为

$$\sum F = \frac{\mathrm{d}(mv)}{\mathrm{d}t} = \rho q(\beta_{\mathrm{II}} v_{\mathrm{II}} - \beta_{\mathrm{I}} v_{\mathrm{I}}) \qquad (1-31)$$

式中：β_{I}、β_{II} 为动量修正系数，层流时 $\beta=1.33$，紊流时 $\beta=1$。

流动液体的动量方程为矢量表达式，在应用时可根据具体要求，向指定方向投影，求得该方向的分量。根据作用力与反作用力相等原理，液体也以同样大小的力作用在使其流速发生变化的物体上。那么，根据动量方程就可以进一步计算出流动液体作用在固体壁面上的作用力，简称为液动力。

1.4　管道流动及能量损失

本节主要讨论液体流经圆管与各种管道接头时的流动情况，并对流动时产生的能量损失进行分析。液体在管道中的流动状态直接影响液体的各种特性。

1.4.1　液体的两种流态及雷诺判据

1. 层流与紊流

实际液体具有黏性，是产生流动阻力的根本原因。流动状态不同，则阻力大小也不同，对能量损失的影响也不相同。

19 世纪末，英国物理学家雷诺(Reynolds)通过大量实验发现，液体在管道中流动时存

在层流和紊流两种流动状态。液体流动时，液体质点沿管轴呈线状或层状流动，而没有横向运动、互补掺混和干扰，这种流动状态称为层流。若液体流动时，液体质点除了沿管轴流动外，还有横向运动，强烈搅混，质点之间相互碰撞，呈混杂紊乱状态，这种流动状态称为紊流。

层流时，黏性力起主导作用，运动液体流速较低，质点受黏性制约，不能随意运动；液体的能量主要消耗在摩擦损失上，它直接转化为热能，一部分传给管壁，一部分被液体带走。紊流时，惯性力起主导作用，运动液体流速较高，黏性的制约作用减弱；液体的能量主要消耗在动能损失上，这部分能量损失使液体搅动混合，产生漩涡、层流，造成气穴，撞击管壁，引起震动和噪声，最后化作热能消散掉。

2. 雷诺数

实验证明，液体在圆管中的流态不仅与管内的平均流速 v 有关，还和管径 d、液体的运动黏度 v 有关。雷诺归纳出一个无量纲数，即雷诺数，来综合反映这三个参数对流态的影响。

对于圆管中流动时，Re 为

$$Re = \frac{vd}{v} \tag{1-32}$$

对于非圆截面的管道来说，Re 可用下式计算

$$Re = \frac{4vR}{v} \tag{1-33}$$

式中：R 为通流截面的水力半径，它等于液流的有效面积 A 和它的湿周（有效截面的周边长度）之比，即

$$R = \frac{A}{x} \tag{1-34}$$

由于液压系统中的管道总是充满液体的，因此液体的有效截面积就是通流截面，湿周就是通流截面的周长。水力半径的大小，对管道的通流能力影响很大。水力半径越大，表明液体与管壁的接触少，通流能力强；水力半径越小，表明液体与管壁的接触多，通流能力差，容易堵塞。

液体流动时究竟是层流还是紊流，可用雷诺数来判别。当不同的液体液流的雷诺数相同时，它们的流动状态也相同。另外，如果液流雷诺数 Re 小于临界雷诺数 Re_r（$Re < Re_r$）时，液流为层流；反之 $Re > Re_r$ 时，液流为紊流。表 1-5 为常见液流管道的临界雷诺数 Re_r。例如，在光滑金属圆管中，$Re < 2000$ 为层流；$Re > 2000 \sim 2320$ 为紊流。

表 1-5　常见液流管道的临界雷诺数 Re_r

管道形状	Re_r	管道形状	Re_r
光滑金属圆管	2000~2320	有环槽的同心环缝	700
橡胶软管	1600~2000	有环槽的偏心环缝	400
光滑同心环缝	1100	滑阀阀口	260
光滑偏心环缝	1000		

1.4.2 管道流动能量损失

实际液体具有黏性,流动时会产生阻力。为了克服阻力,流动液体需要损耗一部分能量,这种能量损失就是实际液体伯努利方程中的 h_w 项。

在液压系统中,能量损失使液压能转变成热能,导致系统的温度升高。因此,在设计液压系统时,要尽量减少能量损失。能量损失可以分为沿程压力损失和局部压力损失两部分。

1. 沿程压力损失

液体在等径直管中流动时,因黏性摩擦而产生的压力损失称为沿程压力损失。液体的流动状态不同,所产生的沿程压力损失也不相同。它与液体的流动状态、管道的长度、管内径和液体流速、液体黏度等有关。

1)圆管层流时的沿程压力损失

(1)假设液体在半径为 R(直径为 d)的等径直圆管中作定常层流流动,通流截面上的流速分布规律如图 1-13 所示。在图中取一与管子同轴、半径为 r 的微小液柱,柱长 l,作用在两端面的压力分别为 p_1 和 p_2,在液柱侧面作用的黏性摩擦应力为 τ,液体在作匀速运动时处于平衡状态,故有

$$(p_1 - p_2)\pi r^2 - \frac{2\pi r l}{\mathrm{d}r}\,\mathrm{d}u = 0 \tag{1-35}$$

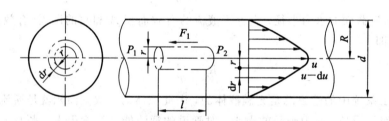

图 1-13 等径直圆管中层流运动

若令 $\Delta p = p_1 - p_2$,则将上式整理可得

$$\mathrm{d}u = \frac{\Delta p}{2\tau l} r\,\mathrm{d}r \tag{1-36}$$

对式(1-36)积分,并应用边界条件,当 $r=R$ 时,$u=0$,可得

$$u = \frac{\Delta p}{4\tau l}(R^2 - r^2) \tag{1-37}$$

可见管内液体质点的流速在半径方向上呈抛物线规律分布。最小流速在管壁 $r=R$ 处,$u_{min}=0$;最大流速在管轴线 $r=0$ 处

$$u_{max} = \frac{\Delta p}{4\tau l}R^2 = \frac{\Delta p}{16\tau l}d^2 \tag{1-38}$$

(2)通过管道的流量。对于半径为 r,宽度为 $\mathrm{d}r$ 的微小环形通流截面,面积 $\mathrm{d}A = 2\pi r\mathrm{d}r$,所通过的流量为

$$\mathrm{d}q = u\mathrm{d}A = 2\pi u r\,\mathrm{d}r = 2\pi \frac{\Delta p}{4\tau l}(R^2 - r^2)r\mathrm{d}r \tag{1-39}$$

对式(1-39)积分可得

$$q = \int_0^R 2\pi \frac{\Delta p}{4\tau l}(R^2 - r^2)r\mathrm{d}r = \frac{\pi R^2}{8\tau l}\Delta p = \frac{\pi d^4}{128\tau l}\Delta p \tag{1-40}$$

(3) 管道内的平均流速。根据平均流速的定义,可得

$$v = \frac{q}{A} = \frac{1}{\frac{\pi d^2}{4}}\frac{\pi d^4}{128\tau l}\Delta p = \frac{d^2}{32\tau l}\Delta p \tag{1-41}$$

将式(1-41)与 u_{max} 值相比较可知,最大流速 u_{max} 为平均流速 v 的 2 倍。

(4) 沿程压力损失。由式(1-41)可得沿程压力损失为

$$\Delta p_l = \Delta p = \frac{32\tau l v}{d^2} \tag{1-42}$$

从式(1-42)可以看出,当直管中液流为层流时,沿程压力损失的大小与管长、流速、黏度成正比,而与管径的平方成反比。适当变换式(1-42),沿程压力损失的计算公式又可写为

$$\Delta p_l = \frac{64\tau}{dv}\frac{l}{d}\frac{\rho v^2}{2} = \lambda \frac{l}{d}\frac{\rho v^2}{2} \tag{1-43}$$

式中:λ 为沿程压力损失系数。圆管层流时,λ 仅与雷诺数 Re 有关,与管道内壁的表面粗糙度无关。

2) 圆管紊流时的沿程压力损失

紊流时计算沿程压力损失的公式在形式上与层流相同,但其中的沿程压力损失系数 λ 除与雷诺数 Re 有关外,还与管壁的表面粗糙度有关,即

$$\lambda = f\left(\mathrm{Re}, \frac{\Delta}{d}\right) \tag{1-44}$$

式中:Δ 为管壁的绝对粗糙度;Δ/d 为管壁的相对粗糙度。

管壁的绝对粗糙度 Δ 和管道的材料有关,一般计算可参考如下数值:对于钢管,Δ 为 0.04 mm;对于铜管,Δ 为 0.0015~0.01 mm;对于铝管,Δ 为 0.0015~0.06 mm;对于橡胶管,Δ 为 0.03 mm。

2. 局部压力损失

液体流经管道的弯头、接头、突变截面以及阀口、滤网等局面装置时,致使流速的方向和大小发生剧烈变化,形成漩涡,并发生强烈的紊动现象,因而使质点相互碰撞,造成能量损失,这种能量损失表现为局部压力损失。由于流动状态极为复杂,影响因素较多,一般要依靠实验来确定局部压力损失的阻力系数。局部压力损失计算公式为

$$\Delta p_\zeta = \zeta \frac{\rho v^2}{2} \tag{1-45}$$

式中:ζ 为局部压力损失阻力系数。各种局部装置结构的 ζ 值可参照相关手册。

液体流过各种阀类的局部压力损失,亦可以用式(1-45)进行计算。但因阀内的通道结构复杂,按式(1-45)计算比较困难,故阀类元件局部压力损失 Δp_v 为

$$\Delta p_v = \Delta p_n \left(\frac{q}{q_n}\right)^2 \tag{1-46}$$

式中:q_n 为阀的额定流量;q 为通过阀的实际流量;Δp_n 为阀在额定流量 q_n 下的压力损失。

3. 管道流动总压力损失

整个管路系统总的压力损失应为所有沿程压力损失和所有局部压力损失之和，即

$$\sum \Delta p = \sum \Delta p_\lambda + \sum \Delta p_\xi + \sum \Delta p_v = \sum \lambda \frac{l}{d} \frac{\rho v^2}{2} + \sum \zeta \frac{\rho v^2}{2} + \sum \Delta p_n \left(\frac{q}{q_n}\right)^2 \tag{1-47}$$

从式(1-47)可知，减小流速，缩短管道长度，减少管道截面的突变，提高管道内壁的加工质量等，都可以减小压力损失。

1.5　孔口与缝隙流动

孔口及缝隙是液压系统和液压元件中的常见结构，可以用来实现流量调节和压力控制等功能，从而达到调速和调压的目的，但有时又会造成泄漏而降低系统效率。因而研究孔口或缝隙的压力流量特性，了解其影响因素，对于合理设计液压系统、正确分析液压元件和系统的工作性能是非常重要的。

1.5.1　孔口流动

孔口根据孔口的通流长度 l 与孔径 d 的比值不同可分为三种：长径比为 $l/d \leqslant 0.5$ 的孔口，称为薄壁小孔；$0.5 < l/d \leqslant 4$ 的孔口称为短孔；$l/d > 4$ 的孔口称为细长孔。

1. 薄壁小孔的液体流动

图 1-14 所示为进口边做成薄刃式的典型薄壁小孔。由于惯性作用，液流通过小孔时会发生收缩现象，在靠近孔口的后方出现收缩最大的通流截面 C-C。

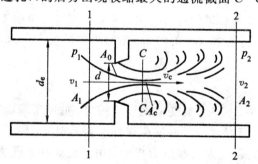

图 1-14　液体在薄壁小孔中的流动

现对孔前通流截面 1-1 和孔后通流截面 C-C 之间建立伯努利方程为

$$\frac{p_1}{\rho} + \frac{a_1 v_1^2}{2} + h_1 g = \frac{p_2}{\rho} + \frac{a_1 v_c^2}{2} + h_2 g + h_w g \tag{1-48}$$

由于高度 h 相等，截面 1-1 比收缩截面 C-C 大很多，则 $v_1 \ll v_c$，可以忽略 v_1 不计，并设动能修正系数 $\alpha_1 = \alpha_2 = 1$。另外，根据液压手册可得 $h_2 g + h_w g = (\zeta+1)v_c^2/2g$。通过计算，可得

$$v_c = \frac{1}{\sqrt{\zeta+1}} \sqrt{\frac{2}{\rho}(p_1 - p_2)} = C_v \sqrt{\frac{2}{\rho}\Delta p} \tag{1-49}$$

式中：C_v 为小孔速度系数。

由式(1-49)可得，通过薄壁小孔的流量为

$$q = A_c v_c = C_v C_c A_T \sqrt{\frac{2}{\rho}\Delta p} = C_q A_T \sqrt{\frac{2}{\rho}\Delta p} \qquad (1-50)$$

式中：C_q 为小孔流量系数，$C_q = C_v C_c$；C_c 为收缩系数；A_T 为小孔通流截面的面积。

C_v、C_c 和 C_q 一般均由实验确定。当液流完全收缩（管道直径与小孔直径之比 $d_e/d \geqslant 7$）时，$C_c = 0.61 \sim 0.63$，$C_v = 0.97 \sim 0.98$，此时 $C_q = 0.6 \sim 0.62$；当液流不完全收缩（管道直径与小孔直径之比 $d_e/d < 7$）时，$C_q = 0.7 \sim 0.8$。

2. 短孔与细长孔的液体流动

流体流经短孔时，收缩在孔内，对出口而言 $C_c = 1$。流经短孔的流量可用薄壁小孔的流量公式(1-50)计算，但流量系数 C_q 一般取为 0.82。短孔比薄壁小孔制造相对容易，适合于用作固定节流器。

流经细长孔的液流，由于黏性而流动不畅，故表现为层流运动。其流量可以应用前面推出的圆管层流流量公式(1-40)计算。由此式可见，液体流经细长孔的流量与小孔前后的压差 Δp 成正比，并受油液黏度变化的影响。当油温升高时，油液的黏度下降，在相同压差作用下，流经小孔的流量增加。

3. 节流特性方程

在液流通道上，其过流断面有突然收缩处的流动就称为节流。节流是液压传动技术中经常遇到的问题。能使流动成为节流的装置称为节流器，如上面讨论过的薄壁小孔、细长孔等。

节流器根据形成阻力的原理不同，节流分为三种类型：薄壁小孔节流（以局部阻力为主）、细长孔节流（以沿程阻力为主）和介于二者之间的短孔节流（由局部阻力和沿程阻力叠加而成）。

将上述流经薄壁小孔、短孔和细长孔的流量计算公式稍做变形，可以写成如式(1-51)的通式形式，该式即为孔口的节流特性方程。

$$q = K A_T \Delta p^m \qquad (1-51)$$

式中：K 为与节流器形状、尺寸和液体性质相关的节流系数，薄壁小孔时 $K = C_q \sqrt{2/\rho}$，细长孔时 $K = d_0^2/32\mu l$；A_T 为节流器的通流面积；Δp 为节流器前后的压力差；m 为由节流器形状决定的指数：薄壁小孔时 $m = 0.5$；细长孔时 $m = 1$；其他孔口形式时 $0.5 < m < 1$。

节流特性方程表示了经过节流器的流量与节流器的通流面积、节流器的前后压力差，以及节流器形状、尺寸、液体性质之间的关系。该方程在液压传动技术中有很多典型的应用。例如，从节流特性方程中可以看出，当保持节流器前后压力差恒定时，只要改变节流器的通流面积，就可以改变经过节流器的流量。这就是液压传动技术中经常采用的流量控制元件（节流阀、调速阀等）的工作原理。

从节流特性方程还可以进一步看出：经过细长孔节流器的流量与其前后压力差的 1 次方成正比，所以当其他条件相同而压力差变化时，细长孔的流量变化要比薄壁小孔的大；另外，薄壁小孔的节流系数与黏度无关，而细长孔的节流系数与黏度相关，所以当其他条

件相同而温度变化较大时，细长孔的流量变化也较大，而薄壁小孔的流量变化较小，薄壁小孔对温度的影响不敏感。

1.5.2　缝隙流动

液压装置的各零件之间，特别是有相对运动的零件之间，一般都存在配合间隙，液体在两个边界壁面所夹着的狭窄空间内的流动，称为缝隙流动。

液压元件中存在大量的缝隙流动，油液在流经这些缝隙时会产生泄露，影响元件的各种性能。掌握缝隙流动的特点，对液压元件的设计、制造和使用有着重要意义。

由于缝隙通道狭窄，液流受壁面的影响较大，故缝隙液流的流态均为层流。缝隙流动有两种状态：一种是缝隙两端压力差造成的流动；另一种是形成缝隙的两壁面作相对运动所造成的剪切流动。

1. 平行平板缝隙流动

如图 1-15 所示，液体在压差作用下流经平行平板所组成的缝隙。设两平行平板缝隙高度为 δ，缝隙宽度和长度分别为 b 和 l（b 和 l 都远大于 δ），缝隙间充满液体。如果液体受到压差 $\Delta p = p_1 - p_2$ 的作用，液体会产生流动；如果没有压差 Δp 的作用，而两平行平板之间有相对运动，即一平板固定，另一平板以速度 v（与压差方向相同）运动时，由于液体存在黏性，液体也会被带着移动，这就是剪切作用所产生的流动。一般情况下，平行平板缝隙流动是液体既受压差作用又受剪切作用的联合作用下的运动。

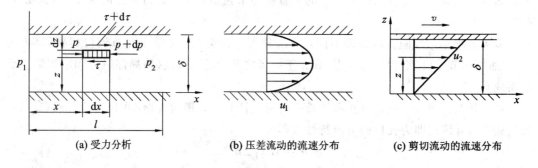

(a) 受力分析　　　　(b) 压差流动的流速分布　　　　(c) 剪切流动的流速分布

图 1-15　平行平板缝隙流动

从缝隙中取出微元平行六面体液体 $b\mathrm{d}x\mathrm{d}z$，不计质量力，只考虑表面力，各处应力方向如图 1-15(a)所示，其左右两端所受的压力分别为 p 和 $p+\mathrm{d}p$，上下两面所受的切应力分别为 $\tau+\mathrm{d}\tau$ 和 τ，则微元体的受力平衡方程为

$$pb\mathrm{d}z + (\tau + \mathrm{d}\tau)b\mathrm{d}x = (p + \mathrm{d}p)b\mathrm{d}z + \tau b\mathrm{d}x \tag{1-52}$$

由于 $\tau = \mu \mathrm{d}u/\mathrm{d}z$，进一步计算，可得

$$u = \frac{1}{2\mu}\frac{\mathrm{d}p}{\mathrm{d}x}z^2 + C_1 z + C_2 \tag{1-53}$$

式中：C_1、C_2 分别为积分常数。

当平行平板间的相对运动速度为 u_0 时，则在 $z=0$ 处，$u=0$；$z=\delta$ 处，$u=v$。此外，在缝隙流动中，压力 p 只是 x 的线性函数，即 $\mathrm{d}p/\mathrm{d}x = -\Delta p/l$，将这些关系式代入式

(1 - 53)，整理后可得

$$u = \frac{z(\delta - z)}{2\mu l}\Delta p \pm \frac{v}{\delta}z \qquad (1 - 54)$$

由此得到液体通过平行平板缝隙的流量为

$$q = \int_0^\delta ub\,\mathrm{d}z = \int_0^\delta \left[\frac{z(\delta - z)}{2\mu l}\Delta p \pm \frac{v}{\delta}z\right]b\,\mathrm{d}z = \frac{b\delta^3}{12\mu l}\Delta p \pm \frac{b\delta}{2}v \qquad (1 - 55)$$

式(1 - 54)和(1 - 55)中"±"号的选取：平板运动方向与压差流动方向一致时，取"+"；反之，取"−"。

(1) 压差流动。如果平行平板间无相对运动，即 $v = 0$，通过的液流完全由压差 $\Delta p = p_1 - p_2$ 作用引起，则称其为压差流动，流量为

$$q = \frac{b\delta^3}{12\mu l}\Delta p \qquad (1 - 56)$$

从式(1 - 56)可以看出，在压差作用下，流过相对平行平板缝隙的流量与缝隙高度 δ 的三次方成正比，这说明液压元件内缝隙的大小对其泄露量的影响很大的。图 1 - 15(b)所示为压差流动的流速分布图。

(2) 剪切流动。如果两平行平板之间两端无压差 Δp 存在，通过的液流完全由平行平板的相对运动作用引起，则称其为剪切流动，流量为

$$q = \frac{b\delta}{2}v \qquad (1 - 57)$$

图 1 - 15(c)所示为剪切流动的流速分布图。图 1 - 16 为联合作用时的流速分布。

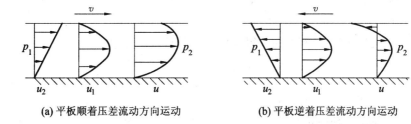

(a) 平板顺着压差流动方向运动　　　　　(b) 平板逆着压差流动方向运动

图 1 - 16　压差、剪切联合作用流动

2. 环形缝隙液流

液压元件各零件间的配合间隙大多数为圆环形间隙，例如滑阀与阀套之间、活塞与缸筒之间等。理想情况下为同心环形缝隙，但实际上，一般多为偏心环形缝隙。

(1) 同心环形缝隙流动。

图 1 - 17 所示的为同心环形缝隙流动。其圆柱体直径为 d，缝隙厚度为 δ，缝隙长度为 l。如果将环形缝隙沿圆周展开，把它近似地看做是平行平板缝隙间的流动，这样只要将 $b = \pi d$ 代入式(1 - 55)，就可得同心环形缝隙的流量为

$$q = \frac{\pi d\delta^3}{12\mu l}\Delta p \pm \frac{\pi d\delta}{2}v \qquad (1 - 58)$$

式中，"±"号的选取与前述相同。

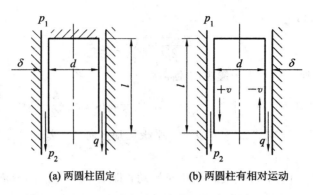

(a) 两圆柱固定　　　　　(b) 两圆柱有相对运动

图 1-17　同心环形缝隙流动

（2）偏心环形缝隙流动。

液体在偏心环形缝隙间的流动如图 1-18 所示。
设内外圆同心时的缝隙为 δ，偏心时的偏心量为 e，
在任意角度 θ 处的缝隙为 h。由于偏心，缝隙大小随
角度 θ 的变化而变化。

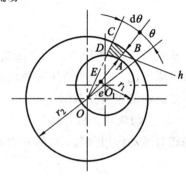

图 1-18　偏心环形缝隙流动

因缝隙很小，$r_1 \approx r_2 \approx r$，可把微元圆弧 db 所对
应的环形缝隙间的流动近似地看做是平行缝隙间的
流动。将 $db = r d\theta$ 代入式（1-55），可得

$$dq = \frac{r d\theta h^3}{12\mu l}\Delta p \pm \frac{r d\theta h}{2}v \qquad (1-59)$$

由图 1-18 可知，$h = \delta - e\cos\theta = \delta(1 - \varepsilon\cos\theta)$，$\delta$ 为内外圆同心时半径方向的缝隙值，
$\varepsilon = e/\delta$ 为偏心比。

将 h 值代入式（1-59）进行积分，得到偏心环状缝隙的流量为

$$q = (1 + 1.5\varepsilon^2)\frac{\pi d\delta^3}{12\mu l}\Delta p \pm \frac{\pi d\delta}{2}v \qquad (1-60)$$

从式（1-60）可以看出，偏心只对压差流动有影响，而对剪切流动无影响。

当内外圆之间没有轴向相对移动，即 $v = 0$ 时，其流量为

$$q = (1 + 1.5\varepsilon^2)\frac{\pi d\delta^3}{12\mu l}\Delta p \qquad (1-61)$$

从式（1-61）可以看出，当 $\varepsilon = 0$ 时就是同心环形缝隙的流量公式；当 $\varepsilon = 1$ 时偏心量最
大，其流量为同心环形缝隙流量的 2.5 倍，这说明有偏心存在时，其泄漏量增加。因此在
液压元件中，应尽量使其配合件处于同心状态来减小缝隙泄漏量。在工程计算中，计算环
缝泄漏时通常取其平均值，即用 $(1+2.5)/2 = 1.75$ 倍进行计算。

3. 圆环平面缝隙流动

图 1-19 所示为液体在圆环平面缝隙间的流动。圆环与平面之间无相对运动，液体自
圆环中心向外辐射流出。设圆环的大、小半径分别为 r_2 和 r_1，与平面间的缝隙高度为 δ。在
半径 r 处取高 dz，径向尺寸 dr 的微元缝隙流，将液层展开，可近似看做平行平板间的缝隙
流动。令 $\nu = 0$，可求出经过的流量为

$$q = \int_0^\delta u_r 2\pi r dz = -\frac{\pi r \delta^3}{6\mu}\frac{dp}{dr} \qquad (1-62)$$

即 $\dfrac{\mathrm{d}p}{\mathrm{d}r}=-\dfrac{6\mu q}{\pi r\delta^3}$，对其进行积分，可得

$$p=-\frac{6\mu q}{\pi\delta^3}\ln r+C \qquad\qquad (1-63)$$

当 $r=r_2$ 时，$p=p_2$，可以求出 C 并代入上式，得

$$p=-\frac{6\mu q}{\pi\delta^3}\ln\frac{r_2}{r}+p_2 \qquad\qquad (1-64)$$

当 $r=r_1$ 时，$p=p_1$，所以圆环平面缝隙的流量为

$$q=\frac{\pi\delta^3}{6\mu\ln\dfrac{r_2}{r1}}\Delta p \qquad\qquad (1-65)$$

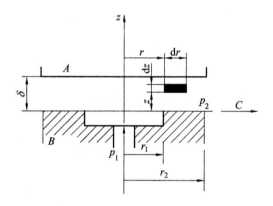

图 1 - 19　圆环平面缝隙间的液流

1.6　液压冲击和气穴现象

在液压传动系统中，液压冲击和气穴现象会给系统带来诸多不利影响，因此需要了解这些现象产生的原因，并采取措施减小对系统的影响。

1.6.1　液压冲击

在液压系统中，由于某种原因会使液体压力在某一瞬间急剧上升，形成较高的压力峰值，称为液压冲击。液压冲击时产生的压力峰值往往比正常工作压力高出几倍，液压冲击常使液压元件、辅件、管道及密封装置损坏失效，引起系统振动和噪声，还会使顺序阀、压力继电器等压力控制元件产生误动作，甚至造成人身及设备事故。

1. 液压冲击的类型

按产生的原因，液压冲击有如下三种类型：

（1）阀门骤然关闭或开启，液流惯性引起的液压冲击。当液体在管道中流动时，如果阀门骤然关闭，液体流速将随之骤然降至为零，此时，在这一瞬间液体的动能转化为压力能，产生冲击压力，接着后面的液体依次停止运动，依次将动能转变为压力能，并形成压力冲击波。反之，当阀门骤然开启时，则会出现压力降低。

（2）运动部件的惯性力引起的液压冲击。高速运动的液压执行器等运动部件的惯性力也会引起系统中的液压冲击，例如，工业机械手、液压挖掘机转台的回转马达在制动和换向时，因排油管突然关闭，而回转机构由于惯性还在继续转动，将会引起压力急剧升高的液压冲击。

（3）液压元件反应动作不灵敏引起的液压冲击。如限压式变量液压泵，当压力升高时不能及时减小排量而造成压力冲击；溢流阀不能迅速开启而造成过大压力超调等。

上述的三种类型液压冲击中，前两种较为常见。

2. 冲击压力值的计算

液压冲击属于管道中液体非定常流动问题，是一种动态过程。由于其影响因素甚多，故很难精确计算，一般是采用估算或通过试验确定。

假设系统的正常工作压力为 p，产生液压冲击时的最大压力，即压力冲击波第一波的峰值压力为

$$p_{\max} = p + \Delta p \tag{1-66}$$

式中：Δp 为冲击压力的最大升高值。

（1）关闭液流通道时管内液压冲击的压力升高值。

关闭液流通道时管内液压冲击的压力升高值如表 1-6 所示。

表 1-6　关闭液流通道时管内液压冲击的压力升高值

阀门关闭情况	液压冲击的压力升高值 Δp
瞬时全部关闭液流	$\Delta p_{r\max} = \rho c v$
瞬时部分关闭液流	$\Delta p_r = \rho c (v - v')$
逐渐全部关闭液流	$\Delta p'_{r\max} = \rho c v \dfrac{t_c}{t}$
逐渐全部关闭液流	$\Delta p'_r = \rho c (v - v') \dfrac{t_c}{t}$

（2）等径直管末端阀门开启时，管内压力下降值。

等径直管末端阀门开启时，管内压力下降值如表 1-7 所示。

表 1-7　等径直管末端阀门开启时管内压力下降值

阀门开启情况	压力下降值 Δp_d
突然开启	$\Delta p_{d\max} = \sqrt{\Delta p_{r\max}^2 \left(1 + \dfrac{\Delta p_{r\max}^2}{4 p^2}\right)} - \dfrac{\Delta p_{r\max}^2}{2 p}$
缓慢开启	$\Delta p_d = \dfrac{2 v l \rho}{t} \sqrt{1 + \dfrac{1}{p^2}\left(\dfrac{v l \rho}{t}\right)^2} - \dfrac{2}{p}\left(\dfrac{v l \rho}{t}\right)^2$

注：$\Delta p_{r\max}$ 为液压冲击时压力升高值；p 为管内原来的工作压力；v 为管内液体流速；l 为管长；t 为阀门开启时间；ρ 为液体密度。

3. 减小液压冲击的措施

（1）通过采用换向时间可调的换向阀延长阀门或运动部件的换向制动时间。

（2）限制管道中的液流速度。

（3）在冲击源近旁附设安全阀或蓄能器。

（4）在液压元件（如液压缸）中设置缓冲装置。

（5）尽量缩短管长和适当加大管径，以减小压力冲击波的传播时间。

（6）采用橡胶软管吸收液压冲击能量。

1.6.2　气穴现象

在液压系统中，当流动液体某处的压力低于空气分离压力时，原先溶解在液体中的空气就会分离出来，导致液体中出现大量气泡，这种现象称为气穴现象。如果液体中的压力进一步降低到饱和蒸汽压，则液体将迅速汽化，这时的空穴现象将会愈加严重。

气穴现象的产生破坏了液流的连续状态，造成流量和压力脉动。当带有气泡的液体进入高压区时又会急剧破灭，从而在瞬间产生局部液压冲击和高温，并引起强烈的振动及噪声。当附着在金属表面上的气泡破灭时，它所产生的局部高温和高压会使金属腐蚀，这种由气穴造成的腐蚀作用称为气蚀。气蚀会使液压元件的工作性能变坏，并使其寿命大大缩短。

为减少气穴和气蚀的危害，通常采取以下措施：

（1）减小孔口或缝隙前后压力差，使孔口或缝隙前后压力差之比 $p_1/p_2 < 3.5$。

（2）限制液压泵吸油口至油箱油面的安装高度，尽量减少吸油管道中的压力损失；必要时将液压泵浸入油箱的油液中或采用倒灌吸油（泵置于油箱下方），以改善吸油条件。

（3）提高各元件接合处管道的密封性，防止空气侵入。

（4）对于易产生气蚀的零件采用抗腐蚀性强的材料，增加零件的机械强度，并降低其表面粗糙度。

1.7　工　程　实　例

1.7.1　帕斯卡原理应用——冷轧机的支承辊平衡系统

如图 1-20 所示，为冷轧机的支承辊平衡系统，它由平衡缸和蓄能器组成。设支承辊质量为 $m_1 = 11\,000$ kg，工作辊质量为 $m_2 = 3000$ kg，支承辊平衡缸柱塞直径为 $d_1 = 19$ cm，工作辊平衡缸柱塞直径为 $d_2 = 15$ cm，蓄能器柱塞直径为 $d_3 = 20$ cm。试确定包括柱塞在内的蓄能器最小配重的质量为多少时才能保证支承辊和工作辊浮起。

欲使支承辊和工作辊浮起，平衡缸所需支撑力应克服支承辊和工作辊的重力。设平衡缸内压力为 p，有

$$p \cdot \frac{\pi}{4}(d_1^2 + 2d_2^2) = (m_1 + m_2)g$$

$$p = \frac{4(m_1 + m_2)g}{\pi(d_1^2 + 2d_2^2)} = \frac{4 \times (11+3) \times 10^3 \times 9.8}{\pi(19^2 + 2 \times 15^2) \times 10^{-4}} = 2.15 \text{ MPa}$$

根据帕斯卡原理，在蓄能器处的压力与平衡缸内的压力相等。设蓄能器配重质量为 m，则

$$mg = p \cdot \frac{\pi}{4}d_3^2$$

即要求的配重质量为

$$m = \frac{p \cdot \frac{\pi}{4}d_3^2}{g} = \frac{2.15 \times 10^6 \times \frac{\pi}{4} \times 20^2 \times 10^{-4}}{9.8} = 6900 \text{ kg}$$

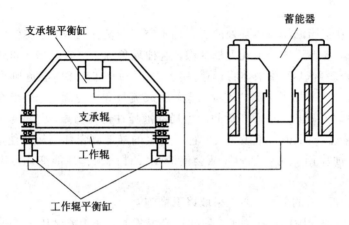

图 1-20 冷轧机的支承辊平衡系统

1.7.2 伯努利方程的应用——液压泵安装高度确定

液压泵从油箱吸油，如图 1-21 所示，泵的流量为 25 L/min，吸油管直径 $d = 30$ mm，设过滤网及管道内总的压降为 0.03 MPa，油液的密度 $\rho = 880$ kg/m³。要保证泵的进口真空度不大于 0.0336 MPa，试求泵的安装高度 h。

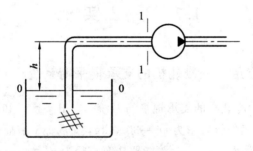

图 1-21 泵的安装高度

由油箱液面 0-0 至泵进口 1-1 建立伯努利方程为

$$\frac{p_a}{\rho} + \frac{\alpha_0 v_0^2}{2} = \frac{p_1}{\rho} + \frac{\alpha_1 v_1^2}{2} + gh + \frac{\Delta p}{\rho}$$

式中：p_a 为大气压力；p_1 为泵进口处绝对压力。

因为油箱截面远大于管道过流截面，所以 $v_0 \approx 0$。取 $\alpha_1 \approx 1$。

吸油管流速为

$$v_1 = \frac{4q}{\pi d^2} = \frac{4 \times 25 \times 10^{-3}}{\pi \times (30 \times 10^{-3})^2 \times 60} = 0.589 \text{ m/s}$$

泵的安装高度为

$$h = \frac{p_a - p_1}{\rho g} - \frac{v_1^2}{2g} - \frac{\Delta p}{\rho g} = \frac{0.0336 \times 10^6}{880 \times 9.8} - \frac{0.589^2}{2 \times 9.8} - \frac{0.03 \times 10^6}{880 \times 9.8} = 0.4 \text{ m}$$

1.7.3 动力学基本方程综合应用——水力清砂高压水枪

水力清砂高压水枪的结构如图 1-22 所示。喷嘴出口直径 $d_0 = 7$ mm，$d_1 = 15$ mm，流过的水流量 $q = 160/\text{min}$。用喷出的射流冲毁铸型芯砂。试求球形阀座受水枪的作用力。

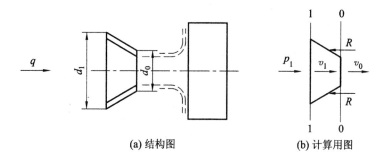

(a) 结构图　　　　(b) 计算用图

图 1-22 水力清砂高压水枪的结构

以喷嘴内流体为控制体，如图 1-21(b)所示，在水平方向写出动量方程

$$p_1 A_1 - R = \rho q (v_0 - v_1)$$

式中：R 为喷嘴壁对控制体的作用力。

$$v_1 = \frac{q}{A_1} = \frac{160 \times 10^{-3}}{60 \times \frac{\pi}{4} \times (15 \times 10^{-3})^2} = 15.1 \text{ m/s}$$

$$v_0 = v_1 \left(\frac{d_1}{d_{01}}\right)^2 = 15.1 \times \left(\frac{15}{7}\right)^2 = 69.3 \text{ m/s}$$

以 1-1、0-0 截面写出伯努利方程，不计阻力损失，且以轴线为基准，得

$$\frac{p_1}{\rho g} + \frac{v_1^2}{2g} = \frac{p_0}{\rho g} + \frac{v_0^2}{2g}$$

式中：$p_0 = 0$。于是

$$p_1 = \frac{\rho}{2}(v_0^2 - v_1^2) = \frac{1000}{2} \times (69.3^2 - 15.1^2) \times 10^{-6} = 2.29 \text{ MPa}$$

代入动量方程，得

$$R = p_1 A_1 - \rho q(v_0 - v_1)$$
$$= \left[2.29 \times 10^6 \times \frac{\pi}{4} \times \left(\frac{15}{1000}\right)^2 - 1000 \times \frac{160 \times 10^{-3}}{60} \times (69.3 - 15.1)\right]$$
$$\approx 260 \text{ N}$$

于是，作用在喷嘴上的力应是 260 N，方向向右。

要注意的是，不能认为此力通过水枪球形阀体传给阀座，而使阀座受到喷嘴拉力 $F = 260$ N，方向向右。应当指出，如喷气飞机那样，有射流自喷管喷出时，发动机产生推力，推力大小为 $\rho q v_0$。因此在这种情况下，作用在阀座上的力应是 $\rho q (v_0 - v_1) = 144.5$ N，方向向左，而不是方向向右的 260 N。

练 习 题

1-1 液压千斤顶如图1-23所示。千斤顶的小活塞直径为 15 mm，行程 10 mm，大活塞直径为 60 mm，重物 W 为 48 000 N，杠杆比为 $L : l = 750 : 25$，试求：

(1) 杠杆端施加多少力才能举起重物 W？

(2) 此时密封容积中的液体压力等于多少？

(3) 杠杆上下动作一次，重物的上升量。

又如小活塞上有摩擦力 175 N，大活塞上有摩擦力 2000 N，并且杠杆每上下一次，密封容积中液体外泄 0.2 cm³ 到油箱，重复上述计算。

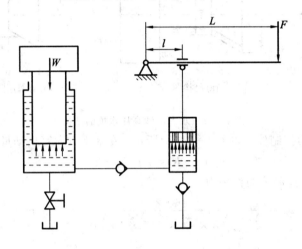

图 1-23 题 1-1图

1-2 某油管内径 $d = 5$ mm，管中流速分布方程为 $u = 0.5 - 800r^2 (\text{m/s})$，已知管壁黏性切应力 $\tau_0 = 44.4$ Pa。试求该油液的动力黏度 μ。

1-3 如图1-24所示，为一黏度计，若 $D = 100$ mm，$d = 98$ mm，$l = 200$ mm，外筒转速 $n = 8$ r/s 时，测得的转矩 $T = 0.4$ N·m，试求其油液的动力黏度。

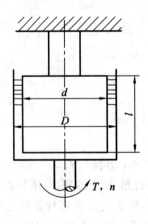

图 1-24 题 1-3图

1-4　如图 1-25 所示，一具有一定真空度的容器用一根管子倒置于一液面与大气相通的水槽中，液体在管中上升的高度 $h=1$ m，设液体的密度为 $\rho=1000$ kg/m^3，试求容器内的真空度。

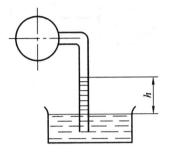

图 1-25　题 1-4 图

1-5　如图 1-26 所示，容器 A 中的液体密度 $\rho_A=900$ kg/m^3，B 中液体的密度为 $\rho_B=1200$ k/m^3，$z_A=200$ mm，$z_B=180$ mm，$h=60$ mm，U 形管中的测压介质为汞，$\rho_汞=13\,600$ kg/m^3，试求 A、B 之间的压力差。

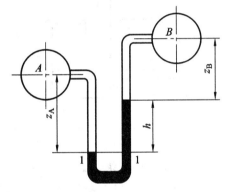

图 1-26　题 1-5 图

1-6　如图 1-27 所示，一虹吸管从油箱中吸油，管子直径 150 mm，且是均匀的，图中，A 点高出液面距离 $a=1$ m，管子出口低于液面距离 $b=4$ m，忽略一切损失，试求吸油流量和 A 点处的压力。

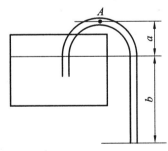

图 1-27　题 1-6 图

1-7　如图 1-28 所示液压缸，其缸筒内经 $D=120$ mm，活塞直径 $d=119.6$ mm，活塞长度 $L=140$ mm，若油的动力黏度 $\mu=0.065$ Pa·s，活塞回程要求的稳定速度为 $v=0.5$ m/s，试求不计油液压力时拉回活塞所需的力 F。

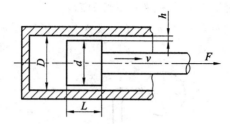

图 1-28 题 1-7 图

1-8 如图 1-29 所示,有一直径为 d、质量为 m 的活塞浸在液体中,并在力 F 的作用下处于静止状态。若液体的密度为 ρ,活塞浸入深度为 h,试确定液体在测压管内的上升高度 x。

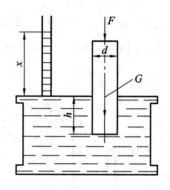

图 1-29 题 1-8 图

1-9 一个液压缸的旁路节流调速系统如图 1-30 所示。液压缸直径 $D=100$ mm,负载 $F=4000$ N,活塞移动速度 $v=0.05$ m/s,泵流量 $q=50$ L/min。试求节流阀开口面积应为多大?设节流阀口流量系数 $C_g=0.62$,不计管路损失,液体密度为 $\rho=900$ kg/m³。

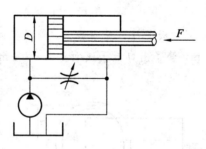

图 1-30 题 1-9 图

第2章　液压传动动力元件

液压传动系统中，液压油传递的压力能来自于机械能，能把机械能转变为液压油压力能的装置为液压传动动力元件，即液压泵。液压动力元件起着向系统提供动力源的作用，为液压传动系统提供具有一定压力和流量的液压油，是系统不可缺少的核心元件。液压泵通常由电动机、内燃机等驱动，将原动机(电动机或内燃机)输出的机械能转换为工作液体的压力能，是一种能量转换装置，而电动机、内燃机则把电能、热能转变为驱动液压泵工作的机械能。

2.1　液压泵概述

2.1.1　液压泵工作原理及分类

1. 液压泵工作原理

液压泵是依靠其密封工作腔容积大小交替变化的原理来完成吸油、排油工作的，故一般又称为容积式液压泵。

图2-1所示为一单柱塞液压泵的基本结构及工作原理图，图中柱塞2装在缸体3中形成一个密封工作腔a，柱塞在弹簧4的作用下始终压紧在偏心轮1上。偏心轮1在原动机驱动下旋转，柱塞2作往复运动，使密封工作腔a容积的大小发生周期性的交替变化。当a由小变大时，就形成部分真空，油箱中油液在大气压作用下，经油管顶开单向阀6进入密封工作腔a而实现吸油；反之，当a由大变小时，工作腔a中吸满的油液将顶开单向阀5流入系统而实现排油，将油压出。如此循环，原动机驱动偏心轮不断旋转，液压泵就将原动机输入的机械能转换成液体的压力能，液压泵就不断地吸油和排油，周而复始。

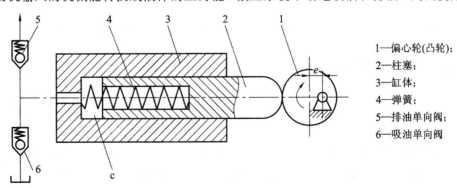

1—偏心轮(凸轮)；
2—柱塞；
3—缸体；
4—弹簧；
5—排油单向阀；
6—吸油单向阀

图2-1　单柱塞液压泵的基本结构及工作原理图

2. 液压泵工作的基本条件

容积式液压泵可以工作的基本条件有：

（1）具有若干个密封工作腔，且可以周期性交替变化。液压泵输出流量与此密闭工作腔的容积变化量和单位时间内的变化次数成正比，与其他因素无关，这是容积式液压泵的一个重要特性。

（2）油箱内液体的绝对压力必须等于或大于大气压力。这是容积式液压泵能够吸入油液的外部条件，因此，为保证液压泵正常吸油，油箱必须与大气相通，或采用密闭的充压油箱。

（3）具有相应的配流装置，将吸油腔和压油腔隔开，保证液压泵有规律地、连续地吸、排液体。液压泵的结构原理不同，其配流装置也不相同。如图 3-1 中的单向阀 5、6 就是配流装置，通过 5、6 的配合实现液压泵的吸油、压油。

容积式液压泵中的油腔处于吸油时称为吸油腔，处于排油时称为排油腔（或压油腔）。吸油腔的压力取决于吸油高度和吸油管路的阻力，吸油高度过高或吸油管路阻力太大，会使吸油腔真空度过高而影响液压泵的自吸能力。排油腔的压力则取决于外负载和排油管路的压力损失，从理论上讲排油口压力与液压泵的流量无关。容积式液压泵排油的理论流量取决于液压泵的有关几何尺寸和转速，而与排油压力无关。但排油压力会影响泵的内泄露和油液的压缩量，从而影响泵的实际输出流量，所以液压泵的实际输出流量随排油压力的升高而降低。

3. 液压泵的分类

液压泵按其每转所能输出的油液的体积是否可调节，可分为定量式和变量式；按工作中吸油口和排油口是否可以交换，可分为单向式和双向式；按结构形式，可分为齿轮式、叶片式和柱塞式等；按变量调节方式可分为手动式和自动式，其中自动式又分限压式、恒功率式、恒压式和恒流式等；按自吸能力，可分为自吸式合非自吸式。表 2-1 为常见液压泵的图形符号。

表 2-1　常见液压泵图形符号

名　　称	单向定量泵	单向变量泵	双向定量泵	双向变量泵
图形符号				

2.2.2　液压泵主要性能参数

1. 压力

1）工作压力 p_P

液压泵实际工作时的输出压力称为工作压力 p_P。工作压力的大小取决于外负载的大小和排油管路上的压力损失，而与液压泵的流量无关。在液压泵的输油管道中，如果没有阻力，且油液可直接流回油箱，则泵中输出的油液无须克服任何阻力就能流走，从而无法建立起压力来，后面内容中的液压泵卸荷回路即为该种情况。

2）额定压力 p_{nP}

液压泵在正常工作条件下，按试验标准规定连续运转的最高压力称为液压泵的额定压力 p_{nP}。实际工作中，液压泵的工作压力应小于或等于额定压力。

3）最高允许压力 $p_{\max P}$

在超过额定压力的条件下，根据试验标准规定，允许液压泵短暂运行的最高压力值，称为液压泵的最高允许压力 $p_{\max P}$。

2. 排量和流量

1）排量 V_P

液压泵的排量 V_P 是指在没有泄漏的理想情况下，泵轴每转一周，由其密封工作腔容积几何尺寸变化经计算而得到的所排出液体的体积。排量的大小仅与液压泵的几何尺寸有关。排量可调节的液压泵称为变量泵；排量不可调节恒为常数的液压泵则称为定量泵。

2）理论流量 q_{tP}

流量 q 为液压泵单位时间内排出的液体的体积，可分为理论流量 q_{tP}、实际流量 q_P 和额定流量 q_{nP}。理论流量 q_{tP} 是指在不考虑液压泵的泄漏流量的情况下，在单位时间内所排出的液体体积。一般而言，理论流量 q_{tP} 指的是平均理论流量，其大小与泵轴的转速和排量有关。显然，如果液压泵的排量为 V_P，其泵轴转速为 n_P，则该液压泵的理论流量 q_{tP} 为

$$q_{tP} = V_P n_P \tag{2-1}$$

式中：q_{tP} 为液压泵的理论流量（$\mathrm{m^3/s}$）、V_P 为液压泵的排量（$\mathrm{m^3/r}$），n_P 为泵的转速（$\mathrm{r/s}$）。

3）实际流量 q_P

液压泵在某一具体工况下，单位时间内实际排出的液体体积称为实际流量 q_P，它等于理论流量 q_{tP} 减去因泄漏、液体压缩等而损失的流量 Δq_P，即

$$q_P = q_{tP} - \Delta q_P \tag{2-2}$$

液压泵的工作压力影响其内泄漏以及油液压缩量，因此，液压泵的实际输出流量随工作压力的升高而降低。

4）额定流量 q_{nP}

额定流量 q_{nP} 是指液压泵在正常工作条件下，按试验标准规定（如在额定压力、额定转速下）必须保证的流量，也就是在在此条件下单位时间内实际排出的油液的体积。

3. 功率和效率

1）液压泵的功率

液压泵由原动机驱动，将机械能转换为工作液体的压力能。这是一个能量传递的过程，液压泵的输入功率即为驱动泵轴旋转的机械功率，而其输出功率则为实际输出的液压功率。

（1）输入功率 P_{iP}。液压泵的输入功率 P_{iP} 是指作用在液压泵泵轴上的机械功率。当泵的输入转矩为 T_{iP}（即电机输出转矩），角速度为 Ω_P 时（电机转速为 n_P），有

$$P_{iP} = T_{iP} \Omega_P = T_{iP} 2\pi n_P = 2\pi T_{iP} n_P \tag{2-3}$$

（2）输出功率 P_{oP}。液压泵的输出功率 P_{oP} 是指其实际输出的液压功率，为在工作过程

中的实际吸、排油口间的压差 Δp_P 和输出实际流量 q_P 的乘积，即

$$P_{oP} = \Delta p_P q_P \qquad (2-4)$$

式中：Δp_P 为液压泵吸、排油口之间的压力差（Pa）；q_P 为液压泵的实际输出流量（$\mathrm{m^3/s}$）；P_{oP} 为液压泵的输出功率（W）。

一般情况下，在实际计算中若泵的吸油口与连通大气的油箱相通，泵的吸油口压力可视为 0，则泵的输出功率即为泵的工作压力 p_P 和实际流量 q_P 的乘积，即

$$P_{oP} = p_P q_P \qquad (2-5)$$

式中：p_P 为液压泵排油口的工作压力（Pa）；q_P 为液压泵的实际输出流量（$\mathrm{m^3/s}$）；P_{oP} 为液压泵的输出功率（W）。

由前述内容可知，当忽略能量转换及输送过程的损失时，液压泵的输出功率应该等于输入功率。理论驱动转矩 T_{tP} 下，泵输出理论流量 q_{tP}，则泵的理论功率为

$$P_{tP} = T_{tP}\Omega_P = \Delta p_P q_{tP} \qquad (2-6)$$

2）液压泵的功率损失及效率

由于存在轴承、密封、运动构件与液体间等处的摩擦损失，因此到达液压泵工作机构上用来进行液体压缩的能量（可理解为液压泵正常工作时需要的理论驱动功率，即 $T_{tP}\Omega_P$）比输入到泵轴的机械功率（该功率通常称为泵的驱动电机的输出功率，即 $T_{iP}\Omega_P$）有所减小，此为液压泵功率的机械损失。另外，液压泵本身的结构会造成内泄漏，而气穴的存在和油液在高压下受压缩等因素，都会造成液压泵实际输出的流量 q_P 小于其理论流量 q_{tP}（其中泵的内泄漏是主要原因），则为液压泵功率的容积损失。因此，液压泵的功率损失有容积损失和机械损失两部分。

（1）容积损失及容积效率 η_{VP}。容积损失是指液压泵流量上的损失，液压泵的实际输出流量总是小于其理论流量，其主要原因是由于液压泵本身结构引起的内泄漏、油液的压缩以及在吸油过程中由于吸油阻力太大、油液黏度大以及液压泵转速高等原因而导致油液不能全部充满密封工作腔。液压泵的容积损失用容积效率 η_{VP} 来表示，等于液压泵的实际输出流量 q_P 与其理论流量 q_{tP} 之比，即

$$\eta_{VP} = \frac{q_P}{q_{tP}} = \frac{q_{tP} - \Delta q_P}{q_{tP}} = 1 - \frac{\Delta q_P}{q_{tP}} \qquad (2-7)$$

因此液压泵的实际输出流量 q_P 为

$$q_P = q_{tP}\eta_{VP} = V_P n_P \eta_{VP} \qquad (2-8)$$

液压泵的容积效率随着液压泵工作压力的增大而减小，且随液压泵的结构类型不同而异，但恒小于 1。例如，齿轮泵容积效率为 0.7～0.9，叶片泵容积效率为 0.8～0.95，柱塞泵容积效率为 0.9～0.95。

（2）机械损失及机械效率 η_{mP}。机械损失是指液压泵在转矩上的损失。液压泵的实际输入转矩 T_{iP} 总是大于理论上所需要的转矩 T_{tP}，其主要原因是由于液压泵体内相对运动部件之间因机械摩擦而引起的摩擦转矩损失以及液体的黏性而引起的摩擦损失。液压泵的机械损失用机械效率 η_{mP} 表示，它等于液压泵的理论转矩 T_{tP} 与实际输入转矩 T_{iP} 之比，设转矩损失为 ΔT_P，则液压泵的机械效率为

$$\eta_{mP} = \frac{T_{tP}}{T_{iP}} = \frac{T_{iP} - \Delta T_P}{T_{iP}} = \frac{T_{tP}}{T_{tP} + \Delta T_P} = 1 - \frac{\Delta T_P}{T_{iP}} = \frac{1}{1 + \dfrac{\Delta T_P}{T_{tP}}} \qquad (2-9)$$

（3）液压泵的总效率 η_P。液压泵的总效率 η_P 是指液压泵的输出功率 P_{oP} 与其输入功率 P_{iP} 的比值。则总效率 η_P 为

$$\eta_P = \frac{P_{oP}}{P_{iP}} = \frac{\Delta p_P q_P}{T_{iP}\Omega_P} = \frac{\Delta p_P q_{tP}\eta_{VP}}{\dfrac{T_{tP}\Omega_P}{\eta_{mP}}} = \frac{\Delta p_P q_{tP}}{T_{tP}\Omega_P}\eta_{VP}\eta_{mP} = \eta_{VP}\eta_{mP} \qquad (2-10)$$

由式（2-10）可知，液压泵的总效率 η_P 等于其容积效率 η_{VP} 与机械效率 η_{mP} 的乘积，所以液压泵的输入功率也可写成

$$P_{iP} = \frac{P_{oP}}{\eta_P} = \frac{p_P q_P}{\eta_P} = \frac{p_P q_P}{\eta_{VP}\eta_{mP}} \qquad (2-11)$$

3）液压泵的自吸能力及特性曲线

液压泵能借助大气自行吸油而正常工作的现象称为自吸。一般的液压泵都有不同程度的自吸能力。不能自吸或自吸能力较差的泵则要用辅助泵供油。如图 2-2 所示，为液压泵的各个参数和压力之间的关系变化特性曲线，对于评价和使用液压泵都是至关重要的。

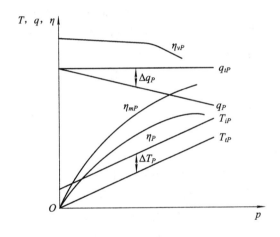

图 2-2　液压泵的特性曲线

2.2　齿　轮　泵

齿轮泵是靠泵体中一对齿数相同、宽度和模数相等的啮合运动齿轮工作的。按结构不同，齿轮泵分为外啮合齿轮泵和内啮合齿轮泵，而以外啮合齿轮泵应用最广。

2.2.1　外啮合齿轮泵工作原理

如图 2-3 所示为外啮合齿轮泵的工作原理，它是分离三片式结构：二片泵盖和一片泵体。泵体 1 内装有一对齿数相同、宽度和泵体接近而又互相啮合的齿轮 2、3，这对齿轮各个齿槽与两端泵盖和泵体形成密封腔，并由齿轮的齿顶和啮合线把密封腔分隔为左、右两部分，即图示的压油腔和吸油腔。齿轮啮合时齿向接触线把吸油腔和压油腔分开，起配油作用。

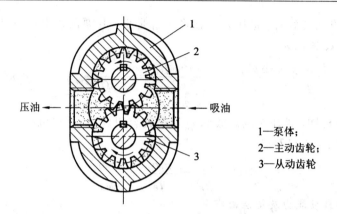

图 2-3 外啮合齿轮泵工作原理

两齿轮 2、3 分别用键固联在由轴承支承的主动轴(泵轴)和从动轴上。当主动轴在电动机驱动下按图示箭头方向旋转时，右侧内的轮齿逐渐退出啮合，使右侧密封腔容积逐渐增大，形成局部真空，在大气压力的作用下吸油管从油箱吸进油液，并被旋转的齿轮齿槽带到左侧；左侧内的轮齿逐渐进入啮合状态，使左侧密封腔容积逐渐减小，油液则从齿槽中被挤出而流向排油口，进行压油，给系统提供压力油。由上述可知：齿轮泵是利用轮齿啮合与脱开形成密封腔容积的变化而进行吸、压油的。

2.2.2 外啮合齿轮泵参数

1. 外啮合齿轮泵的排量

外啮合齿轮泵的排量可以看成两个齿轮的齿槽容积之和。若齿轮齿数为 z、模数为 m、分度圆直径为 $d(d=mz)$、工作齿高为 $h(h=2m)$、齿宽为 B 时，其排量 V_P 可近似等于外径 $mz+2m$、内径为 $mz-2m$、宽度为 B 的圆环体积，即

$$V_P = \pi dhB = 2\pi m^2 zB \tag{2-12}$$

实际上，通常取 π 为 $3.33\sim3.5$ 来修正，齿数少的取大值。则式(2-12)变为

$$V_P = 6.66m^2 zB \tag{2-13}$$

2. 外啮合齿轮泵的流量

外啮合齿轮泵的理论流量为

$$q_{tP} = 6.66m^2 zBn \tag{2-14}$$

外啮合齿轮泵的输出流量为

$$q_P = q_{tP}\eta_{VP} = 6.66m^2 zBn\eta_{VP} \tag{2-15}$$

式中：q_P 为外啮合齿轮泵的平均流量。

从上面公式可以看出流量和几个主要参数的关系为

(1)输油量与齿轮模数 m 的平方成正比。

(2)在泵的体积一定时，齿数少，模数就大，故输油量增加，但流量脉动大；齿数增加时，模数就小，输油量减少，流量脉动也小。用于机床上的低压齿轮泵，取 $z=13\sim19$，而中、高压齿轮泵，取 $z=6\sim14$，齿数 $z<14$ 时，要进行修正。

(3)输油量和齿宽 B、转速 n 成正比。一般齿宽 $B=(6\sim10)m$；转速 n 为 750 r/min；

1000 r/min、1500 r/min，转速过高，会造成吸油不足，转速过低，泵也不能正常工作。一般齿轮的最大圆周速度不应大于 5～6 m/s。

3. 流量脉动率 δ

实际上，外啮合齿轮泵的输出流量 q_P 是有脉动的，随着啮合点位置的不断变化，齿轮泵每一瞬时的容积变化率是不均匀的。为了评价泵的瞬时流量脉动，引入流量脉动率 δ。设 q_{maxP}、q_{minP} 分别表示最大、最小瞬时流量，则流量脉动率 δ 表示为

$$\delta = \frac{q_{maxP} - q_{minP}}{q_P} \times 100\% \qquad (2-16)$$

外啮合齿轮泵的齿数越少，其输出流量的脉动率就越大，考虑到液压系统传动的均匀性、平稳性及噪声等都与泵的流量脉动有关，因此可通过增加齿数来减小齿轮泵的流量脉动。精度要求较高的液压系统不宜采用外啮合齿轮泵。

表 2-2 为外啮合齿轮泵流量脉动率 δ 与齿数 z 的关系。

表 2-2　外啮合齿轮泵流量脉动率 δ 与齿数 z 的关系

齿数	6	8	10	12	14	16	20
$\delta/\%$	34.7	26.3	21.2	17.8	15.2	13.4	10.7

2.2.3　外啮合齿轮泵结构特点

1. 外啮合齿轮泵结构

如图 2-4 所示为 CB-B 型外啮合齿轮泵的结构图，CB-B 型外啮合齿轮泵为低压泵，

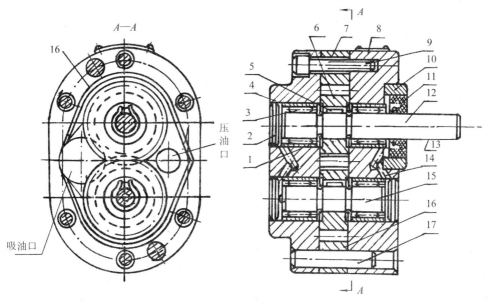

1—轴承挡圈；2—压盖；3—滚针轴承；4—后泵盖；5、13—键；6—齿轮；7—壳体；8—前泵盖；
9—螺钉；10—压环；11—密封环；12—主动轴；14—泄油孔；15—从动轴；16—卸荷槽；17—定位销

图 2-4　CB-B 齿轮泵的结构

工作压力为 2.5 MPa。泵的前后、盖 8、4 和泵体 7 由两个定位销 17 定位，用六只螺钉 9 固紧。为了保证齿轮能灵活地转动，同时又要保证泄露最小，在齿轮端面和泵盖之间应有适当间隙（轴向间隙），对小流量泵轴向间隙为 0.025～0.04 mm，大流量泵为 0.04～0.06 mm。齿顶和泵体内表面间的间隙（径向间隙），由于密封带长，同时齿顶线速度形成的剪切流动又和油液泄露方向相反，故对泄露的影响较小，这里要考虑的主要问题是：当齿轮受到不平衡的径向力后，应避免齿顶和泵体内壁相碰，所以径向间隙就可稍大，一般取 0.13～0.16 mm。

为了防止压力油从泵体和泵盖间泄露到泵外，并减小压紧螺钉的拉力，在泵体两侧的端面上开有卸荷槽 16，把渗入泵体和泵盖间的压力油引入吸油腔。在泵盖和从动轴上的小孔 14，其用途是将泄露到轴承端部的压力油引到泵的吸油腔去，防止油液外溢，同时也起到润滑滚针轴承的作用。

泵的吸油口和压油口开在后端盖上，大者为吸油口，小者为压油口。由于这种结构的泵的吸油腔不能承受高压，因此不能逆转工作。

2. 外啮合齿轮泵的特点

1）泄漏

液压泵中组成密封工作容积的零件做相对运动，其间隙产生的泄漏影响液压泵的性能。外啮合齿轮泵压油腔的压力油主要存在三个间隙泄露途径。

（1）齿轮端面与端盖端面之间的轴向泄漏。齿轮端面与前后端盖之间的端面间隙较大，此端面间隙封油长度又短，所以泄漏量最大，约占总泄漏量的 70%～75%。轴向泄漏是影响齿轮泵压力提高的重要因素，但若轴向间隙过小，则旋转运动的齿轮端面和固定不动的端盖间的机械摩擦损失会增大，从而降低齿轮泵的机械效率。故要合理控制外啮合齿轮泵的齿轮端面与端盖端面之间的轴向泄漏。

（2）齿轮外圆与泵体内表面之间的径向泄漏。由于齿轮转动方向与泄漏方向相反，压油腔到吸油腔通道较长，所以其泄漏量相对较小，约占总泄漏量的 10%～15%。

（3）轮齿齿面啮合处间隙的泄漏。由于齿形误差会造成沿齿宽方向接触不好而产生间隙，使压油腔与吸油腔之间造成泄漏，这部分泄漏量很少。

2）困油现象

齿轮泵要能连续地供油，就要求齿轮啮合的重叠系数 $\varepsilon > 1$，也就是当一对齿轮尚未脱开啮合时，另一对齿轮已进入啮合，这样就会存在同有两对齿轮啮合的瞬间，在两对齿轮的齿向啮合线之间形成了一个封闭区域，一部分油液就被困在这一封闭区域中（见图 2-5(a)），齿轮连续旋转时，这一封闭区域的容积便逐渐减小，到两啮合点处于节点两侧的对称位置时（见图 3-5(b)），封闭区域容积为最小，齿轮再继续转动时，封闭区域容积又逐渐增大，直到图 3-5(c) 所示位置时容积又变为最大。在封闭区域容积减小时，被困油液受到挤压，压力急剧上升，轴承上突然受到很大的冲击载荷，使泵剧烈振动，这时高压油从一切可能泄漏的缝隙中挤出，造成功率损失、油液发热等。当封闭区域容积增大时，由于没有油液补充，因此形成局部真空，使原来溶解于油液中的空气分离出来，形成气泡，而油液中产生气泡后，会引起噪声、气蚀等一系列不良后果。上述情况即为齿轮泵的困油现象，这种困油现象极为严重地影响着泵的工作平稳性和使用寿命。

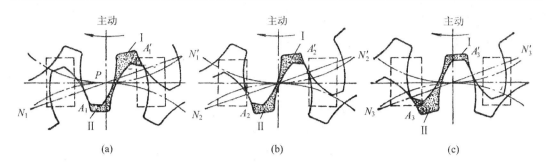

图 2-5 齿轮泵的困油现象

为了消除困油现象，可以采取在 CB-B 型齿轮泵的
泵盖上铣出两个困油卸荷凹槽的措施，其几何关系如图
2-6 所示。卸荷槽的位置应该使困油腔由大变小时，能
通过卸荷槽与压油腔相通，而当困油腔由小变大时，能
通过另一卸荷槽与吸油腔相通。对两卸荷槽之间的距离
a 的要求是：在任何时候都必须保证不能使压油腔和吸
油腔互通。

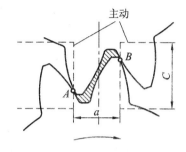

图 2-6 齿轮泵的困油卸荷槽图

按上述要求对称开的卸荷槽，在困油封闭腔由大变
至最小时（见图 3-6），由于油液不易从即将关闭的缝隙中挤出，故封闭油压仍将高于压油
腔压力；齿轮继续转动，当封闭腔和吸油腔相通的瞬间，高压油又突然和吸油腔的低压油
相通，会引起冲击和噪声。为此，将 CB-B 型齿轮泵卸荷槽的位置整个向吸油腔侧平移了
一段距离，这时封闭腔只有在由小变至最大时才和压油腔断开，油压没有突变，封闭腔和
吸油腔接通时，封闭腔不会出现真空也没有压力冲击，经这样改进后，使齿轮泵的振动和
噪声性能得到了进一步改善。

3）径向不平衡力

如图 2-7 所示，齿轮泵工作时，泵的右侧为吸油腔，
左侧为压油腔，在齿轮和轴承上承受径向液压力的作用。
在压油腔内随着齿顶的泄漏，有大小不等的液压力作用于
齿轮上，这就是齿轮泵中齿轮和轴承受到的径向不平衡
力。液压力越高，这个不平衡力就越大，不仅加速了轴承
的磨损，降低了轴承的寿命，甚至使轴变形，造成齿顶和
泵体内壁的摩擦等。为了提高泵的性能，应采取措施尽量
减小径向力不平衡，主要方法有：

（1）缩小压油口的孔径。这样通过减少液压力对齿顶
部分的作用面积来减小径向不平衡力，CB-B 型齿轮泵中
采用此措施，其压油口孔径比吸油口孔径要小。

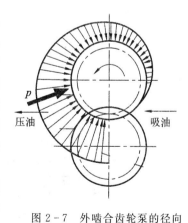

图 2-7 外啮合齿轮泵的径向
不平衡力

（2）增大泵体内表面与齿轮齿顶圆的径向间隙。即使
齿轮在径向不平衡力作用下，其齿顶也不能和泵体相接触，代价是径向泄漏增大，效率
变低。

（3）开压力平衡槽。如图 2-8 所示，1、2 两个压力平衡槽分别与低、高压油腔相通，

这样吸油腔与压油腔相对应的径向力得到平衡，使得作用在轴承上的径向力大大减少。因该方法使泵的内泄漏增加，容积效率降低，目前很少使用此方法。

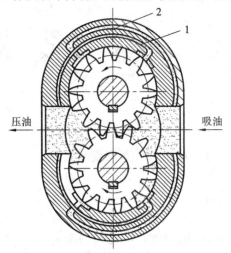

图 2-8　开压力平衡槽减小径向不平衡力

4）提高齿轮泵压力等级的途径

当外啮合齿轮泵工作压力提高后，首要解决的问题就是轴向间隙带来的轴向泄漏问题；另外，随着压力的提高，原来就不平衡的径向力随之增大，会导致轴承失效或损坏。因此，在中高压外啮合齿轮泵中，应尽量减小径向不平衡力，提高轴的刚度与轴承的承载能力；对泄漏量最大处的轴向间隙泄漏采用自动补偿装置等措施。

在中高压外啮合齿轮泵中，轴向间隙补偿一般采用浮动轴承、浮动侧板或弹性侧板，使之在液压力作用下压紧齿轮端面，减小轴向间隙，从而减少轴向泄露。

（1）浮动轴套式。如图 2-9(a)所示为浮动轴套式的间隙补偿装置，将泵的出口压力油引入齿轮轴上的浮动轴套 1 的外侧 A 腔，在液压力作用下，使轴套紧贴齿轮 3 的侧面，从而可以消除间隙并补偿齿轮侧面和轴套间的磨损量。在泵启动时，靠弹簧 4 来产生预紧力，保证了轴向间隙的密封。

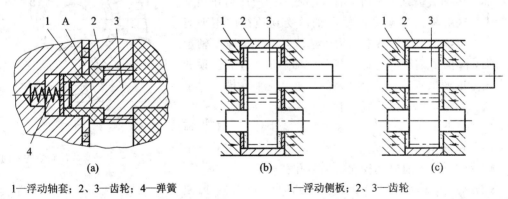

(a)　　　　　　　　　　　　　　(b)　　　　　　　　　　　　(c)

1—浮动轴套；2、3—齿轮；4—弹簧　　　　　　　1—浮动侧板；2、3—齿轮

图 2-9　轴向间隙补偿装置示意图

（2）浮动侧板式。如图 2-9(b)所示为浮动侧板式补偿装置，其工作原理与浮动轴套式基本相似，也是利用泵的出口压力油引入到浮动侧板 1 的背面，使之紧贴于齿轮 2 的端面

来补偿间隙。在泵起动时，靠密封圈对浮动侧板产生预紧力。

（3）挠性侧板式。如图 2-9(c)所示为挠性侧板式间隙补偿装置。它是利用泵的出口压力油引入到侧板的背面后，靠侧板自身的变形来补偿端面间隙，侧板的厚度较薄，内侧面要耐磨（如烧结有 0.5~0.7 mm 的磷青铜），这种结构采取一定措施后，易使侧板外侧面的压力分布大体上和齿轮侧面的压力分布相适应。

5）外啮合齿轮泵的优、缺点

外啮合齿轮泵的优点：结构简单，制造方便，外形尺寸小，重量轻，造价低，自吸性能好，对油液的污染不敏感，工作可靠，是液压系统中广泛采用的一种液压泵，它一般做成定量泵。由于齿轮泵中的啮合齿轮是轴对称的旋转体，因此允许转速较高。

外啮合齿轮泵的缺点：流量和压力脉动大，噪声高，排量不能调节，精度不高。

2.2.4　内啮合齿轮泵[*]

内啮合齿轮泵主要有两种形式：渐开线齿轮泵（见图 2-10(a)）和摆线式齿轮泵（见图 2-10(b)），其工作原理和主要特点与外啮合齿轮泵基本相同，也是利用齿间密封腔容积的变化来实现吸油、压油的。

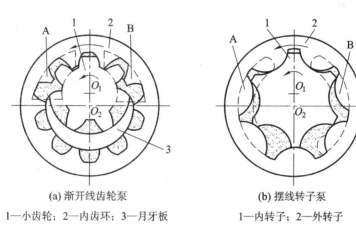

(a) 渐开线齿轮泵　　　　　　　　(b) 摆线转子泵
1—小齿轮；2—内齿环；3—月牙板　　1—内转子；2—外转子

图 2-10　内啮合齿轮泵

图 2-10(a)所示为渐开线内啮合齿轮泵，是由小齿轮 1、内齿环 2 和月牙形隔板 3 组成。月牙板 3 在内环和小齿轮之间，将吸、排油腔隔开。当传动轴带动小齿轮 1 按图示方向绕其中心 O_1 旋转时，内齿环 2 被驱动，绕其中心 O_2 旋转。图 2-10(a)中左半部轮齿脱开啮合，齿间密封腔容积逐渐增大，从端盖上的吸油口 A 吸油；右半部轮齿进入啮合，齿间密封腔容积逐渐减小，将油液从压油口 B 排出。

图 2-10(a)所示为摆线式内啮合齿轮泵，其外转子 2 的齿形是圆弧，内转子 1 的齿形为短幅外摆线的等距线，故称为摆线式内啮合齿轮泵，又称为转子泵。摆线式齿轮泵以摆线成形。外转子 2 比内转子 1 多一个齿。它的内转子和外转子在工作时各绕相互平行的两条轴线旋转，在工作时，所有内转子的齿都进入啮合，相邻两个齿的啮合线与泵体和前后端盖形成密封腔。内、外转子存在偏心，内转子为主动件，当内转子围绕轴心如图 2-10(b)中方向旋转时，带动外转子绕外转子轴心作同向旋转。左侧油腔密封容积逐渐增大，通

过端盖上的配油口 A 吸油；右侧油腔密封容积逐渐减小，从压油口 B 排油。内转子每转一周，由内转子齿顶和外转子齿谷所构成的各密封腔容积变化，完成吸、压油各一次。当内转子连续转动时，即完成了液压泵的吸、排油工作。

渐开线内啮合齿轮泵与外啮合齿轮泵相比，齿轮的啮合长度较长，因此工作平稳、流量脉动率小（仅是外啮合齿轮泵的 1/10~1/20，流量的不均匀系数一般为 1%~3%），结构紧凑，重量轻，噪声低，效率高；可以采用特殊齿形将困油现象减到很小的程度；吸油区大，流速低，吸入性能好；由于两个齿轮同向旋转，相对滑动速度小，磨损小，使用寿命长；油液在离心力作用下易充满齿间槽，故允许高速旋转，容积效率高。它的缺点是齿形复杂，需要专门的高精度加工设备。

摆线式内啮合齿轮泵的优点是结构紧凑，体积小，零件数少，转速高（可达 10000 r/mim），运动平稳，噪声低等。缺点是啮合处间隙泄漏大，容积效率不高，流量脉动大，转子的制造工艺复杂等。摆线式内啮合齿轮泵可正、反转，也可作为液压马达用。

2.2.5　螺杆泵*

螺杆泵有单螺杆式、双螺杆式、三螺杆式和五螺杆式等，其螺杆的螺旋线外廓又有不同形状之分。从螺杆横截面看去又像特殊齿形的齿轮啮合，所以也把螺杆泵列为齿轮泵类中。

如图 2-11 所示为三螺杆泵的结构和工作原理图。泵体由后盖 4、壳体 1 和前盖 5 组合而成，主动螺杆 2 和两根从动螺杆 3，与泵体一起组成密封工作腔。三个相互啮合的双线螺杆装在壳体内，主动螺杆 2 为凸螺杆，两根从动螺杆 4 为凹螺杆。三根螺杆的外圆与壳体对应弧面保持着良好的配合，其间隙很小。在横截面内，它们的齿廓由几对共轭摆线组成，螺杆的啮合线将主动螺杆和从动螺杆的螺旋槽分隔成多个相互隔离的密封腔。螺杆按图 2-11 中方向旋转时，这些密封腔一个接一个地在左端形成，并不断地从左向右移动，至右端消失。密封腔在左端形成时，容积逐渐增大进行吸油；在右端消失时，容积逐渐缩

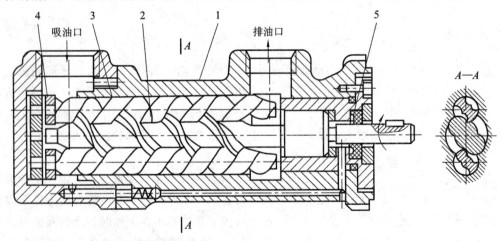

1—壳体；2—主动螺杆；3—从动螺杆；4—后盖；5—前盖

图 2-11　三螺杆泵结构及工作原理图

小完成排油。经分析螺杆泵工作原理可以发现，螺杆泵吸、排油的工作原理非常像丝杠—螺母传动原理。螺杆泵的螺杆直径越大，螺旋槽越深，导程越长，则排量就越大；螺杆越长，吸油口和排油口之间的密封层次越多，密封就越好，泵的额定压力就越高。

螺杆泵的优点：无困油现象，工作平稳，噪声小，流量脉动非常小；啮合线较长，吸、排油口之间的封油长度大，所以容积效率高（可达 95%），额定压力高（可达 20 MPa）；结构紧凑，转动惯量小，可采用很高的转速；密封面积大，对油液的污染不敏感。螺杆泵的缺点：螺杆精度要求高，形状复杂，加工精度高，加工较困难，需要专用设备。因上述特点，螺杆泵主要用于对流量、压力等性能参数要求较高的精密机床液压系统。

2.3　叶　片　泵

叶片泵的结构较齿轮泵复杂，但其工作压力较高，且流量脉动小，工作平稳，噪声较小，寿命较长，所以被广泛应用于专业机床、自动线等中低压液压系统中。叶片泵主要分为单作用叶片泵（变量泵）和双作用叶片泵（定量泵）两大类。

2.3.1　单作用叶片泵

1. 单作用叶片泵结构和工作原理

图 2-12 所示为单作用叶片泵的工作原理，泵由转子 1、定子 2、叶片 3、配油盘和端盖（图中未示出）等元件所组成。定子具有圆柱形内表面，定子和转子间有偏心距 e，叶片装在转子槽中，并可在槽内灵活滑动。

单作用叶片泵配油盘上的通油槽与叶片底部系统，通常设计成高压腔和低压腔，高压腔压油，低压腔吸油。当叶片处于吸油区时，其底部和配油低压腔相通为低压油，也参加吸油；当叶片处于压油区时，其底部和配油高压腔相通为高压油，同时向外压油。为使叶片能顺利地向外运动并始终紧贴定子，必须使叶片

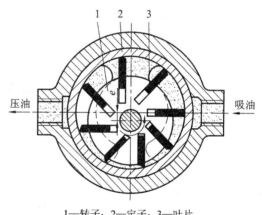

1—转子；2—定子；3—叶片

图 2-12　单作用叶片泵工作原理

所受的惯性力和叶片的离心力等的合力尽量与转子中叶片槽的方向一致，以免侧向分力使叶片与定子间产生摩擦力影响叶片的伸出，为此转子中叶片槽应向后倾斜一定的角度（一般后倾 20°～30°）

当转子回转时，由于离心力的作用，使叶片紧靠在定子内壁，这样在定子、转子、叶片和两侧配油盘间就形成若干个密封的工作区间。当转子按图示的方向回转时，右部叶片逐渐伸出，叶片间的工作空间逐渐增大，从吸油口吸油，这就是吸油腔；左部叶片被定子内壁逐渐压进槽内，工作空间逐渐减小，将油液从压油口压出，这就是压油腔。在吸油腔和压油腔间有上下各一段封油区，把吸油腔和压油腔隔开。叶片泵转子每转一周，每个工作空间完成一次吸油和压油，故称单作用叶片泵。

转子上受单方向的液压不平衡作用力,因此该泵为非平衡泵,轴承负载较大;改变定子与转子间偏心距的大小,便可改变泵的排量,故为变量泵。

2. 排量与流量

单作用叶片泵叶片数为 Z,定子内径为 D、宽度为 b,转子直径为 d,叶片厚度为 s,定子与转子间的偏心距为 e,叶片倾角为 θ,则单作用叶片泵的排量为

$$V_P = 2be\left(\pi D - \frac{Zs}{\cos\theta}\right) \tag{2-17}$$

泵的实际输出流量为

$$q_P = 2be\left(\pi D - \frac{Zs}{\cos\theta}\right)n\eta_{VP} \tag{2-18}$$

一般叶片槽底部的吸油和压油能补偿式(2-18)中由于叶片厚度占据体积而引起的排量较小,应用中泵的实际输出流量也可用式(2-19)计算。

$$q_P = 2be\pi Dn\eta_{VP} \tag{2-19}$$

单作用叶片泵的流量也是有脉动的,泵内叶片数越多,流量脉动率越小。此外,奇数叶片数的泵的脉动率比偶数叶片数的泵的脉动率小,因此单作用叶片泵的叶片数为奇数,一般为 13 或 15 片。

3. 特点

(1)单作用叶片泵为变量泵。改变定子和转子之间的偏心,便可改变流量;偏心反向时,吸油、压油反向也相反。

(2)由于转子受不平衡径向液压作用力,单作用叶片泵一般不宜用于高压。

(3)处在压油腔的叶片顶部受压力油的作用,把叶片向转子槽内推入,为了使叶片顶部可靠地和定子内表面相接触,压油腔一侧的叶片底部通过特殊的沟槽和压油腔相通。吸油腔一侧的叶片底部要和吸油腔相通,这时的叶片仅靠离心力的作用顶在定子的内表面上。

2.3.2 双作用叶片泵

1. 双作用叶片泵结构和工作原理

图 2-13 所示为双作用叶片泵的工作原理图,是由定子 6、转子 3、叶片 4、配流盘和泵体 1 组成,5 为吸油口,2 为压油口。转子与定子同心安装,定子的内曲线是由上下两段长半径圆弧、左右两段短半径圆弧及四段过渡曲线所组成,共有八段曲线。定子曲线是影响双作用式叶片泵性能的一个关键因素,它将影响叶片泵的流量均匀性、噪声、磨损等问题。目前,常用的定子曲线有等加速-等减速曲线、高次曲线和余弦曲线等。一般在双作用叶片泵中,叶片底部全部都通压力油,以保证叶片能紧贴在定子内表面上。为使叶片能顺利地向外运动并始终紧贴定子,转子中叶片槽应向前倾斜一定的角度 θ。

图 2-13 中转子作顺时针旋转,叶片在离心力作用下,径向伸出,其顶部在定子内曲线上滑动。此时,由两叶片、转子外圆、定子内曲线及两侧配油盘所组成的封闭的工作腔的容积不断地变化。在经过右下角及左上角的配油窗口处时,叶片伸出,工作腔容积增大,油液通过吸油窗口吸入;在经过右上角及左下角的配油窗口处时,叶片回缩,工作腔容积

变小，油液通过压油窗口输出。在每个吸油口与压油口之间，有一段封油区，对应于定子内曲线的四段圆弧处。

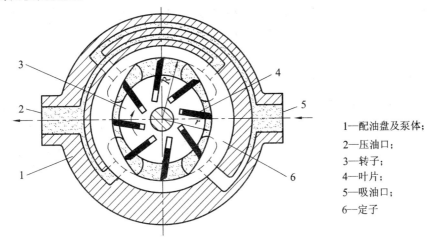

图 2-13　双作用叶片泵的工作原理

1—配油盘及泵体；
2—压油口；
3—转子；
4—叶片；
5—吸油口；
6—定子

双作用式叶片泵每转一转，每个工作腔完成吸油两次和压油两次，所以称其为双作用叶片泵。又因泵的两个吸油窗口与两个压油窗口是径向对称的，作用于转子上的液压力是平衡的，双作用式叶片泵也称平衡式叶片泵，一般为定量泵。

2. 排量与流量

双作用叶片泵叶片数为 Z，叶片泵定子内表面圆弧部分长短半径为 R、r，定子宽度为 b，叶片厚度为 s，叶片倾角为 θ，则双作用叶片泵的排量 V_P 为

$$V_P = 2b\left[\pi(R^2 - r^2) - \frac{(R-r)Zs}{\cos\theta}\right] \tag{2-20}$$

泵的实际输出流量为

$$q_P = 2b\left[\pi(R^2 - r^2) - \frac{(R-r)Zs}{\cos\theta}\right]n\eta_{VP} \tag{2-21}$$

双作用叶片泵的流量也存在脉动，但比其他形式的泵要小得多，且在叶片数为 4 的倍数时最小，一般为 12 或 16 片。

3. 特点

（1）定子曲线由四段圆弧和四段过渡曲线组成。过渡曲线应保证叶片紧贴在定子内表面上，保证叶片在转子槽中径向运动时速度和加速度的变化均匀，使叶片对定子内表面的冲击尽可能小。

（2）因配油盘的两个吸油窗口和两个压油窗口对称布置，因此作用在转子和定子上的液压径向力平衡，轴承承受的径向力小，寿命长。

（3）通过减小作用在叶片底部的油液压力、减小叶片底部承受压力油作用的厚度等方法可以提高双作用叶片泵的压力，改善泵的寿命。

2.2.3　限压式变量叶片泵

限压式变量叶片泵是一种输出流量随工作压力变化而变化的单作用叶片泵。根据前面

介绍的单作用叶片泵的工作原理，改变定子和转子间的偏心距 e，就能改变泵的输出流量，限压式变量叶片泵能借助输出压力的大小自动改变偏心距 e 的大小来改变输出流量。而当工作压力大到泵所产生的流量全部用于补偿泄漏时，泵的输出流量为零，不管外负载再怎样加大，泵的输出压力不会再升高，因此这种泵被称为限压式变量叶片泵。

限压式变量叶片泵可分为内反馈式和外反馈式。

1. 内反馈式限压式变量叶片泵

图 2-14 所示为内反馈式限压式变量叶片泵工作原理，转子 1 中心固定，定子 2 可以左右移动。该泵的配流盘的吸、压油窗口的布局如图中所示。其相对定子与转子的中心连线是不对称的，存在偏角 θ，在泵工作过程中，压油区的压力油作用于定子的力 F 也偏一个 θ 角，这样 F 的水平分力 $F_x = F\sin\theta$。当水平分力超多调压弹簧调定的限定压力时，定子向左移动，使得定子与转子的偏心量减小，则泵的输出流量减小。这种泵依靠压力油直接作用于定子上，与弹簧力的平衡来调节排量，其控制信号来源于泵的内部，因此称之为内反馈式限压式变量叶片泵。

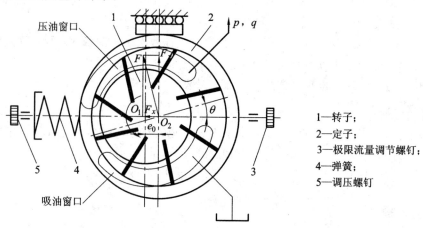

压油窗口

吸油窗口

1—转子；
2—定子；
3—极限流量调节螺钉；
4—弹簧；
5—调压螺钉

图 2-14　内反馈式限压式变量叶片泵工作原理

2. 外反馈式限压式变量叶片泵

图 2-15 所示为外反馈式限压式变量叶片泵工作原理。该泵的配流盘的吸、压油窗口的布局如图中所示，其相对定子与转子的中心连线是对称的，因而作用在定子环上的液压力不产生调节力，必须依靠外界力来使定子环移动，从而达到调节流量的目的，称之为外反馈式限压式变量叶片泵。

转子 1 中心固定，定子 2 可以左右移动，泵出口压力油经泵内通道引入到变量活塞 4 上。在泵未工作时，定子在弹簧 5 作用下被压紧在变量活塞 4 的左端面，变量活塞 4 靠在极限流量调节螺钉 3 上，这时，定子 2 与转子 1 有一个初始偏心量 e_0，弹簧也有一个预压缩量 x_0。调节螺钉 3 的位置可以改变偏心量 e_0 的大小，即调节泵的极限流量。泵工作时，当泵的出口压力 p 较低时，作用在变量活塞 4 上的液压力 pA 小于弹簧力 $k_s x_0$（$pA < k_s x_0$，k_s 为弹簧刚度），定子位置不移动，此时泵的偏心量最大，为 e_0，输出流量最大；外界负载增大时，泵的出口压力 p 也随之增大，当压力 p 达到限定压力 p_B（$p_B A = k_s x_0$，通过调节调压螺钉 6 可改变 x_0，即可改变的 p_B 大小）时，定子位置处于临界状态，若泵出口压力 p 进

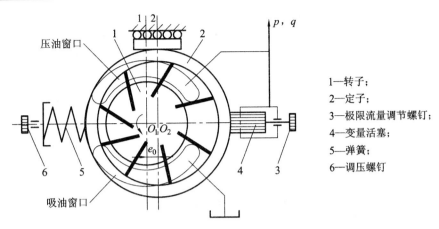

图 2-15　外反馈式限压式变量叶片泵工作原理

1—转子；
2—定子；
3—极限流量调节螺钉；
4—变量活塞；
5—弹簧；
6—调压螺钉

一步增大，使得 pA 大于弹簧力 $k_s x_0 (pA > k_s x_0)$ 时，如果忽略定子移动时的摩擦力，定子在液压力作用下克服弹簧力左移，泵的偏心量 e 减小，泵的输出流量随之减小。上述即为外反馈式限压式变量叶片泵工作过程。

设偏心量减小时，弹簧的附加压缩量为 x，定子移动后的偏心量为 e，则

$$e = e_0 - x \tag{2-22}$$

这时，定子上的受力情况为

$$pA = k_s(e_0 + x) \tag{2-23}$$

当 $p \geqslant p_B$ 时，将 $p_B A = k_s x_0$ 和式(2-23)代入式(2-22)，可得

$$e = e_0 - \frac{(p - p_B)A}{k_s} \tag{2-24}$$

式(2-24)表达了泵的偏心量随工作压力变化的关系：泵的工作压力越高，偏心量越小，泵的输出流量越小。当 $p = \dfrac{k_s(e_0 + x_0)}{A}$ 时，泵的偏心量为 0，实际上由于泵存在泄漏，当偏心量尚未达到 0 时，泵向系统的输出流量实际已经为 0。

3. 限压式变量叶片泵的特性曲线

通过上面对限压式变量叶片泵工作原理的分析，可得到其 p-q、p-P 特性曲线，如图 2-16 所示。

当工作压力 p 小于预先调定的限定压力 p_B（即 $p < p_B$）时，液压作用力不能克服弹簧的预紧力，定子与转子的偏心距保持最大 e_0 不变，因此泵的输出流量 q_A 不变；但由于供油压力 p 增大时泵的泄漏流量 q_1 也随之增加，所以泵的实际输出流量 q 在 $p < p_B$ 阶段略有减小，如图 2-16 中的 AB 段所示。

当工作压力 p 大于预先调定的限定压力 p_B（即 $p > p_B$）时，液压作用力克服弹簧的预紧力，

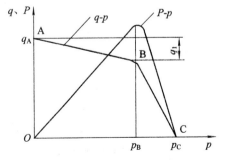

图 2-16　限压式变量叶片泵的特性曲线

定子左移，定子与转子的偏心距 e 减小，使得泵的输出流量 q 减小；泵的出口压力越高，偏

心距 e 越小，输出流量越小；当供油压力 p 增大到最大值 p_C $\left(p=p_C=\dfrac{k_s(e_0+x_0)}{A}\right)$ 时，偏心距 $e=0$，泵的输出流量 $q=0$，p_C 称为截止压力。如图 2-16 中的 BC 段所示。

从图 2-15 及图 2-16 中可有如下结论：

(1) 调节流量调节螺钉 3 可调节最大偏心量的大小，从而改变泵的最大输出流量 q_A，使得泵的 q-p 特性曲线在 AB 段上下平移。

(2) 调节调压弹簧 6 可改变限定压力 p_B 的大小，这时泵的 q-p 特性曲线在 BC 段左右平移。

(3) 当改变弹簧的弹簧刚度 k_s 时，可以改变 BC 段斜率。弹簧越软（k_s 值越小），BC 段越陡，p_C 值越小；弹簧越硬（k_s 值越大），BC 段越平坦，p_C 值就越大。

2.4　柱　塞　泵

柱塞泵是靠柱塞在缸体中作往复运动造成密封容积的变化来实现吸油与压油的液压泵。与齿轮泵和叶片泵相比，柱塞泵有许多优点：首先，构成密封容积的零件为圆柱形的柱塞和缸孔，加工方便，可得到较高的配合精度，密封性能好，在高压工作仍有较高的容积效率；其次，只需改变柱塞的工作行程就能改变流量，易于实现变量；第三，柱塞泵中的主要零件均受压应力作用，材料强度性能可得到充分利用。

由于柱塞泵压力高，结构紧凑，效率高，流量调节方便，故在需要高压、大流量、大功率的系统中和流量需要调节的场合，如龙门刨床、拉床、液压机、工程机械、矿山冶金机械、船舶上得到广泛的应用。柱塞泵按柱塞的排列和运动方向不同，可分为径向柱塞泵和轴向柱塞泵两大类。

2.4.1　径向柱塞泵

1. 径向柱塞泵的结构和工作原理

径向柱塞泵的结构工作原理如图 2-17 所示。柱塞 1 径向排列装在缸体 2 中，缸体 2 由原动机带动连同柱塞 1 一起旋转，所以缸体 2 一般称为转子，柱塞 1 在离心力的（或在低压油）作用下抵紧在定子 4 的内壁，定子 4 和转子 2 之间有偏心距 e。配油轴 5 固定不动，油液从配油轴上半部的两个孔 a 流入，从下半部两个油孔 d 压出，为了进行配油，配油轴 5 在和衬套 3 接触的一段加工出上下两个缺口，形成吸油口 b 和压油口 c，留下的部分形成封油区，封油区的宽度应能封住衬套上的吸压油孔，以防吸油口和压油口相连通，但尺寸也不能大得太多，以免产生困油现象。

当转子 2 按图示方向回转时，柱塞绕经上半周时向外伸出，柱塞底部的容积逐渐增大，形成部分真空，因此便经过衬套 3（衬套 3 压紧在转子内，并和转子一起回转）上的油孔 a 从配油轴 5 的吸油口 b 吸油；当柱塞转到下半周时，定子 4 内壁将柱塞向里推，柱塞底部的容积逐渐减小，则经过衬套 3 上的油孔 d 向配油轴 5 的压油口 c 压油。

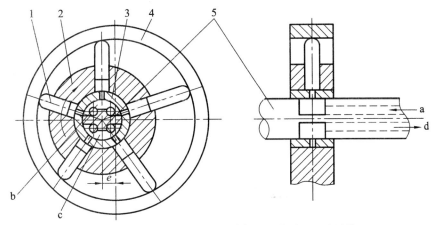

1—柱塞；2—缸体(转子)；3—衬套；4—定子；5—配油轴

图 2-17　径向柱塞泵的工作原理

当转子回转一周时，每个柱塞底部的密封容积完成一次吸、压油，转子连续运转，泵即完成吸、压油工作。如改变转子与定子的偏心距 e，就能改变柱塞行程的长度，即改变液压泵的排量，为变量泵。如改变其回转方向，就能改变吸油和压油的方向，即成为双向泵。所以径向柱塞泵为双向变量泵。

2. 排量和流量

当转子和定子之间的偏心距为 e 时，柱塞在缸体孔中的行程为 $2e$，设柱塞个数为 z，直径为 d 时，泵的排量 V_P 为

$$V_P = \frac{\pi}{4} d^2 (2ez) \tag{2-25}$$

设泵的转数为 n_P，容积效率为 η_{VP}，则泵的实际输出流量 q_P 为

$$q_P = \frac{\pi}{4} d^2 (2ez) n_P \eta_{VP} = \frac{\pi}{2} d^2 ez n_P \eta_{VP} \tag{2-26}$$

由于同一瞬间时每个柱塞在缸体中径向运动速度是变化的，所以径向柱塞泵的瞬时流量是脉动的。当柱塞数较多且为奇数时，流量脉动较小。

2.4.2　轴向柱塞泵

1. 轴向柱塞泵的结构和工作原理

轴向柱塞泵是将多个柱塞配置在一个共同缸体的圆周上，并使柱塞中心线和缸体中心线平行的一种泵。轴向柱塞泵有两种形式，直轴式(斜盘式)和斜轴式(摆缸式)。

1）直轴式轴向柱塞泵

当缸体轴线和传动轴轴线重合时，称为直轴式轴向柱塞泵，如图 2-18 所示为直轴式轴向柱塞泵的结构和工作原理。这种泵主体由缸体 1、配油盘 2、柱塞 3 和斜盘 4 组成。柱塞 3 沿圆周均匀分布在缸体 1 内，斜盘 4 轴线与缸体 1 轴线倾斜一角度 γ，柱塞靠机械装置或在低压油作用下压紧在斜盘 4 上(图中为弹簧)，配油盘 2 和斜盘 4 固定不转。配油盘 2 上有两个腰形窗口，即吸油窗口和压油窗口，它们之间由密封区过渡分开，密封区宽度 l

应稍大于柱塞缸体底部通油孔宽度 l_1，但不能相差太大，否则会发生困油现象。一般在两配油窗口的两端部开有小三角槽，以减小冲击和噪声。

当原动机通过传动轴使缸体 1 转动时，由于斜盘 4 的作用，迫使柱塞在缸体 1 内作往复运动，并通过配油盘 2 的配油窗口进行吸油和压油。如图 2-18 中所示回转方向，当缸体 1 在左半周范围内转动时，柱塞向外伸出，柱塞底部缸孔的密封容积逐渐增大，通过配油盘 2 的吸油窗口 a 吸油；在右半周范围内转动时，柱塞被斜盘 4 推入缸体，使缸孔容积逐渐减小，通过配油盘 2 的压油窗口 b 压油。

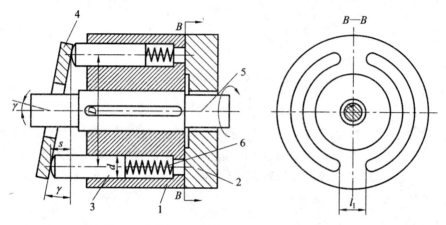

1—缸体；2—配油盘；3—柱塞；4—斜盘；5—传动轴；6—弹簧

图 2-18 直轴式轴向柱塞泵的结构和工作原理

缸体每转一周，每个柱塞各完成吸、压油一次。如改变斜盘倾角 γ，就能改变柱塞行程的长度，即改变液压泵的排量，为变量泵。如改变斜盘倾角方向，就能改变吸油和压油的方向，即为双向泵。所以直轴式轴向柱塞泵为双向变量泵。

2）斜轴式轴向柱塞泵

当缸体轴线和传动轴轴线不在一条直线上，而成一个夹角 γ 时，称为斜轴式轴向柱塞泵，图 2-19 所示为斜轴式轴向柱塞泵的结构和工作原理。

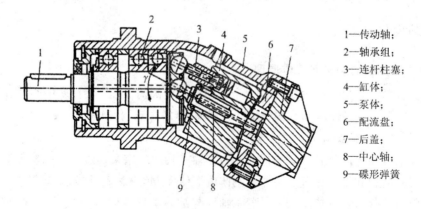

1—传动轴；
2—轴承组；
3—连杆柱塞；
4—缸体；
5—泵体；
6—配流盘；
7—后盖；
8—中心轴；
9—碟形弹簧

图 2-19 斜轴式轴向柱塞泵的结构和工作原理

　　图 2-19 中的泵的传动轴 1 由三个轴承组成的轴承组 2 支承,连杆和柱塞经滚压而连接在一起组成连杆柱塞 3,连杆大球头由回程盘压在传动轴 1 的球窝里,缸体 4 与配流盘 6 之间采用球面配流。采用这种结构,即使缸体 4 相对于旋转轴线有些倾斜,仍能保持缸体 4 与配流盘 6 之间的紧密配合,并且由套在中心轴 8 上的碟形弹簧 9 将缸体压在配流盘 6 上,因而具有较高的容积效率。中心轴 8 支承在传动轴 1 中心球窝和配流盘 6 中心孔之间,它能保证缸体 4 很好地绕着中心轴 8 旋转。当动力装置通过传动轴、连杆带动缸体旋转时,柱塞在缸体柱塞孔中既能随缸体一起旋转,又沿缸体轴线进行往复运动,从而通过配流盘完成吸、压油过程。

　　这类泵的优点是变量范围大,泵的强度较高,但和上述直轴式相比,其结构较复杂,外形尺寸和重量均较大。

　　轴向柱塞泵的优点是:结构紧凑、径向尺寸小,惯性小,容积效率高,目前最高压力可达 40.0 MPa,甚至更高,一般用于工程机械、压力机等高压系统中,但其轴向尺寸较大,轴向作用力也较大,结构比较复杂。

2. 轴向柱塞泵的排量和流量

　　对于直轴式轴向柱塞泵,若柱塞直径为 d,柱塞孔分布圆直径为 D,斜盘倾角为 γ,柱塞数为 z,柱塞的行程为 $s = YA \tan\gamma$,则其排量 V_P 为

$$V_P = \frac{\pi}{4} d^2 z D \tan\gamma \tag{2-27}$$

　　设泵的转数为 n_P,容积效率为 η_{VP},则泵的实际输出流量 q_P 为

$$q_P = \frac{\pi}{4} d^2 z D \tan\gamma \cdot n_P \eta_{VP} \tag{2-28}$$

　　斜轴式轴向柱塞泵的排量和流量也如式(2-27)和式(2-28)所示。

　　实际上,由于柱塞在缸体孔中运动的速度不是恒速的,其输出流量必定存在脉动。当柱塞数为奇数且柱塞数多时,泵的脉动量较小,因而一般常用的柱塞泵的柱塞个数为 7、9或 11。

3. 轴向柱塞泵的变量机构

　　若要改变轴向柱塞泵的输出流量,只要改变斜盘的倾角,即可改变轴向柱塞泵的排量和输出流量。常用的轴向柱塞泵变量机构有手动变量机构和伺服变量机构等。

　　1)手动变量机构

　　如图 2-20 所示,转动手轮 1,使丝杠 12 转动,带动变量活塞 11 做轴向移动(因导向键的作用,变量活塞只能做轴向移动,不能转动)。通过轴销 10 使斜盘 2 绕变量机构壳体上的圆弧导轨面的中心(即钢球中心)旋转。从而使斜盘倾角改变,达到变量的目的。当流量达到要求时,可用锁紧螺母 13 锁紧。这种变量机构结构简单,但操纵不轻便,且不能在工作过程中变量。

　　2)伺服变量机构

　　图 2-21 所示为轴向柱塞泵的伺服变量机构,以此机构代替图 2-20 所示轴向柱塞泵中的手动变量机构,就成为手动伺服变量泵。其工作原理为:泵输出的压力油由通道经单向阀 a 进入变量机构壳体的下腔 d,液压力作用在变量活塞 4 的下端。当与伺服阀阀芯 1 相连接的拉杆不动时(图示状态),变量活塞 4 的上腔 g 处于封闭状态,变量活塞不动,斜

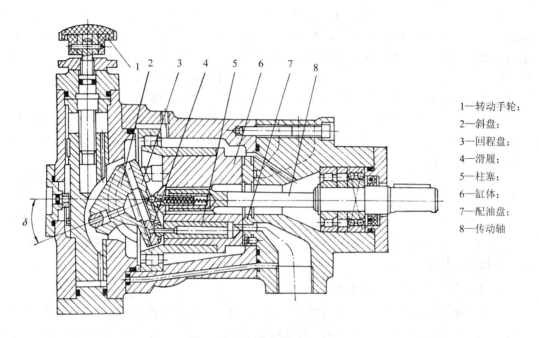

图 2-20　直轴式向柱塞泵结构

1—转动手轮；
2—斜盘；
3—回程盘；
4—滑履；
5—柱塞；
6—缸体；
7—配油盘；
8—传动轴

盘 3 在某一相应的位置上。当使拉杆向下移动时，推动阀芯 1 一起向下移动，d 腔的压力油经通道 e 进入上腔 g。由于变量活塞上端的有效面积大于下端的有效面积，向下的液压力大于向上的液压，故变量活塞 4 也随之向下移动，直到将通道 e 的油口封闭为止。变量活塞的移动量等于拉杆的位移量、当变量活塞向下移动时，通过轴销带动斜盘 3 摆动，斜盘倾斜角增加，泵的输出流入随之增加；当拉杆带动伺服阀阀芯向上运动时，阀芯将通道 f 打开，上腔 g 通过卸压通道接通油箱而压，变量活塞向上移动，直到阀芯将卸压通道关闭为止。它的移动量也等于拉杆的移动量。这时斜盘也被带动作相应的摆动，使倾斜角减小，泵的流量也随之相应地减小。由上述可知，伺服变量机构是通过操作液压伺服阀动作，利用泵输出的压力油推动变量活塞来实现变量的。故加在拉杆上的力很小，控制灵敏。拉杆可用手动方式或机械方式操作，斜盘可以倾斜±18°，故在工作过程中泵的吸压油方向可以变换，因而这种泵就成为双向变量液压泵。

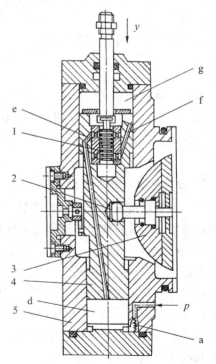

1—阀芯；2—铰链；3—斜盘；4—活塞；5—壳体

图 2-21　伺服变量机构

　　除了以上介绍的两种变量机构以外，轴向柱塞泵还有很多种变量机构。如：恒功率变量机构、恒压变量机构、恒流量变量机构等，这些变量机构与轴向柱塞泵的泵体部分组合就成为各种不同变量方式的轴向柱塞泵，在此不一一介绍。

2.5　各类液压泵的性能比较及其应用

液压泵是为液压系统提供一定流量和压力的油液的动力元件，它是每个液压系统不可缺少的核心元件，合理地选择液压泵对于降低液压系统的能耗、提高系统的效率、降低噪声、改善工作性能和保证系统的可靠性都十分重要。

2.5.1　液压泵的选用

选择液压泵的原则是：根据主机工况、功率大小和系统对工作性能的要求，首先确定液压泵的类型，然后按系统所要求的压力、流量大小确定其规格型号。表 2-3 中列出了液压系统中常用液压泵的主要性能。

表 2-3　液压系统中常用液压泵的性能比较及应用场合

泵类型 特性 及应用场合	齿轮泵			叶片泵		柱塞泵			螺杆泵
	内啮合		外啮合	双作用	单作用	轴向		径向	
	渐开线	摆线				斜盘式	斜轴式		
压力范围	低压	低压	低压	中压	中压	高压	高压	高压	低压
排量调节	不能	不能	不能	不能	能	能	能	能	不能
流量脉动	小	小	很大	很小	一般	一般	一般	一般	最小
自吸特性	好	好	好	较差	较差	差	差	差	好
对油敏感度	不敏感	不敏感	不敏感	较敏感	较敏感	很敏感	很敏感	很敏感	不敏感
噪声	小	小	大	大	较大	大	大	大	最小
价格	较低	低	最低	较低	一般	高	高	高	高
功率质量比	一般	一般	一般	一般	小	小	一般	小	小
效率	较高	较高	低	较高	较高	高	高	高	较高
应用场合	机床、农业机械、工程机械、飞机、船舶、一般润滑的机械			机床、工程机械、液压机、起重机、飞机		工程机械、运输机械、锻压机械、飞机、农业机械			精密机床、食品、化工

由于各类液压泵各自突出的特点，其结构、功用和动转方式各不相同，因此应根据不同的使用场合选择合适的液压泵，主要考虑在满足系统使用要求的前提下，决定其价格、质量、维护、外观等方面的内容。一般来说，在功率较小的条件下，可选用齿轮泵和双作用式叶片泵等，齿轮泵也常用于污染较大的地方；若有平稳性和精度上的要求，可选用螺杆泵和双作用式叶片泵；在负载较大且速速变化较大（如组合机床等）的情况下，可选择限压

式变量泵；若在功率大、负载大(如工程机械、运输机械、锻压机械等)的场合，往往选用柱塞泵。

液压泵类型的选用应根据主机工作性质、运行工况合理选择，可从以下几方面考虑：

(1) 根据系统运行工况选择。如果系统为单执行元件且速度恒定，则选择定量泵；如果系统有快速和慢速运行工况，选择双联泵或多联泵；对于既要求变速运行又要求保压时，为节约能源应考虑选择变量泵。

(2) 根据系统工作压力和流量选择。高压大流量系统中选用柱塞泵；中低压系统中选用齿轮泵或叶片泵。

(3) 根据工作环境选择。对于工作环境较差的系统，选用齿轮泵或柱塞泵；对于工作环境较好的系统可选用叶片泵、齿轮泵或柱塞泵。

(4) 液压泵的类型确定后，根据系统所要求的压力、流量大小确定相应的规格型号。

(5) 在变量液压泵中，有恒流量泵、恒压泵和恒功率泵。恒流量泵的输出不随压力而变化，保持定值；恒压泵的输出压力调定后保持定值；恒功率泵的输出流量随工作压力而变化，但保持泵的输出功率不变。

2.5.2　液压泵的安装及使用注意事项

1. 液压泵的安装

液压泵安装不当会引起噪声、振动，影响其工作性能，降低使用寿命，因此应正确安装液压泵。

(1) 液压泵传动轴与电动机输出轴之间采用弹性联轴器连接，其同轴度误差不大于 0.1 mm，两轴线的倾斜角不大于 1°。

(2) 液压泵的支座或法兰和电动机应有共同的安装基础，要求刚性足够强，并在底座下面及法兰和支架之间安装橡胶隔振垫，以达到降低噪音。

(3) 对于安装在油箱上的自吸泵，通常泵的中心至油箱液面的距离不大于 0.5 m；对于安装在油箱下面或旁边的泵，为了检修方便，吸入管道上应安装截止阀。

(4) 用带轮或齿轮驱动液压泵时，应采用轴承支座安装。

(5) 在齿轮泵和叶片泵的吸入管道上可装有粗过滤器，但在柱塞泵的吸入口一般不装过滤器。

(6) 拧紧进、出油口管接头连接螺钉；确保密封装置可靠，以免引起吸空、漏油、影响泵的性能。

(7) 液压泵的旋转方向及进出油口位置不得弄错接反。

2. 液压泵使用注意事项

使用液压泵时，必须正确地使用和维护，其注意事项有：

(1) 液压泵启动时应先点动数次，油流方向和声音都正常后，在低压下运转 5～10 min，然后投入正常运行。

(2) 液压泵的最高压力和最高转速应避免长期使用，否则将影响液压泵的寿命。

(3) 油液必须洁净，不得混有机械杂质和腐蚀物质。

(4) 液压泵的正常工作油温为 15～65℃，短时间最高油温不要超过 80～90℃。

（5）泵的自吸真空度应在规定范围内，否则吸油不足会引起气蚀、噪声和振动。

（6）若泵入口规定有供油压力时，应当给予保证。

（7）泵的泄漏油管要通畅。

3. 液压泵的噪声

噪声对人们的健康十分有害。液压系统中的噪声，液压泵的噪声占有很大的比重。液压泵的噪声大小和液压泵的种类、结构、大小、转速以及工作压力等很多因素有关。

1）产生噪声的原因

（1）泵的流量脉动和压力脉动，造成泵构件的振动。这种振动有时还可产生谐振。谐振频率可以是流量脉动频率的 2 倍、3 倍或更大，泵的基本频率及其谐振频率若和机械的或液压的自然频率相一致，则噪声便大大增加。研究结果表明，转速增加对噪声的影响一般比压力增加还要大。

（2）泵的工作腔从吸油腔突然和压油腔相通，或从压油腔突然和吸油腔相通时，产生的油液流量和压力突变，对噪声的影响甚大。

（3）气穴现象。当泵吸油腔中的压力小于油液所在温度下的空气分离压时，溶解在油液中的空气要析出而变成气泡，这种带有气泡的油液进入高压腔时，气泡被击破，形成局部的高频压力冲击，从而引起噪声。

（4）泵内流道具有截面突然扩大和收缩、急拐弯，通道截面过小而导致液体紊流、旋涡及喷流，使噪声加大。

（5）由于机械原因，如转动部分不平衡、轴承不良、泵轴的弯曲等机械振动引起的机械噪声。

2）降低噪声的措施

（1）消除液压泵内部油液压力的急剧变化。

（2）为吸收液压泵流量及压力脉动，可在液压泵的出口装置消音器。

（3）装在油箱上的泵应使用橡胶垫减振。

（4）压油管的一段用橡胶软管，对泵和管路的连接进行隔振。

（5）防止泵产生空穴现象，可采用直径较大的吸油管，减小管道局部阻力；采用大容量的吸油过滤器，防止油液中混入空气；合理设计液压泵，提高零件刚度。

2.5.3　液压泵的故障分析及排除

在实际工作中，液压泵出现的故障和造成故障的原因多种多样。

1. 齿轮泵故障的诊断与排除

1）齿轮泵产生的剧烈震动与噪声

（1）密封不严造成的，修泵体与泵盖的平面（0.005）。

（2）泵轴上骨架密封老化，更换。

（3）油箱内油少，泵吸空，加油。

（4）回油管露出液面，瞬间负压使空气反灌系统，回油管应插入液下。

（5）泵距液面太高，低速是泵油腔不能真空而吸入空气，尽量缩短相对距离。

（6）进油口阻力大或进油管过大进入空气，清洗过滤或加大过滤量或减小管径。

2）因机械原因产生的震动与噪音

（1）泵与联轴器同轴度不好、调节。

（2）因油污泵齿轮磨损拉伤产生的噪音，更换油液，加强过滤，清洗泵或更换泵。

（3）泵内滚针轴承不畅，更换轴承。

3）其他原因产生的震动与噪音

（1）进油过滤器被堵引起，清洗过滤器。

（2）油液黏度大产生噪音，选合理油液。

（3）进油出油孔径过大产生噪音，适当减小管径。

4）齿轮泵输出流量不足，压力上不去

（1）进油堵塞吸空而流量不足，清洗过滤器。

（2）泵内泄大而流量小，修模盖与齿轮端面或换泵。

（3）油温太高，内泄大使输出流量小，加油冷机。

（4）油液黏度过高，吸油阻力大或黏度过低，内泄大。选用合适的液压油。

2. 叶片泵的故障诊断与排除

1）叶片泵的要求

（1）叶片泵一般为中低压使用，液压油黏度一般 32～46(40°)，油箱容量为泵每分钟流量的 3～6 倍。进油管不得漏气，进油过滤精度设为 30 μm。

（2）防止承受轴向力，避免配油盘过早磨损。

（3）安装使用时，叶片泵转速要适中，过高会造成泵吸油不足而产生吸空，转速过低叶片不能紧贴定子表面，压力建立不起来。

2）常见故障与排除方法

（1）输油量不足，压力不高。

① 各连接处密封不严，吸入空气，检查吸油口及连接处。

② 吸油不畅，清洗过滤器，定期更换工作油液，并加油至油标以上规定线。

③ 个别叶片移动不灵活，应单独配研。

④ 泵内部零件磨损过大，内泄，更换叶片泵。

⑤ 吸油管过长，尽量缩短吸油管的长度。

（2）噪音与振动严重。

① 有空气侵入，详细检查吸油管和油封的密封情况及油面的高度是否正常。

② 油液黏度过高，适当降低油液黏度。

③ 转速过高，适当降低转速。

④ 吸油不畅或油面过低，清洗吸油油路，使之畅通，或加油至要求高度。

⑤ 联轴器不同轴或松动，调整相关部件。

3. 柱塞泵常见故障和排除方法

1）泵输出流量不足或无流量输出

（1）泵吸入量不足，原因可能是油箱油面过低，油温过高，进油管漏气，过滤器堵塞等。

（2）泵泄漏量过大，原因主要是内部密封不良，需更换泵。

2）泵输出流量波动流量大

原因是有异物吸入泵内部，活塞拉伤造成的需维修。

3）泵输出压力不上升

原因是溢流阀有故障或调整压力过低，应检修更换溢流阀或重新调整溢流阀；泵内部零件磨损或拉伤造成内泄过大，应更换泵。

4）振动和噪音

（1）机械振动和噪音，原因有泵轴和电动机不同心，轴承、联轴器有磨损，装配螺丝松动等。

（2）管道内液流产生的噪音，原因进油管太细，通油能力弱，进油管道中混入空气，油液黏度过高，吸油不足等。

5）泵过度发热产生的噪音

（1）泵的压力远远大于实际工件压力，大部分油压被溢流阀泄掉，造成电机过载引起电机发热或泵发热。

（2）油箱太小，冷却不够。应加大油箱，加强油冷效果。

2.6　工　程　实　例

2.6.1　液压泵参数的计算实例

例 2-1　某一液压泵吸油口油箱与大气相通，排气口输出油压 $p_P = 10$ bar，排量 $V_P = 20$ mL/r，转速 $n_P = 1450$ r/min，容积效率 $\eta_{vP} = 0.95$，总效率 $\eta_P = 0.9$，求泵的输出功率和电动机的驱动功率。

解　泵的理论流量：$q_{tP} = V_P n_P = 20 \times 10^{-3} \times 1450 = 29$ L/min

泵的实际流量：$q_P = q_{tP} \eta_{VP} = 29 \times 0.95 = 27.55$ L/min

泵的输出功率：$P_{oP} = p_P q_P = 10 \times 10^5 \times \dfrac{27.55}{60} \approx 459.17$ kW

电机驱动功率：$P_{iP} = P_{oP} / \eta_P = 459.17/0.9 \approx 510.19$ kW

例 2-2　液压泵的额定流量为 100 L/min，额定压力为 2.5 MPa，当转速为 1450 r/min 时，机械效率为 $\eta_{mP} = 0.9$。由实验测得，当泵出口压力为零时，流量为 106 L/min，压力为 2.5 MPa 时，流量为 100.7 L/min，试求：

（1）液压泵的容积效率。

（2）如液压泵的转速下降到 500 r/min，在额定压力下工作时，泵的流量为多少？

（3）上述两种转速下泵的驱动功率。

解　（1）出口压力为零时的流量为理论流量，即理论流量为 106 L/min，所以泵的容积效率为

$$\eta_{VP} = \frac{q_P}{q_{tP}} = \frac{100.7}{106} = 0.95$$

（2）转速为 500 r/mn 时，泵的理论流量为

$$q_{tP500} = q_{tP} \frac{n_{P500}}{n_P}$$

因压力仍是额定压力，故此时的泵的流量为

$$q_{P500} = q_{tP500} \eta_{VP} = 100.7 \times \frac{500}{1450} = 34.72 \text{ L/min}$$

（3）泵的驱动功率在第一种情况下为

$$P_{iP1} = \frac{P_{oP}}{\eta_P} = \frac{p_P q_P}{\eta_{VP} \eta_{mP}} = \frac{2.5 \times 10^6 \times 100.7 \times 10^{-3}}{0.95 \times 0.9 \times 60} = 4.91 \text{ kW}$$

泵的驱动功率在第二种情况下为

$$P_{iP2} = P_{iP1} \frac{n_{500}}{n} = 4.91 \times \frac{500}{1450} = 1.69 \text{ kW}$$

2.6.2 液压泵的转速选择

液压泵的转速对其输出流量及工作性能有较大的影响，那么怎样选择液压泵的转速比较合理？

当液压泵的结构参数一定时，泵的排量 V_P 就一定，由于液压泵的理论流量 $q_{tP} = V_P n_P$，所以泵的流量 q_P 与泵的转速 n_P 有直接关系。转速选得越低，则输出流量就越小，为了保证系统的供油量，转速不能选得过低；转速选得越高，则输出流量就越大。但当转速选得过高时，会使液压泵在吸油过程中出现吸空现象，造成吸油不足，反而降低了流量；同时还会造成噪音、振动和加剧泵的磨损等，可见液压泵的吸油能力是有限的，从而限制了油液的吸入量，所以液压泵的转速也能选得过高。

通常，应按产品样本上给定的转速范围或根据液压泵的特性曲线来选择液压泵的转速。

练 习 题

2-1 什么是容积式液压泵？容积式液压泵工作必须满足哪些条件？

2-2 什么是液压泵的工作效率、容积效率、机械效率、额定压力、排量、流量、功率？

2-3 齿轮泵的径向不平衡力、困油现象产生的原因是什么？应如何消除？

2-4 限压式变量叶片泵的最大流量应如何调节？调节后其压力—流量特性曲线有什么变化？

2-5 内啮合齿轮泵和外啮合齿轮泵相比较有何特点？

2-6 为什么液压泵的工作压力升高会使其输出流量减少？

2-7 某一液压泵的输出油压为 $p_P = 100$ bar，排量为 $V_P = 200$ mL/r，转速 $n_P = 1450$ r/min，容积效率 $\eta_{oP} = 0.95$，总效率 $\eta_P = 0.9$，求泵的输出功率和电动机的驱动功率。

2-8　已知液压泵的额定压力和额定流量，若不计管道内压力损失，试说明图 2-22 所示各种情况下液压泵出口处的工作压力值。

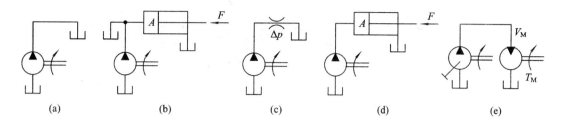

图 2-22　题 2-8 图

2-9　某个液压泵额定工作压力为 10 MPa，几何排量为 12 mL/r，理论流量为 24 L/min，容积效率为 0.9，机械效率为 0.8，试求：

(1) 液压泵的转速。

(2) 输出功率与输入功率。

(3) 液压泵输入轴上的扭矩。

2-10　设液压泵转速为 950 r/min，排量 $V_P = 168$ mL/r，在额定压力 29.5 MPa 和同样转速下，测得的实际流量为 150 L/min，额定工况下的总效率为 0.87，试求：

(1) 泵的理论流量。

(2) 泵的容积效率。

(3) 泵的机械效率。

(4) 泵在额定工况下，所需电动机驱动功率。

(5) 驱动泵的转矩。

2-11　简述液压泵的选用原则。

第3章　液压传动执行元件

液压传动执行元件是将流体的压力能转换为机械能的液压元件，它驱动机构作直线往复运动、旋转或者摆动运动。液压传动执行元件分为两类：液压马达和液压缸。作旋转或者摆动运动的称为液压马达，其输出的是转矩与转速；作直线往复运动的称为液压缸，其输出的是力与速度。

3.1　液压马达

液压马达与液压泵在结构上基本相同，从工作原理上讲，二者都是依靠密封工作腔容积的变化而工作的，故泵可以用作马达，反之亦然，但二者由于任务和要求有所不同，所以在结构上存在某些差异。

3.1.1　液压马达的特点及性能参数

1. 液压马达的特点

（1）液压马达应能够正、反转，因而要求其内部结构对称。而液压泵一般是单方向旋转，通常没有这一要求。

（2）为减小吸油阻力和径向力，液压泵的吸油口比出油口的尺寸大。二液压马达低压腔的压力稍高于大气压力，所以没有上述要求。

（3）液压马达的转速范围需要足够大，特别对它的最低稳定速度有一定的要求。因此，它通常采用滚动轴承或者静压滑动轴承，

（4）液压马达由于在输入压力油条件下工作，因而不必具备自吸能力，但需要一定的初始密封性才能提供必要的启动转矩。

（5）液压马达必须具有较大的启动扭矩，该扭矩通常大于在同一工作压差时处于运行状态下的扭矩，因此为了使启动扭矩尽可能接近工作状态下的扭矩，要求扭矩的脉动小，内部摩擦小。

由于存在上述差别，使得液压马达和液压泵在结构上比较相似，但不能可逆工作。

2. 液压马达的性能参数

1）工作压力 p_M、额定压力 p_{nM}

工作压力 p_M：液压马达实际工作时进口处的压力，其大小取决于马达的负载。

额定压力 p_{nM}：液压马达在正常工作条件下，按试验标准规定能连续运转的最高压力。实际工作中，液压马达的工作压力应小于或等于额定压力。

最高允许压力 p_{maxM}：在超过额定压力的条件下，根据试验标准规定，允许液压泵短暂运行的最高压力值，称为液压泵的最高允许压力 p_{maxM}。

2）排量 V_M 和流量

排量 V_M：在没有泄漏的理想情况下，液压马达旋转一周由其各密封工作腔容积变化的几何尺寸计算得到的油液体积。

理论流量 q_{tM}：在没有泄露的情况下，由液压马达排量计算得到指定转速所需输入油液的流量。

$$q_{tM} = V_M n_M \tag{3-1}$$

实际流量 q_M：液压马达在某一具体工况下，单位时间内实际输入的液体体积称为实际流量 q_M，它等于理论流量 q_{tM} 加上因泄漏、液体压缩等而损失的流量 Δq_M，即

$$q_M = q_{tM} + \Delta q_M \tag{3-2}$$

额定流量 q_{nM}：额定流量 q_{nM} 是指液压马达在正常工作条件下，按试验标准规定（如在额定压力、额定转速下）必须保证的流量，也就是在在此条件下单位时间内实际输入的油液的体积。

3）功率和效率

液压马达把输入的液体压力能转换为机械能。此过程中同样也有容积损失和机械损失。

输入功率 P_{iM}：液压马达的输入功率 P_{iM} 是指输入到液压马达的液压功率。有

$$P_{iM} = \Delta p_M q_M \tag{3-3}$$

输出功率 P_{oM}：液压马达的输出功率 P_{oM} 是指其实际输出的机械功率，即

$$P_{oM} = T_M \Omega_M = T_M 2\pi n_M \tag{3-4}$$

容积效率 η_{VM}：由于有泄露损失，为了达到液压马达要求的转速，实际输入的流量 q_M 必须大于理论流量 q_{tM}，容积效率 η_{VM} 是表征液压马达泄漏程度的性能参数。为

$$\eta_{VM} = \frac{q_{tM}}{q_M} = \frac{q_M - \Delta q_M}{q_M} = 1 - \frac{\Delta q_M}{q_M} \tag{3-5}$$

因此液压马达的实际输入流量 q_M 为

$$q_M = \frac{q_{tM}}{\eta_{VM}} = \frac{V_M n_M}{\eta_{VM}} \tag{3-6}$$

机械效率 η_{mM}：由于有摩擦损失，液压马达的实际输出转矩 T_M 一定小于理论转矩 T_{tM}，机械效率是表征液压马达内摩擦损失程度的性能参数。为

$$\eta_{mM} = \frac{T_M}{T_{tM}} = \frac{T_{tM} - \Delta T_M}{T_{tM}} = 1 - \frac{\Delta T_M}{T_{tM}} \tag{3-7}$$

总效率 η_M：液压马达的总效率 η_M 是指液压马达的输出功率 P_{oM} 与其输入功率 P_{iM} 的比值。则总效率 η_M 为

$$\eta_M = \frac{P_{oM}}{P_{iM}} = \frac{T_M \Omega_M}{\Delta p_M q_M} = \frac{T_{tM}\eta_{mM}\Omega_M}{\Delta p_M \frac{q_{tM}}{\eta_{tM}}} = \frac{T_{tM}\Omega_M}{\Delta p_M q_{tM}}\eta_{VM}\eta_{mM} = \eta_{VM}\eta_{mM} \tag{3-8}$$

由式(3-8)可知，液压马达的总效率 η_M 等于其容积效率 η_{VM} 与机械效率 η_{mM} 的乘积。

4）转矩 T_M 和转速 n_M

理论转矩 T_{tM}：是指不计损失，液压马达输入的有效液压功率应当全部转化为液压马达输出的机械功率，即

$$\Delta p_M q_{tM} = T_{tM}\Omega_M = T_{tM} 2\pi n_M \tag{3-9}$$

进一步计算，可得

$$T_{tM} = \frac{\Delta p_M q_{tM}}{2\pi n_M} = \frac{\Delta p_M V_M n_M}{2\pi n_M} = \frac{\Delta p_M V_M}{2\pi} \tag{3-10}$$

实际转矩 T_M：考虑液压马达内部的摩擦损失，所输出的实际的转矩，为

$$T_M = T_{tM}\eta_{mM} = \frac{\Delta p_M V_M}{2\pi}\eta_{mM} \tag{3-11}$$

式中：Δp_M 为液压马达进、出口的压力差，也就是被转化的实际的液体压力能的体现。

转速 n_M：液压马达在液体压力能驱动下，向外输出转动运动。当液压马达的实际输入流量为 q_M 时，马达的转速为

$$n_M = \frac{q_{tM}}{V_M} = \frac{q_M \eta_{VM}}{V_M} = \frac{q_M}{V_M}\eta_{VM} \tag{3-12}$$

3.1.2　常用液压马达

液压马达按其额定转速分为高速和低速两大类，额定转速高于 500 r/min 的为高速液压马达，额定转速低于 500 r/min 的低速液压马达。按结构分有齿轮式、叶片式和柱塞式等几种。下面介绍几种常用的液压马达。

1. 轴向柱塞液压马达

轴向柱塞马达的工作原理如图 3-1 所示，配油盘 4 和斜盘 1 固定不动，马达轴 5 与缸体 2 相连接并一起旋转。当压力油经配油盘 4 的窗口进入缸体 2 的柱塞孔时，柱塞 3 在压力油作用下外伸，紧贴斜盘 1，斜盘 1 对柱塞 3 产生一个法向反作用力 F，此力可分解为轴向分力 F_x 和垂直分力 F_y。F_x 与柱塞上的液压力相平衡，而 F_y 则使柱塞对缸体中心产生一个转矩，带动马达轴逆时针方向旋转。斜盘倾角的改变，即排量的变化，不仅影响马达的转矩，而且还影响它的转速和转向。斜盘倾角越大，转速越低。

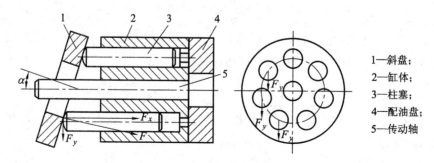

1—斜盘；
2—缸体；
3—柱塞；
4—配油盘；
5—传动轴

图 3-1　轴向柱塞马达工作原理

2. 叶片液压马达

叶片液压马达的工作原理如图 3 − 2 所示。当高压油 p 从进油口同时进入工作区段的叶片 2 和 6 之间的容积时，叶片 2 和 6 的两侧均受压力油 p 作用不产生转矩，而叶片 1 和 3、5 和 7 都有一侧受高压油 p 的作用，另一侧受低压油 p_t 的作用。由于叶片 3 和 7 伸出面积大于叶片 1 和 5 伸出面积，所以产生使转子逆时针方向转动的转矩。由图可知，当改变进油方向时，即高压油 p 进入叶片 2 和 6 之间容积时，叶片带动转子顺时针方向转动。

叶片液压马达的排量计算公式与双作用叶片泵相同。

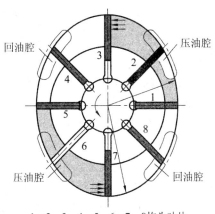

1、2、3、4、5、6、7、8均为叶片

图 3 − 2　叶片式液压马达工作原理图

由于液压马达一般都要求能正反转，所以叶片式液压马达的叶片要径向防止。为了使叶片根部始终通有压力油，在回油腔、压油腔通入叶片根部的通路上应设置单向阀，为了确保叶片式液压马达在压力油通入后能正常启动，必须使叶片顶部和定子内表面进门接触，以保证良好的密封，因此在叶片根部应设置预紧弹簧。

3. 齿轮式液压马达

外啮合齿轮式液压马达的工作原理如图 3 − 3 所示，c 为 Ⅰ、Ⅱ 两齿轮的啮合点，h 为齿轮的全齿高。啮合点 c 到两齿轮 Ⅰ、Ⅱ 的齿根距离分别为 a 和 b，齿宽为 B。当高压油进入马达的高压腔时，处于高压腔所有轮齿均受到压力油的作用，其中互相啮合的两个轮齿的齿面只有一部分齿面受高压油 p 的作用。由于 a 和 b 均小于齿高 h，所以在两个齿轮 Ⅰ、Ⅱ 上就产生大小为 $pB(h-a)$ 和 $pB(h-b)$ 的作用力。在这两个力的作用下，对齿轮产生输出转矩，随着齿轮按图示方向旋转，油液被带到低压腔排出，齿轮液压马达的排量公式同齿轮泵。

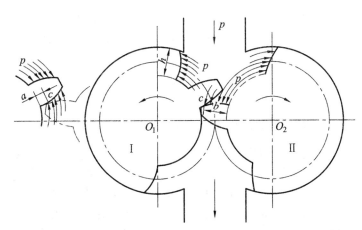

图 3 − 3　外啮合齿轮液压马达工作原理图

为适应正反转的要求，马达的进出油口大小相等，位置对称，并有单独的泄漏口。

4. 单作用曲轴连杆径向柱塞式液压马达

图3-4所示为单作用曲轴连杆式液压马达的工作原理图,马达由壳体1、连杆3、活塞组件、曲轴4及配油轴5组成,壳体1内沿圆周成放射状均匀布置了5个缸体,形成星形壳体;缸体内装有活塞2,活塞2与连杆3通过球铰连接,连杆大端做成鞍形圆柱瓦面紧贴在曲轴4的偏心圆上,其圆心为O_1,它与曲轴旋转中心O的偏心距$OO_1 = e$,液压马达的配油轴5与曲轴4通过十字键连接在一起,随曲轴一起转动,马达的压力油经过配油轴通道,由配油轴分配到对应的活塞液压缸,在图中,液压缸①、②、③腔通压力油,活塞受到压力油的作用,其余腔则与排油窗口连通;根据曲柄连杆结构运动原理,作用在活塞上的切向分力F_t对曲轴旋转中心形成转矩T,使曲轴逆时针方向运转。由于三个柱塞位置不同,所产生的转矩大小也不同,曲轴输出的总转矩等于高压腔相通的柱塞所产生的转矩之和。曲轴旋转时带动配油轴同步旋转,因此配流状态不断变化,从而保证曲轴连续旋转。如果进、排油口兑换,液压马达也就反向旋转。

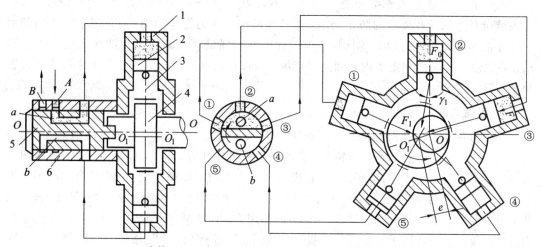

1—壳体;2—活塞;3—连杆;4—曲轴;5—配油轴;6—配流套

图3-4 单作用曲轴连杆式液压马达的工作原理图

这种液压马达问世较早,其优点是结构简单、工作可靠、品种规格多、价格低廉。其缺点是提价和重量较大,转矩脉动大。以往的产品低速稳定性较差,但近年来其主要摩擦副采用静压制成或静压平衡结构,其性能有所提高,其低速稳定转速可达3 r/min。几十年来这种液压马达不仅没有被其他种类马达淘汰,反而保持着持续发展的态势。

5. 多作用内曲线径向柱塞式液压马达

多作用内曲线径向柱塞马达结构如图所示3-5,它由定子1、转子2、配流轴4和柱塞6等组成。定子1的内表面由x段形状相同且均匀分布的曲面组成,曲面的数目x就是马达的作用次数(本图中$x=6$)。每一曲面在凹部的顶点处分为对称的两半,一半为进油区段(即工作区段),另一区段为回油区段。缸体2有z个(本图为8个)径向柱塞孔沿圆周均布,柱塞孔中装有柱塞6。柱塞头部与横梁3接触,横梁3可在缸体2的径向槽中滑动,连接在横梁端部的滚轮5可沿定子1的内表面滚动。在缸体2内,每个柱塞孔底部都有一配流孔与配流轴4相通。配流轴4是固定不动的,其上有$2x$个配流窗孔沿圆周均匀分布,其中有

x 个窗孔与轴中心的进油孔相通，另外 x 个窗孔与回油孔道相通，这 $2x$ 个配流窗孔位置又分别和定子内表面的进、回油区段位置一一相对应。

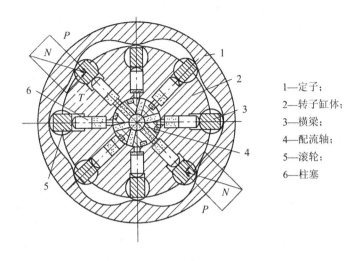

图 3-5　多作用内曲线径向柱塞马达

　　当压力油输入马达后，通过配流轴 4 上的进油窗孔分配到处于进油区段的柱塞油腔。油压使滚轮 5 顶紧在定子 1 内表面上，滚轮所受到的法向反力 N 可以分解为两个方向的分力，其中径向分力 P 和作用在柱塞后端的液压力相平衡，切向分力 T 通过柱塞 6、横梁 3 对缸体 2 产生转矩。同时，处于回油区段的柱塞受压后缩回，把低压油从回油窗孔排出。

　　这种液压马达适用于负载转矩很大，转速很低，平稳性要求高的场合，比如工程、建筑，起重运输、煤矿、船舶、农业等机械中。

　　表 3-1 为液压马达的图形符号。

表 3-1　常见液压马达图形符号

名　称	单向定量马达	单向变量马达	双向定量马达	双向变量马达
图形符号				

3.2　液　压　缸

　　液压缸是液压系统中的一种执行元件，功能是将液压能转变为直线往复运动的机械能。

3.2.1　液压缸的类型及特点

　　液压缸种类繁多，一般按其结构特点可以分为活塞式、柱塞式和摆动式三大类，按其作用方式可以分为单作用式和双作用式。下面介绍几种常用的液压缸。

1. 活塞式液压缸

活塞式液压缸可分为双杆式和单杆式两种结构,其安装形式有缸筒固定式和活塞杆固定式。

1) 双杆式活塞缸

图 3－6(a)所示为缸筒固定式双杆活塞缸,其特点是活塞两侧都有一根直径相等的活塞杆。它的进、出油口位于缸筒两端。活塞通过活塞杆带动工作台往复移动,当活塞的有效行程为 l 时,工作台的移动范围为 $3l$,占地面积大,适用于小型机械。图 3－6(b)所示为活塞杆固定式,缸筒与工作台相连,活塞杆通过支架固定在机床上。这种安装方式时,工作台的移动范围只有 $2l$,因此占地面积小,适用于大、中型设备。

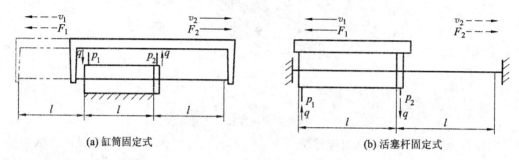

(a) 缸筒固定式　　　　　　　　　　(b) 活塞杆固定式

图 3－6　双杆式活塞缸

因双杆式活塞缸的两端活塞杆直径相等,所以当输入流量及油压不变时,其往返运动的速度和推力相等。其缸的推力 F 和运动速度 v 分别为

$$F_1 = F_2 = (p_1 - p_2)A\eta_m = (p_1 - p_2)\frac{\pi}{4}(D^2 - d^2)\eta_m \qquad (3-13)$$

$$v_1 = v_2 = \frac{q}{A}\eta_v = \frac{4q\eta_V}{\pi(D^2 - d^2)} \qquad (3-14)$$

式中:A 为液压缸的有效面积;D,d 分别为活塞、活塞杆直径;q 为输入液压缸的流量;p_1 为进油腔压力;p_2 为回油腔压力;η_m 为液压缸的机械效率;η_v 为液压缸的容积效率。

2) 单杆式活塞缸

单杆式活塞缸如图 3－7 所示,活塞仅一端有活塞杆。单杆式活塞缸也有缸筒固定式和活塞杆固定式两种形式,这两种安装方式工作台移动范围均为活塞有效行程的 2 倍。

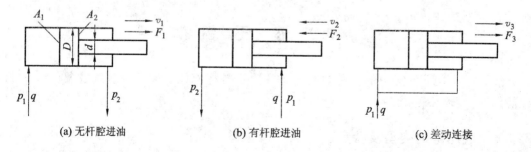

(a) 无杆腔进油　　　　　　(b) 有杆腔进油　　　　　　(c) 差动连接

图 3－7　单杆式活塞缸

　　单杆式活塞缸因左右两腔有效面积 A_1 和 A_2 不等,因此当进油腔和回油腔压力分别为 p_1 和 p_2,输入左、右两腔的流量均为 q 时,液压缸左、右两个方向的推力 F 和速度 v 各不相同。

　　(1) 当无杆腔进油、有杆腔回油时,如图 3 - 7(a)所示,活塞的推力 F_1 和运动速度 v_1 分别为

$$F_1 = (p_1 A_1 - p_2 A_2)\eta_m = \left[p_1 \frac{\pi}{4} D^2 - p_2 \frac{\pi}{4}(D^2 - d^2) \right]\eta_m \qquad (3-15)$$

$$v_1 = \frac{q}{A_1}\eta_v = \frac{4q\eta_v}{\pi D^2} \qquad (3-16)$$

若回油腔直接接油箱,$p_2 \approx 0$,则

$$F_1 = p_1 \frac{\pi}{4} D^2 \eta_m \qquad (3-17)$$

　　(2) 当有杆腔进油、无杆腔回油时,如图 3 - 7(b)所示,活塞的推力 F_2 和运动速度 v_2 分别为

$$F_2 = (p_1 A_2 - p_2 A_1)\eta_m = \left[p_1 \frac{\pi}{4}(D^2 - d^2) - p_2 \frac{\pi}{4} D^2 \right]\eta_m \qquad (3-18)$$

$$v_2 = \frac{q}{A_2}\eta_v = \frac{4q\eta_v}{\pi(D^2 - d^2)} \qquad (3-19)$$

若回油腔直接接油箱,$p_2 \approx 0$,则

$$F_2 = p_1 \frac{\pi}{4}(D^2 - d^2)\eta_m \qquad (3-20)$$

　　(3) 如果单杆活塞缸的左、右两腔同时通压力油,称为差动连接,如图 3 - 7(c)所示。差动连接的单杆式活塞缸称为差动液压缸。差动液压缸虽然左、右两腔压力相等,但由于左腔(无杆腔)的有效面积 A_1 大于右腔(有杆腔)的有效面积 A_2,因此活塞向右运动;与此同时,液压缸有杆腔排出的流量 q' 与泵的流量 q 汇合进入液压缸的左腔,使得活塞运动速度加快。由于差动液压缸的活塞只能向一个方向运动,作用在活塞上的推力 F_3 和活塞运动速度 v_3 分别为

$$F_3 = p_1(A_1 - A_2)\eta_m = p_1 \frac{\pi}{4} d^2 \eta_m \qquad (3-21)$$

$$v_2 = \frac{q}{A_1 - A_2}\eta_v = \frac{4q\eta_v}{\pi d^2} \qquad (3-22)$$

　　由式(3-21)和式(3-22)可知,差动连接比非差动连接时的推力小而运动速度快,所以,这种连接方式是以减小推力为代价而获得快速运动的,常用于空行程的快速运动中。另外,如果要求差动液压缸活塞向右运动的速度与非差动连接时活塞向左运动的速度相等,即 $v_3 = v_2$,则 $D = \sqrt{2}d$。

　　在液压缸往复运动速度有一定要求的情况下,活塞杆直径 d 通常根据液压缸速度比 λ_v 的要求以及液压缸内径 D 来确定

$$\lambda_v = \frac{v_2}{v_1} = \frac{D^2}{D^2 - d^2} = \frac{1}{1 - \left(\dfrac{d}{D}\right)^2} \qquad (3-23)$$

$$d = D \sqrt{\frac{\lambda_v - 1}{\lambda_v}} \qquad (3-24)$$

由式(3-24)可见，速度比 λ_v 越大，活塞杆直径 d 就越大。

2. 柱塞式液压缸

活塞式液压缸的内壁要求精加工，当液压缸较长时，加工就显得比较困难，因此在行程较长时多采用柱塞式液压缸，如图3-8所示，简称柱塞缸。柱塞缸和筒内壁不接触，因此缸筒内壁不需要精加工，只需要对柱塞杆的外表面进行精加工，结构简单，制造工艺性好，成本低。柱塞式液压缸的柱塞端面是受压面，其面积大小决定了柱塞缸的输出速度和推力。为保证柱塞有足够的推力和稳定性，一般柱塞较粗，质量较大，水平安装时易产生单边磨损，因此柱塞式液压缸适宜于垂直安装使用。为减轻柱塞的质量，通常制成空心的。

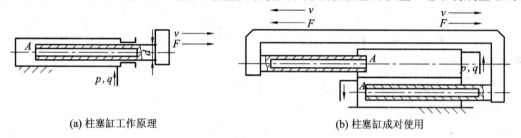

(a) 柱塞缸工作原理   (b) 柱塞缸成对使用

图3-8 柱塞式液压缸

柱塞缸属于单作用液压缸，只能实现一个方向运动，反向回程需要靠外力（如垂直安装时可靠自重来回程）。应用中可以通过两个柱塞缸成对安装组合使用，来实现往复运动。

当柱塞直径 d 为输入液压油流量为 q 时，柱塞上所产生的推力 F 和速度 v 分别为

$$F = pA\eta_m = p\frac{\pi}{4}d^2\eta_m \qquad (3-25)$$

$$v = \frac{q}{A}\eta_v = \frac{4q\eta_v}{\pi d^2} \qquad (3-26)$$

3. 摆动式液压缸

摆动式液压缸也称为摆动式液压马达，它把油液的压力能转变为摆动运动的机械能。常用的摆动式液压缸有单叶片式和双叶片式两种，如图3-9所示。

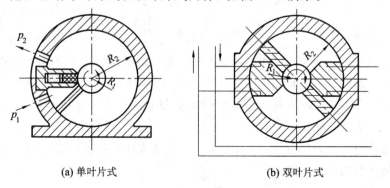

(a) 单叶片式   (b) 双叶片式

图3-9 摆动式液压缸

图3-9(a)中的单叶片式摆动液压缸，设摆动缸进出口压力分别为 p_1 和 p_2，输入的流

量为 q，若不考虑泄漏和摩擦损失，它的输出扭矩 M 和角速度 ω 分别为

$$M = b \int_{R_1}^{R_2} (p_1 - p_2) r \, \mathrm{d}r = \frac{(p_1 - p_2)(D^2 - d^2)b}{8} \tag{3-27}$$

$$\omega = 2\pi n = \frac{8q}{b(D^2 - d^2)} \tag{3-28}$$

式中：b 为叶片宽度；D、d 分别为叶片底端、顶端的回转直径。

4．其他形式液压缸

1）伸缩式液压缸

伸缩式液压缸也叫多级缸，由两个或多个活塞缸套装而成，前一级缸的活塞杆是后一级缸的缸筒，如图 3-10 所示。伸出时可以获得很长的工作行程，缩回时刻保持很小的轴向尺寸，因此，伸缩式液压缸被广泛应用于起重运输车辆上。

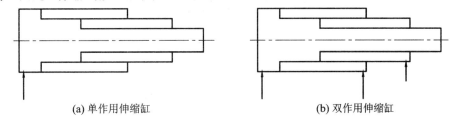

(a) 单作用伸缩缸　　　　　　　　　　　(b) 双作用伸缩缸

图 3-10　伸缩式液压缸

当通入压力油时，活塞有效面积最大的缸先运动，伸出至该级行程终点时，活塞有效面积次之的缸开始运动，依次进行，从而实现多级缸的动作。各级缸伸出时的速度取决于其相应的有效面积，有效面积越小，伸出的速度越快。其值为

$$F_i = p_i \frac{\pi}{4} D_i^2 \eta_{mi} \tag{3-29}$$

$$v_i = \frac{4q\eta_{vi}}{\pi D_i^2} \tag{3-30}$$

式中：i 为第 i 级活塞，其他参数则为对应 i 级活塞运动时的参数。

2）齿条齿轮式液压缸

齿条齿轮式液压缸由带有齿条杆的双作用活塞缸和齿条齿轮机构组成，如图 3-11 所示。压力油推动活塞往复运动，经齿条齿轮机构变成齿轮轴的往复旋转，从而带动工作部件做周期性的往复旋转运动。

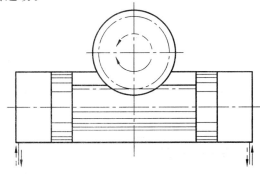

图 3-11　齿条齿轮液压缸

3) 增压液压缸

增压液压缸又称增压器,能将输入的低压油转变为高压油,供液压系统中的高压支路使用。它由两个直径分别为 D_1 和 D_2 的压力缸筒和固定在同一根活塞杆上的两个活塞或直径不等的两个相连柱塞等构成。其工作原理如图 3-12 所示,设缸的进口压力为 p_1,出口压力为 p_2,不计摩擦力,根据力平衡关系,得

$$p_1 A_1 = p_2 A_2 \tag{3-31}$$

则

$$p_2 = \frac{A_1}{A_2} p_1 \tag{3-32}$$

式中:A_1/A_2 为增压比。

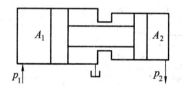

图 3-12 增压液压缸

表 3-2 为常用液压缸的图形符号及说明。

表 3-2 常用液压缸的图形符号及说明

分 类	名 称	图形符号	说 明
单作用液压缸	弹簧压回型单杆液压缸		液压力驱动活塞杆单向运动(向右),返回行程靠弹簧力,为弹簧压回型
	弹簧压出行单杆液压缸		液压力驱动活塞杆单向运动(向左),返回行程靠弹簧力,为弹簧压出型
	单活塞液压缸		液压力驱动活塞杆单向运动(向右),返回行程是利用自重或负荷将活塞推回
	双活塞液压缸		活塞两侧都装有活塞杆。液压力驱动活塞杆单向运动(向右),返回行程通常利用弹簧力、重力或外力
	柱塞式液压缸		柱塞仅单向运动(向右),返回行程是利用重力或负荷将柱塞推回
	伸缩式液压缸		以短缸获得长行程,利用液压力由大到小逐节推出,靠外力由小到大逐节缩回

分　类	名　称	图形符号	说　　明
双作用液压缸	单活塞杆液压缸		单边有杆，双向液压驱动，两个方向的推力和速度不等
	双活塞杆液压缸		双侧边有杆，双向液压驱动，可实现等推力、等速度的往复运动
	伸缩式液压缸		双向液压驱动，伸出时由大到小逐节推出，缩回时由小到大逐节缩回
组合式液压缸	增力液压缸（串联液压缸）		双向液压驱动，用于液压缸的直径方向空间受限制，而轴向方向尺寸不受限制的场合，获得大的推力
	增压液压缸	p_1　　　p_2	能将输入的低压油 p_1 转变为高压油 p_2，供液压系统中的高压支路使用
	齿条活塞式液压缸		活塞的直线往复运动，经装在一起的齿条驱动齿轮，获得往复转动
摆动式液压缸	摆动式液压缸		摆动式往复运动，输出轴直接输出扭矩，其往复转动的角度小于 360°

3.2.2　液压缸的结构

图 3-13 所示是一个双作用单活塞杆液压缸的结构图，主要零件包括缸底 2、活塞 8、活塞杆 12、导向套 13 和端盖 15 等，结构上特点是活塞和活塞杆用卡环链接，拆装方便；活塞上的支撑环 9 由聚四氟乙烯等耐磨材料制成，摩擦力也较小；导向套可使活塞杆在轴向运动中不致歪斜，从而保护了密封件；缸的两端均有缝隙式缓冲装置，可减少活塞在运动到端部时的冲剂和噪声。

从图 3-13 所示的液压缸典型结构中可以看出，液压缸的结构基本上可分为缸筒和缸盖、活塞和活塞杆、密封装置、缓冲装置和排气装置五部分。

1. 缸筒和缸盖

缸筒和缸盖承受油液的压力，因此要有足够的强度和刚性、较高的表面精度和可靠的密封性，其具体结构形式和使用材料有关。工作压力小于 10 MPa 时，可使用铸铁；小于 20 MPa 时使用无缝钢管；大于 20 MPa 时使用铸钢或锻钢。缸筒和缸盖的常见连接形式如表 3-3 所示。

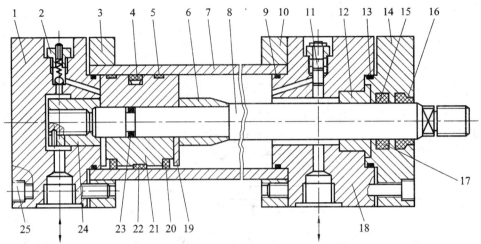

1—缸底斜盘；2—带放气孔的单向阀缸体；3、10—法兰柱塞；4—格来圈配油盘；5—导向环；6—缓冲套；7—缸筒；8—活塞杆；9、13、23—O形密封圈；11—缓冲节流阀；12—导向套；14—缸盖；15—斯特圈密封；16—防尘罩；17—Y形密封圈；18—缸头；19—护环；20—Y形密封圈；21—活塞；22—导向环；24—无杆端缓冲套；25—连接螺钉

图 3-13 双作用单活塞杆液压缸结构图

表 3-3 缸筒和缸盖的常见连接形式

连接方式	结构形式图例	优 缺 点
法兰连接		优点：结构简单，易加工，易装卸； 缺点：重量比螺纹连接的大，但比拉杆连接的小，外径较大
螺纹连接		优点：重量较轻，外径较小； 缺点：端部结构复杂，装卸时要用专门的工具，拧端部时有可能把密封圈拧扭
半环连接		优点：工艺性好，连接可靠，结构紧凑、拆装方便； 缺点：对缸筒有所削弱，需要加厚筒壁
焊接		优点：结构简单，尺寸小； 缺点：缸体有可能变形
拉杆连接		优点：缸体最易加工，最易装卸，结构通用性大； 缺点：重量较重，外形尺寸较大

注：1—缸盖；2—缸筒；3—压板；4—半环；5—放松螺母；6—拉杆。

2. 活塞和活塞杆

活塞和活塞杆的连接方式很多，最常见的有螺纹式连接和半环式连接，除此之外还有整体式结构、焊接式结构、锥销式结构等。但无论哪种连接方式，都必须保证连接可靠。螺纹式连接结构简单，拆装方便，但在高压大负载下需要备有螺母放松装置。图 3-14 所示为半环式连接，半环式连接结构较复杂，拆装不便，但工作可靠。此外活塞和活塞杆不论是空心还是实心，大多采用钢料制造。

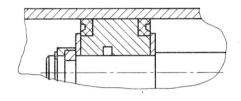

图 3-14　半环连接

3. 密封装置

液压缸的密封装置用来防止油液的泄露(液压缸一般不允许外泄并要求内泄漏尽可能小)。密封装置设计的好坏对于液压缸的静、动态性能有着重要的影响。一般要求密封装置应具有良好的密封性，尽可能长的寿命，制造简单，拆装方便，成本低。液压缸的密封主要指活塞、活塞缸处的动密封和缸盖等处的静密封。图 3-15 所示为常见液压缸密封装置。图 3-15(a)为间隙密封，依靠运动间的微小间隙来防止漏油，只有在尺寸较小，压力较低、相对运动速度较高的缸筒和活塞杆间使用。图 3-15(b)为摩擦环密封，依靠套在活塞上的摩擦环在 O 形密封圈弹力作用下贴紧缸壁防止泄露，适用于缸筒和活塞之间的密封。图 3-15(c)、图 3-15(d)为密封圈密封，利用橡胶或塑料的弹性使各种截面的环形圈贴紧在静、动配合面之间来防止泄露，在缸筒和活塞之间、缸盖和活塞杆之间、活塞和活塞杆之间、缸筒和缸盖之间都能使用。有关密封装置的结构、材料、安装和适用等详见第 5 章。

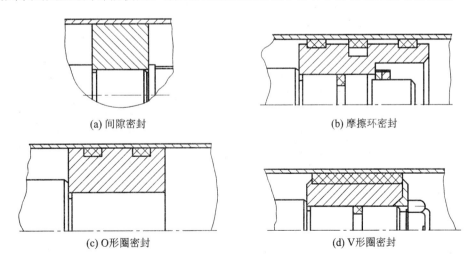

(a) 间隙密封　　　　　(b) 摩擦环密封

(c) O形圈密封　　　　　(d) V形圈密封

图 3-15　密封装置

4. 缓冲装置

当液压缸所驱动的工作部件质量较大，移动速度较快时，由于具有的动量大，致使在行程终了时，活塞与缸盖发生碰撞，造成液压冲击和噪声，严重时影响工作精度，引起整个系统及元件的损坏，因此在大型、高速的液压缸中往往设置缓冲装置。缓冲的原理是利用活塞或缸筒移动到接近终点时，将活塞和缸盖之间的一部分油液封住，迫使油液从小孔或缝隙中挤出，从而产生很大的阻尼，使工作部件平稳制动。

图 3-16(a) 为圆柱形环隙缓冲装置，当缓冲柱塞进入缸盖上的内孔时，缸盖和缓冲活塞件的封闭油液只能从环形间隙 δ 挤压出去，于是排油压力升高形成缓冲压力，使活塞的运动速度减慢从而实现减速缓冲。这种装置结构简单，制造成本低，但实现减速所需行程较长，适用于运动部件惯性大、运动速度不太高的场合。图 3-16(b) 为圆锥形环隙缓冲装置，由于缓冲柱塞为圆锥形，所以缓冲环形间隙 δ 随位移量而改变，即节流面积随缓冲行程的增大而减小，使机械能的吸收较均匀，其缓冲效果较好。图 3-16(c) 为可变节流槽式缓冲装置，在缓冲柱塞上开有由浅入深的三角节流槽，节流面积随着缓冲行程的增大而逐渐减小，缓冲压力变化平稳。图 3-16(d) 为可调节流孔式缓冲装置，它不但有由凸台和凹腔组成的结构，而且在缸盖中还装有针形节流阀和单向阀。当活塞上的凸台进入端盖内孔后，封闭在活塞与端盖间的油液只能从针形节流阀排除，调节节流孔的大小，可控制缓冲腔内缓冲压力的大小，以适应液压缸不同的负载和速度工况对缓冲的要求；同时当活塞反向运动时，高压油从单向阀进入液压缸内，活塞也不会因推力不足而产生启动缓慢或困难等现象。

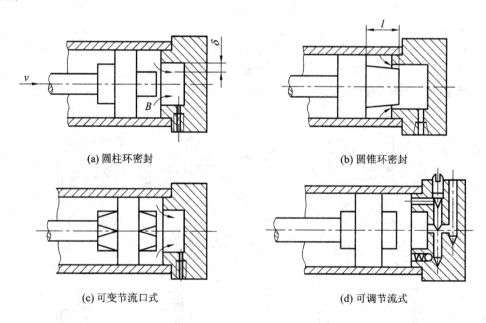

(a) 圆柱环密封　　　　　　　　　　　　(b) 圆锥环密封

(c) 可变节流口式　　　　　　　　　　　(d) 可调节流式

图 3-16　液压缸的缓冲装置

5. 排气装置

在设计和使用液压缸时应考虑能及时排除积留的空气，以免空气进入液压缸影响工作部件运动的平稳性甚至导致其无法正常工作。一般要求的液压缸不设专门的排气装置，而是通过液压缸空载往复运动，将空气随回油带入油箱分离出来，直至运动平稳。对于特殊设备的液压缸，常需设专门的排气装置：一种是在缸盖的最高处开排气孔与排气阀连接进行排气；另外一种是在缸盖最高部位安放排气塞。图 3-17 为液压缸的排气装置。

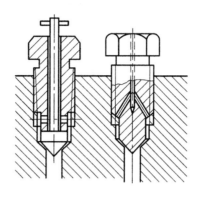

图 3-17　液压缸排气装置

3.2.3　液压缸的设计计算[*]

液压缸的设计是整个液压系统设计的重要内容之一，其主要尺寸与主机的工作机构有直接关系。根据工作机构负载、运动速度、工作行程等来确定液压缸的尺寸和结构，并对主要零件进行验算，最后进行液压缸的结构设计。

1. 液压缸设计中应注意的几个问题

（1）尽量使液压缸的活塞杆在受拉状态下承受最大载荷，或者在受压的状态下具有良好的纵向稳定性。

（2）根据液压缸具体的工作条件，考虑是否有缓冲、排气等装置。

（3）根据主机的主要工作要求和结构设计要求，正确确定液压缸的安装、固定方式。

（4）在保证所获得速度和推力前提下，尽可能使液压缸各部分结构按有关标准设计，尽量做到结构简单、紧凑，加工、装配和维修方便。

2. 主要尺寸的确定

1）缸筒内径 D

如果液压缸以驱动负载为主要目的，则液压缸的缸筒内径 D 应根据最大推力 F 和选取的设计压力 p_1 以及背压 p_2 进行计算；如果强调速度，则缸筒内径 D 应根据运动速度 v 和已知流量 q 进行计算。

例如单杆活塞缸，其无杆腔进油，有杆腔回油，当回油背压 $p_2=0$ 时，其缸内内径 D 的计算公式分别为式（3-33）和式（3-34）。

$$D = \sqrt{\frac{4F}{\pi p_1}} \qquad\qquad (3-33)$$

$$D = \sqrt{\frac{4q}{\pi v_1}} \qquad\qquad (3-34)$$

2）活塞杆直径 d

活塞杆的直径 d 可按设计压力和设备类型选取。活塞杆受拉时，可取 $d=(0.3-0.5)D$；

活塞杆受压时，按表3-2选取；对于单杆液压缸，当往复运动速度比 λ_v 有要求时，可由 D 和 λ_v 来决定。

表 3-4　液压缸活塞杆受压时的直径 d 的推荐值

设计压力 p_1/MPa	≤5	5~7	>7
活塞杆直径 d/mm	$(0.5-0.55)D$	$(0.6-0.7)D$	$0.7D$

3）缸筒长度 L

缸筒长 L 由最大工作行程决定。从制造工艺考虑，缸筒长度 L 最好不超过其内径的 20 倍。

4）液压缸最小导向长度 H

当活塞杆全部外伸时，从活塞支撑面中点到导向套滑动面中点的距离称为最小导向长度 H，如图3-18所示，若导向长度 H 太小，当活塞缸全部伸出时，液压缸的稳定性将变差；反之，又势必增加液压缸的长度。根据经验，当液压缸最大行程为 L，缸筒直径为 D 时，最小导向长度为

$$H = \frac{L}{20} + \frac{D}{2} \tag{3-35}$$

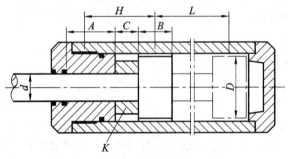

图 3-18　液压缸最小导向长度

一般导向套滑动面长度 A，在 $D<80$ mm 时，可取 $A=(0.6-1.0)D$；在 $D>80$ mm 时，可取 $A=(0.6-1.0)d$。活塞宽度 $B=(0.6-1.0)D$。当导向长度 H 不够时，可在活塞杆上增加一个导向隔套 K 来增加 H 值。隔套 K 的宽度

$$C = H - \frac{1}{2}(A+B) \tag{3-36}$$

3. 强度校核

液压缸的缸筒壁厚 δ、活塞杆直径 d、缸盖固定螺栓直径 d_1 等，在高压系统中必须进行强度校核。

（1）缸筒壁厚的校核 δ。对于低压系统，缸筒壁厚 δ 往往由结构要求来确定，此时壁厚一般都能满足强度要求。中高压缸一般用无缝钢管作缸筒，大多属于薄壁筒，可按材料力学薄壁圆通公式验算壁厚，即

$$\delta \geqslant \frac{p_{\max}D}{2[\sigma]} \tag{3-37}$$

当液压缸采用铸造缸筒时，壁厚由铸造工艺确定，这时应按照厚壁圆筒公式验算壁厚。

当 $\delta/D = 0.08 \sim 0.3$ 时，可用实用公式验算，即

$$\delta \geqslant \frac{p_{\max} D}{2.3[\sigma] - 3p_{\max}} \qquad (3-38)$$

当 $\delta/D \geqslant 0.3$ 时，其验算公式为

$$\delta \geqslant \frac{D}{2}\left(\sqrt{\frac{[\sigma] + 0.4p_{\max}}{[\sigma] - 1.3p_{\max}}} - 1\right) \qquad (3-39)$$

式中：D 为缸筒内径；$p_{\max}$ 为缸筒内的最高工作压力；$[\sigma]$ 为缸筒材料的许用应力，$[\sigma] = \frac{\sigma_b}{n}$，$\sigma_b$ 为缸筒材料的抗拉强度，n 为安全系数，一般取 $n = 3.5 \sim 5$。

（2）活塞杆直径 d 的校核。活塞杆直径 d 的校核公式为

$$d \geqslant \sqrt{\frac{4F}{\pi[\sigma]}} \qquad (3-40)$$

式中：F 为活塞杆所受的作用力；$[\sigma]$ 为活塞材料的许用应力，$[\sigma] = \sigma_b/1.4$。

（3）液压缸缸盖固定螺栓直径 d_1 的校核。液压缸缸盖固定螺栓在工作过程中同时承受拉应力和剪切应力，螺栓直径的校核公式为

$$d_1 \geqslant \sqrt{\frac{5.2KF}{\pi z[\sigma]}} \qquad (3-41)$$

式中：d_1 为螺栓直径；K 为螺纹拧紧系数，一般取 $K = 1.25 \sim 1.5$；z 为螺栓数；$[\sigma]$ 为螺栓材料的许用应力，$[\sigma] = \sigma_s/n$，σ_s 为螺栓材料的屈服极限，n 为安全系数，一般取 $n = 1.2 \sim 2.5$。

（4）活塞杆稳定性验算。当液压缸承受轴向压缩载荷时，如果活塞杆的制成长度与活塞杆的直径之比 $l/d > 10$，则应进行活塞杆纵向稳定性验算。验算可按材料力学有关公式进行。

3.3　工　程　实　例

3.3.1　液压马达选型及应用实例

对于高速小转矩马达，常见的有齿轮式、叶片式和轴向柱塞式。齿轮式马达一般功率和转矩较小，适用于小功率传动，能用于 3000 r/min 以上的告诉运转，最低转速 150～400 r/min，缺点是不能用于低速。叶片式马达功率和转矩比齿轮式马达略大些。轴向柱塞式马达功率与转矩比较大，可以实现无极变量，以达到无级调速的目的。高速小扭矩马达体积小，重量轻，一般应同减速装置配合使用。

对于常见的低速大扭矩液压马达，它们的工作转速通常为每分钟几转到几十转，最高转速不超过 200～300 r/min，输出转矩的数值较大，通常为几千到几万牛·米。曲柄连杆式马达的特点是结构简单，工作比较可靠，但它的工艺性差，球铰处级连杆与曲柄的接触处比压较大，油膜容易被破坏而加速磨损。静力平衡式马达由于主要零件实现了油压静力

平衡，改善了受力情况，使寿命延长，又具有良好的结构工艺学和低俗稳定性，是一种有发展前途的低速大扭矩马达。内曲线多作用式马达的主要特点是左右次数多，排量大，扭矩大，外形尺寸小，使用可靠，性能较好，近年来使用越来越广泛。

表 3-5 列出了液压马达的技术性能参数。

表 3-5　常用液压马达的技术性能参数

种类 性能参数	高速马达			低速马达
	齿轮式	叶片式	轴向柱塞式	径向柱塞式
额定压力/MPa	21	17.5	35	35
排量/(mL/r)	4～300	25～300	10～1000	125～38000
转速/(r/min)	300～5000	400～3000	10～5000	1～500
总效率/(%)	75～90	75～90	85～95	80～92
堵转效率/(%)	50～85	70～80	80～90	75～85
堵转泄漏	大	大	小	小
污染敏感度	大	小	小	小
变量能力	不能	困难	可以	可以

3.3.2　液压缸选型及应用实例

设计一液压缸，已知液压缸系统供油 $P=6.3$ MPa；液压缸最大推力 $F_{max}=5$ kN；缸的最大行程 $L=100$ mm。

解答：

1）液压缸工作压力的确定

液压缸的工作压力主要根据液压设备的类型来确定，对于不通用途的液压设备，由于工作条件不同，通常采用的压力范围也不同。根据负载 $F=5$ kN，查表可知液压缸的工作压力为 1.5～2 MPa，由表确定液压缸的工作压力 $P=2.5$ MPa。

2）液压缸缸筒内径 D 的计算

根据已知条件，工作最大负载 $F=1500$ N，工作压力 $P=1.6$ MPa 可得液压缸内径 D 和活塞杆直径 d 的确定：

已知：$F=1500$ N，$P=1.6$ MPa，

$$D=\sqrt{\frac{4F}{\pi P}}=\sqrt{\frac{4\times1500}{\pi\times1.6\times10^{6}}}=39.5 \text{ mm}$$

$$d=0.75D=0.75\times39.5 \text{ mm}=29.625 \text{ mm}$$

查表得：$D=40$ mm，$d=32$ mm。

则

$$A=\frac{\pi D^{2}}{4}=\frac{3.14\times40^{2}}{4}=1256 \text{ mm}^{2}$$

故必须进行最小稳定速度的验算，要保证液压缸工作面积 A 必须大于保证最小稳定速度的最小有效面积 A_{min}，又：

$$A_{min} = \frac{q_{min}}{V_{min}} = \frac{2L_{min}}{0.8_{m/min}} = \frac{2 \times 10^6 \text{ mm}^3/\text{min}}{0.8 \times 10^3 \text{ mm/min}} = 2500 \text{ mm}^2$$

式中：q_{min} 为流量阀的最小稳定流量，由设计要求给出。V_{min} 为液压缸的最小速度，由设计要求给出。

查表，取 $D=63$ mm，

当 $D=63$ mm 时的 $A = \frac{\pi D^2}{4} = \frac{3.14 \times 63^2}{4} = 3115.7$ mm^2，保证了 $A > A_{min}$。

3）液压缸活塞杆直径 d 的确定

由已知条件可查表（GB/T 2348—1993），取 $d=45$ mm。

查表知，45 钢的屈服强度 $\sigma_s = 355$ MPa。

按强度条件校核：

$$d \geqslant \sqrt{\frac{4F_1}{\pi[\sigma]}} \times 10^{-3} = \sqrt{\frac{4 \times 1200}{\pi \times \left(\frac{355}{2}\right)}} \times 10^{-3} = 3 \times 10^{-3}$$

所以符合要求。

4）最小导向长度的确定

当活塞杆全部外伸时，从活塞支承面中点到缸盖滑动支承面中点距离为 H，称为最小导向长度。如果导向长度过小，将使液压缸的初始挠度增大，影响液压缸的稳定性，因此在设计时必须保证有一定的最小导向长度。

对一般的液压缸，最小导向长度 H 应满足：

$$H \geqslant \frac{L}{20} + \frac{D}{2} = \frac{250}{20} + \frac{63}{2} = 44 \text{ mm}$$

式中：L 为液压缸的最大行程（mm）；D 为液压缸内径（mm）；取 $H=65$ mm。

练 习 题

3-1　如图 3-19 所示三种结构形式的液压缸，直径分别为 D、d，如进入缸的流量为 q，压力为 p，分析各缸产生的推力、速度大小和运动方向。

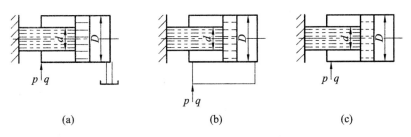

(a)　　　　　　　　　　(b)　　　　　　　　　　(c)

图 3-19　题 3-1 图

3-2　如图3-20所示两个结构相同相互串联的液压缸，无杆腔的面积 $A_1=100\ \text{cm}^2$，有杆腔的面积 $A_2=80\ \text{cm}^2$，缸1输入压力 $p_1=9\times10^5\ \text{Pa}$，输入流量 $q_1=12\ \text{L/min}$，不计损失和泄露，求：

(1) 两缸承受相同负载 $(F_1=F_2)$，该负载的数值及两缸的运动速度？

(2) 缸2的输入压力为缸1的一半时 $(p_2=p_1/2)$，两缸各能承受多少负载？

(3) 缸1不承受负载时 $(F_1=0)$，缸2能承受多少负载？

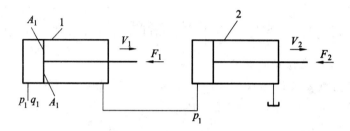

图3-20　题3-2图

3-3　如图3-21所示差动连接液压缸。已知进油流量 $Q=30\ \text{L/min}$，进油压力 $p=4\ \text{MPa}$，要求活塞往复运动速度相等，且速度均为 $v=6\ \text{m/min}$，试计算液压缸筒内径 D 和活塞杆直径 d，并求输出推力 F。

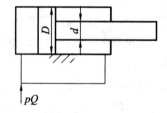

图3-21　题3-3图

3-4　图3-22为定量泵和定量马达系统。泵输出压力为 $p_p=10\ \text{MPa}$，排量为 $q_p=10\ \text{mL/r}$，转速为 $n_p=1450\ \text{r/min}$，机械效率为 $\eta_{mp}=0.9$，容积效率为 $\eta_{vp}=0.9$；马达排量为 $q_M=10\ \text{mL/r}$，机械效率为 $\eta_{mM}=0.9$，容积效率为 $\eta_{vm}=0.9$，泵出口和马达进口间管道压力损失 $5\times10^5\ \text{Pa}$，其他损失不计，试求：

(1) 泵的驱动功率。

(2) 泵的输出功率。

(3) 马达输出转矩、转速和功率。

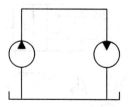

图3-22　题3-4图

3-5 图 3-23 所示为变量泵和定量马达系统。低压辅助泵的输出压力为 $p_y=4\times10^5$ Pa，泵最大排量 $q_{p\max}=100$ mL/r，转速 $n_p=1000$ r/min，容积效率 $\eta_{vp}=0.9$，机械效率 $\eta_{mp}=0.85$，马达相应参数为 $q_M=50$ mL/r，$\eta_{vM}=0.95$，$\eta_{mM}=0.9$。不计管道损失，当马达的输出转矩为 $T_M=40$ N·m，转速为 $n_M=160$ r/min，求变量泵的排量、工作压力和输入功率。

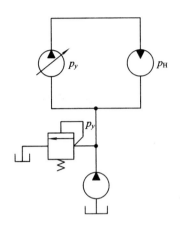

图 3-23 题 3-5 图

3-6 一个单杆液压缸快进时采用差动连接，快退时油液输入到缸的有杆腔。设缸快进、快退时的速度均为 0.1 m/s，快进时杆受压，推力为 25 000 N。已知输入流量为 $q=25$ L/min，背压 $p_2=0.2$ MPa，求：

(1) 缸和活塞杆直径 D、d。

(2) 缸筒材料为 45 钢缸筒的壁厚。

第4章 液压传动控制元件

4.1 液压控制阀概述

液压控制阀的种类很多,但它们在液压系统的作用主要有三个方面:控制液压油的压力、流量和流动方向,保证执行元件按照负载的需求进行工作。

4.1.1 液压阀的功用与分类

阀是用来控制系统中流体的流动方向或调节其压力和流量的,因此它可以分为方向阀、压力阀和流量阀三大类。一个形状相同的阀,可以因为作用机制的不同,而具有不同的功能。压力阀和流量阀是利用通流截面的节流作用控制系统的压力和流量,而方向阀则利用通流通道的更换来控制流体的流动方向。尽管液压阀的种类繁多,且各种阀的功能和结构形式也有较大的差异,但都具有基本共同点:

(1)在结构上,所有液压阀均由阀体、阀芯和驱动阀芯动作的元部件组成。

(2)在工作原理上,所有液压阀的开口大小、进出口间的压差以及用过阀的流量之间的关系都符合孔口流量公式,见式(1-51)。

液压阀可按不同的特征进行分类,见表4-1

表4-1 液压阀的分类

分类方法	种类	详 细 分 类
按机能分	压力控制阀	溢流阀、顺序阀、卸荷阀、平衡阀、减压阀、比例压力控制阀、缓冲阀、仪表截止阀、限压切断阀、压力及电器
	流量控制阀	节流阀、单向节流阀、调速阀、分流阀、集流阀、比例流量控制阀
	方向控制阀	单向阀、液控单向阀、换向阀、行程减速阀、充液阀、梭阀、比例方向阀
按结构分	滑阀	圆柱滑阀、旋转阀、平板滑阀
	座阀	锥阀、球阀、喷嘴挡板阀
	射流管阀	射流阀

续表

分类方法	种类	详 细 分 类
按操作方法分	手动阀	手把及手轮、踏板、杠杆
	机动阀	挡块及碰块、弹簧、液压、气动
	电动阀	电磁铁控制、伺服电动机和步进电动机控制
按连接方式分	管式连接	螺纹式链接、法兰式连接
	板式及叠加连接	单层连接板式、双层连接板式、整体连接板式、叠加阀
	插装式连接	螺纹式插装、法兰式插装
按控制方式分	电液比例阀	电液比例压力阀、电液比例流量阀、电液比例换向阀、电液比例复合阀、电液比例多路阀
	伺服阀	单、两级电液流量伺服阀、三级电液流量伺服阀
	数字控制阀	数字控制压力控制流量阀与方向阀

4.1.2　液压阀基本结构与参数

1. 液压阀基本结构

液压阀的基本结构主要包括阀体、阀芯和驱动阀芯在阀体内做相对运动的控制装置。阀芯的主要形式有滑阀、锥阀和球阀；阀体上除有与阀芯配合的阀体孔和阀座外，还有外接油管的进出油口；驱动方式可以是手动、机动、电磁驱动、液动和电液动。

2. 液压阀的性能参数

(1) 公称通径 DN。液压阀主油口(进、出口)的名义尺寸叫做公称通径，用 DN 表示，如公称通径 250 mm 应标志为 $DN250$。公称通径代表了液压阀通流能力的大小，对应于阀的额定流量。与阀进、出口相连接的油管规格(或油路块的油口尺寸)应于阀的通径相一致。由于阀上主油口的实际尺寸受到液流速度等参数的限制及结构特点的影响，因此，液压阀主油口的实际尺寸未必完全与公称通径一致。事实上，公称通径仅用于表示液压阀的规格大小，因此，不同功能但通径规格相同的两种液压阀(如压力阀和方向阀)的主油口实际尺寸未必相同。阀工作时的实际流量应小于或等于其额定流量，最大不得大于额定流量的 1.1 倍。

(2) 额定压力 p_g。额定压力(又称公称压力)是按阀的基本参数所确定的名义压力(也是液压阀长期工作所允许的最高工作压力)，用 p_g 表示。额定压力标志着液压阀承载能力的大小，故通常液压系统的工作压力(系统运行时的压力)不大于阀的额定压力则表示安全的。对于压力控制阀，实际最高工作压力有时还要与阀的调压范围有关；对于换向阀，实际最高工作压力还可能受其功率极限的限制。

3. 对液压阀的基本要求

(1) 工作灵敏，使用可靠，工作时冲击和振动小，噪声小，使用寿命长。

（2）阀口全开时，液体通过发的压力损失小；阀口关闭时，密封性好。

（3）被控参数（压力或流量）稳定，受外部干扰时变化量小。

（4）结构紧凑，安装调试及使用维护方便，通用性好。

4.2 液压方向控制阀

方向控制阀简称方向阀，其功用是用来控制液压系统中的液流方向，以满足执行元件启动、停止及运动方向的改变等工作要求。方向控制阀主要有单向阀和换向阀两大类。

4.2.1 单向阀

单向阀有普通单向阀和液控单向阀两类。

1. 普通单向阀

普通单向阀的作用是只允许液流沿一个方向通过，不能反向倒流。图 4-1 所示是一种管式普通单向阀的结构。普通单向阀工作过程如下：当压力油从阀体左端的通口 P_1 流入时，克服弹簧 3 作用在阀芯 2 上的力，使阀芯右移，打开阀口，并通过阀芯 2 上的径向孔 a 和轴向孔 b 从阀体右端的通口流出。当压力油从阀体右端的通口 P_2 流入时，压力油和弹簧力一起使阀芯锥面压紧在阀座上，使阀口关闭，油液无法通过。这里的弹簧力很小，仅起到阀芯的复位作用，因此正向开启压力只需 0.03～0.05 MPa；反向截止时，因锥阀阀芯与阀座孔位线密封，且密封力随压力增改而增大，因此密封性良好。

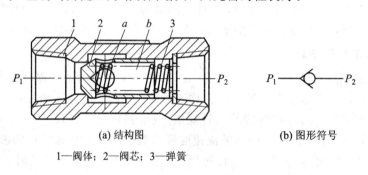

(a) 结构图　　　　　　　(b) 图形符号

1—阀体；2—阀芯；3—弹簧

图 4-1　普通单向阀

普通单向阀的应用场合如图 4-2 所示，有：

（1）单向阀常被安装在泵的出口处，一方面防止系统的压力冲击影响泵的工作性能；另一方面，在泵不工作时，防止系统的油液倒流经泵回油箱，如图 4-2(a) 所示。

（2）单向阀可用来分隔油路，以防止干扰，如图 4-2(b) 所示。

（3）单向阀与其他阀并联组成复合阀，如单向减压阀、单向节流阀等。

（4）当安装在系统的回油路时，使回油具有一定背压，如图 4-2(d) 所示；或安装在泵的卸荷回路使泵维持一定的控制压力时，应更换刚度较大的弹簧，则正向开启压力为 0.3～0.5 MPa。

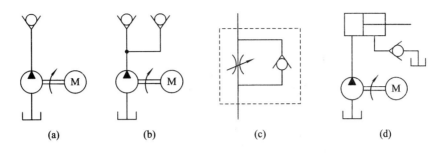

图 4 - 2　单向阀的应用

2. 液控单向阀

　　液控单向阀如图 4 - 3 所示，除进、出油口 P_1、P_2 外，还有一个控油口 P_c。当控制油不通压力油而通回油箱时，液控单向阀的作用与普通单向阀一样，油液只能从 P_1 到 P_2，不能反向流动。当控油口通压力油时，就有一个向上的液压力作用在控制活塞的下端，推动控制活塞克服弹簧力，顶开单向阀阀芯使阀口打开，正、反向的液流均可自由通过。

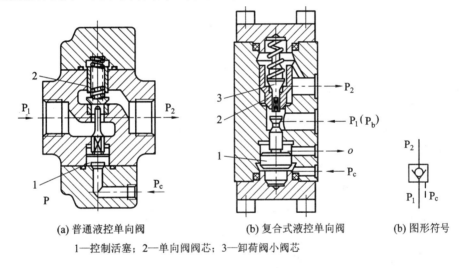

(a) 普通液控单向阀　　　　　　(b) 复合式液控单向阀　　　　(b) 图形符号

1—控制活塞；2—单向阀阀芯；3—卸荷阀小阀芯

图 4 - 3　液控单向阀

　　如图 4 - 3(a)所示的普通液控单向阀，在高压系统中阀反向开启前 P_2 的压力很高，所以要使单向阀反向开启的控制压力也很高。为减小控制压力，可采用图 4 - 3(b)所示的结构，在阀芯内装有卸荷阀芯，控制活塞上行时，先顶开卸荷阀芯使主油路卸压，然后再顶开单向阀阀芯，其控制压力仅为工作压力的 4.5%。而没有卸荷阀芯的普通液控单向阀的控制压力为工作压力的 40%～50%。

3. 双液控单向阀

　　双液控单向阀又称为双向液压锁，结构原理图如图 4 - 4 所示。两个同样结构的液控单向阀共用一个阀体，阀体 1 上开设四个主油孔 P_1、P_2、P_3 和 P_4。

　　当液压系统一条油路的液流从 P_1 口进入阀时，液流压力主动顶开左阀芯，使 P_1 口与 P_2 口相通，油液从 P_1 口向 P_2 口流动。同时，液流压力将中间活塞向右推动，从而顶开右阀芯，使 P_3 口与 P_4 口相通，油液在 P_3 口与 P_4 口之间的流向不受限制。

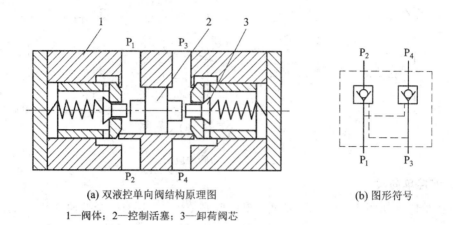

(a) 双液控单向阀结构原理图   (b) 图形符号

1—阀体；2—控制活塞；3—卸荷阀芯

图 4-4   双液控单向阀

若液压系统一条油路的液流从 P_3 口进入阀时，则液流压力主动顶开右阀芯，使 P_3 口与 P_4 口相通，油液从 P_3 口向 P_4 口流动。同时，液流压力将中间活塞向左推动，从而顶开左阀芯，使 P_1 口与 P_2 口相通，油液在 P_1 口与 P_2 口之间的流向不受限制。

当 P_1 口与 P_3 口均不通压力油时，P_2 口与 P_4 口为单向阀的反向，阀芯关闭，执行元件被双向锁住，故称为双向液压锁。

4.2.2   换向阀

换向阀的作用是利用阀芯相对于阀体的运动，实现油路的通、断或改变液流的方向，从而实现液压执行元件的启动、停止或者运动方向的变换。

1. 换向阀的基本要求及分类

1) 换向阀的基本要求

对换向阀的基本要求如下：

(1) 流体流经阀时压力损失要小。

(2) 互不相通的通口间的泄露要小。

(3) 换向要平稳、迅速、可靠。

2) 对换向阀的分类

换向阀种类很多，按结构分有滑阀式、转阀式、锥阀式和球阀式；按阀芯在阀体内的工作位置可分为二位、三位和四位等；按阀体连通的主油路数可分为二通、三通和四通等；按操作阀芯运动的方式可分为手动、机动、电磁动、液动和电液动等。

本书着重介绍应用最为广泛的滑阀式换向阀，按工作位置和主油路数，称为"×位×通"阀，如二位二通、二位三通、三位五通等。

2. 滑阀式换向阀

1) 工作原理

滑阀式换向阀阀体上开有多个沉割槽，每个沉割槽都与孔道相通，阀芯不同位置上设有凸肩，轴向为以后阀芯可以停留在不同的工作位置，并通过凸肩遮挡沉割槽来实现各孔道之间的通断。

图 4-5 所示为滑阀式换向阀的工作原理示意图。阀体 1 和阀芯 2 为滑阀式换向阀的主体结构。阀体中间有一个可以让阀芯在其内轴向滑动的圆柱形阀体孔，每一个沉割槽 4 与阀体上所开的相应主油口（P、A、B、T）相通。阀芯上也有若干个环形槽，当阀芯环形槽之间的凸肩将沉割槽遮盖住时，此槽所通的油路被切断；当凸肩不遮盖沉割槽时，则此油路就可以与其他油路相通，此时凸肩与沉割槽之间开口的轴向长度称为开口长度。

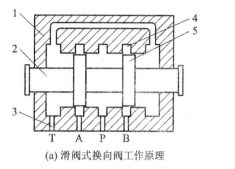
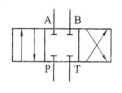

(a) 滑阀式换向阀工作原理　　　　　(b) 图形符号

1—阀体；2—滑动阀芯；3—主油口；4—沉割槽；5—凸肩

图 4-5　滑阀式换向阀

阀芯在驱动元件的作用下，可在阀体孔里作轴向运动，根据阀芯在阀体孔中的不同位置，可以使一些油路接通而同时使一些油路切断。如图 4-5(a)中，阀芯在阀体孔里可以有左、中、右三个位置。当阀芯处于图中位置即中间位置时，四个通口 P、A、B、T 之间互不相通，都关闭；当阀芯移向左端处于左位时，P 口与 A 口油路连通，B 口与 T 口油路连通；当阀芯移向右端处于右位时，P 口与 B 口油路连通，A 口与 T 口油路连通。

2）图形符号

图 4-5(b)所示为图 4-5(a)对应的滑阀式换向阀的图形符号。表 4-2 为滑阀式换向阀常见的一些主体部分结构形式及图形符号。

表 4-2　滑阀式换向阀常见的一些主体部分结构形式及图形符号

名　称	主体结构	图形符号	适用场合
二位二通阀			控制油路的接通与切断（相当于一个开关）
二位三通阀			控制油液的流动方向（从一个方向变换为另一个方向）

续表

名　称	主体结构	图形符号	适　用　场　合	
二位四通阀		A B（P T）	不能使执行元件在任意位置上停止运动	执行元件正、反向运动时回油方式相同
三位四通阀		A B（P T）	控制执行元件换向 能使执行元件在任意位置上停止运动	
二位五通阀		A B（T_2PT_1）	不能使执行元件在任意位置上停止运动	执行元件正、反向运动时回油方式不同
三位五通阀		A B（T_2PT_1）	能使执行元件在任意位置上停止运动	

图形符号的含义说明如下：

（1）用方框表示阀的工作位置，每一个方框表示换向阀阀芯的一个工作位置，则有几个方框就表示有几"位"。

（2）方框中的箭头不表示液流方向，仅表示该位置上油口之间的连接状态。方框内符号"⊥"或"⊤"表示该油路不通。

（3）英文字母 P、A、B、T 等分别表示主油口与液压系统相连接的油路名称，有几个口即表示有几"通"。通常，P 表示接液压泵或压力源，A 和 B 表示接执行元件的工作口，T 表示阀的出油口，一般接油箱。

（4）换向阀都有两个或两个以上的工作位置，其中一个是常态，即阀芯未受外部操纵驱动时所处的位置。画液压系统原理图时，油路一般连接在常位上。

（5）整个方框图形的两端会画有其他符号，表示的是阀的操纵驱动机构及定位方式，常用的有手动、机动、电磁动、液动和电液动。

（6）结合位、通和操纵驱动方式，阀的命名格式为"※位※通 xxx 换向阀"。如二位二通手动换向阀、三位四通电磁换向阀等。

　3）滑阀式换向阀的中位机能

当换向阀的阀芯处于常态的原始位置时，各油口之间的连通情况不同，这种不同的连通方式体现了换向阀的各种控制机能，称为滑阀机能。对于三位阀换向阀，阀芯有三个工作位置，图形符号中阀芯处于中间位置时，各油口间有不同的连通方式，可满足不同的使用要求，这种中间位置的连通方式称为换向阀的中位机能。一般用英文字母表示，常见的有 O、H、X、M、U、P、Y、C、J、K 等几种形式。三位四通换向阀常见中位机能见表 4-3。

表 4 - 3　三位四通换向阀中位机能

代号	图形符号	液压泵状态	执行元件状态	油口特点、作用
O		保压	停止	P、T、A、B 全封闭；油不流动，泵不卸荷；可组成并联系统
H		卸荷	停止并浮动	P、T、A、B 互通；泵卸荷，可节能；换向比"O"型平稳，但冲击量较大
X		保持一定压力	停止并浮动	P、T、A、B 半开启互通；P 口保持一定压力，可供控制油路使用
M		卸荷	停止并保压	P 与 T 连通，A 与 B 封闭；泵卸荷，可节能；换向时，与"O"型性能相同；可用于立式或锁紧的系统中
U		保压	停止或浮动	P 与 T 封闭，A 和 B 连通；泵不卸荷
P		与执行元件两腔通	液压缸差动	P、A、B 连通，T 封闭；泵不卸荷，可组成差动回路；换向时最平稳，应用广泛
Y		保压	停止并浮动	P 封闭，T、A、B 互连通；泵不卸荷；换向过程中的性能处于"O"型和"H"型之间
C		保压	停止	P 与 A 连通，B 与 T 封闭；泵不卸荷
J		保压	停止	P 与 A 封闭，B 与 T 连通；泵不卸荷
K		卸荷	停止	P、A、T 连通，B 封闭；泵卸荷，可节能。换向过程中有冲击，但比"O"型好，换向点重复精度高

在分析和选择阀的中位机能时，通常考虑以下几点：

（1）系统保压。当 P 口被封闭时，泵保压，此时液压泵可用于多缸系统。当 P 口与 T 口处于不太畅通的半开启状态时，系统能保持一定压力供控制油路使用。

（2）系统卸荷。P 口与 T 口通畅接通时，系统卸荷。

（3）换向平稳性和精度。当液压缸的 A、B 口均封闭时，换向过程中会产生液压冲击，换向平稳性较差，但换向精度高。反之，当 A、B 口均与 T 口相通时，换向过程液压冲击小，换向平稳，但工作部件不易制动，换向精度较低。

（4）启动平稳性。A、B 两口有一口与油箱相通（与 T 口相通），则启动时因该腔无油液起缓冲作用，启动不太平稳。

（5）液压缸"浮动"和在任意位置上的停止。当 A、B 口互通时，卧式液压缸成"浮动"状态，可利用其他机构移动工作台，以调整其位置；当 A、B 口均被封闭或与 P 口连通（非差动情况下）时，在可使液压缸在任意位置停止下来，液压缸处于驻停不可移动状态。

3. 换向阀操控方式

根据换向阀阀芯移动的操控方式，可分为手动换向阀、机动换向阀、电动（电磁动）换向阀、液动换向阀和电液动换向阀等。

1）手动换向阀

手动换向阀是利用手动杠杆等机构来改变阀芯相对于阀体的位置，从而实现换向的换向阀。阀芯定位靠钢球、弹簧，使其保持确定的位置。图 4-6(a)所示为弹簧自动复位式三位四通手动换向阀的结构和图形符号。放开手柄，阀芯在弹簧的作用下自动回复中位。该阀适用于动作频繁、工作持续时间短的场合，操作比较安全，常用于工程机械的液压传动系统中。

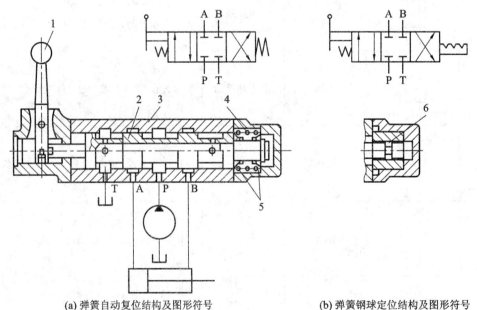

(a) 弹簧自动复位结构及图形符号　　　　　　(b) 弹簧钢球定位结构及图形符号

1—手柄；2—阀芯；3—阀体；4—弹簧；5—定位套；6—钢球

图 4-6　手动换向阀

如果把图 4-6(a)所示的手动换向阀的右端结构改为图 4-6(b)所示的结构,则当阀芯处于左位或右位时,可借助钢球使得阀芯保持在左位或右位的工作位置上,故称为弹簧钢球定位式手动换向阀。适用于机床、液压机、船舶等需要保持工作状态时间较长的液压系统中。

　2) 机动换向阀

　　机动换向阀又称行程换向阀(或行程阀),主要用来控制机械运动部件的行程。它借助于安装在运动部件、工作台上的挡铁或凸轮来推动阀芯移动,实现换向,从而控制油液的流动方向。图 4-7 所示为二位二通机动换向阀,在图示状态下阀芯 2 被弹簧 3 推向左端,油腔 P 和 A 切断;而当行程挡块 4 压住滚轮 1 使阀芯 2 右移时,则油腔 P 和 A 接通。如此,实现换向的目的。

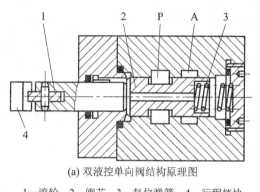 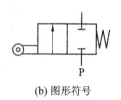

(a) 双液控单向阀结构原理图　　　　　　(b) 图形符号

1—滚轮；2—阀芯；3—复位弹簧；4—行程挡块

图 4-7　机动换向阀

　3) 电磁换向阀

　　电磁换向阀又称电动换向阀,简称电磁阀,是利用电磁铁的通电吸合、断电释放特性来推动阀芯移动,从而控制液流方向的换向阀。它是自动控制系统中电气系统与液压系统之间的信号转换元件,电气信号可由自动控制系统中的按钮开关、限位开关和行程开关等电气元件提供。通过电磁换向阀可以使液压系统方便地实现各种操作及自动顺序动作。电磁换向阀受电磁铁推力的限制,一般其阀的通流量小于 80 L/min。

　　电磁铁按使用电源的不同可非为交流和直流两种,交流电磁铁用字母 D 表示,直流用 E 表示。按衔铁工作腔是否有油液又可分为"干式"和"湿式"。交流电磁铁启动力较大,不需要专门的电源,吸合、释放快,动作时间为 0.01～0.03 s,其缺点是若电源电压下降 10% 以上,则电磁铁吸力明显减小,若衔铁不动作,则干式电磁铁会在 10～15 min 后烧坏线圈,且冲击及噪声较大,使用寿命短,因而在实际使用中交流电磁铁允许的切换频率一般为 10 次/min,不得超过 30 次/min。直流电磁铁工作较可靠,吸合、释放动作时间为 0.05～0.08 s,允许使用的切换频率较高,一般可达 120 次/min,最高可达 300 次/min,且冲击小、体积小、寿命长;但需要专门的直流电源,成本较高。此外,还有一种整体电磁铁,其电磁铁是直流的,但电磁铁本身带整流器,通入的交流电经整流后再供给直流电磁铁。目前,国外新发展了一种油浸式电磁铁,其衔铁和激磁线圈都浸在油液中工作,它具有寿命更长,工作更平稳可靠等特点,但由于造价较高,应用面不广。

图 4-8 所示为三位四通双控电磁换向阀结构原理图和图形符号。阀的两端各有一个电磁铁和一个对中弹簧，阀芯在常态时处于中位，油口 P、A、B、T 互不相通，为"O"型机能（如图 4-8(b) 的中位）；当右端电磁铁线圈 5 通电时，衔铁 6 被吸合向左移动，通过推杆推动阀芯左移，切换至右位工作状态，即 P 与 B 连通，A 与 T 连通（如图 4-8(b) 的右位）；反之，左端电磁铁通电时，换向阀就切换至左位工作状态，即 P 与 A 连通，B 与 T 连通（如图 4-8(b) 的左位）。

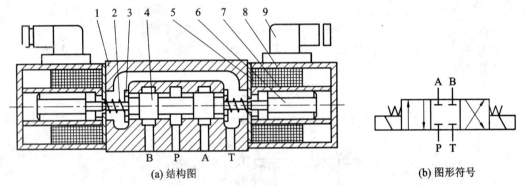

(a) 结构图　　　　　　　　　　(b) 图形符号

1—阀体；2—弹簧；3—弹簧座；4—阀芯；5—线圈；6—衔铁；7—隔套；8—壳体；9—插头组件

图 4-8　三位四通双控电磁换向阀

4) 液动换向阀

液动换向阀是利用控制油路的压力来改变阀芯位置的换向阀。图 4-9 所示为液动换向阀的结构和图形符号，阀芯是靠其两端密封腔中油液的压差来移动的，图 4-9(a) 中阀芯处于中位位置，油口 P、A、B、T 互不相通，为"O"型机能（如图 4-9(b) 的中位）；当控制油路的压力油从阀右边的控制油口 K_2 进入滑阀右腔时，K_1 接通回油，阀芯向左移动，换向阀切换至右位工作状态，P 和 B 相通，A 和 T 相通（如图 4-9(b) 的右位）；当 K_1 接通压力油，K_2 接通回油时，阀芯向右移动，换向阀切换至左位工作状态，P 和 A 相通，B 和 T 相通（如图 4-9(b) 的左位）；当 K_1、K_2 都接通回油时，阀芯在两端弹簧和定位套作用下回到中间位置。

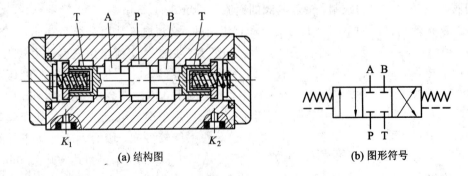

(a) 结构图　　　　　　　　　　(b) 图形符号

图 4-9　三位四通双控液动换向阀

液动换向阀的优点是推力大，换向彻底，适用于大流量换向阀。缺点是多了控制油路，使系统复杂。

5）电液换向阀

在大中型液压设备中，当阀的通流量较大时，作用在滑阀上的摩擦力和液动力较大，此时电磁换向阀的电磁铁推力相对较小，需要用电液换向阀来代替电磁换向阀工作。电液换向阀由电磁滑阀和液动滑阀组合而成，电磁滑阀起先导作用，它可以改变控制油路液流的方向，从而改变液动滑阀阀芯的位置。由于操纵液动滑阀的液压推力可以很大，所以主阀阀芯的尺寸可以做得很大，允许有较大的油液流量通过。这样用较小的电磁铁就能控制较大的液流，结合了电磁式便于控制和液动式力大、流量大的特点。

电液换向阀有弹簧对中型和液压对中型两种形式，图 4 - 10(a)所示为弹簧对中型三位四通电液换向阀的结构。当先导电磁阀左边的电磁 3 通电后使其阀芯 4 向右边移动，来自主阀 P 口或外接油口的控制压力油可经先导电磁阀左边油口和左边单向阀 1 进入液动主阀左端容腔，并推动主阀阀芯 8 向右移动，这时主阀芯 8 右端容腔中的控制油液可通过右边的节流阀 6 经先导电磁阀的右边油口和 T 口，再从主阀的 T 口或外接油口流回油箱，则主阀 P 与 A、B 和 T 的油路相通；反之，由先导电磁阀右边的电磁铁 5 通电可使主阀的 P 与

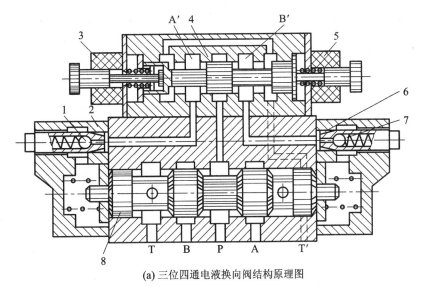

(a) 三位四通电液换向阀结构原理图

1、7—单向阀；2、6—节流阀；3、5—电磁铁；4—电磁先导阀阀芯；8—液动主阀阀芯

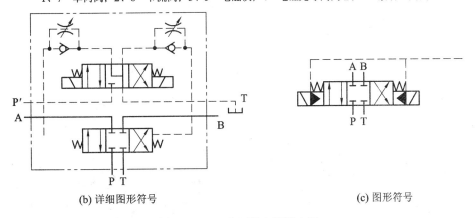

(b) 详细图形符号　　　　　　　　　　　　　(c) 图形符号

图 4 - 10　三位四通电液换向阀

B、A 与 T 的油路相通；当先导电磁阀的两个电磁铁 3、5 均不通电时，先导阀阀芯 4 在其对中弹簧作用下回到中位，此时来自主阀 P 或外接油口的控制压力油不再进入主阀阀芯 8 的左右两腔，主阀阀芯 8 左右两腔的油液通过先导阀中间位置的 A、B 两油口与先导阀 T 口相通，再从主阀的 T 口或外接油口流回油箱，主阀阀芯 8 在两端对中弹簧的压力推动下，依靠阀体定位，准确地回到中位，此时主阀的 P、A、B 和 T 油口均封闭，互不相通。

在液压对中的电液换向阀中，先导式电磁阀在中位时，A、B 两油口均与控制压力油口 P 连通，而 T 口封闭，其他方面与弹簧对中的电液换向阀基本相似。

4. 换向阀的选用

选择换向阀主要是满足执行元件的动作循环要求和性能要求，具体选用步骤如下：

(1) 根据系统的性能要求，选择滑阀的中位机能。

(2) 根据通过该阀的最大流量和最高压力来选取。最大的通过流量一般应在额定流量之内，不得超过额定流量的 120%，否则压力损失过大，引起发热和噪声。

(3) 除注意最高压力外，还要注意最小控制压力是否满足要求。

(4) 根据流量、压力及元件安装机构的形式，来选择控制元件的连接方式。

(5) 当流量大于 63 mL/min 时，不宜选用电磁式滑阀，可选择电液换向阀等其他控制形式的换向阀。

4.3 液压压力控制阀

在液压传动系统中，控制油液压力高低的液压阀称为压力控制阀，简称压力阀，这类阀均是利用在阀芯上的液压力和弹簧力相平衡的原理工作的，以满足执行元件对输出力、输出转矩及运动状态的不同需求。压力控制阀中通过调节弹簧的预紧量即可获得不同的控制压力。

4.3.1 溢流阀

溢流阀的作用是通过阀口的溢流，调节、稳定或限定液压系统的工作压力。按照结构及工作原理的不同，溢流阀有直动式和先导式两种。

1. 结构及工作原理

1) 直动式溢流阀

直动式溢流阀是直接作用式，即依靠压力油直接作用在主阀芯上产生的液压作用力与弹簧作用力相平衡，来控制阀芯的启闭。直动式溢流阀根据阀芯形状不同，可分为球阀式、锥阀式和滑阀式三种，球阀式直动溢流阀应用较少；锥阀式直动溢流阀动作灵敏，适用于作为安全阀；滑阀式直动溢流阀动作反应慢，压力超调大，但稳定性好，适用于作为调压阀以稳定系统的工作压力。

图 4-11 所示为直动式溢流阀的结构原理图和图形符号。阀芯 3 在弹簧 2 的作用下处于下端位置。油液从进油口 P 进入，通过阀芯 3 上的小孔口 a 进入阀芯底部，产生向上的液压推力 F。当液压力 F 小于弹簧力时，阀芯 3 不移动，阀口关闭，油口 P 与 T 不通；当液

压力超过弹簧力时，阀芯上升，阀口打开，油口 P 与 T 相通，溢流阀溢流，油液便从出油口 T 流回油箱，从而保证进口压力基本恒定，系统压力不再升高。旋动调压螺钉 1 可改变弹簧 2 的预紧力，从而调整溢流阀的工作压力；若改变弹簧 2 的刚度，则可改变溢流阀的调压范围。

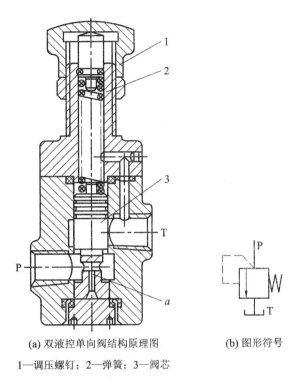

(a) 双液控单向阀结构原理图　　　(b) 图形符号

1—调压螺钉；2—弹簧；3—阀芯

图 4-11　直动式溢流阀

　　直动式溢流阀由于采用了阀芯上设阻尼小孔的结构，因此可避免阀芯动作过快时造成的振动，提高了阀工作的平稳性。但这类阀用于高压、大流量时，须设置刚度较大的弹簧，且随着流量变化，其调节后的压力波动较大，故这种阀只适用于系统压力较低、流量不大的场合。直动式溢流阀最大调整压力一般为 2.5 MPa。

　　经阀芯与阀体孔径向接触间隙泄漏到弹簧腔的油液要可以排出，否则将影响溢流阀的工作性能。图 4-11(a) 中弹簧腔的泄漏油液通过泄油孔与 T 口相通，和溢流油液一并流回油箱，此种泄油方式称为内泄。若弹簧腔的泄油孔不与 T 口相通，而是直接将泄漏油单独引回泄油箱，称为外泄。

　　当阀芯处于受力平衡状态时，受力平衡方程式为

$$pA = F_s = k(x_0 + \Delta x) \tag{4-1}$$

式中：F_s 为弹簧力；p 为进油口处压力；A 为阀芯端面及；k 为弹簧弹性系数；x_0 为弹簧初始预紧压缩量；Δx 为阀芯位移产生的位移量。

　　由于阀芯位移量 $\Delta x \ll x_0$，所以

$$p = \frac{F_s}{A} = \frac{k(x_0 + \Delta x)}{A} \approx \frac{kx_0}{A} = 常数 \tag{4-2}$$

即进口 P 处的压力基本上稳定在 kx_0 这个值上，这就是直动式溢流阀控制系统压力的原

理。从控制理论角度来说，这是一个闭环自动控制过程，直动式溢流阀的输入量为弹簧预调力，输出量为被控压力(进口压力)，被控压力反馈与弹簧力比较，自动调节溢流阀口的节流面积，使被控压力基本恒定。实际工作中，直动式溢流阀的上述工作过程要经历一段动态过程，经过数次振荡之后才能达到平衡状态。

滑阀式直动溢流阀通过改变调压弹簧的预压缩力直接控制主阀进口压力，高压时所需调节力及弹簧尺寸较大，因此只能用于低压系统(≤2.5 MPa)。但如果采用作用面积较小的锥阀和球阀阀芯，则可在调节力及弹簧尺寸不需很大的情况下，提高控制压力，目前，锥阀和球阀式直动溢流阀的控制压力已高达 40 MPa 及以上。

2) 先导式溢流阀

当系统压力和流量较大时，通常使用先导式溢流阀。先导式溢流阀克服了直动式溢流阀的缺点，同时也具有较好的压力稳定性能。先导式溢流阀由主阀和先导阀组成，通常是利用先导阀实现主阀上、下端油液压差，从而使主阀阀芯移动。

图 4-12 所示为一种先导式溢流阀(主阀为滑阀结构)。它由先导阀(简称导阀)和主阀两部分组成，由图 4-12(a)可见，先导阀就是一个锥阀结构的小规格的直动式溢流阀。先导阀部分由调节螺母 1、调压弹簧 4、先导阀阀芯(锥阀)5、先导阀阀座 6、先导阀阀体 7 等组成；主阀部分主要由复位弹簧 8(或称之为平衡弹簧)、主阀芯 9、主阀体 10 等组成。

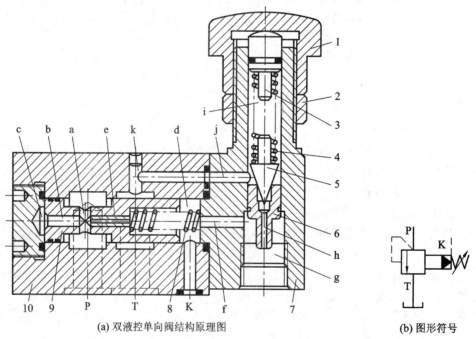

(a) 双液控单向阀结构原理图　　　　　　(b) 图形符号

1—调节螺母；2—锁紧螺母；3—调节杆；4—调压弹簧；5—先导阀阀芯；6—先导阀阀座；7—先导阀阀体；
8—复位弹簧；9—主阀芯；10—主阀体

图 4-12　先导式溢流阀(主阀为滑阀结构)

压力油从油口 P 进入，通过 a 孔、b 孔进入 c 腔，作用于主阀芯的左端，同时又经主阀芯中间的阻尼孔 e 进入 d 腔，并经过 f 孔、g 腔、阀座 6 内的 h 孔作用于先导阀阀芯 5 上。由于油腔 c、d、g 形成一个密闭的容积(腔)，所以腔内各点的压力均相等(根据帕斯卡定律），并都等于溢流阀的入口油压。当入口油压较低时，作用于先导阀阀芯上的液压力小于先导阀调压弹簧 4 的预紧力，先导阀阀芯 5 关闭，阻尼小孔 e 中的油液不流动，这时主阀芯 9 两端的油压相等，在复位弹簧 8 的作用下主阀芯 9 处于最左端位置，隔断了进油口 P 和回油口 T 的通道，将溢流口关闭。

当入口油压升高，使作用于先导阀阀芯 5 上的液压力大于先导阀弹簧 4 的预紧力时，阀芯 5 上移压缩弹簧 4，将先导阀口打开（经过一段振荡过程后停在某一平衡位置上），压力油便经阻尼孔 e、孔 f、g 腔、孔 h、j、k 流入回油腔。由于油液流经阻尼孔 e 后要产生压力降，所以主阀芯 9 右端的油压力小于左端的油压力，当这个压力差较小、还不足以克服复位弹簧 8 的作用力时，阀芯 9 仍然处在最左端。随着阀入口油压的不断升高，这个压力差也提高。当这个压力差对主阀芯 9 的作用力超过复位弹簧 8 的作用力时，主阀芯 9 向右移动，溢流口开启，将阀的进油口 P 和回油口 T 接通，实现溢流。此后，溢流阀入口油压不再升高，其值为与此时调压弹簧 4 的预紧力相对应的某一确定值。调整调节螺母 1，通过调节杆 3 可以改变调压弹簧 4 的预紧力大小，从而实现调整溢流阀的进油压力。这就是先导式溢流阀的定压过程。其稳压过程与直动式溢流阀相同，故不赘述。

先导式溢流阀阀体上有一远程调压口 K，采用不同的控制方式，可以使先导式溢流阀实现不同的作用。例如，将远程调压口 K 通过管道接到一个远程调压阀（远程调压阀的结构和先导式溢流阀的导阀部分相同）上，并且远程调压阀的调整压力小于先导阀的调整压力，则溢流阀的进口压力就由远程调压阀决定，从而通过远程调压阀实现对液压系统的远程调压。又如，将远程调压口 K 接一个换向阀，通过换向阀接通油箱，主阀芯的右端的压力接近于零，主阀芯在进油腔压力很小的情况下，就可压缩复位弹簧，移动到最右端，阀的开口最大，这时系统的压力很低就通过溢流阀流回到油箱，实现卸荷。若 K 口堵死或接入一高于先导阀调定压力的压力油时，则相当于 K 口不起作用，该溢流阀的压力仍由自身的先导阀调压力确定。

图 4 - 13 为另一种先导式溢流阀（主阀为锥阀结构），其工作原理和上述先导式溢流阀基本相同，不同的是主阀芯为锥形阀，因而过流面积大，溢流量变化引起的主阀芯位移量小，使得进口压力更稳定。这种结构的先导式溢流阀适用于高压、大流量场合。

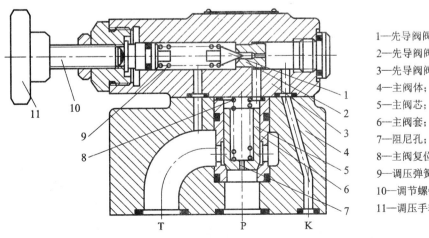

1—先导阀阀芯；
2—先导阀阀座；
3—先导阀阀体；
4—主阀体；
5—主阀芯；
6—主阀套；
7—阻尼孔；
8—主阀复位弹簧；
9—调压弹簧；
10—调节螺钉；
11—调压手轮

图 4 - 13　先导式溢流阀（主阀为锥阀结构）

2. 溢流阀的性能

（1）调压范围。调压范围是指调压弹簧在在规定的范围内调节时，系统压力平稳上升或下降（无压力突跳或迟滞现象）的最大和最小调定压力的差值。

（2）压力—流量特性。在溢流阀调压弹簧的预压缩量调定之后，溢流阀的开启压力 p_k 即已确定，阀口开启后溢流阀的进口压力随溢流阀流量的增加而略升高，流量为额定值 q_n 时的压力 p_n 最高，随着流量的减少阀口则反向趋于关闭，阀的进口压力下降，阀口关闭时的压力为 p_b。因摩擦力方向的不同，$p_b < p_k$。溢流阀的进口压力随流量变化而波动的性能称为压力—流量特性或启闭特性，如图 4-14（a）所示。压力流量特性的好坏用调压偏差 $(p_n - p_k)$、$(p_n - p_b)$ 或开启压力比 $n_k = p_k / p_n$、闭合压力比 $n_b = p_b / p_n$ 评价。显然调压偏差小好，n_k、n_b 大好，一般先导式溢流阀的 $n_k = 0.9 \sim 0.95$。

先导式溢流阀比直动式溢流阀具有更小的调压偏差，如图 4-14（b）所示。

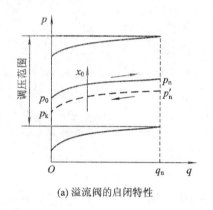

(a) 溢流阀的启闭特性

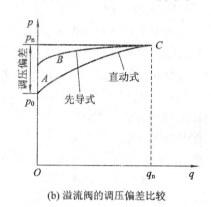

(b) 溢流阀的调压偏差比较

图 4-14　溢流阀的压力—力量特性曲线

（3）压力超调量。当溢流阀由卸荷状态突然向额定压力工况转变或由零流量向额定压力、额定流量工况转变时，由于阀芯的运动惯性、黏性摩擦以及油液压缩性的影响，阀的进口压力降先迅速升高到某一峰值 p_{max} 然后逐渐衰减波动，最后稳定为额定压力 p_n。压力峰值与额定压力之差 Δp 称为压力超调量，反映了溢流阀工作的相对稳定性。压力超调量应尽可能小，一般限制超调量不得大于额定值的30%。图 4-15 所示为溢流阀由零压、零流量过度为额定压力、额定流量的动态过程曲线。图中 t_1 为升压时间，即压力第一次上升到调定值所需要的时间，它反映了溢流阀的响应快速性。t_2 为过渡过程时间，即压力从开始上升，到压力达到调定压力处于稳定状态所需的时间，

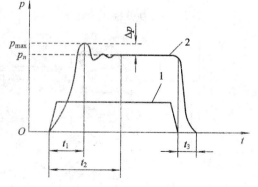

图 4-15　溢流阀的动态过程特性曲线

它反映了溢流阀的响应快速性及阻尼状况。t_3 为卸荷时间，及由调定压力降低到卸荷压力所需的时间，它也是一个快速性指标。

3. 溢流阀的功用

在系统中，溢流阀的主要功用有：

（1）恒压溢流。溢流阀的最主要用途是恒压溢流。如图 4 - 16(a)回路中所示，在定量泵与流量阀 1 组成的串联节流调速液压系统中，将溢流阀 1 并联在定量泵的出口处，并且泵的出口除了工作系统之外只有溢流阀 1 一条通道可以排出多余的油液，此时溢流阀 1 与泵一起组成恒压液压源。通过溢流阀 1 的溢流，可维持泵的出口压力即系统压力恒定。

（2）安全阀。系统超载时，溢流阀才打开，对系统起过载保护作用，此时溢流阀称为安全阀。安全阀在系统正常工作时是关闭的。溢流阀和变量泵一起并联使用时，如图 4 - 16(b)所示。为安全阀；或者和定量泵一起并联使用，但除了溢流阀之外，定量泵的出口还有支路可以排出系统多余的油液，如旁路式节流调速回路中，溢流阀也作为安全阀。

（3）背压阀，溢流阀装在系统回油路上，产生一定的回油阻力，以改善执行元件的运动平稳性，此时溢流阀作为背压阀。如图 4 - 16(a)中的溢流阀 2。

（4）用先导式溢流阀对系统实现系统远程卸荷或多级调压。图 4 - 16(c)中，当电磁铁断电时，溢流阀起到恒压溢流作用；当电磁铁通电时，溢流阀的控制口 K 通油箱，因而使泵卸荷。图 4 - 16(d)中，直动式溢流阀 2 和直动式溢流阀 3 的调定压力小于先导式溢流阀 1 的调定压力，则当电磁阀处于左、中、右三个位置时，系统压力分别由溢流阀 2、1、3 调定。

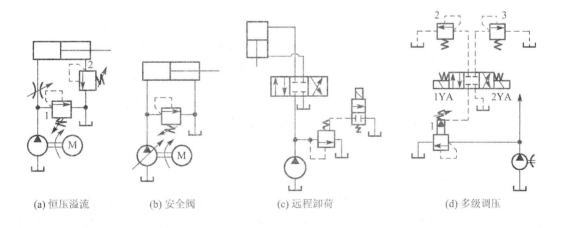

(a) 恒压溢流　　　　(b) 安全阀　　　　(c) 远程卸荷　　　　(d) 多级调压

图 4 - 16　溢流阀的功用

4.3.2　减压阀

减压阀是利用缝隙液流原理，使其出口压力低于进口压力的压力控制阀。其主要用途是用来减小液压系统中某一油路的压力，使这一回路得到比主系统低的稳定压力。

按调节要求不同有：用于保证出口压力为定值的定值减压阀；用于保证进出口压力差不变的定差减压阀；用于保证进出口压力成比例的定比减压阀。这三类减压阀中定值减压阀应用最广，一般就简称为减压阀，它也有直动式与先导式之分，并可与单向阀组合构成单向减压阀。

1. 结构及工作原理

1）直动式减压阀

图 4-17 所示为直动式减压阀。P_1 是进油口，P_2 是出油口，阀不工作时，阀芯在弹簧作用下处于最下端位置，阀的进、出口是相通的，亦即阀是常开的。若出口压力增大，使作用在阀芯下端的压力大于弹簧力时，阀芯上移，关小阀口，这时阀处于工作状态。若忽略其他阻力，仅考虑作用在阀芯上的液压力和弹簧力相平衡的条件，则可以认为出口压力基本维持在某一调定值上。这时如出口压力减小，阀芯下移，阀口开大，阀口阻力减小，使出口压力回升到调定值；反之，若出口压力增大，则阀芯上移，阀口关小，阀口阻力增大，使出口压力下降到调定值。

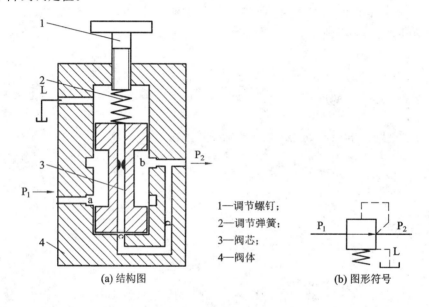

1—调节螺钉；
2—调节弹簧；
3—阀芯；
4—阀体

(a) 结构图   (b) 图形符号

图 4-17 直动式减压阀

2）先导式减压阀

图 4-18 所示为先导式减压阀，由先导阀调定压力、主阀减压两部分组成。当压力值为 p_1 的压力油从进油口 P_1 进入主阀后，经减压口减压后压力降为 p_2，并从出油口 P_2 流出。同时，出口压力油又经阀体 6 的底部和端盖 8 上的通道进入主阀下腔 a_2，再经主阀芯 7 上的阻尼孔 9 到主阀芯上腔和先导阀的右腔 a_1。在负载较小、出口压力 p_2 低于调压弹簧所调定压力时，先导阀关闭，主阀阀芯阻尼孔 9 无液流通过，主阀芯上、下两腔压力相等，主阀芯在弹簧作用下处于最下端，阀口全开不起减压作用。若出口压力随负载增大超过调压弹簧调定的压力时，先导阀阀口开启，主阀出口压力经主阀阀芯阻尼孔到主阀阀芯上腔与先导阀口，再经泄油口回油箱。因阻尼孔 9 的作用，主阀上、下两腔出现压差，主阀芯在压差作用下可克服上端弹簧力向上运动，主阀阀口减小起减压作用。当阀口处于工作状态时，其出口压力始终维持在调定值；若出口压力减小，则阀芯下移，开大阀口，减压作用减弱，使出口压力稳定不变。调节调压弹簧的预压缩量即可调节阀的出口压力。

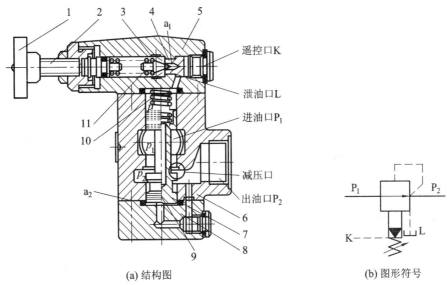

(a) 结构图　　　　　　　　　　　　　(b) 图形符号

1—调压手轮；2—调节螺钉；3—先导阀；4—先导阀座；5—阀盖；6—阀体；7—主阀芯；
8—端盖；9—阻尼孔；10—主阀弹簧；11—调压弹簧

图 4－18　先导式减压阀

先导式减压阀和先导式溢流阀进行比较，有如下几点不同之处：

① 减压阀保持出口压力不变，而溢流阀保持进口压力基本不变。

② 在不工作时，减压阀进、出口油口互通，而溢流阀进出油口不通。

③ 为保证减压阀出口压力调定值恒定，它的先导阀弹簧腔需通过泄油口单独外接泄油箱 L；而溢流阀的出油口是通油箱的，所以它的先导阀弹簧腔和泄漏油可通过阀体上的内通道和出油口，不必单独外接油箱。

2. 减压阀的工作性能

理想的减压阀在进口压力和流量发生变化或出口负载增加时，其出口压力 p_2 总是恒定不变。但实际上，p_2 随 p_1、q 变化，或随负载的增大而有所变化。当忽略阀芯的自重和摩擦力，稳态液动力为 F_{bs} 时，阀芯上的力平衡方程为

$$p_2 A_R + F_{bs} = K_s (x_0 + x_R) \tag{4-3}$$

式中：K_s 为弹簧刚度；x_R 为阀口开度；x_0 为当阀口开度 $x_R = 0$ 时弹簧预压缩量。

$$p_2 = \frac{K_s (x_0 + x_R) - F_{bs}}{A_R} \tag{4-4}$$

若忽略液动力，且 $x_R \ll x_0$，则有

$$p_2 \approx \frac{K_s x_0}{A_R} = 常数 \tag{4-5}$$

3. 减压阀的应用

减压阀用于液压系统中某支路的减压、调压和稳压。

（1）减压回路。减压阀用在液压系统中获得压力低于系统压力的二次油路，如夹紧油路、润滑油路和控制油路等。

（2）稳压回路。当系统压力波动较大时，若某执行元件需要有较稳定的输入压力时，可以在其进油油路上串接一减压阀，在减压阀处于工作状态下，可使该执行元件的压力不受溢流阀压力波动的影响。

4.3.3　顺序阀

顺序阀是通过压力来控制液压系统中多个执行元件动作的先后顺序的压力阀。它只能根据压力信号而动作，但不可以调节压力的大小。

依控制压力来源的不同分为内控式和外控式。前者利用阀进口的压力控制阀芯的启闭，后者利用外来的控制压力油控制阀芯的启闭。顺序发也有直动式和先导式，前者一般用于低压系统，后者用于中高压系统。

1. 结构及工作原理

1）直动式顺序阀

直动式内控顺序阀的结构和工作原理如图 4-19 所示。与溢流阀类似，阀体上有两个主油口 P_1、P_2，但 P_2 不接通油箱，而是接二次油路，故在阀盖上的泄油口单独接回油箱，而溢流阀可内泄也可外泄。为了减小调压弹簧的刚度，阀芯 4 下方设置了控制活塞 2。系统工作时，进口压力油经内部流到进入柱塞 2 下端，当进油口压力在下端产生的液压力小于阀弹簧 5 的预调力时，阀芯 4 在弹簧作用下处于下方，进、出口不通。当进口压力升高使柱塞 2 下端面上油液的液压力超过弹簧预调力时，阀芯 4 便上移，使进油口与出油口接通，油液便经顺序阀从出油口 P_2 流出，从而驱动另一执行元件动作。顺序阀在阀开启后应尽可能减小阀口压力损失，力求使出口压力接近于进口压力。

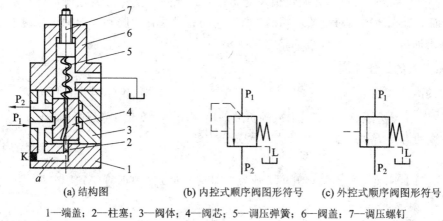

(a) 结构图　　　　(b) 内控式顺序阀图形符号　　　(c) 外控式顺序阀图形符号

1—端盖；2—柱塞；3—阀体；4—阀芯；5—调压弹簧；6—阀盖；7—调压螺钉

图 4-19　直动式顺序阀

若将端盖 1 转过 180 度，并打开螺塞封堵的外控口 K，则内控式顺序阀就变为外控式顺序阀。由于外控式顺序阀是利用液压系统其他部位的压力油来控制该阀的启闭，因此阀启闭与否和一次压力油的压力值无关，仅取决于外部控制压力大小。

2）先导式顺序阀

图 4-20 所示为先导式顺序阀，先导式顺序阀的结构与工作原理与先导式溢流阀相仿，可仿照前述先导式溢流阀进行分析。

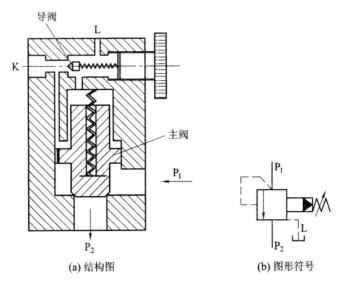

(a) 结构图　　　　　　　　　　(b) 图形符号

图 4 - 20　先导式顺序阀

应当强调的是，顺序阀除了泄油为外泄及出口接二次油路与溢流阀不同外，顺序阀与溢流阀的工作压力也不同，溢流阀的工作压力调定后是不变的，而顺序阀在开启后系统工作压力还随其出口负载进一步升高。对于先导式顺序阀，这将使先导阀的通过流量随之增大，引起功率损失和油液发热，这是先导式顺序阀的一个缺点。先导式阀不宜用于流量较小的系统，因为在负载压力很大时，先导阀流量也较大，这将降低系统的负载刚度，甚至导致执行元件爬行。

2. 顺序阀的用途

顺序阀在液压系统中相当于一个液控开关阀，可以根据控制口的压力变化来接通或关闭进、出口之间的油路。它的用途主要有：

（1）可用于多执行元件的顺序动作控制。

（2）作为平衡阀用。在立式液压缸液压回路中，连接一个单向顺序阀，以保持垂直设置的液压缸不会因自重而下落。

（3）作为卸荷阀用。将外控式顺序阀出口通油箱，使液压泵在工作需要时可以卸荷等。

（4）作为背压阀使用，提高执行元件运动的稳定性。

4.3.4　压力继电器

压力继电器是一种将液压系统的压力信号转换为电信号输出的元件，其作用是：当液压系统压力升高到压力继电器的调整值时，通过压力继电器内的微动开关动作，接通或断开电气线路，实现执行元件的顺序控制或安全保护。

1. 结构及工作原理

压力继电器按结构分为柱塞式、弹簧管式和膜片式。

图 4 - 21 所示为单触点柱塞式压力继电器，压力油作用在柱塞的下端，当系统压力升高达到或超过调定的压力值时，柱塞上移压下微动开关触头，接通或断开电气线路。当系统压力小于调定值时，在弹簧力作用下，微动开关触头复位。

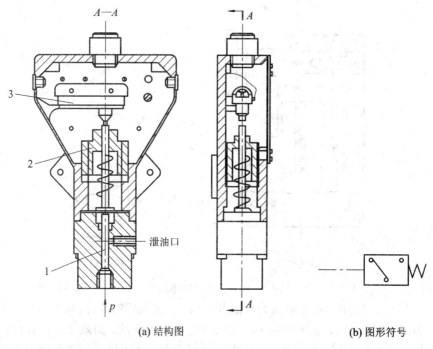

(a) 结构图　　　　　　　　(b) 图形符号

图 4 - 21　压力继电器

2. 压力继电器主要性能参数及用途

1）压力继电器的主要性能参数

压力继电器的主要性能参数有如下几点：

（1）调压范围。指能发出电信号的最低工作压力和最高工作压力之间的范围。

（2）灵敏度和通断调节区间。压力升高，继电器接通电信号的压力和压力下降，继电器复位切断电信号的压力差为压力继电器的灵敏度。为避免压力波动时继电器时通时断，要求开启压力和闭合压力间有一可调的差值，称为通断调节区间。

（3）重复精度。在一定的设定压力下，多次升压（或降压）过程中，开启压力和闭合压力本身的差值称为重复精度。

（4）升压或降压动作时间。压力由卸荷压力升到设定压力，微动开关触点闭合发出电信号的时间，省委升压动作时间，反之称为降压动作时间。

2）压力继电器的主要应用场合

压力继电器主要用于如下场合：

（1）限压和安全保护回路。

（2）控制液压泵的卸荷与加载。

（3）顺序动作控制回路。

4.4　液压流量控制阀

在液压系统中，执行元件运动速度的大小由输入执行元件的油液流量的大小来确定。流量控制阀就是依靠改变阀口通流面积的大小或改变通流通道的长短来变更液阻，从而控制阀口流量，达到调节执行元件运动速度的目的。流量控制阀在液压系统中有着举足轻重的地位。

常用的流量控制阀有节流阀、调速阀、溢流节流阀以及这些阀和单向阀、行程阀组成的组合阀等。

一般情况下，流经阀可变节流口的流量公式可写成

$$q = KA_T \Delta p^m \qquad\qquad (4-6)$$

式中：K 为节流系数，一般视为常数；A_T 为可变节流口的通流截面积；Δp 为可变节流口的前后压力差；m 为指数，$0.5 \leqslant m \leqslant 1$。

由上式可知，在一定压差 Δp 下，改变阀口开度 x 可改变阀口的通流面积 A_T，从而可改变通过阀的流量，这就是流量控制阀的控制原理。式(4-6)又称为节流方程。

4.4.1　节流阀

节流阀是最简单、最基本的流量控制阀，日常生活中遇到的自来水龙头，就是一种应用最广的节流阀。节流阀实质上相当于一个可变节流口，通过控制机构使阀芯相对于阀体孔运动来改变阀口通流截面积，从而改变流经的流量，达到调速的目的。为了弥补节流阀某一方面的不足，节流阀常与其他形式的阀组成组合阀使用。

1. 结构与工作原理

1）普通节流阀

图 4-22 所示为一种可调式普通节流阀，这种节流阀的通道呈轴向三角槽式。压力油从进油口 P_1 流入孔道和阀芯左端的三角槽，在从出油口 P_2 流出。调节顶盖上的调节手柄 1，可通过推杆 2 使阀芯 3 做轴向移动，改变节流口的通流截面积即可调节流量。阀芯 3 上的通道用来沟通阀芯两端，使其两端液压力平衡，并使阀芯推杆端不致形成封闭油腔，从而使阀芯 3 能轻便移动，因而调节力较小，便于在高压下进行调节。

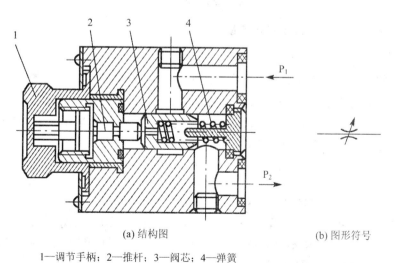

(a) 结构图　　　　　　　　　　　　　　　(b) 图形符号

1—调节手柄；2—推杆；3—阀芯；4—弹簧

图 4-22　可调式普通节流阀

2）单向节流阀

图 4-23 所示为单向节流阀的结构及其图形符号。当压力油从 P_1 流入时，压力油经阀芯 2 上的轴向三角槽的节流口，从 P_2 流出。此时调节螺母 3，可调节推杆 4 的轴向位置，弹簧 5 推动阀芯 2 随之轴向移动，节流口的通流面积得到了改变。当压力油从 P_2 流入时，压力油推动阀芯 2 压缩弹簧 5，从 P_1 流出，此时节流口没有起到节流作用，油路畅通，表现为单向阀的特性。

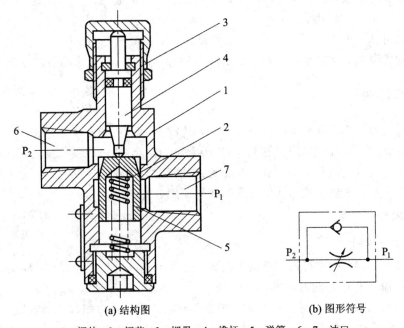

(a) 结构图　　　　　　　　　　(b) 图形符号

1—阀体；2—阀芯；3—螺母；4—推杆；5—弹簧；6、7—油口

图 4-23　单向节流阀

2. 流量特性与刚性、最小稳定流量

1）流量特性与刚性

节流阀的流量与节流口形状、压差、油液的性质有关系。当节流阀的通流截面积 A_T 调定后，由于外负载的变化，引起阀前后压差 Δp 变化，也会导致流经阀口的流量 q 变化，即流量不稳定。一般定义节流阀通流截面积 A_T 一定时，节流阀前后压差 Δp 的变化量与流经阀的流量变化量之比为节流阀的刚性 T。

$$T = \frac{\partial \Delta p}{\Delta q} = \frac{\Delta p^{1-m}}{k A_T m} \tag{4-7}$$

刚性 T 越大，节流阀的性能越好。因节流口制成薄壁孔型（$m=0.5$）比制成细长孔（$m=1$）刚性大，因此多采用薄壁孔口作为节流阀的阀口。另外，Δp 大有利于提高节流阀的刚性，但若 Δp 过大，则不仅会造成压力损失的增大，而且还可能导致阀口因通流截面积太小而堵塞，因此一般取 $\Delta p = 0.15 \sim 0.4$ MPa。

2）最小稳定流量

当节流阀在小开口下工作时，特别是进出口压差较大时，即使油液黏度和阀的前后压

力差 Δp 不改变，流量 q 也会出现时大时小的脉动现象。开口越小，脉动越严重，甚至在阀口没有关闭时就完全断流，这种现象称为节流口堵塞。造成节流口脉动或堵塞的主要原因是油液的污染物造成的，另一原因是油液中的极化分子和金属表面的吸附作用所导致的，这都使节流口的大小和形状受到破坏。

节流口的堵塞现象会导致执行元件工作时出现爬行现象，因此，对节流阀都有一个能正常工作的最小流量的限制，这就是节流阀的最小稳定流量。针形及偏心槽式节流口因节流通道长，水力半径较小，故其最小稳定流量在 80 mL/min 以上，薄刃节流口的最小稳定流量为 20~30 mL/min，特殊设计的微量节流阀的最小稳定流量能在压差 0.3 MPa 下达到 5 mL/min。

减小阻塞现象的有效措施是采用水力半径大的节流口，另外，应选择化学稳定性好和抗氧化稳定性好的油液，并注意维护油液清洁，定期更换。此外，油液黏度受温度的影响，而流经薄壁小孔的流量对黏度不敏感，几乎不受影响；而流经细长孔的流量则对黏度很敏感，受温度影响很大。

因此，为保证节流阀的流量稳定性，节流口形式选薄壁小孔最为理想。

3. 节流阀的应用

节流阀的优点是结构简单、价格低廉、调节方便，但由于没有压力补偿措施，故流量稳定性较差。需要注意的是，节流阀在回路中的节流作用是有条件的，它需要和定差减压阀或溢流阀配合使用。节流阀常用于负载变化不大，或对速度控制精度要求不高的定量泵供油节流调速液压系统中，也可用于变量泵供油的容积节流调速液压系统中，还可用于起负载阻力或执行元件缓冲及限速作用的场合。

4.4.2　调速阀

调速阀是为了克服节流阀因前、后压差变化影响流量稳定的缺陷而发展的一种流量阀。调速阀由定差减压阀串联与节流阀而成，即在节流阀的进油口前串联上一个定差减压阀。节流阀用于调节通流面积，从而调节阀的通过流量；定差减压阀用于压力补偿，以保证节流阀前后压差恒定，从而保证通过节流阀的流量稳定。

1. 结构与工作原理

图 4-24 所示，调速阀是在节流阀 2 前面串接一个定差减压阀 1 组合而成。液压泵的出口压力 p_1 由溢流阀调整基本不变，而调速阀出口的压力 p_3 则由液压缸负载决定。油液先经减压阀产生一次压降，将压力降到 p_2，p_2 经通道到减压阀的 a 腔和 b 腔；节流阀的出口压力 p_3 又经反馈通道到减压阀的上腔 c，当减压阀的阀芯在弹簧力 F_s、油液压力 p_2 和 p_3 作用下处于某一平衡位置，则有

$$p_2 A_1 + p_2 A_2 = p_3 A + F_s \qquad (4-8)$$

式中：A、A_1、A_2 分别为 c 腔、a 腔和 b 腔压力油作用于阀芯的有效面积，且 $A = A_1 + A_2$，所以

$$p_2 - p_3 = \Delta p = \frac{F_s}{A} \qquad (4-9)$$

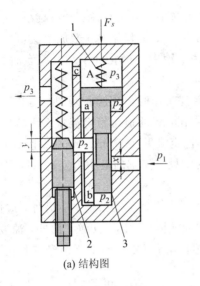

(a) 结构图

(b) 图形符号

图 4-24　调速阀

因为弹簧刚度较低，且工作工程中减压阀的阀芯位移小，可以认为 F_s 基本保持不变。故节流阀两端压差 $p_2 - p_3$ 也基本保持不变，即节流阀前后压差 Δp 基本不变，从而通过节流阀的流量基本稳定，保证了执行元件速度的稳定性。

2. 流量稳定性分析

在调速阀中，节流阀是一个调节元件。当阀的开口截面积调定之后，它一方面控制流量的大小，另一方面检测流量信号并转换为前后压力差反馈作用到定差减压阀阀芯的两端与弹簧力相比较。当检测的压力差值偏离预定值时，定差减压阀阀芯产生相应的位移，改变减压缝隙大小进行压力补偿，保证节流阀前后压力差基本不变。然而，定差减压阀阀芯的位移势必引起弹簧力和液动力波动。因此，节流阀前后压差只能是基本不变，即流经调速阀的流量基本稳定。

图 4-25 为调速阀与普通节流阀相比较的静特性曲线。在压差较小时，调速阀的性能与普通节流阀相同，即二者曲线重合，这是由于较小的压差不能使调速阀中的定差减压阀芯起作用，减压阀芯在弹簧力的作用下处在最下端，阀口最大，不起减压作用，调速阀相当于节流阀。因此，调速阀正常工作时必须保证其前后压力差应大于由弹簧力和液压力所确定的最小压力差，一般至少为 $0.4 \sim 0.5$ MPa，否则仅相当于普通节流阀。

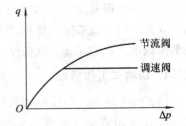

图 4-25　调速阀与节流阀性能比较

3. 调速阀的应用场合

调速阀的优点是流量稳定性好，缺点是由于液流经过调速阀时，较单一的节流阀多一个减压阀口，压力损失较大。调速阀常用于负载变化大而对速度控制精度要求较高的定量泵供油节流调速液压系统中，它常与溢流阀配合组成串联节流(进口节流、出口节流、进出口节流)和并联节流(旁路式节流)调速回路；有时也用于变量泵供油的容积节流调速液压系统中。

4.4.3　溢流节流阀

　　对调速阀来说，液压泵输出的压力是一定的，为溢流阀的调定压力。这个压力要能满足最大负载时的要求，因此液压泵消耗功率经常是比较大的。而溢流节流阀在很大程度上克服了上述缺点，同时又能保证流量稳定，但溢流节流阀只能用在进油路上。

　　溢流节流阀又称为旁通型调速阀，是另一种形式的带有补偿装置的流量控制阀，它是由节流阀与一个起稳压作用的溢流阀并联组合而成的复合阀，前者用于调节通流面积，从而保证阀的通过流量，后者用于压力补偿，以保证通过节流阀的流量稳定。

1. 结构与工作原理

　　图 4 - 26 所示为溢流节流阀，图 4 - 26(b)可见，整个阀有三个外接油口，用于实现压力补偿的定差溢流阀 3 发的进口与节流阀 4 的进口并联，节流阀的出口接执行元件，定差溢流阀的出口接回油箱。从液压泵输出的压力油(压力为 p_1)，一部分经节流阀 4 后，压力降为 p_2，通过出口进入液压缸 1 推动负载以速度 v 运动；另一部分经溢流阀 3 的阀口溢流回油箱。节流阀的前端压力 p_1 经阀体的内部通道引到溢流阀阀芯的环形腔 b、下腔 c 中，节流阀的后端压力 p_2 经阀体的内部通道引到溢流阀阀芯的上腔 a 中，与作用在溢流阀阀芯上的弹簧力相平衡。当负载压力 p_2 变化时，作为压力补偿器的定差溢流阀，自动调节阀口开度 x，使进口压力 p_1 相应变化，保持节流口的工作压差 $\Delta p = p_1 - p_2$ 基本不变，从而使通过节流阀口的流量为恒定值。图 4 - 26(b)中小通径先导压力阀 2 起安全阀作用，防止过载。

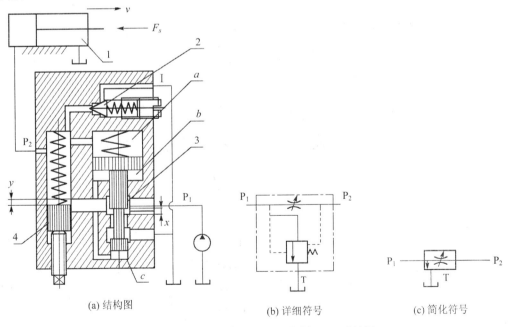

(a) 结构图　　　　　　　　　(b) 详细符号　　　　　　(c) 简化符号

1—液压缸；2—安全阀；3—溢流阀；4—节流阀

图 4 - 26　溢流节流阀

2. 特点及应用场合

溢流节流阀的进口压力即为液压泵出口压力，因之能随负载变化，故功率损失小，系统发热减小，具有节能意义。但通常溢流节流阀中压力补偿装置的弹簧较硬，故压力波动较大，流量稳定性较普通调速阀差，通过流量较小时更为明显，故溢流节流阀只适用于速度稳定性要求不太高而功率较大的节流调速系统。另外，由于溢流节流阀使泵的出口压力随负载压力变化而变化，且两者仅相差节流阀口压差，因此，使用时溢流节流阀只能布置在液压泵出口处。溢流阀多用于定量泵供油的进口节流调速系统或变量泵供油的联合调速系统中。

4.5　其他常用阀*

4.5.1　插装阀和叠加阀

1. 插装阀

插装阀在高压大流量的液压系统中应用很广。它的基本构件为标准化、通用化、模块化程度很高的插装式阀芯、阀套、插装孔和适应各种控制功能的盖板组件，具有通流能力大、密封性好、自动化程度高等特点，已发展成为高压大流量领域的主导控制阀品种。三通插装阀由于结构的通用化、模块化程度远不及二通插装阀，因此未能得到广泛应用。下面以二通插装阀为例讲述。

1）二通插装阀结构及工作原理

典型的二通插装阀由插装件、控制盖板和先导控制阀三部分组成，如图 4－27 所示。

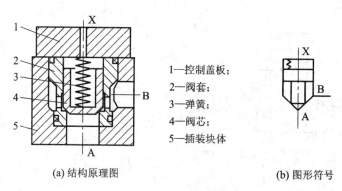

1—控制盖板；
2—阀套；
3—弹簧；
4—阀芯；
5—插装块体

(a) 结构原理图　　　　　　　　　　　(b) 图形符号

图 4－27　二通插装阀

（1）插装件。又称主阀组件或功率组件，它通常由阀芯、阀套、弹簧和密封件四部分组成。有时根据需要，阀芯内还可设置节流螺塞或其他控制元件，阀套内可设置弹簧挡环等。将其插装在插装块体中，通过它的开启、关闭和开启量的大小变化来控制液流的通断或压力的高低、流量的大小，以实现对液压执行元件的方向、压力和速度的控制。

（2）控制盖板。控制盖板由盖板体、节流螺塞、内嵌先导控制元件以及其他附件等构成。它主要用来固定插装件并保证密封，内嵌先导控制元件和节流螺塞，安装先导控制阀以及位移传感器、行程开关等电气附件，沟通阀块体内控制油路和主阀组件的连接并实施控制。控制盖板按其控制功能的不同可分为方向控制盖板、压力控制盖板、流量控制盖板。

（3）先导控制阀。先导控制阀是用于控制主阀组件动作的较小通径规格的控制阀。常用的先导控制阀主要有 $\phi6$ mm 和 $\phi10$ mm 通径的电磁换向阀以及以它为基础的叠加阀组。先导控制阀和控制盖板一起实施对主阀的控制，构成控制组件。先导控制阀除了以板式连接或叠加式连接安装在控制盖板外，还经常以插入式连接方式安装在盖板内部，有时也固定在阀体上。

图 4 - 27(a) 中二通插装阀由阀芯、阀套、弹簧和密封件组成、图中 A、B 为主油路接口，X 为控制油腔，三者的油压分别为 p_A、p_B 和 p_X，各腔的有效作用面积分别为 A_A、A_B 和 A_X，有 $A_X = A_A + A_B$，插装阀的工作状态是由作用在阀芯上的液压力与弹簧力合力大小和方向来决定的。即 $p_X A_X > p_A A_A + p_B A_B$（此时阀口关闭），$p_X A_X \leqslant p_A A_A + p_B A_B$（此时阀口开启）。实际工作中，阀芯的受力情况是依靠控制 X 腔的压力大小来控制的，如 X 腔与进油口相通，则 $p_X = p_A$ 或 $p_X = p_B$，阀口关闭；如 A 腔通回油箱，则 $p_X = 0$，阀口开启。

2）插装阀的应用

（1）插装方向阀。图 4 - 28 所示为二通插装阀的实例。图 4 - 28(a) 中，用作单向阀。设 A 和 B 油口的油压分别为 p_A 和 p_B，当 $p_A > p_B$ 时，锥阀开启，A 和 B 接通；当 $p_B > p_A$ 时，锥阀因 X 腔压力关闭，B 和 A 截止。若将(a)图改为 A 和 X 腔相通，便构成从 B 流向 A 的单向阀。图 4 - 28(b) 中，用作二位二通换向阀。在图示状态下，X 腔接通油箱，$p_X = 0$，锥阀开启，A 和 B 油口连通。当二位三通电磁换向阀通电，且 $p_A > p_B$ 时，锥阀关闭，A 和 B 油路切断。图 4 - 28(c) 中，用作二位三通换向阀。在图示状态下，A 和 T 连通，A 和 P 断

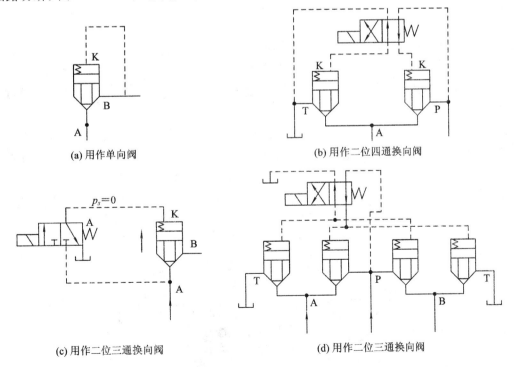

(a) 用作单向阀　　　　　　　　　　　(b) 用作二位四通换向阀

(c) 用作二位三通换向阀　　　　　　　(d) 用作二位三通换向阀

图 4 - 28　插装方向阀

开；当二位四通电磁阀通电时，A 和 P 连通，A 和 T 断开。图 4 - 28(d)中，用作二位四通换向阀，在图示状态下，A 和 T、P 和 B 连通；当二位四通电磁阀通电时，A 和 P、B 和 T 连通。

(2)插装压力阀。图 4 - 29 所示为插装压力阀。在图示状态时，B 口接油箱，当 A 腔油压升高到大于先导阀调定的压力时，先导阀打开。A 腔油液流过主阀阀芯阻尼孔 R 时产生压差，使主阀阀芯克服弹簧阻力开启，A 腔压力油便通过打开的阀经 B 溢流回油箱，实现溢流稳压。当二位二通阀通电时便可作为卸荷阀使用。

(3)插装流量控制阀。图 4 - 30 所示为插装节流阀。图中，在插装阀的控制盖板上增加阀芯限位器，用来调节阀芯开度，从而起到流量控制阀的作用。若在二通插装阀前串联一个定差减压阀，则可组成二通插装调速阀。

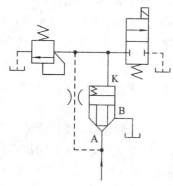

图 4 - 29 插装压力阀

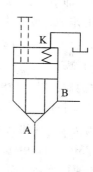

图 4 - 30 插装节流阀

2. 叠加阀

叠加阀是在板式阀集成化的基础上发展起来的，它以阀体本身作为连接体，不需要另外的连接体。同一通径的叠加阀其油口和螺栓孔大小、位置及数量都与相匹配的板式换向阀相同，只要将同一通径的叠加阀按照一定的顺序叠加起来，再加上电磁阀或电液换向阀，然后用螺栓固定，即可组成各种典型的液压系统，如图 4 - 31 所示。在叠加阀组成的系统中，与执行元件连接的油口开在最下端的底板上，换向阀安装在最上面的位置，其他的阀通过螺栓均安装在它们之间。通常一组叠加阀只控制一个执行元件，若系统有多个执行元件，可将多个叠加阀组竖立并排安装在串联底板。用叠加阀组成的液压系统，阀与阀之间不需要其他连接体，因而结构紧凑，体积小，系统的泄露及压力损失小，尤其是液压系统更改较方便、灵活。

图 4 - 31 叠加阀

4.5.2　比例控制阀和伺服控制阀

1. 比例控制阀

电液比例阀是一种性能介于普通液压控制阀和电液伺服阀之间的新阀种，可以根据输入电信号的大小连续地、成比例地对液压系统的参量(压力、流量以及方向)实现远距离控制和计算机控制。它在制造成本、抗污染等方面优于电液伺服阀，但其控制性能和精度不如电液伺服阀，故广泛应用于要求不是很高的液压系统中。

1) 电液比例压力阀

液压比例压力阀按用途不同，可分为比例溢流阀、比例减压阀、比例顺序阀。按结构特点不同，可分为直动式和先导式比例压力阀。

图 4-32 所示为电液比例溢流阀的结构。其下部主阀与普通溢流阀相同，上部为先导压力阀。该阀还附有一个手动调整的先导阀 2，用于限制比例溢流阀的最高压力，以避免因电子仪器发生故障导致控制电流过大，压力超过系统允许最大压力的可能性。

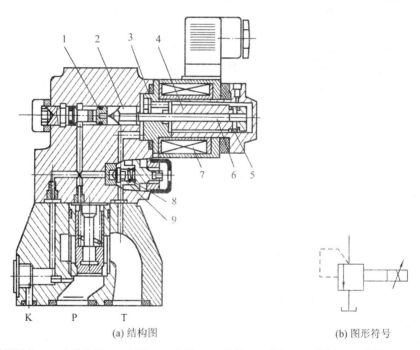

(a) 结构图　　　　　　　　　(b) 图形符号

1—导阀阀座；2—先导锥阀；3—轭铁；4—衔铁；5—弹簧；6—推杆；7—线圈；8—弹簧；9—限压阀

图 4-32　电液比例溢流阀

2) 电液比例流量阀

比例流量阀是通过控制比例电磁铁线圈中的电流来改变阀芯的开度，实现对输出流量的连续成比例控制。其外观和结构与压力阀相似，所不同的是压力型的阀芯具有调压特性，靠先导压力与比例电磁力相平衡来调节流量的大小和流通方向。

比例流量阀如图 4-33 所示。比例电磁铁 1 输出力作用于节流阀芯 2 上，与弹簧力、液动力、摩擦力相平衡。一定的控制电流对应一定的节流开度，通过改变输入电流的大小，即可改变通过调速阀的流量。

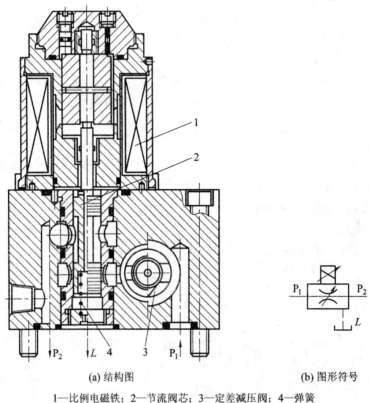

(a) 结构图   (b) 图形符号

1—比例电磁铁；2—节流阀芯；3—定差减压阀；4—弹簧

图 4-33 电液比例流量阀

3）电液比例换向阀

图 4-34 所示为电液比例换向阀，它由比例电磁铁（电磁力马达）、比例减压阀和液动换向阀组成。比例减压阀在这里作为先导级使用，以其出口压力来控制液动换向阀的正反向开口量的大小，从而控制液流的方向和流量的大小。

当比例电磁铁（电磁力马达）2 通入电流信号时，减压阀阀芯 3 右移，压力液体经右边阀口减压后，经孔道 a、b 反馈到减压阀阀芯的右端，和电磁力马达 2 的电磁力相平衡，因而减压后的压力和输入电流信号大小成比例。减压后的压力液体经孔道 a、c 作用在液动换向阀的右端，使换向阀阀芯 5 左移，打开 P 到 B 的阀口，同时压缩左端弹簧。换向阀阀芯的移动量和控制液体压力成比例，即通过阀的流量和输入电流成比例。同理，当比例电磁铁（电磁力马达）4 通电时，压力液体由 P 经 A 输出。

2. 电液伺服控制阀

电液伺服阀将电信号传递处理的灵活性和大功率液压系统控制相结合，可对大负载、快速响应的液压系统实现远距离控制、计算机控制和自动控制，同时也是将小功率的电信号输入转换为大功率的液压能（压力和流量）输出，实现执行元件的位移、速度、加速度和力控制的装置。

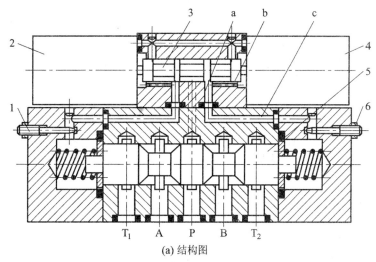

(a) 结构图

1、6—节流阀；2、4—比例电磁铁(电磁力马达)；3—减压阀阀芯；5—换向阀阀芯

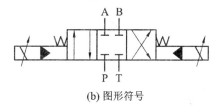

(b) 图形符号

图 4-34　电液比例换向阀

1）电液伺服阀的组成

电液伺服阀通常由电气—机械转换装置、液压放大器、反馈(平衡)机构三部分组成。

电气—机械转换装置用来将输入的电信号转换为转角或直线位移输出，输出转角的装置称为力矩马达，输出直线位移的装置称为力马达。

液压放大器接收小功率的电气—机械转换装置输入的转角或直线位移信号，对大功率的压力油进行调节和分配，实现液压油控制功率的转换和放大。

反馈和平衡机构使电液伺服阀输出的流量或压力获得与输入电信号成比例的特性。

2）电液伺服阀的工作原理

图 4-35 所示为喷嘴挡板式电液伺服阀的工作原理图，图中上半部分为力矩马达，下半部分为前置级和主滑阀。当无电流信号输入时，力矩马达无力矩输出，与衔铁 5 固定在一起的挡板 9 处于中位，主滑阀阀芯也处于中位。泵来油进入主滑阀阀口，因阀芯两端台肩将阀口关闭，油液不能进入 A、B 口，但经固定节流孔 10 和 13 分别引到喷嘴 8 和 7，经喷射后，油液流回油箱。由于挡板处于中位，两喷嘴与挡板的间隙相等，因此喷嘴前的压力 p_1、p_2 相等，主滑阀阀芯两端压力相等，阀芯处于中位。若线圈输入电流，控制线圈产生磁通，衔铁上产生顺时针方向的磁力矩，使衔铁连同挡板一起绕弹簧中的支点顺时针偏转，左喷嘴 8 的间隙减小，右喷嘴 7 的间隙增大，即压力 p_1 增大，p_2 减小，主滑阀阀芯在两端压力差作用下向右运动，开启阀口，P_s 与 B 通，A 与 T 通。在主滑阀阀芯向右运动的同时，通过挡板下端的弹簧杆 11 反馈作用使挡板逆时针偏转，左喷嘴 8 的间隙增大，右喷嘴

7 的间隙减小，于是压力 p_1 减小，p_2 增大。当主滑阀阀芯向右移到某一位置，由两端压力差$(p_1 - p_2)$形成的液压力通过反馈弹簧杆作用在挡板上的力矩、喷嘴液流压力作用在挡板上的力矩以及弹簧管的反力矩之和与力矩马达产生的电磁力矩相等时，主滑阀阀芯受力平衡，稳定在一定的开口下工作。

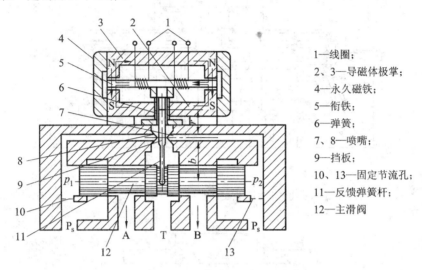

1—线圈；
2、3—导磁体极掌；
4—永久磁铁；
5—衔铁；
6—弹簧；
7、8—喷嘴；
9—挡板；
10、13—固定节流孔；
11—反馈弹簧杆；
12—主滑阀

图 4-35　喷嘴挡板式电液伺服阀的工作原理图

4.5.3　电液数字阀

用数字信号直接控制的阀称为电液数字阀，简称数字阀。由于计算机技术已获得广泛的应用，用计算机对电液控制系统进行实时控制已成为液压技术发展的一个重要趋势。数字阀可直接与计算机接口连接，不需要 D/A 转换。与伺服阀、比例阀相比，其结构简单、工艺性好、价格低廉、抗污染能力强、重复精度高、工作稳定可靠、能耗小。在某些实时控制的电液系统中，已部分取代比例阀或伺服阀，为计算机在液压领域的应用开拓了一个新的途径。

接收计算机数字控制的方法有多种，目前常用的有增量控制法和脉宽调制法。目前技术比较成熟的是增量式数字阀，即用步进电机驱动液压阀。已有数字流量阀、数字方向阀和数字压力阀等系列产品。

1. 工作原理与组成

增量式数字阀用步进电动机作电气—机械转换装置。增量控制法是在脉冲数字调制信号中，使每个采样周期的脉冲数在前一采样周期的脉冲基础上增加或减少一些脉冲数，从而达到需要的幅值。

1）增量式数字阀控制系统工作原理

增量式数字阀控制的电液系统方框图如图 4-36 所示。由计算机发出需要的脉冲序列，经驱动电源放大后使步进电动机按信号动作，步进电动机转角与输入的脉冲数成比例，步进电动机每得到一个脉冲后便沿控制信号给定方向转动一个固定的步距角。步进电动机转动时，带动凸轮、螺纹或齿轮齿条等机构将转角 $\Delta\theta$ 转换成直线位移 Δx，从而带动阀芯或挡板等移动,控制液压阀阀口的开度。按步进电动机原有位置和实际转动的步数,得到数字阀的开度,从而得到与输入脉冲数成比例的压力、流量,控制液压缸按需要规律运动。

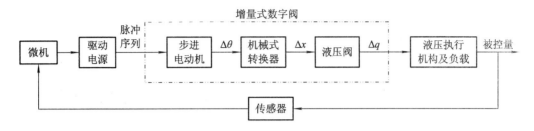

图 4-36　增量式数字阀控制系统工作原理图

2)脉宽调制式数字阀控制系统工作原理

脉宽调制式数字阀控制系统如图 4-37 所示。由计算机产生的脉宽调制的脉冲序列经功率放大后驱动快速开关数字阀,控制流量、压力,使执行元件克服负载阻力运动。

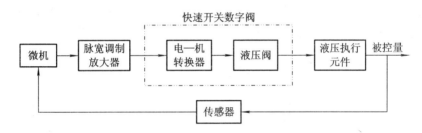

图 4-37　脉宽调制式数字阀控制原理图

2. 电液数字阀的典型结构

图 4-38 所示为步进电动机直接驱动的数字式流量控制阀。当计算机给出脉冲信号后,步进电机 1 转过一个角度 $\Delta\theta$,作为机械转换装置的滚珠丝杠 2 将旋转角度 $\Delta\theta$ 转换为轴向位移 Δx 直接驱动阀芯 3,开启阀口。步进电机转过一定的步数,相当于阀芯具有一定的开度,从而实现流量控制。

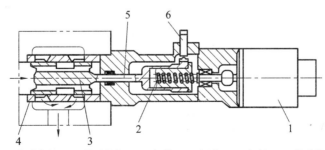

1—步进电机；2—滚珠丝杠；3—阀芯；4—阀套；5—阀杆；6—传感器

图 4-38　数字式流量控制阀

这种阀是开环控制的,但装有零位移传感器 6,在每个控制周期终了时,阀芯可由零位移传感器控制回到零位,以保证每个工作周期都从相同的位置开始,使阀的重复精度比较高。

4.5.4　多路换向阀

多路换向阀，简称多路阀，是一种以一个或两个以上的滑阀式换向阀为主题，集换向阀、单向阀、安全阀、溢流阀、补油阀、分流阀、制动阀于一体的多功能集成阀。多路换向阀具有结构紧凑、管路简单、压力损失小、移动滑阀阻力小、多工作位置等特点，主要用于工程机械(如挖掘机、推土机等)、起重运输机械(如汽车起重机、大型拖拉机等)及其他行走机械的液压系统，实现多个执行元件的集中控制。

多路换向阀的操作方式多为手动操纵，也有机动、液动、气动及电磁动等形式。若按阀体结构分，多路换向阀可分为分片式多路换向阀和整体多路换向阀式两类；若按连接方式分，多路阀有并联油路多路换向阀、串联油路多路换向阀和串并联油路多路换向阀三类。

1. 并联油路多路换向阀

并联油路多路换向阀结构原理图和图形符号如图 4-39 所示，多路换向阀内连接各换向阀的进油口与总的压力油路相连，呈并联；各换向阀的回油路与总的回油路相连，也呈并联；进油路和回油路互不干扰。

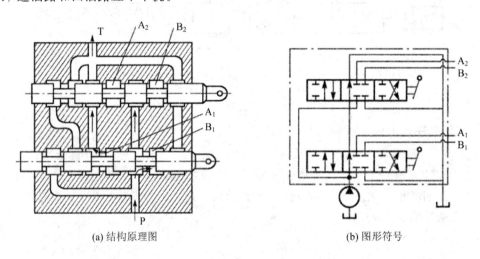

(a) 结构原理图　　　　　　　　(b) 图形符号

图 4-39　并联油路多路换向阀

并联油路多路换向阀的特点有：

(1) 各单阀可以同时操作，也可以单独操作。当同时操作各阀时，压力油总是首先进入油压较低(即负载较小)的执行元件，因此，总是载荷小的执行元件先动作，只有当各执行元件进油腔的油压相等时，它们才同时动作。

(2) 并联油路多路换向阀压力损失小，分配到各执行元件的流量只是泵流量的一部分；多执行元件间不能严格同步。

2. 串联油路多路换向阀

串联油路多路换向阀结构原理图和图形符号如图 4-40 所示，每片滑阀的进油口和前片滑阀的回油口相通，即各阀的油路呈串联。

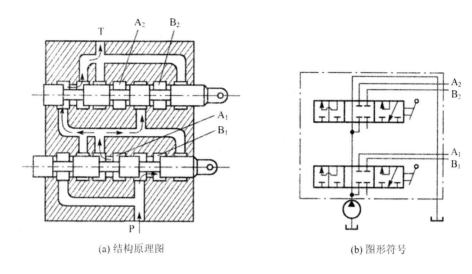

(a) 结构原理图　　　　　　　　　　(b) 图形符号

图 4-40　串联油路多路换向阀

　　串联油路多路换向阀的特点是：串联油路内的数个执行元件可同时动作，其前提条件是串联油路多路换向阀的进油口压力要大于所有同时动作的执行元件的各项压力和。因此，串联油路多路换向阀的进油口压力比较高，损失相应也较大，会出现启动困难和过载。

3. 串并联油路多路换向阀

　　串并联油路多路换向阀结构原理图和图形符号如图 4-41 所示。串并联油路多路换向阀内每一片换向阀的进油路与其前片换向阀的中位回油路相连，即进油路串联；各片阀的回油路与总的回油路相连，即回油路并联，因此称为串并联油路多路换向阀。

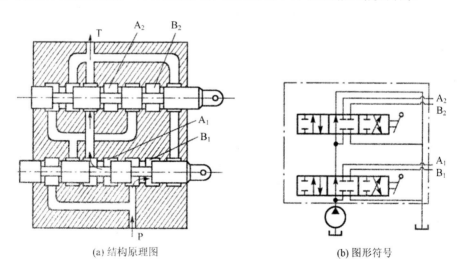

(a) 结构原理图　　　　　　　　　　(b) 图形符号

图 4-41　串并联油路多路换向阀

　　串并联油路多路换向阀的特点是：当一个滑阀换向时，其后各片滑阀的进油路被切断，即"顺序单动"。因此，一组串并联油路多路换向阀中只能有一个滑阀工作，即各滑阀之间具有互锁功能，可以防止误动作。各执行元件能以最大能力工作，但不可以同时复合动作。

4. 多路换向阀的组装注意事项

多路换向阀组装时的注意事项如下：

(1) 所有零件应小心地进行清洗、吹干或用鹿皮擦干。

(2) 组装后要进行试验。包括密封性能试验和功能试验：① 密封性能试验：用压力为 0.2～0.4 MPa 的压缩空气与多路换向阀出口接通，换向阀的其余口均用螺塞堵住，再将多路换向阀侵入油中 20～30 mm，打开空气阀门，将换向阀杆置于两个极限位置。多路换向阀表面不允许有漏气现象，如果发现漏气，应在漏气的地方作标记，并进行返修。② 功能试验：将多路换向阀通入公称压力和流量的压力油，在没有渗漏的情况下，检查操纵杠杆，应能接通任何一个极限位置，并能自动返回中立位置。试验时，应将所有单元的操纵杠杆向两个极限位置各接通四次，在第五次接通时，应在极限位置上停止 3min，并且操纵杆应能自动返回中立位置。

(3) 正确性能检查。检查在所有负载时，换向阀能否有最小的调速位置，负载油缸能否以最小速度运动。

(4) 外部密封性能检查。将各出口压力改为 2.5～3 MPa，强进口压力改为 20 MPa，把各单元阀杆在 6～10 s 的时间内，接通极限位置 15 次，不允许外部有漏油现象。

4.6 工程实例

4.6.1 液压系统图中换向阀工作位置判定

液压系统图中换向阀的画法及工作位置判定如下：

(1) 每个换向阀都有一个常态位(即阀芯未受到外力作用时的位置)，在液压系统中，换向阀的符号与油路的连接一般应画在常态位上；或者按照系统的工艺需要，画在系统处于原位时的状态。

(2) 画换向阀图形符号时，阀芯向左移动时的状态画在常态位的右侧；阀芯向右移动时的状态画在常态位的左侧。

(3) 分析系统时，注意到图形符号中符号图位移方向与阀芯位移方向相同，即阀芯左移时，油路的通断情况，相当于符号图向左移一格，即右端方格接入油路；同样，阀芯右移后，左端方格接入油路。

4.6.2 多路换向阀工作分析

1. 并联油路多路换向阀工作分析

如图 4-42(a)所示，并联油路多路换向阀阀片从下到上编号为 1、2、3，在图 4-42(b)、图 4-42(c)、图 4-42(d)所示系统中，当各阀片的阴影位进入工作状态时，试分析系统的运行情况。

分析：图 4-42(b)中，阀片 1 处于左位工作位，阀片 2、3 处于中位状态，因此，当并联油路系统中通入压力油时，只有与阀片 1 相连的执行机构动作，阀片 2、3 处于关闭状态。图 4 - 42(c)中,阀片 1、2 处于左位工作位,阀片 3 处于中位状态,因此,当并联油路系统中通入压力油时,与阀片 1、2 相连的执行机构会先后或同时动作(取决于 1、2 外接负载的情况),阀片 3 处于关闭状态。图 4 - 42(d)中,阀片 1、2、3 均处于左位工作位,三阀并联工作,因此,当并联油路系统中通入压力油时,与阀片 1、2、3 相连的执行机构会先后或同时动作(取决于 1、2、3 外接负载的情况)。

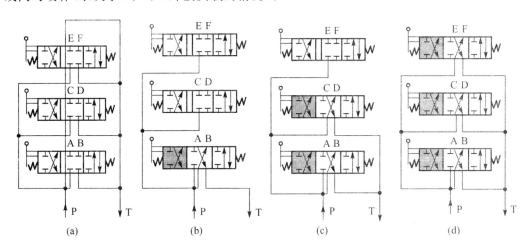

图 4 - 42   并联油路多路换向阀

2. 串联油路多路换向阀工作分析

如图 4 - 43(a)所示,串联油路多路换向阀阀片从下到上编号为 1、2、3,在在图 4 - 43(b)、图 4 - 43(c)、图 4 - 43(d)所示系统中,当各阀片的阴影位进入工作状态时,试分析系统的运行情况。

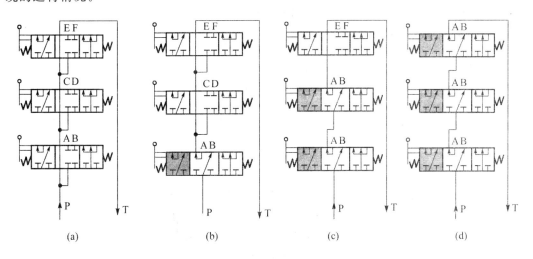

图 4 - 43   串联油路多路换向阀

分析:图 4 - 43(b)中,阀片 1 处于左位工作位,阀片 2、3 处于中位状态,因此,当串联油路系统中通入压力油时,只有与阀片 1 相连的执行机构动作,而与阀片 2、3 相连的执行机构始终处于停止状态。图 4 - 43(c)中,阀片 1、2 处于左位工作位,阀片 3 处于中位状态,因此,当串联油路系统中通入压力油时,与阀片 1、2 相连的执行机构同时动作(当泵源压力足够时），而与阀片 3 相连的执行机构始终处于停止状态。图 4-43(d) 中，阀片 1、2、3 均处于左位工作位，三阀串联工作，因此，当串联油路系统中通入压力油时，与阀片 1、2、3 相连的执行机构同时动作（当泵源压力足够时）。

4.6.3　溢流阀的应用及注意事项

1. 溢流阀应用

溢流阀是一种液压压力控制阀，在液压设备中主要起定压溢流作用。其应用有：

(1) 起溢流作用。用定量泵供油时，它与节流阀配合，可以调节和平衡液压系统中的流量。在这种场合下，阀门经常随着压力的波动而开启，油液经阀门流回油箱，起着定压下的溢流作用。

(2) 起安全保护作用。避免液压系统和机床因过载而引起事故。在这种场合下，阀门平时是关闭的，只有负载超过规定的极限时才开启，起安全保护作用。通常，把溢流阀的调定压力比系统最高工作压力调高 10%～20%。

(3) 作卸荷阀用。由先导溢流阀与二位二通电磁阀配合使用，可使系统卸荷。

(4) 作远控调压阀用。用管道将溢流阀的遥控口接到调节方便的远程调节阀进口处，以实现远控目的。

(5) 作高低压多级控制。用换向阀将溢流阀的遥控口和几个远程调压连接，即可实现高低压多级控制。

(6) 作顺序阀用。把先导式溢流阀回油口改为输出压力油的出口，并将压力顶开锥形阀后原回油的通道堵塞，使它经过重新加工的泄油口流回油箱，这样就可做顺序阀用。

(7) 用于产生背压。将溢流阀串联在回油路上，可以产生背压，使执行元件运动平衡。有时溢流阀的调定压力低，一般用直动式低压溢流阀即可。

2. 溢流阀应用的注意事项

(1) 根据液压系统的工况特点和具体要求，选择溢流阀的类型。通常直动式溢流阀响应速度快，宜作为安全保护阀用；先导式溢流阀启闭特性好，宜作为定压阀使用。

(2) 选择溢流阀时，就动态特性而言，应选择在响应速度较快的同时稳定好的阀。

(3) 正确使用溢流阀的连接方式，各个油口应正确接入系统，外部卸油口应直接回油箱，且注意连接处的密封。

(4) 根据系统的工作压力和流量，合理选定溢流阀的额定压力和流量规格。一般用作远程调压阀的溢流阀，其通过流量一般为遥控口所在的溢流阀通过流量的 0.5%～1%。

(5) 根据溢流阀在系统中的作用，确定调定压力。

(6) 对于电磁溢流阀，其使用电压、电流及接线形式必须正确。

(7) 卸荷溢流阀的回油应直接接油箱，以减小背压。

3. 溢流阀调节压力的计算

例 4-1　如图 4-44 所示的系统，已知两个溢流阀的调整压力分别为 $p_{y1}=50\times10^5$ Pa，$p_{y2}=20\times10^5$ Pa，试问活塞向左、向右运动时，油泵可能达到的最大工作压力各是多少？

解　在图 4-44 中，当 1YA 断电时，换向阀处于右位状态，液压泵出口的压力油经换向阀流入液压缸左侧，液压缸活塞向右移动。溢流阀 2 的进、出口反接在液压系统中，处于关闭状态，不起调压作用，系统压力由溢流阀 1 决定，故液压泵的最大工作压力为溢流阀 1 的调定值，即 50×10^5 Pa。

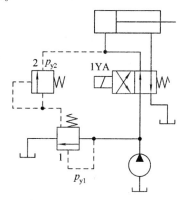

图 4-44　溢流阀调节压力的计算

当 1YA 通电时，换向阀处于左位状态，液压泵出口的压力油经换向阀流入液压缸右侧，液压缸活塞向左移动。溢流阀 2 的出口接油箱，阀 2 接在阀 1 的控制口上，则系统压力由溢流阀决定，故此时液压泵的最大工作压力为溢流阀 2 的调定值，即 20×10^5 Pa。

4.6.4　控制阀综合应用实例

例 4-2　如图 4-45 所示的液压回路中，两个液压缸结构完全相同，$A_1 = 20$ cm^2，$A_2 = 10$ cm^2，缸 1、缸 2 负载分别为 $F_1 = 8 \times 10^3$ N，$F_2 = 3 \times 10^3$ N，顺序阀、减压阀和溢流阀的调定压力分别为 3.5 MPa、1.5 MPa 和 5 MPa，不考虑压力损失，求：

（1）1YA、2YA 通电，两个液压缸向前运动，A、B、C 三点的压力各是多少？

（2）两个液压缸向前运动到达终点后，A、B、C 三点的压力又各是多少？

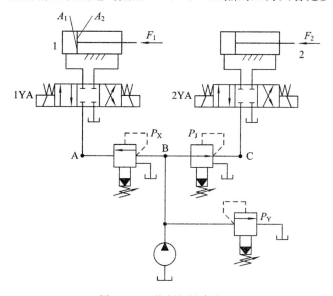

图 4-45　控制阀综合应用

解 （1）缸 1 右移所需压力为

$$p_A = \frac{F_1}{A_1} = \frac{8 \times 10^3}{20 \times 10^{-4}} \text{ Pa} = 4 \times 10^6 \text{ Pa} = 4 \text{ MPa}$$

溢流阀调定压力大于顺序阀调定压力，顺序阀开启时进出口两侧压力相等，其值由负载决定，故 A、B 两点的压力均为 4 MPa，此时溢流阀关闭。

缸 2 右移所需压力为

$$p_C = \frac{F_2}{A_1} = \frac{3 \times 10^3}{20 \times 10^{-4}} \text{ Pa} = 1.5 \times 10^6 \text{ Pa} = 1.5 \text{ MPa}$$

因 $p_C = p_J$，减压阀始终处于减压、减压后稳定的工作状态，所以 C 点的压力为 1.5 MPa。

（2）两个液压缸运动到终点，负载相当于无穷大，两个液压缸不能进油，迫使压力上升。当压力上升到溢流阀调定压力，溢流阀开启，液压泵输出的流量通过溢流阀溢流回油箱。因此 A、B 两点的压力均为 5 MPa；而减压阀是出油口控制，当缸 2 压力上升到其调定压力时，减压阀工作，就恒定其出口压力不变，故 C 点的压力仍为 1.5 MPa。

练 习 题

4-1 控制阀有哪些共同点？应具备哪些基本要求？

4-2 弹簧对中型三位四通电液换向阀的先导阀及主阀的中位工作机能能否任意选定？

4-3 何为换向阀的中位技能？分别说明 O 型、M 型、P 型、H 型、三位四通换向阀在中间位置时的性能。

4-4 如图 4-46 所示，$A_1 = 30 \text{ cm}^2$，$A_2 = 12 \text{ cm}^2$，$F = 30\,000$ N，液控单向阀用作闭锁以防止缸下滑，阀的控制活塞面积 A_K 是阀芯承压面积 A 的 3 倍。若摩擦力、弹簧力均忽略不计，试计算需要多大的控制压力才能开启液控单向阀？开启前液压缸中最高压力为多少？

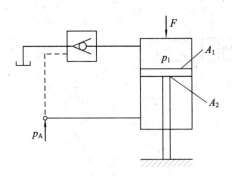

图 4-46 题 4-4图

4-5 如图 4-47 所示回路中各溢流阀的调定压力分别为 $p_{Y1} = 3$ MPa，$p_{Y2} = 2$ MPa，$p_{Y3} = 4$ MPa，问外负载无穷大时，泵的出口压力各为多少？

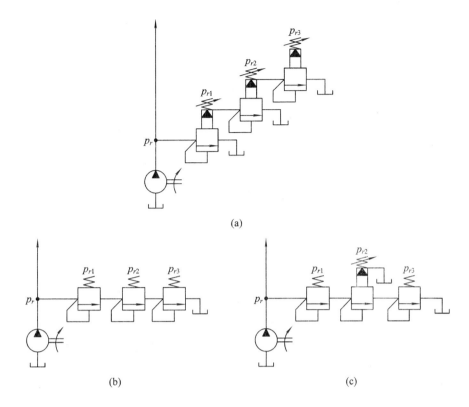

图 4 – 47　题 4 – 5 图

4 – 6　如图 4 – 48 所示回路，溢流阀的调整压力为 5 MPa，顺序阀的调整压力为 3 MPa，试求下列情况下 A、B 点的压力各为多少？

(1) 液压缸活塞杆伸出时，负载压力 $p_L = 4$ MPa；

(2) 液压缸活塞杆伸出时，负载压力 $p_L = 1$ MPa；

(3) 活塞运动到终点时。

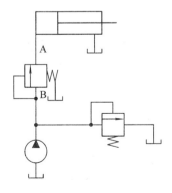

图 4 – 48　题 4 – 6 图

4 – 7　如图 4 – 49 所示回路，溢流阀调整压力为 5 MPa，减压阀的调整压力为 1.5 MPa，活塞运动时负载压力为 1 MPa，其他损失不计，试分析：

(1) 活塞在运动期间 A、B 点的压力值；

（2）活塞碰到死挡铁后 A、B 点的压力值；

（3）活塞空载运动时 A、B 点压力各为多少？

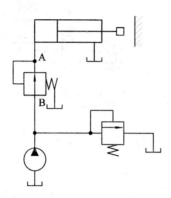

图 4-49　题 4-7 图

4-8　夹紧回路如图 4-50 所示，若溢流阀的调整压力 $p_1 = 3$ MPa，减压阀的调整压力为 $p_2 = 2$ MPa，试分析活塞在运动时 A、B 两点的压力各为多少？此时，减压阀芯处于什么状态？

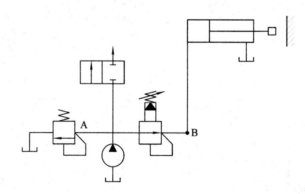

图 4-50　题 4-8 图

4-9　如图 4-51 所示系统中，溢流阀的调整压力分别为 $p_A = 3$ MPa，$p_B = 1.4$ MPa，$p_C = 2$ MPa。试求系统的外负载趋于无限大时，泵的输出压力为多少？

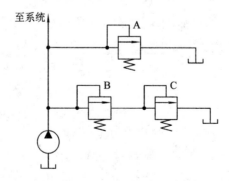

图 4-51　题 4-9 图

4-10 如图 4-52 所示,已知溢流阀 1、2 的调定压力分别为 6 MPa、4.5 MPa,泵出口处的负载阻力无限大,在不计管道损失和调压偏差时,试求:

(1) 当 1YA 通电时,泵的工作压力为多少?B、C 两点的压力各为多少?

(2) 当 1YA 断电时,泵的工作压力为多少?B、C 两点的压力各为多少?

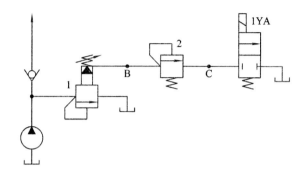

图 4-52 题 4-10 图

4-11 a、b 两回路参数相同,液压缸无杆腔面积 $A = 50 \text{ cm}^2$,负载 $F_L = 10\,000 \text{ N}$,各液压阀的调定压力如图 4-53 所示,试分别确定两回路在活塞运动时和活塞运动到终端停止时 A、B 两处的压力。

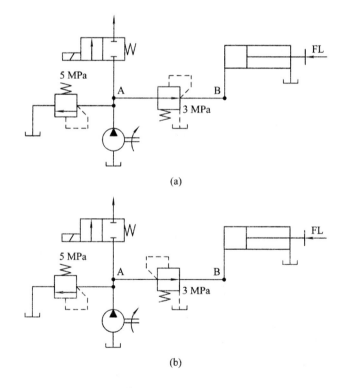

(a)

(b)

题 4-53 题 4-11 图

4-12 如图 4-54 所示系统,液压缸的有效面积 $A_1 = A_2 = 100 \text{ cm}^2$,液压缸 I 负载 $F_L = 35\,000 \text{ N}$,液压缸 II 运动时负载为零,不计摩擦阻力、惯性力和管路损失,溢流阀、顺序阀和减压阀的调定压力分别为 4 MPa、3 MPa、2 MPa,试求下面三种工况下 A、B、C 处的压力。

(1) 液压泵启动后，两换向阀处于中位时；

(2) 1YA 通电，液压缸 I 运动时和到终端停止时；

(3) 1YA 断电，2YA 通电，液压缸 II 运动时和碰到固定挡块停止运动时。

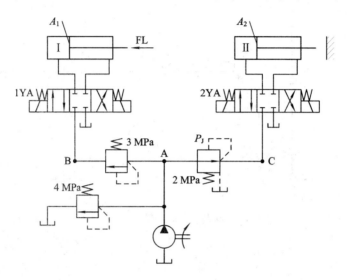

图 4 - 54　题 4 - 12 图

第5章　液压传动辅助元件

液压与气压传动系统中，除了动力元件、执行元件和控制元件之外的部分，都属于辅助元件。它们对保证系统正常、可靠、稳定的工作是不可缺少的。液压传动辅助元件是液压系统的一个重要组成部分，包括蓄能器、过滤器、油箱、密封件、管道及管接头、热交换器等。这些元件结构比较简单，功能也较单一，但对于液压系统的工作性能、噪声、温升、可靠性等，都有直接的影响。因此应当对液压传动辅助元件，引起足够的重视。在液压传动辅助元件中，大部分元件都已标准化，并有专业厂家生产，设计时选用即可。只有油箱等少量非标准件，品种较少要求也有较大的差异，有时需要根据液压设备的要求自行设计。

5.1　油　　箱

5.1.1　油箱的功用

油箱在液压系统中的主要功用是储存供系统循环所需的油液，还具有散发系统工作中产生的热量、释出油液中混入的气体、沉淀油液中的污物以及作为安装平台等作用。油箱设计的好坏直接影响液压系统的工作可靠性，尤其对液压泵的寿命有重要影响。

按油面是否与大气相通，油箱可分为开式油箱和闭式油箱。开式油箱广泛用于一般的液压系统；闭式油箱则用于水下和高空无稳定气压的场合，这里仅介绍开式油箱。

5.1.2　油箱的容积计算*

油箱的有效容积应根据液压系统发热、散热平衡的原则来计算，这项计算在系统负载较大、长期连续工作时是必不可少的。但对于一般情况来说，油箱的有效容积可以按液压泵的额定流量 q_{nP}（L/min）的 3～8 倍进行估算，油面高度一般不超过油箱高度的 80%。

在初步设计时，油箱的有效容量可按下述经验公式确定

$$V = mq_{nP} \tag{5-1}$$

式中：V 为油箱的有效容量；q_{nP} 为液压泵的流量；m 为经验系数，低压系统：$m=2\sim4$，中压系统：$m=5\sim7$，中高压或高压系统：$m=6\sim12$。

而对功率较大且连续工作的液压系统，还要进行热平衡计算，以此确定油箱容量。

5.1.3　油箱的结构设计

根据图 5-1 所示的油箱结构示意图,油箱的结构设计要点如下。

(1)基本结构。为了在相同的容量下得到最大的散热面积,油箱外形以立方体或长立方体为宜,油箱的顶盖上有时要安装泵和电机,阀的集成装置有时也安装在箱盖上,油箱一般用钢板焊接而成,顶盖可以是整体的,也可分为几块,油箱底座应在 150 mm 以上,以便散热、搬移和放油;油箱四周要有吊耳,以便起吊装运。

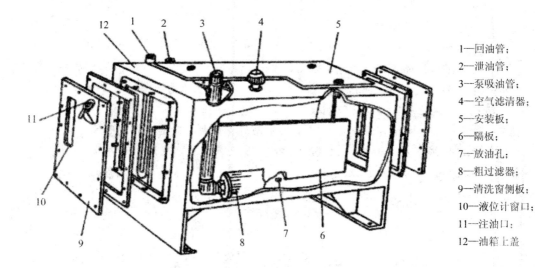

1—回油管;
2—泄油管;
3—泵吸油管;
4—空气滤清器;
5—安装板;
6—隔板;
7—放油孔;
8—粗过滤器;
9—清洗窗侧板;
10—液位计窗口;
11—注油口;
12—油箱上盖

图 5-1　油箱结构示意图

(2)吸、回、泄油管的装置。泵的吸油管和系统回油管之间的距离应尽可能远些,管口都应插于最低液面以下,但离油箱底要大于管径的 2～4 倍,以免吸空和飞溅起泡。吸油管端部所安装的过滤器,离箱壁要有 3 倍管径的距离,以便四面进油。回油管应截成 45°斜角,以增大回流截面,并使斜面对着箱壁,以利于散热和沉淀杂质,阀的泄油管口应在液面以上,以免产生背压;液压马达和泵的泄油管应引入液面以下,以免吸入空气;为防止油箱表面泄油落地,必要时在油箱下面或四周设泄油回收盘。

(3)隔板的设置。在油箱中设置隔板的目的是将吸、回油隔开,迫使油液循环流动,利于散热和沉淀。一般设置一至两个隔板,高度可接近最大液面高。为了使散热效果好,应使液流在油箱中有较长的流程,如果与四壁都接触,效果更佳。

(4)空气滤清器与液位计的设置。空气滤清器的作用是使油箱与大气相通,保证泵的自吸能力,滤除空气中的灰尘杂质,有时兼做加油口,它一般布置在顶盖上靠近油箱边缘处;液位计用于检测油面高度,其安装位置应使液位计窗口满足对油箱吸油区最高、最低液位的观察。两者皆为标准件,可按需要选用。

(5)放油口和清洗窗口的设置。图 5-1 中油箱底面做成斜面,在最低处设放油口,平时用螺塞或放油阀堵住,换油时将其打开放走油污。为了便于换油时清洗油箱,大容量的油箱一般均在侧壁设清洗窗口。

(6)密封装置。油箱盖板和窗口连接处均需加密封垫,各进、出油管通过的孔都需要装有密封垫,确保连接处严格密封。

（7）油温控制。油箱正常工作温度应在 15～66℃ 之间，必要时应安装温度控制系统，并设置加热器和冷却器。

（8）油箱内壁加工。新油箱经酸洗和表面清洗后，四壁可涂一层与工作液相容的耐油油漆。

5.2　过　滤　器

5.2.1　过滤器的功用

液体介质在液压系统中除传递动力外，还对液压元件中的运动件其润滑作用。此外，为了保证元件的密封性能，组成工作腔的运动件之间的配合间隙很小，而液压件内部的控制又常常通过阻尼小孔来实现。因此，液压介质的清洁度对液压元件和系统的工作可靠性和使用寿命有着很大的影响。统计资料表明：液压系统的故障 75% 以上是因为对液压介质的污染造成的，因此在系统中安装过滤器是保证液压系统正常工作的必要手段。过滤器的主要作用就是消除液体介质中的杂质防止液体污染，保证液压系统正常工作，

过滤器的过滤精度是指滤芯能够滤除的最小杂质颗粒的大小，以直径 d 作为公称尺寸表示，按精度可分为粗过滤器（$d<100\ \mu m$），普通过滤器（$d<10\ \mu m$），精过滤器（$d<5\ \mu m$），特精过滤器（$d<1\ \mu m$）。一般对过滤器的基本要求是：

（1）能满足液压系统对过滤精度要求，即能阻挡一定尺寸的杂质进入系统。

（2）滤芯应有足够强度，不会因压力而损坏。

（3）通流能力大，压力损失小。

（4）易于清洗或更换滤芯。

各种液压系统的过滤精度要求见表 5-1。

表 5-1　各种液压系统的过滤精度要求

系统类别	润滑系统	传动系统			伺服系统
工作压力/MPa	0～2.5	<14	14～32	>32	≤21
精度 $d/\mu m$	≤100	25～50	≤25	≤10	≤5

5.2.2　过滤器的分类

过滤器按滤芯的过滤机理来分，有表面型滤芯过滤器、深度型滤芯过滤器和磁性滤芯过滤器三种。按过滤器安放的位置不同，又可分为吸滤器、压滤器和回油过滤器，考虑到泵的自吸性能，吸油过滤器多为粗滤器。

1. 表面型滤芯过滤器

在表面型滤芯过滤器中，被滤除的颗粒污染物几乎全部阻截在过滤元件表面上游的一侧。滤芯材料上具有均匀的标定小孔，可以滤除大于标定小孔的固体颗粒，此种过滤器极易堵塞。这一类最常用的过滤器有网式和线隙式两种过滤器。

图 5-2(a)所示为网式过滤器，它是用细铜丝网 1 作为过滤材料，包在周围开有很多

孔的塑料或金属筒形骨架 2 上而形成的，其过滤精度取决于铜网层数和网孔的大小。网式过滤器一般能滤去 $d>0.08\sim0.18$ mm 的杂质颗粒，压力损失低于 0.01 MPa。这种过滤器结构简单，通流能力大，清洗方便，但过滤精度低，一般用于液压泵的吸油口。

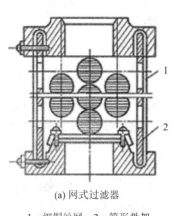

(a) 网式过滤器

1—细铜丝网；2—筒形骨架

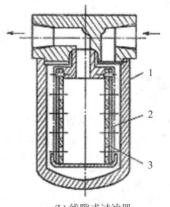

(b) 线隙式过滤器

1—壳体；2—筒形骨架；3—铜线或铝线

图 5-2 表面型滤芯过滤器

如图 5-2(b)所示为线隙式过滤器，1 是壳体，用铜线或铝线 3 绕在筒形骨架 2 的外圆上形成滤芯，依靠线间的微小缝隙滤除混入液体中的杂质。线隙式过滤器能滤去 $d>0.03\sim0.1$ mm 杂质颗粒，压力损失约 $0.07\sim0.35$ MPa，其结构简单，通流能力大，过滤精度比网式过滤器高，但不易清洗，常用于低压管道中，多为回油过滤器。

2. 深度型滤芯过滤器

深度型滤芯过滤器的滤芯为多孔可透性材料，内部具有曲折迂回的通道。大于孔径的污染颗粒直接被阻截在靠油液上游的外表面，而较小的颗粒进入滤芯内部通道时，由于受表面张力(分子吸附力、静电力等)的作用偏离流束，而被吸附在过滤通道的内壁上。故深度型滤芯过滤器的过滤原理既有直接阻截，又有吸附作用。这种滤芯材料有纸芯、烧结金属、毛毡和各种纤维等。

如图 5-3(a)所示为纸芯式过滤器，它是由做成平纹或波纹的酚醛树脂或木浆微孔滤纸制成的滤芯包裹在在带孔的镀锡铁做成的骨架上而形成的。为增加过滤面积，纸芯一般做成折叠形。油液从外进入滤芯后流出，纸芯式过滤器能滤去 $d>0.03\sim0.05$ mm 杂质颗粒，压力损失约 $0.08\sim0.4$ MPa。纸芯式过滤器特点是过滤精度高，用于对油液精度要求较高的场合，一般用于油液的精过滤。缺点是滤芯堵塞后无法清洗，必须更换纸芯，所以其为一次性滤芯。

如图 5-3(b)所示为烧结式过滤器，其滤芯是用金属粉末烧结而成的，利用颗粒间的微孔来挡住油液中的杂质通过。改变金属粉末的颗粒大小，就可以制出不同过滤精度的滤芯。烧结式过滤器能滤去 $d>0.01\sim0.1$ mm 杂质颗粒，压力损失约 $0.03\sim0.2$ MPa。其特点是制造简单，滤芯能承受高压，抗腐蚀性好，过滤精度高，适用于要求精滤的高温、高压液压系统，常用在压力油路或回油路上，但金属颗粒易脱落，堵塞后不易清洗。

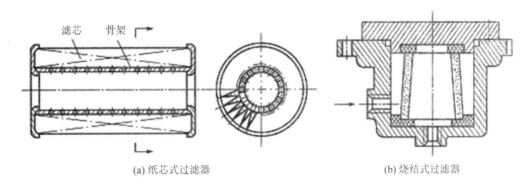

(a) 纸芯式过滤器　　　　　　　　　　　(b) 烧结式过滤器

图 5-3　深度型滤芯过滤器

3. 磁性滤芯过滤器

磁性滤芯过滤器则主要靠磁性材料的磁场力吸引铁屑及磁性磨料等。滤芯由永久磁铁制成,能吸住在油液中的铁屑、铁粉或磁性的磨粉,常与其他形式滤芯一起制成复合式过滤器,对加工钢铁件的机床液压系统特别适用。

5.2.3　过滤器的选用及安装

1. 过滤器的选用

(1) 选用过滤器时,可根据上述各种过滤器的特点,并结合各种典型液压元件及系统对污染度等级的要求或过滤精度的要求,系统的工作压力、油温及油液黏度等来选定过滤器的型号。

(2) 过滤器要有足够的通流能力。通流能力是指在一定压降下允许通过过滤器的最大流量,应结合过滤器在系统中的安装位置,根据过滤器样本来选取。

(3) 过滤器要有一定的机械强度,不因液压力而破坏。

(4) 对于不能停机的液压系统,必须选择切换式结构的过滤器。可以不停机更换滤芯,对于需要滤芯堵塞报警的场合,则可选择带发讯装置的过滤器。

2. 过滤器的安装

过滤器在系统中有以下几种安装位置。

(1) 安装在泵的吸油口,如图 5-4(a) 中过滤器。要求过滤器有较大的通流能力和较小的阻力(阻力不大于 0.01～0.02 MPa),其通油能力应是泵流量的两倍,以防空穴现象的产生。主要用来保护液压泵,但液压泵中产生的磨损生成物仍将进入系统。一般采用过滤精度较低的网式过滤器。

(2) 安装在泵的出油口,如图 5-4(b) 中过滤器。此种方式常用于过滤精度要求高的系统及伺服阀和调速阀前,以确保它们的正常工作。可以保护除液压泵以外的其他液压元件;过滤器应能承受油路上的工作压力和冲击压力;过滤阻力不应超过 0.35 MPa,以减小因过滤所引起的压力损失和滤芯所受的液压力;为了防止过滤器堵塞时引起液压泵过载或使滤芯损坏,压力油路上宜并联一旁通阀或串联一指示装置;必须能够通过液压泵的全部流量。

（3）安装在系统的回油路上，如图 5-4(c)中过滤器。该方式可以滤掉液压元件磨损后生成的金属屑和橡胶颗粒，保护液压系统；允许采用滤芯强度和刚度较低的过滤器；为防止滤芯堵塞等引起的系统压力升高，需要与过滤器并联一单向阀起旁通阀作用。

（4）安装独立的过滤系统，如图 5-4(d)中过滤器。大型机械的液压系统中，可专设由液压泵和过滤器组成的独立的过滤系统，可以不间断地清除系统中的杂质，提高油液的清洁度。

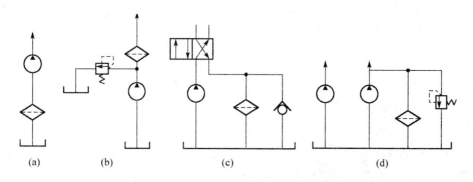

(a)   (b)   (c)   (d)

图 5-4　过滤器的安装位置

5.3　蓄　能　器

在液压系统中，蓄能器是存储和释放油液压力能的装置。

5.3.1　蓄能器的功用

蓄能器的主要作用体现在以下几个方面：

（1）作辅助动力源。某些液压系统的执行元件是间歇性动作的，与停顿时间相比工作时间较短；有些液压系统的执行元件是周期性工作的，在一个工作循环内（或一次行程内）运动速度相差较大。在这两种情况下，可在系统中采用一个功率较小的液压泵，并设置蓄能器作为辅助动力源。当系统不需要大流量时，把液压泵输出的多余的压力油储存在蓄能器内；当执行元件需要大流量时，再由蓄能器快速向系统释放能量。这样就可以减小液压泵的容量以及电动机的功率消耗。

（2）补充泄露和保持恒压。对于执行元件需要长时间保持某一工作状态（如夹紧工件或举升重物）保持恒定压力的系统，可在执行元件的进口处并联蓄能器来补偿泄露，从而使压力恒定，保证执行元件的工作可靠性。另外，在液压泵停止向系统提供油液的情况下，蓄能器所存储的压力油液向系统补充，使系统在一段时间内维持系统提供压力，避免系统在油源中断时所造成的机件损坏。

（3）作为紧急动力源。某些液压系统要求在液压泵发生故障、或停电、或在停止工作后，执行元件仍需完成必要的动作或供应必要的压力油。例如，为了安全起见，液压缸的活塞缸必须内缩到缸体内。这种场合需要有适当容量的蓄能器作为紧急动力源，如果停止供油，就会引起事故。

（4）吸收液压冲击、消除脉动、降低噪声。液压系统在运行过程中，由于换向阀突然换向、液压泵突然停车、执行元件的运动突然停止，甚至人为的需要执行元件紧急制动等情况下，都会使管路内液体流动发生急剧变化，而产生冲击压力。虽然系统设有安全阀，但仍然难免产生压力的短时剧增和冲击，这种冲击压力往往引起系统中的仪表、元件和密封装置发生故障甚至损坏或者管道破裂，还会使系统产生明显的振动。若在控制阀或液压缸冲击源之前设置蓄能器，就可以吸收和缓和这种液压冲击。

液压泵，尤其是柱塞泵和齿轮泵，当其柱塞或齿轮数较少时，其液压系统中的流量或压力脉动很大，以致影响执行机构运动速度不均匀。严重的压力脉动会引起振动、噪声和事故。若在泵出口安装蓄能器，则可使脉动降低到最小限度，从而使对振动敏感的仪表、管路接头、控制阀的事故减少，并降低噪声。

（5）输送异性液体、有毒气体等。利用蓄能器内的隔离件（隔膜、气囊或活塞）将被输送的异性液体隔开，通过隔离件的往复动作传递异性液体。

5.3.2　蓄能器的分类*

蓄能器可分为充气式、弹簧式和重力式三类。充气式应用广泛，而重力式现在已很少应用。

1. 充气式蓄能器

充气式蓄能器又分为活塞式、气囊式两种。

1）活塞式蓄能器

活塞式蓄能器结构如图 5-5 所示，缸筒内浮动的活塞将气体和油液隔开。气体（一般为惰性气体或氮气）由充气阀进入上腔，活塞随下部油液的储存和释放而在缸筒内来回滑动。这种蓄能器结构简单、寿命长，它主要用于大体积和大流量。但因活塞有一定的惯性和密封件存在较大的摩擦力，所以反应不够灵敏。这种蓄能器适用于压力低于 20 MPa 的系统储能或吸收压力脉动。

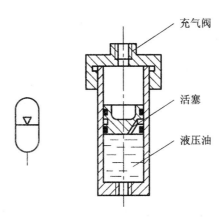

充气阀

活塞

液压油

图 5-5　活塞式蓄能器

2）气囊式蓄能器

气囊式蓄能器中气体和油液用气囊隔开，其结构如图 5-6 所示。采用耐油橡胶制成的气囊固定在耐高压的壳体的上部,其内充入一定压力的惰性气体,气囊外部压力油经壳体底部的限位阀通入,限位阀还保护气囊不被挤出容器之外。这种结构使气、液完全隔开,密封可靠,并且因气囊惯性小而克服了活塞式蓄能器响应慢的缺点,因此,它的应用范围非常广泛,其缺点是工艺性较差。适用于储能和吸收压力冲击,工作压力可达 32 MPa。

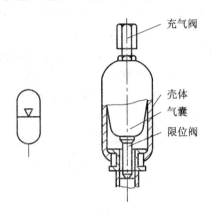

图 5-6　气囊式蓄能器

2. 弹簧式蓄能器

图 5-7 为弹簧式蓄能器的结构原理图,它是利用弹簧的伸缩来储存和释放能量的。弹簧的力通过活塞作用于液压油上。液压油的压力取决于弹簧的预紧力和活塞的面积。由于弹簧伸缩时弹簧力会发生变化,所形成的油压也会发生变化。为减少这种变化,一般弹簧的刚度不可太大,弹簧的行程也不能过大,从而限定了这种蓄能器的工作压力。这种蓄能器用于低压、小容量的系统,常用于液压系统的缓冲。弹簧式蓄能器具有结构简单、反应较灵敏等特点,但容量较小、承压较低。

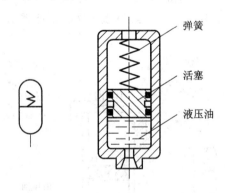

图 5-7　弹簧式蓄能器

3. 重力式蓄能器

重力式蓄能器是利用重物的位置变化来储存和释放能量的。这种蓄能器结构简单、压力稳定、但容量小、体积大、反应不灵活、易产生泄漏,重力式蓄能器现在已很少应用,主要用于冶金等大型液压系统的恒压供油。

5.3.3　蓄能器的容量计算[*]

容量是选用蓄能器的依据，其大小视用途而异，现以气囊式蓄能器为例加以说明。

1. 作辅助动力源时的容量计算

当蓄能器作动力源时，蓄能器储存和释放的压力油容量和气囊中气体体积的变化量相等，而气体状态的变化遵守波义耳定律，即：

$$p_0 V_0^K = p_1 V_1^K = p_2 V_2^K = 常量 \tag{5-2}$$

式中：p_0 为气囊的充气压力；V_0 为气囊充气的体积，由于此时气囊充满壳体内腔，故 V_0 亦即蓄能器容量；p_1 为系统最高工作压力，即泵对蓄能器充油结束时的压力；V_1 为气囊被压缩后相应于 p_1 时的气体体积；p_2 为系统最低工作压力，即蓄能器向系统供油结束时的压力；V_2 为气体膨胀后相应于 p_2 时的气体体积。

体积差 $\Delta V = V_2 - V_1$ 为供给系统油液的有效体积，将它代入式(5-2)，便可求得蓄能器容量 V_0，即：

$$V_0 = \left(\frac{p_2}{p_0}\right)^{\frac{1}{K}} V_2 = \left(\frac{p_2}{p_0}\right)^{\frac{1}{K}}(V_1 + \Delta V) = \left(\frac{p_2}{p_0}\right)^{\frac{1}{K}}\left[\left(\frac{p_2}{p_0}\right)^{\frac{1}{K}} V_0 + \Delta V\right] \tag{5-3}$$

由式(5-3)得：

$$V_0 = \frac{\Delta V \left(\frac{p_2}{p_0}\right)^{\frac{1}{K}}}{1 - \left(\frac{p_2}{p_0}\right)^{\frac{1}{K}}} \tag{5-4}$$

充气压力 p_0 在理论上可与 p_2 相等，但是为保证在 p_2 时蓄能器仍有能力补偿系统泄漏，则应使 $p_0 < p_2$，一般取 $p_0 = (0.8 \sim 0.85)p_2$。如已知 V_0，也可反过来求出储能时的供油体积，即：

$$\Delta V = V_0 p_0^{\frac{1}{K}} \left[\left(\frac{1}{p_2}\right)^{\frac{1}{K}} - \left(\frac{1}{p_1}\right)^{\frac{1}{K}}\right] \tag{5-5}$$

在以上各式中，K 是与气体变化过程有关的指数。当蓄能器用于保压和补充泄漏时，气体压缩过程缓慢，与外界热交换得以充分进行，可认为是等温变化过程，这时取 $K=1$；而当蓄能器作辅助或应急动力源时，释放液体的时间短，气体快速膨胀，热交换不充分，这时可视为绝热过程，取 $K=1.4$。在实际工作中，气体状态的变化在绝热过程和等温过程之间，因此，$K=1 \sim 1.4$。

2. 用来吸收冲击时的容量计算

当蓄能器用于吸收冲击时，其容量的计算与管路布置、液体流态、阻尼及泄漏大小等因素有关，准确计算比较困难。一般按经验公式计算缓冲最大冲击力时所需要的蓄能器最小容量，即：

$$V_0 = \frac{0.004 q p_1 (0.0164L - t)}{p_1 - p_2} \tag{5-6}$$

式中：p_1 为允许的最大冲击(kgf/cm^2)；p_2 为阀口关闭前管内压力(kgf/cm^2)；V_0 为用于冲击的蓄能器的最小容量(l)；L 为发生冲击的管长，即压力油源到阀口的管道长度(m)；t

为阀口关闭的时间(s)，突然关闭时取 $t=0$。

5.3.4 蓄能器的安装使用

蓄能器在液压系统中安装的位置，由蓄能器的功能来确定。在使用和安装蓄能器时应注意以下问题：

(1) 气囊式蓄能器应当垂直安装，倾斜安装或水平安装会使蓄能器的气囊与壳体磨损，影响蓄能器的使用寿命。

(2) 吸收压力脉动或冲击的蓄能器应该安装在振源附近。

(3) 安装在管路中的蓄能器必须用支架或挡板固定，以承受因蓄能器蓄能或释放能量时所产生的动量反作用力。

(4) 蓄能器与管道之间应安装止回阀，以用于充气或检修。蓄能器与液压泵间应安装单向阀，以防止停泵时压力油倒流。

5.4　液　压　管　件

5.4.1　液压管件的功用

管道、管接头和法兰都属于液压管件，其主要功用是连接液压元件和输送液压油。要求有足够的强度，密封性能好，压力损失小及便于装拆。使用中，根据工作压力、安装位置来确定管件的连接结构；而与泵、阀等连接的管件应由其接口尺寸决定管径大小。

5.4.2　管道

液压系统中使用的管道有钢管、紫铜管、尼龙管、塑料管和橡胶管等，必须按照安装位置、工作条件和工作压力来正确选用。各种管道的特点及适用场合见表5-2。

表5-2　管道的种类、特点和适用场合

种　类		特点和适用范围
硬管	钢管	价廉、耐油、抗腐、刚性好，但装配不易弯曲成形，常在拆装方便处用作压力管道，中压以上用无缝钢管，低压用焊接钢管
	紫铜管	价格高，抗振能力差，易使油液氧化，但易弯曲成形，用于仪表和装配不便处
软管	尼龙管	半透明材料，可观察流动情况，加热后可任意弯曲成形和扩口，冷却后即定形，承压能力较低，一般在2.8~8 MPa之间
	塑料管	耐油、价廉、装配方便，长期使用会老化，只用于压力低于0.5 MPa的回油或泄油管路
	橡胶管	用耐油橡胶和钢丝编织层制成，价格高，多用于高压管路；还有一种用耐油橡胶和帆布制成，用于回油管路

管道的规格尺寸指的是它的内径 d 和壁厚 δ，可根据式(5-7)、式(5-8)计算后，查阅有关的标准选定，即

$$d = 2\sqrt{\frac{q}{\pi v}} \qquad (5-7)$$

$$\delta = \frac{pdn}{2\sigma} \qquad (5-8)$$

式中：d 为管道的内径(mm)；q 为管道内的流量($\mathrm{m^3/s}$)；v 为管道中油液的允许流速(m/s)，允许流速推荐值为：吸油管取 $0.5\sim1.5$ m/s，回油管取 $1.5\sim2$ m/s，压力油管取 $2.5\sim5$ m/s，控制油管取 $2\sim3$ m/s，橡胶软管应小于 4 m/s；δ 为管道的壁厚(mm)；p 为管道内工作压力(Pa)；n 为安全系数，对于钢管：$p\leqslant7$ MPa 时 $n=8$，7 MPa$<p\leqslant17.5$ MPa 时取 $n=6$，$p>17.5$ MPa 时取 $n=4$；σ 为管道材料的抗拉强度(Pa)，由材料手册查出。

在安装时，管道应尽量短，最好横平竖直，拐弯少。为避免油管皱折，减少压力损失，管道装配的弯曲半径要足够大，管道悬伸较长时要适当设置管夹及支架。管道尽量避免交叉，平行管距要大于 100 mm，以防接触振动，并便于安装管接头。软管直线安装时要有 30% 左右的余量，以适应油温变化、受拉和振动的需要。弯曲半径要大于 9 倍软管外径，弯曲处到管接头的距离至少等于 6 倍外径。

5.4.3　管接头

管接头是管道和管道之间、管道和其他元件之间的可拆式连接件。在强度足够的前提下，管接头还应当满足装拆方便，连接牢固，密封性好，外形尺寸小，压力损失小，以及工艺性好等方面的要求。

管接头的种类很多，包括硬管接头、橡胶软管接头和快速管接头等。管接头的连接螺纹采用国家标准米制锥螺纹(ZM)和普通细牙螺纹(M)。锥螺纹可依靠自身的锥体旋紧和采用聚四氟乙烯生料带进行密封，广泛用于中、低压液压系统中；细牙螺纹常采用组合垫圈或 O 形圈，有时也采用紫铜垫圈进行端面密封后用于高压系统。

1. 硬管接头

按管接头和管道的连接方式分，有扩口式管接头、卡套式管接头和焊接式管接头三种。

图 5-8 所示为扩口式管接头。先将接管 2 的端部用扩口工具扩成一定角度的喇叭口，拧紧螺母 3，通过导套 4 使接管 2 扩口和接头体 1 相应锥面压紧连接与密封。扩口式管接头结构简单，重复使用好，适用于紫铜管、薄钢管、尼龙管和塑料管等一般不超过 8 MPa 的中低压系统中。

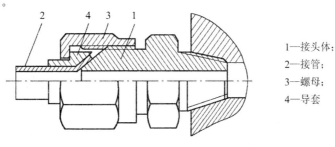

1—接头体；
2—接管；
3—螺母；
4—导套

图 5-8　扩口式管接头

图 5-9 所示为卡套式管接头，它由接头体 1、螺母 3 和卡套 4 组成。卡套 4 内表面与接头体 1 内锥面配合形成球面接触密封，拧紧螺母 3 后，卡套 4 发生弹性变形便将管子夹紧。卡套式管接头对轴向尺寸要求不严，连接装拆方便，密封性好，工作压力可达 32 MPa，但对连接用管道的直径尺寸精度要求较高；对卡套 4 的制造工艺要求高，必须进行预装配，一般要用冷拔无缝钢管，而不适用热轧管。

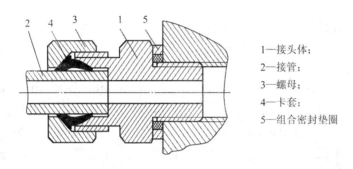

1—接头体；
2—接管；
3—螺母；
4—卡套；
5—组合密封垫圈

图 5-9　卡套式管接头

图 5-10 所示为焊接式管接头。螺母 3 套在接管 2 上，把油管端部焊上接管 2，旋转螺母 3 将接管 2 与接头体 1 连接在一起。接管 2 与接头体 1 结合处可采用 O 形密封圈密封。接头体 1 和被连接本体若用圆柱螺纹连接，为提高密封性能，要加组合密封圈 5 进行密封。若采用锥螺纹密封，在螺纹表面包一层聚四氟乙烯生料带，旋入后形成密封。焊接式管接头装拆方便，工作可靠，工作压力可达 32 MPa 或更高，但焊接质量要求高。

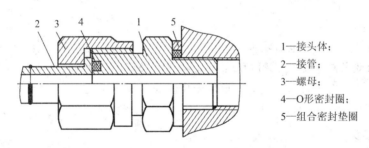

1—接头体；
2—接管；
3—螺母；
4—O形密封圈；
5—组合密封垫圈

图 5-10　焊接式管接头

此外还有二通、三通、四通、铰接等数种形式的管接头，供不同情况下选用，具体可查阅有关手册。

2. 胶管软管接头

胶管软管接头有可拆式和扣压式两种，各有 A、B、C 三种形式分别与焊接式、卡套式和扩口式管接头连接使用。随管径和所用胶管钢丝层数的不同，工作压力在 6～40 MPa 之间。一般橡胶软管与接头集成供应，橡胶管的选用根据使用压力和流量大小确定。

图 5-11 所示为可拆式橡胶软管接头。在胶管 4 上剥去一段外层胶，将六角形接头外套 3 套装在胶管 4 上，再将锥形接头体 2 拧入，由锥形接头体 2 和外套 3 上带锯齿的内锥面把胶管 4 夹紧。

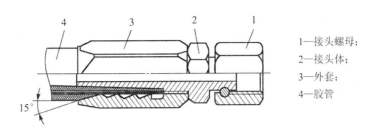

图 5-11　可拆式橡胶软管接头

1—接头螺母；

2—接头体；

3—外套；

4—胶管

图 5-12 所示为扣压式橡胶软管接头，其装配工序与可拆式橡胶软管接头相同，区别在于扣压式橡胶软管接头的外套 3 为圆柱形。另外，扣压式橡胶软管接头最后要用专门模具在压力机上将外套 3 进行挤压收缩，使外套变形后紧紧地与橡胶管和接头体连成一体。

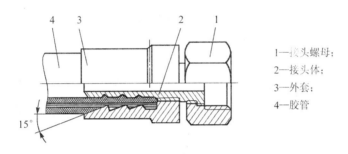

1—接头螺母；

2—接头体；

3—外套；

4—胶管

图 5-12　扣压式橡胶软管接头

3. 快速管接头

快速管接头为一种快速装拆的接头，适用于需要经常接通和断开的软管连接管路系统。图 5-13 所示为一种快速管接头，它用橡胶软管连接。图示的是油路接通的工作位置，当需要断开油路时，可用力将外套 6 向左移，钢球 8 从槽中滑出，拉出接头体 10，同时单向阀阀芯 4 和 11 分别在弹簧 3 和 12 作用下封闭阀口，油路断开。此种管接头结构复杂，压力损失大。

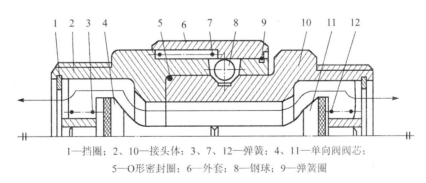

1—挡圈；2、10—接头体；3、7、12—弹簧；4、11—单向阀阀芯；
5—O 形密封圈；6—外套；8—钢球；9—弹簧圈

图 5-13　快速管接头

液压系统的泄露问题大部分出现在管路的接头处，因此，对接头形式、管路的设计及管路的安装都要认真重视，以免影响整个液压系统的性能。

5.5 密封件

5.5.1 密封件的功用与要求

1. 密封件的功用

实践表明,在许多情况下,液压系统的损坏或故障的第一个迹象显示为密封处的泄露。密封是解决液压系统泄漏问题最重要、最有效的手段。密封件的作用就是用来防止液压系统油液的内外泄露及外界灰尘和异物的侵入,并保证系统建立必要的压力。

密封件一般指用于接触式密封的装置。密封件依靠装配时的预压缩力和工作时的油液压力的作用产生弹性变形,通过弹性力紧压密封表面实现接触密封。密封能力随压力的升高而提高,在磨损后具有一定的补偿能力。

2. 密封件的要求

液压系统如果密封不良,可能出现不允许的外泄露,外漏的油液将弄脏设备、污染环境;可能使空气进入吸油腔,影响液压泵的气密性和液压马达、缸的运动平稳性(爬行);可能使液压元件的内泄漏过大,导致液压系统的容积效率过低,甚至降低工作压力。液压系统如果密封过度,虽可防止泄漏,但会造成密封部分的剧烈摩擦,缩短密封件的寿命;增大液压元件内的运动摩擦阻力,降低系统的机械效率。因此,必须合理的选用和设计密封装置,即在保证液压系统工作可靠地前提下,具有较高的效率和较长的寿命。

对密封件的要求有:

(1) 在一定的工作压力和温度范围内具有良好的密封性能。

(2) 密封件和运动件之间摩擦系数小,并且摩擦力稳定。

(3) 耐磨性好,寿命长,不易老化,抗腐蚀能力强,不损坏被密封零件表面,磨损后在一定程度上能自动补偿。

(4) 制造容易,维护、使用方便,价格低廉。

5.5.2 密封件的分类

按密封面之间有无相对运动,密封件分为静密封件(O形橡胶密封圈、纸垫、石棉橡胶垫等)和动密封件(唇形密封圈、活塞环等)两大类。

密封件的材料一般要求与所选用的工作介质有很好的"相容性";弹性好,永久变形小,具有适当的机械强度;耐热性好;耐磨损,摩擦系数小。目前常用的材料有丁腈橡胶、聚氨酯橡胶、聚氯橡胶、聚四氟乙烯等。其中,以丁腈橡胶为代表的橡胶密封材料用来制作成形密封圈,如O形、Y形、U形、J形、L形等;以聚四氟乙烯为代表的塑料密封材料用来制作成形密封圈的辅件,与成形密封圈组成组合式密封圈。

1. O形密封圈

O形密封圈是应用最为广泛的压紧型密封件,由耐油橡胶压制而成,其截面通常为圆形,如图5-14(a)所示。O形密封圈是安装在密封沟槽中使用的,在工作介质有压力或微压时，依靠预压缩变形后的弹性力对密封接触面施以一定的压力，从而达到密封目的，如图 5-14(b)所示；若工作介质压力升高，在液体压力作用下，O 形密封圈有可能被压力油挤入间隙而损坏，如图 5-15(a)所示。为此，在 O 形密封圈低压侧安置聚四氟乙烯挡圈，如图 5-15(b)所示。当双向受压力油作用时，两侧都要加挡圈，如图 5-15(c)所示

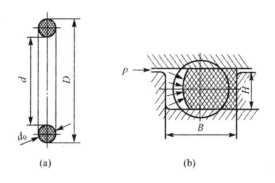

(a)　　　　　　　　　　　(b)

图 5-14　O 形密封圈

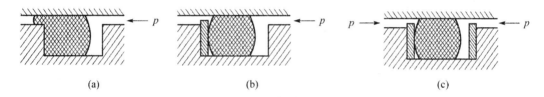

(a)　　　　　　　　　(b)　　　　　　　　　(c)

图 5-15　O 形密封圈的挡圈安置

O 形密封圈大量应用于静密封；也可用于往复运动的动密封，但由于作动密封使用时，静摩擦系数大，启动阻力大，寿命短，仅在一般工况及成本要求低的场合有所应用；还可作为新型同轴组合式密封件中的弹性组合件。

2. 唇形密封圈

唇形密封圈是将密封圈的受压面制成某种唇形的密封件。安装时唇口对着有压力的一边，当介质压力等于零或很低时，靠预压缩密封；压力高时由液压力的作用将唇边紧贴密封面密封，压力越高贴的越紧。唇形密封圈按其断面形状又分为 Y 形、Y_x 形、V 形、J 形、L 形等，主要用于往复运动密封。

1）Y 形密封圈

如图 5-16 所示，Y 形密封圈的断面形状呈 Y 形，用于往复运动密封，工作压力可达 14 MPa。当压力波动大时，要加支撑环固定密封圈以防止"翻转"现象。支撑环上有小孔，使压力油经小孔作用到密封圈唇边上，以保证良好密封，如图 5-17 所示。当工作压力超过 14 MPa 时，为防止密封圈挤入密封面间隙，应加保护垫圈。

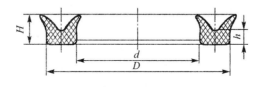

图 5-16　Y 形密封圈

Y 形密封圈由于内外唇边对称，因此原则上对孔用密封和轴用密封均可使用。孔用时按孔内径选取密封圈的规格；轴用时按轴的外径选取密封圈的大小。

由于一个 Y 形密封圈只能对一个方向的高压液体起密封作用，因此当两个方向交替出现高压时，应安装两个 Y 形密封圈，它们的唇边分别对着各自的高压来油，如图 5-17(b) 中所示。

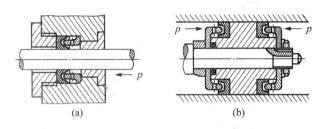

图 5-17　Y 形密封圈的安装及支撑环结构

2）Y_x 形密封圈

Y_x 形密封圈是由 Y 型密封圈改进设计而成，通常是用聚氨酯材料压制而成，如图 5-18 所示，其断面高度与宽度之比大于 2，稳定性好，克服了普通 Y 形密封圈易"翻转"的缺点，分为轴用和孔用两种。

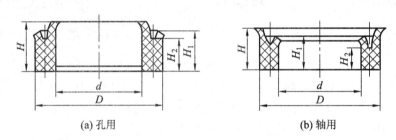

(a) 孔用　　　　　　　　(b) 轴用

图 5-18　Y_x 形密封圈

Y_x 形密封圈的两个唇边高度不等，其短边为密封边，与密封面接触，滑动摩擦阻力小；长边与非滑动表面相接触，增加了压缩量，使摩擦阻力增大，工作时不易窜动。

Y_x 形密封圈一般用于工作压力≤32 MPa，使用温度为−30～+100℃的场合。

3）V 形密封圈

V 形密封圈分为 V 形橡胶密封圈和 V 形夹织物密封圈两种，V 形夹织物密封圈由多层涂胶织物压制而成，由支撑环、密封环和压环三部分组成一套使用，如图 5-19 所示。当工作压力 $p>10$ MPa 时，可以根据压力大小，适当增加密封环的数量，以满足密封要求。安装时，V 形密封圈的 V 形口一定要面向压力高的一侧。

V 形密封圈可用于内经或外经密封，不适用于快速运动，可用于往复运动和缓慢运动。适宜在工作压力≤50 MPa，温度为−40～+80℃的条件下工作。

4）J 形密封圈和 L 形密封圈

J 形密封圈和 L 形密封圈均由耐油橡胶制成，工作压力不大于 10 MPa，一般用于防尘和低压密封。

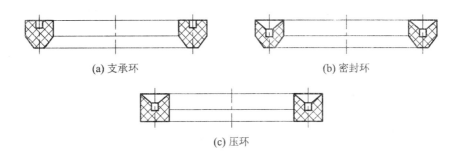

(a) 支承环　　　　　　　　　　　　(b) 密封环

(c) 压环

图 5-19　V 形密封圈

5）组合式密封件

随着液压技术的应用日渐广泛，系统对密封的要求越来越高，普通密封圈（O 形、唇形等）单独使用已不能很好地满足密封要求，特别是使用寿命和可靠性方面的要求。因此，开发和研制了组合式密封件，其具有耐高压、耐高温、承高速、低摩擦、长寿命等性能特点。

组合式密封件是由包括密封圈在内的两个以上的元件组成的密封装置。最简单的是由钢和耐油橡胶压制成的组合式密封件。比较典型的组合式密封件有滑环式 O 形组合密封件（由 O 形密封圈和截面为矩形的聚四氟乙烯塑料滑环组成）、支持环式 O 形组合密封件（由支持环和 O 形密封圈组成）等。

如图 5-20 所示的组合式密封垫圈外圈 2 由 Q235 钢制成，内圈 1 为耐油橡胶，主要用在管接头或油塞的端面密封。安装时外圈紧贴两密封面，内圈厚度 s 与外圈厚度 h 之差为橡胶的压缩量。该组合式密封垫圈安装方便，密封可靠，因此应用非常广泛。

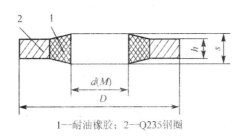

1—耐油橡胶；2—Q235 钢圈

图 5-20　组合式密封垫圈图

如图 5-21 所示的组合式密封件由 O 形密封圈和聚四氟乙烯做成的格来圈或斯特圈组合而成。图 5-21（a）为方形断面格来圈和 O 形密封圈组合的装置，用于孔密封；

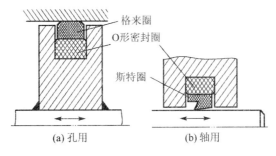

(a) 孔用　　　　　　　　　　　　(b) 轴用

图 5-21　橡胶组合式密封件

图 5-21(b)为阶梯形断面斯特圈和 O 形密封圈组合的装置，用于轴密封。这种组合式密封件是利用 O 形密封圈的良好弹性变形性能，通过预压缩所产生的预压力将格来圈或斯特圈紧贴在密封面上而起到密封作用的。橡胶组合式密封件由于充分发挥了橡胶密封圈和滑环（支持环）的长处，综合了橡胶和塑料各自的优点，不仅工作可靠，摩擦力低而稳定，而且使用寿命比普通橡胶密封圈提高近百倍，因此在工程上应用日益广泛。

5.6 热 交 换 器

液压系统的工作温度一般希望保持在 25~50℃之间，最高不超过 65℃，最低不低于15℃。如果液压系统依靠自然冷却不能使油温控制在上述范围内，就需要安装冷却器；反之，如环境温度太低，无法使液压泵启动或正常运转，则必须安装加热器。冷却器和加热器总称为热交换器。

5.6.1 冷却器

冷却器除管道散热面积直接吸收油液中的热量外，还使油液产生紊流，通过破坏边界层来增加油液的传热系数。对冷却器的基本要求是：在保证散热面积足够大、散热效率高和压力损失小的前提下，要求结构紧凑、坚固、体积小、重量轻，最好有自动控制油温装置，以保证油温控制的准确性。

根据冷却介质的不同，冷却器有风冷式、冷媒式和水冷式三种。风冷式冷却器利用自然通风来冷却，适用于缺水或不便使用水冷却的液压设备如工程机械等，常用在行走设备上。冷媒式冷却器是利用冷媒介质如氟利昂在压缩机中进行绝热压缩，根据散热器发热，蒸发器中吸热的原理，把热油的热量带走，使油冷却，此种方式冷却效果最好，但价格昂贵，常用于精密机床等设备上。水冷式冷却器是一般液压系统常用的冷却方式。

水冷式冷却器利用水进行冷却，分为蛇形管式冷却器和多管式冷却器。图 5-22 所示为常用的多管式冷却器。油液从壳体 1 左端进油口流入，从右端出油口流出，冷却水从进水口流入，通过多根散热钢管 3 后，从出水口流出，将油液中的热量带出。油液在水管外

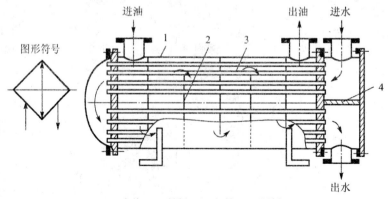

1—壳体；2—挡板；3—钢管；4—隔板

图 5-22　多管式冷却器

流动时，它的行进路线因设置的隔板 4 而加长，因而增加了散热效果。水冷式冷却器由于采用强制对流(油与水同时反向流动)的方式，散热效率高、冷却效果好，被广泛应用于液压系统中。

一般冷却器的最高工作压力为 1.6 MPa 以内，使用时应安装在回油管路或低压管路上，所造成的压力损失一般为 0.01～0.1 MPa。

5.6.2　加热器

液压系统油液加热的方法有热水或蒸汽加热和电加热两种方式。由于电加热器结构简单，使用方便，易于按需要调节最高或最低温度，其应用较为广泛。图 5-23 所示为电加热器及其安装示意图，电加热器用法兰盘水平安装在油箱侧壁上，发热部分全部浸入油液内。加热器应安装在油液流动处，以利于热量的交换。

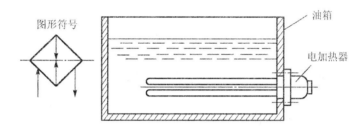

图 5-23　电加热器及其安装

由于油液是热的不良导体，单个加热器的功率不能太大，一般其表面功率密度不得超过 3 W/cm^2，以防止其周围的油液因温度过高而变质。为此，应设置相应的保护装置，在没有足够的油液经过加热循环时，或者在加热元件没有被系统油液完全包围时，要阻止加热器工作。

5.7　工 程 案 例

5.7.1　油箱的容积计算

油箱容量与系统的流量有关，一般容量可取最大流量的 3～5 倍。另外，油箱容量大小可从散热角度去设计。计算出系统发热量与散热量，再考虑冷却器散热后，从热平衡角度计算出油箱容量。不设冷却器、自然环境冷却时计算油箱容量的方法如下：

(1) 系统发热量计算。在液压系统中，系统中的损失都变成热能散发出来。每一个周期中，每一个工况其效率不同，因此损失也不同。一个周期发热的功率计算公式为

$$H = \frac{1}{T} \sum_{i=1}^{n} N_i (1 - \eta_i) t_i$$

式中：H 为一个周期的平均发热功率(W)；T 为一个周期时间(s)；N_i 为第 i 个工况的输入功率(W)；η_i 为第 i 个工况的效率；t_i 为第 i 个工况持续时间(s)。

(2) 散热量计算。当忽略系统中其他地方的散热，只考虑油箱散热时，显然系统的总

发热功率 H 全部由油箱散热来考虑。这时油箱散热面积 A 的计算公式为

$$A = \frac{H}{K\Delta t}$$

式中：A 为油箱的散热面积（m^2）；H 为油箱需要散热的热功率（W）；Δt 为油温（一般以 55℃考虑）与周围环境温度的温差（℃）；K 为散热系数。与油箱周围通风条件的好坏而不同，通风很差时 $K=8\sim9$；良好时 $K=15\sim17.5$；风扇强行冷却时 $K=20\sim23$；强迫水冷时 $K=110\sim175$。

（3）油箱容量的计算。设油箱长、宽、高比值为 $a:b:c$，则边长分别为 al、bl、cl 时（见图 5-24），l 的计算公式为

$$l = \sqrt{\frac{A}{1.5ab + 1.8ac + 1.8bc}}$$

式中：A 为散热面积（m^2）。

计算出的数值，再对照表 5-3 中液压泵站的油箱公称容量系列选取确定。

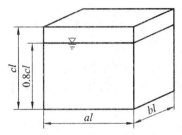

图 5-24　油箱容量计算图

表 5-3　油箱公称容量（L）

4	6.3	10	25	40	63	100	160	250	315	400
500	630	800	1000	1250	1600	2000	3150	4000	5000	6300

5.7.2　蓄能器的容积计算

例 5-1　某蓄能器的充气压力 $p_A = 9$ MPa（所给压力均为绝对压力），用流量 $q=5$ L/min 的泵充气，升压到压力 $p_1 = 20$ MPa 时快速向系统排油，当压力下降到 $p_2 = 10$ MPa 时排出的体积为 5 L，试确定蓄能器的容积 V_0。

解　根据题意，蓄能器排油是绝热过程，取 $n=1.4$，故可得

$$p_1 V_1^{1.4} = p_2 V_2^{1.4}$$

又由题意，知

$$V_2 - V_1 = 5 \text{ L}$$

得

$$V_1 = 7.8 \text{ L}$$

先假设充液过程是绝热过程，则

$$V_0 = \left(\frac{p_1}{p_A}\right)^{\frac{1}{1.4}} V_1 = \left(\frac{20}{9}\right)^{\frac{1}{1.4}} \times 7.8 \text{ L} = 13.8 \text{ L}$$

充液时间

$$t = \frac{V_0 - V_1}{q} = \frac{13.8 - 7.8}{5}\text{min} = 1.2 \text{ min}$$

因充液时间超过 1 min，也可认为充液过程近似等温过程，则

$$V_0 = \left(\frac{p_1}{p_A}\right) V_1 = \left(\frac{20}{9}\right) \times 7.8 \text{ L} = 17.3 \text{ L}$$

故根据等温过程充液的要求，需用 17.3 L 的蓄能器。

需要注意的是，蓄能器的充气压力在设计中往往需要自己确定，一般取 $p_0 = (0.8 \sim 0.85) p_2$，$p_0$ 值越小，蓄能器的容积 V_0 越大。而多变指数 n 的值由工作条件决定。

5.7.3　油管的设计计算

例 5-2　有一个轴向柱塞泵，额定流量 $q_s = 100$ L/min，额定压力为 32 MPa。试确定泵的吸油管与压油管的内径和壁厚。

解　因轴向柱塞泵的额定压力为 32 MPa，故选用钢管。由液压设计手册查得钢管公称通径、外径、壁厚及推荐流量见表 5-4。

表 5-4　钢管公称通径、外径、壁厚及推荐流量

公称通径 /mm	钢管外径 /mm	额定压力/MPa					推荐管路通过流量 /(L/min)
		≤5	≤8	≤16	≤25	≤32	
		管壁厚/mm					
3	6	1	1	1	1	1.4	0.63
4	8	1	1	1	1.4	1.4	2.5
5、6	10	1	1	1	1.6	1.6	6.3
8	14	1	1	1.6	2	2	25
10、12	18	1	1.6	1.6	2	2.5	40
15	22	1.6	1.6	2	2.5	3	63
20	28	1.6	2	2.5	3.5	4	100
25	34	2	2	3	4.5	5	160
32	42	2	2.5	4	5	6	250
40	50	2.5		4.5	5.5	7	400
50	63	3	3.5	5	6.5	8.5	630
65	75	3.5	4	6	8	10	1000
80	90	4	5	7	10	12	1250
100	120	5	6	8.5			2500

因轴向柱塞泵的额定流量 $q_s = 100$ L/min，由表 5-4 可知，该泵的压油管的公称通径为 20 mm，外径为 28 mm，壁厚为 4 mm，内径为 20 mm。为避免在泵的吸油口产生气穴现象，吸油管内流速一般限制在 $1 \sim 1.5$ m/s，由此可求得

$$d = 2\sqrt{\frac{q}{\pi v}} = 2\sqrt{\frac{100 \times 10^{-3}}{3.14 \times (1 \sim 1.5) \times 60}} = 0.038 \sim 0.046 \text{ m} = 38 \sim 46 \text{ mm}$$

查表 5-4，可选该泵的吸油管通径为 40 mm，外径为 50 mm，壁厚为 2.5 mm，内径为 45 mm 的钢管。

练 习 题

5-1 蓄能器有哪些功用？常用的蓄能器有哪些类型？

5-2 蓄能器在安装中要注意哪些问题？

5-3 过滤器有哪些类型？各用在什么场合？如何选用及安装？

5-4 如何确定油管的尺寸？简述各种油管的特点及适用场合。

5-5 液压系统对密封装置有哪些要求？常用的密封装置有哪些？如何选用？

5-6 试述油箱的结构及功用。如何确定油箱的容量？

5-7 为什么有些液压系统要安装冷却器或加热器？安装加热器要注意哪些问题？

5-8 蓄能器在安装中应注意哪些问题？

第 6 章　液压传动基本回路

6.1　概　述

任何液压系统不管有多复杂，都是由一个或多个基本回路组成的。所谓液压基本回路是指将一些液压元件和管道按一定方式组合起来实现某种基本的功能。比如调节液压泵供油压力的调压回路，改变液压执行元件工作速度的调速回路等，这些都是最基本的最常见液压回路。因此分析一个复杂的液压系统应该从基本的回路着手，才能化繁为简，化整为零，达到最终掌握或设计各种液压系统的目的。

常见液压基本回路的类型主要包括压力控制回路、速度控制回路、方向控制回路三大类型。而速度控制回路根据实际需要又可细分成多个种类，包括调节液压执行元件速度的调速回路、使执行元件快速运动的快速回路，使执行元件在快速运动和工作进给速度以及工作进给速度之间的速度换接回路等。

此外液压基本回路还包括多执行元件动作回路、锁紧回路、浮动回路等。

6.2　压力控制回路

压力控制回路是利用压力控制阀来控制整个液压系统或局部油路的压力，以满足执行元件对力或力矩要求的基本回路。这类回路包括调压、减压、增压、卸荷、平衡、保压等多种回路。

6.2.1　调压回路

调压回路的功用是使液压系统整体或局部的压力保持给定值或不超过某最大值。调压回路常常可以实现系统或执行机构在工作过程中多级压力的变换，一般由溢流阀来实现这一功能，尤其是利用先导阀控制口实现。

1. 单级调压回路

图 6-1(a)所示的是最基本的单级调压回路，溢流阀始终开启溢流，使系统工作在溢流阀 1 的调定压力附近，此刻溢流阀作为定压阀。

2. 多级调压回路

先导式溢流阀的控制口可接低于先导阀调定压力的其他压力源，实现溢流阀在低于本身调定压力的情况下打开。一般可利用此特点实现多级调压。

图 6-1(b)是一个二级调压回路。当二位二通电磁阀2在电磁铁不通电而处于下位时，由于断路，溢流阀的控制口相当于堵住，系统压力由阀1调定。当二位二通电磁阀2在电磁铁通电而处于上位时，系统压力由阀3决定。但前提是阀3的调定压力一定要低于阀1的调定压力，否则当主阀弹簧腔压力高于本身先导阀调定压力时，主阀就已打开，接控制口的其他远程溢流阀并不打开，不起作用，也就不能起到二级调压的作用。因此该回路实际是通过电磁阀2的切换实现二级调压。

图 6-1(c)是一个三级调压回路。主溢流阀1的控制口通过三位四通换向阀2分别接通具有不同调定压力的远程调压阀3和4。当换向阀在中位时，系统压力由主溢流阀1调定；当换向阀在左位时，系统压力由调压阀3调定；当换向阀在右位时，系统压力由调压阀4调定。类似的，调压阀3与调压阀4也必须低于主阀1的调定压力。

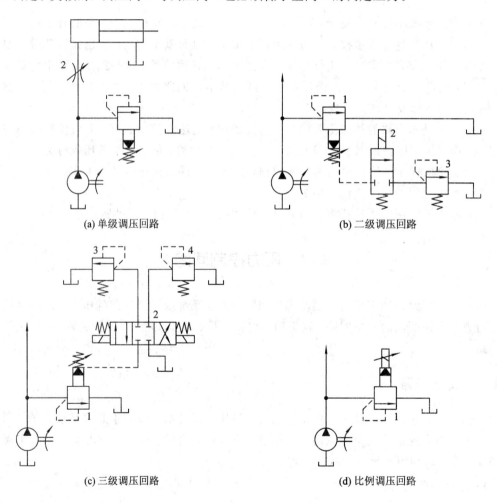

(a) 单级调压回路　　　　　　　　　　(b) 二级调压回路

(c) 三级调压回路　　　　　　　　　　(d) 比例调压回路

图 6-1　调压回路

3. 比例调压回路

图 6-1(d)是通过比例电磁溢流阀进行无级调压的比例调压回路。其调压阀的调定压力是输入电流的连续函数，且成比例关系。通过调节输入电流，达到调节系统工作压力的

目的。这种回路相比于多级调压回路具有压力调节值可连续变化，回路结构简单，压力切换平稳，也便于实现远距离控制或程控等优点，因此近年来应用越来越多。然而比例溢流阀的成本较高。

6.2.2　减压回路

减压回路的功用是使系统某一部分油路具有低于系统压力调定值的稳定工作压力。各种控制油路、夹紧油路、润滑油路中的工作压力常常需要低于主油路的压力，因而常采用减压回路，一般由减压阀来实现这一功能。

图 6-2(a)所示是常见的减压回路，其将定值减压阀 1 与主油路相连。当夹紧缸碰到工件开始夹紧工件时，减压阀 1 出口压力上升至其调定压力，而后维持在该水平上保证夹紧缸工作于指定工作压力。

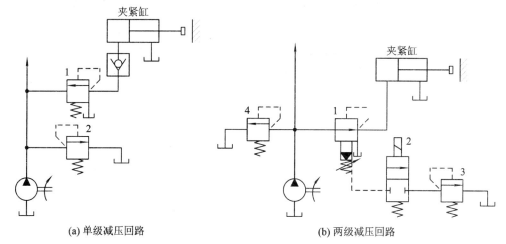

(a) 单级减压回路　　　　　　　　　　(b) 两级减压回路

图 6-2　减压回路

与调压回路类似，其也可实现多级减压。图 6-2(b)是一种两级减压回路，通过二位二通换向阀的切换实现减压阀在自身调定压力和远程溢流阀调定压力下的两级减压。接远程控制口的溢流阀 2 调定压力必须低于减压阀的调定压力。

目前，随着科技的发展，基于比例减压阀的无级减压回路得到了越来越多的应用。如图 6-3，调节输入比例减压阀 1 的电流，即可使分支油路无级减压，而且易实现远程控制。

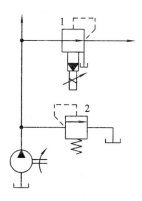

图 6-3　无级减压回路

为了使减压回路可靠地工作，减压阀的最低调定压力应不小于 0.5 MPa，最高调定压力应至少比系统压力低 0.5 MPa，否则减压阀不能正常工作。当减压回路的执行元件需要调速时，由于减压阀本身存在不确定的泄油现象，若减压阀的出口直接接执行元件，会影响流向执行元件的流量，所以应当使调速元件接在减压阀出口的油路上，保证最终由调速元件控制流向执行元件的流量，从而使调速稳定与准确。

6.2.3　增压回路

在液压系统中，有时需要使某些局部获得的压力高于油源压力。此时可利用增压回路实现。增压回路常采用带增压缸的回路。如图 6-4 所示，其中的增压缸包括了刚性连接的大活塞与小活塞，利用大小活塞面积不等但传递力相当的特性，使小活塞腔产生的压力 p_2 高于大活塞端的供油压力 p_1，从图中的力平衡不难得出，其满足 $p_2 A_2 = p_1 A_1$，所以 $p_2 = p_1 \dfrac{A_1}{A_2}$。

注意以上并不是帕斯卡原理的应用，即不是等值传递液体压力（压强）。该回路只能间歇增压，因为当其中的二位四通电磁换向阀右位接入系统，增压缸返回，辅助油箱中的油液经单向阀补入小活塞腔，此刻小活塞腔压力不高。因此该回路也称为单作用增压回路。

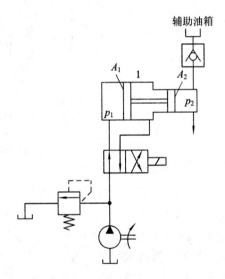

图 6-4　增压回路

6.2.4　卸荷回路

在系统执行元件短时间不工作时，不宜频繁启、停泵，而使泵在很小输出功率下运转，可降低系统发热，延长液压泵和电动机的寿命。此时需要使用卸荷回路满足低功耗需求。由于液压泵的输出功率为其流量和压力的乘积，因而，两者任一近似为零，功率损耗即近似为零，因此液压泵的卸荷有流量卸荷和压力卸荷两种，前者主要是使用变量泵，使泵仅为补偿泄漏而以最小流量运转，此方法比较简单，但泵仍处在高压状态下运行，磨损比较严重。压力卸荷的方法是使泵在接近零压下运转，可在降低功耗的同时，减少磨损，同时也可避免高压带来的安全问题，因此卸荷回路多采用压力卸荷的方式。

1. 利用换向阀中位机能的卸荷回路

M、H 和 K 型中位机能的三位换向阀处于中位时，液压泵卸荷。图 6-5(a)所示为采用 M 型中位机能的电液换向阀的卸荷回路。其卸荷时也可将活塞两端的压力降为几乎零压。这样的卸荷方式可大大降低系统各处消耗。

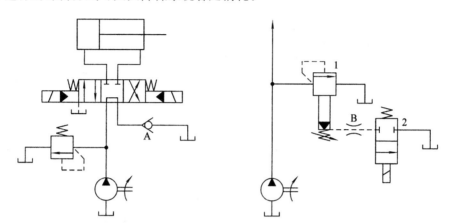

(a) 采用M型中位机能的卸荷回路　　(b) 采用二位二通电磁阀控制先导型溢流阀的卸荷回路

图 6-5　卸荷回路

2. 用先导型溢流阀的卸荷回路

图 6-5(b)所示的采用二位二通电磁阀控制先导型溢流阀的卸荷回路。当二位二通阀的电磁铁通电使下位接通时，先导型溢流阀的遥控口直通油箱，泵输出的油液以很低的压力经该溢流阀流回油箱，实现卸荷。为防止卸荷或升压时产生压力冲击，在溢流阀遥控口与电磁阀之间可设置阻尼通道，如图 6-5(b)的 b。

3. 插装阀的卸荷回路

图 6-6 所示的插装阀卸荷回路中，在二位二通换向阀 2 未通电时，液压泵的供油压力由溢流阀 1 调定。当二位二通换向阀 2 通电后，单向插装阀的上腔接通油箱，主阀口全打开，泵实现卸荷。

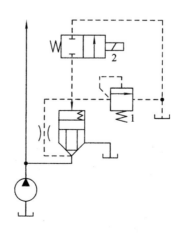

图 6-6　插装阀的卸荷回路

4. 限压式变量泵的卸荷回路

限压式变量泵的卸荷回路为流量卸荷方式。图 6-7 所示，当液压缸活塞运动到行程终点时，液压缸进油腔无法再进油，泵的压力升高，导致定子移动，偏心距减小，直至泵的流量几乎为零。此时泵虽然仍然在运转，但由于偏心距几乎为零，泵几乎不对外输出功率，因此耗散的功率不大，实现了保压下的卸荷。

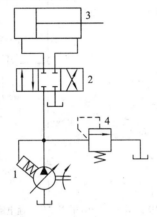

图 6-7 限压式变量泵的卸荷回路

6.2.5 平衡回路

平衡回路的功用是防止垂直或倾斜放置的执行机构在不工作时因受负载重力作用而使执行机构自行下落。其常利用换向阀的中位锁紧和液控单向阀实现相关功能。

图 6-8(a) 所示的是利用 O 型中位机能换向阀的平衡回路。当换向阀 1 左位接入回路，活塞下行，回油路因顺序阀而产生背压，可使活塞和与之相连的工作部件平稳下降。当换

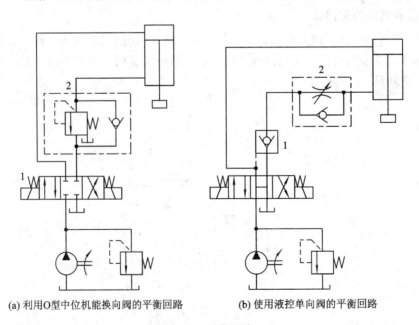

(a) 利用O型中位机能换向阀的平衡回路　　　(b) 使用液控单向阀的平衡回路

图 6-8 平衡回路

向阀处于中位时，O 型中位可使液压缸的进出油腔与其他油路隔开，从而起到锁紧作用。但这种方式会由于换向阀和顺序阀的泄漏而缓慢下落。因此该平衡回路难以长时间停在固定的位置，只适用于工作部件质量不大，活塞锁住时定位要求不高或时间不长的场合。

图 6-8(b)所示的是使用液控单向阀的平衡回路。当换向阀 1 左位接入回路，液控单向阀的控制口与泵出口处相通，提供的压力使单向阀反向开启，液压缸回油路可通向油箱，活塞下行。回油路因节流阀而使流量受限制，控制活塞和与之相连的工作部件的下降速度。当换向阀处于中位时，H 型中位可使系统零压力卸荷，液控单向阀反向关闭。由于液控单向阀是锥面密封，具有密封性能良好的优点，可用于长时间的锁紧。

6.2.6　保压回路

在液压系统中，常需要在执行元件终止、暂停时，保持压力一段时间，这时须应用保压回路。保压回路的功用是使系统在液压能不动或仅有微小的位移下保持稳定不变的压力。保压回路主要有：液控单向阀保压回路、辅助泵保压回路、蓄能器保压回路。

1. 采用液控单向阀的自动补油保压回路

图 6-9(a)所示的是一种采用液控单向阀和电接触式压力表的自动补油式保压回路。当换向阀 2 右位接入回路，液压缸上腔压力上升达到预定的上限值时，电接触式压力表 4 发出信号，使换向阀切换成中位，液压泵卸荷，液压缸由液控单向阀保压。此时因 M 型中位，使液压缸平衡不动。但随着时间的推移，液压缸以及换向阀发生微小泄漏，而使液压缸上腔的压力下降。当下降至预定下限值时，电接触式压力表又发出信号，使换向阀右位接入回路，这时液压泵给上腔补油，使压力回升。这种回路能自动补充压力油，保压时间长，适用于保压要求较高的高压系统，如液压机等。

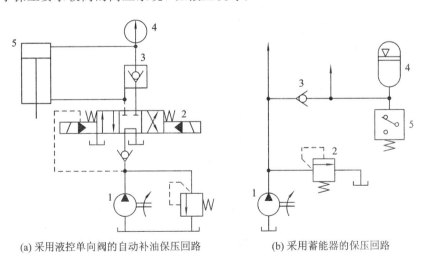

(a) 采用液控单向阀的自动补油保压回路　　　(b) 采用蓄能器的保压回路

图 6-9　保压回路

2. 采用蓄能器的保压回路

图 6-9(b)所示为采用蓄能器的保压回路。当主油路压力降低时，单向阀 3 关闭，支路由蓄能器保压并补充泄漏。压力继电器 5 的作用是当支路中压力达到预定值时发出信号，

使主油路开始工作。该回路用于多缸系统中的某一缸保压回路。

3. 采用液压辅助泵保压回路

采用液压辅助泵的保压回路如图6-10所示,系统压力较低时,低压大流量液压泵1和高压小流量液压泵2同时向系统供油。若执行元件停止,使系统压力升高,直至顺序阀4打开,液压泵1卸荷,此时作为辅助的高压液压泵2起保压作用。当然,系统需要保压时,若采用定量泵则压力油几乎全在高压下经溢流阀流回油箱,系统功率损失大,发热严重,故常采用限压式变量泵,使保压时输出流量几乎为零,可大大减小系统功率损失,且能随泄漏量的变化而自动调整输出流量,因而效率得以提高。

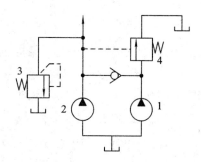

图6-10　采用液压辅助泵的保压回路

例6-1　如图6-11所示的多级调压回路,溢流阀1的调定压力为$p_1 = 5$ MPa,溢流阀2的调定压力为$p_2 = 3$ MPa。溢流阀3的调定压力为$p_3 = 4$ MPa,液压泵至主系统的负载为无限大,在不计管道损失和调压偏差时,试求:

(1) 换向阀1、2均未通电时,泵出口处的压力;

(2) 换向阀1通电时,泵出口处的压力;

(3) 换向阀2通电时,泵出口处的压力;

(4) 换向阀1、2均通电时,泵出口处的压力。

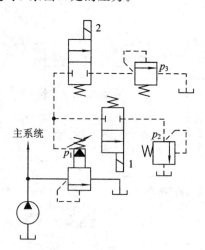

图6-11　例6-1图

解　(1) 换向阀1与换向阀2均未通电时,溢流阀1的远程控制口未与溢流阀2、3相通,因此控制口不起作用。泵出口处压力由溢流阀1的调定压力决定,因此泵出口处压力为 5 MPa。

（2）换向阀 1 通电时，溢流阀 1 的远程控制口与溢流阀 2 相通，而溢流阀 2 的调定压力小于溢流阀 1 的调定压力，因此溢流阀 1 可在溢流阀 2 的调定压力下打开，因此泵出口处压力为 3 MPa。

（3）换向阀 2 通电时，溢流阀 1 的远程控制口与溢流阀 3 相通，而溢流阀 3 的调定压力小于溢流阀 1 的调定压力，因此溢流阀 1 可在溢流阀 3 的调定压力下打开，因此泵出口处压力为 4 MPa。

（4）换向阀 1、2 均通电时，溢流阀 1 的远程控制口与溢流阀 2、溢流阀 3 均相通，而溢流阀 2 的调定压力低于溢流阀 3 的调定压力，溢流阀 1 的主阀芯在相对更低的压力即可打开，即由更低的溢流阀 2 决定，因此泵出口处的压力为 3 MPa。

由以上分析，可知该调压回路具有三级调压功能。

6.3　速度调节回路

速度调节回路是控制和调节液压执行元件运动速度的基本回路，简称调速回路。调速回路能够满足执行元件对工作速度的要求，尤其是能满足较准确而稳定的调速要求，在液压系统中占有非常重要的地位。要调节液压执行元件的工作速度，可改变输入执行元件的流量，也可以改变执行元件的几何参数。在液压传动装置中执行元件主要是液压缸和液压马达，对于确定的液压缸来说，改变其有效作用面积是很困难的，一般是改变输入液压缸的流量。对于液压马达来说，可采用改变输入流量的办法来调速，也可改变马达排量等几何参数的办法来调速。

调速回路分为节流调速回路、容积调速回路和容积节流调速回路三类。

6.3.1　节流调速回路

节流调速回路通过改变回路中流量控制通流截面的大小来控制流入执行元件或自执行元件流出的流量，以调节执行元件的运动速度。根据流量控制阀在回路中安放位置的不同分为进油节流调速、回油节流调速、旁路节流调速三种基本形式。以下分析时，将忽略管道压力损失、执行元件的机械摩擦，视油液为理想液体等，假定节流口形状都为薄壁小孔，即节流口的压力流量方程 $q=KA_T\Delta p^m$ 中的 $m=0.5$。

1. 进油节流调速回路

进油节流调速回路是将节流阀串联在液压缸的进油路上，以此控制进入液压缸的流量达到调速的目的，如图 6-12 所示。由于采用定量泵及节流阀，泵输出的流量一般大于液压缸所需流量，从而使多余流量通过溢流阀流回油箱。因溢流阀已打开，因此泵的出口压力 p_p 就是溢流阀的调定压力 p_s，并基本保持恒定值。要使液压缸获得所需的速度，一般调节节流阀的通流面积，改变节流阀的流量。对于使用节流阀的调速回路，即便节流阀的通流面积不变，液压缸的输入流量也会因负载的变化发生变化，因此有必要考察速度与负载之间的变化关系。

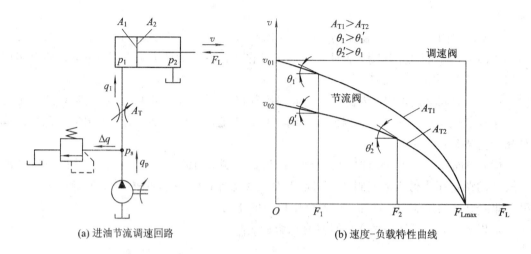

(a) 进油节流调速回路　　　(b) 速度-负载特性曲线

图 6-12　进油节流调速回路

1）速度-负载特性

在图 6-12(a) 中，p_1 与 p_2 分别为液压缸进油腔与回油压力，F_L 为负载力，q_1 为流经节流阀进入液压缸的流量，Δq 为溢流阀的溢流量，q_p 为泵的输出流量，p_p 为泵的出口压力，A_1 与 A_2 分别为液压缸进油腔与回油腔作用面积，A_T 为节流阀的通流面积。

缸在稳定工作时，其受力平衡方程式为

$$p_1 A_1 = F + p_2 A_2 \tag{6-1}$$

对进油节流调速回路，回油腔压力为 0。因此 $p_1 = F/A_1$。

液压缸活塞的运动速度为 $v = q_1/A_1$。因此欲求解 v，关键是求解 q_1。根据之前假设节流口形状为薄壁小孔，得 $q = KA_T \Delta p^m = KA_T[p_p - (F_L/A_1)]^{1/2}$，其中 K 为节流阀阀口的节流系数。对于进油节流调速回路来说，溢流阀作为调压阀用，所以泵的出口压力即等于溢流阀的调定压力，记为 p_s。因此这种回路的速度与负载之间的关系为

$$v = \frac{q_1}{A_1} = \frac{KA_T}{A_1}\left(p_s - \frac{F_L}{A_1}\right)^{\frac{1}{2}} = \frac{KA_T}{A_1^{\frac{3}{2}}}(p_s A_1 - F_L)^{\frac{1}{2}} \tag{6-2}$$

式(6-2)即为进油节流调速回路的速度负载特性方程。由该方程得到不同通流面积 A_T 的一组抛物线，如图 6-12(b) 所示，称为进油节流调速回路的速度-负载特性曲线。

该曲线呈现如下特点：

（1）负载越大，曲线越陡，速度的变化越快。速度随负载的变化率可由偏导数求解得：

$$\frac{\partial v}{\partial F_L} = -\frac{KA_T}{2A_1^{3/2}}(p_s A_1 - F_L)^{-\frac{1}{2}} \tag{6-3}$$

速度刚性表示速度随负载变化的稳定程度，可用前述速度变化的倒数绝对值表示，即 $k_v = 1/(|\partial v/\partial F_L|)$。根据图 6-13 所表示的曲线斜率性质，可知当 A_T 一定时，负载 F_L 越小，速度刚性 k_v 越大；负载 F_L 越大，速度刚性 k_v 越小。

（2）在负载不变时，通流面积 A_T 开得越大，根据式(6-2)可知活塞缸进油腔流量越大，活塞杆运动的速度越大，结合式(6-3)和速度刚性表达式可知，速度刚性越小；反之在通流面积 A_T 开得较小时，速度刚性增大，即速度稳定性提高。这一特性从图 6-12 所示

的曲线族不难发现，因此这种调速回路适用于低速轻载的场合。

（3）最大承载力 F_{Lmax} 与通流面积 A_T 无关。显然在理论的最大承载能力点，负载引起的压力与溢流阀调定压力相等，节流阀无油流通过，即最大负载使调速回路无法提供足够高的压力克服负载力而使活塞缸运动。从式（6-2）和式（6-3）可知，此时速度与速度刚性均为 0。此刻最大承载力 $F_{Lmax}=p_1 A_1$，因此与通流面积 A_T 无关。从图 6-12 图所示的曲线族不难发现各条曲线在速度为 0 时汇集于一点，即最大承载力 F_{Lmax} 处。

2）功率特性

图 6-12 所示的进油节流调速回路溢流阀打开，因此存在大量压力油未输出任何有功功率便流回油箱，产生了大量的热，造成了能量损失。此外，流向液压缸的油经过节流阀也存在压力损失。需要考察这些因素造成了这类调速回路的功率损失有多少以及回路效率。

液压泵的输出功率为

$$P_p = p_s q_p \qquad (6-4)$$

液压缸输出的有效功率为

$$P_1 = F_L v \qquad (6-5)$$

但式（6-5）中的速度往往需要通过溢流与节流的分析得到，所以式（6-5）一般不能直接用于计算效率。但注意到输入液压缸的功率等于 $p_1 q_1$，在不计摩擦损失的情况下，$p_1 q_1 = F_L v$。因此回路的功率损失为

$$\Delta P = P_p - P_1 = p_s q_p - p_1 q_1 = (p_1 + \Delta p)(q_1 + \Delta q) - p_1 q_1$$
$$= (p_1 + \Delta p)\Delta q + \Delta p q_1 = p_s \Delta q + \Delta p q_1 \qquad (6-6)$$

式中：$p_s \Delta q$ 为溢流损失，Δq 为溢流量，$q_p = q_1 + \Delta q$；$\Delta p q_1$ 为节流损失，Δp 为经过节流阀的压力损失。这一结果也可从图 6-12 直接分析得到。

回路的输出功率与输入功率之比被定义为回路效率。进油节流调速回路的效率为

$$\eta = \frac{P_p - \Delta P}{P_p} = \frac{p_1 q_1}{p_s q_p} = \frac{F_L v}{p_s q_p} \qquad (6-7)$$

例 6-2 如图 6-12 所示的调速回路，已知通过节流阀的流量满足薄壁小孔流量公式，即 $q_1 = C_d A_T \sqrt{2\Delta p/\rho}$，其中流量系数 $C_d = 0.6$，油液密度 $\rho = 900\ \mathrm{kg/m^3}$，$A_T = 0.01\ \mathrm{cm^2}$，$A_1 = 50\ \mathrm{cm^2}$，$A_2 = 25\ \mathrm{cm^2}$，$F = 10\ 000\ \mathrm{N}$，溢流阀调定压力 $p_y = 4\ \mathrm{MPa}$，泵输出定量流量 $q_p = 3\ \mathrm{L/min}$。试求活塞在克服负载移动的过程中，

（1）活塞杆的移动速度。

（2）溢流阀溢流量。

（3）回路的效率。

解 求活塞杆移动速度的关键是获得液压缸进油腔的流量，该流量也等于通过节流阀的流量。对于进油节流调速回路，溢流阀作为调压阀，是常开状态，保证节流阀进口处压力的稳定。因此，泵的输出流量有一部分流向节流阀，另一部分从溢流阀溢出，节流阀并不等于泵的输出流量。但节流阀的进口压力是溢流阀的调定压力，且出口压力，即液压缸进油腔压力由负载决定，因此可根据节流阀的压差，获得流量。

活塞无杆进油腔的压力：

$$p_1 = \frac{F_L}{A_1} = \frac{10\,000}{50 \times 10^{-4}} = 2 \text{ MPa}$$

$$\Delta p = p_y - p_1 = 2 \text{ MPa}$$

$$q_1 = C_d A_T \sqrt{\frac{2\Delta p}{\rho}} = 0.6 \times 0.01 \times 10^{-4} \times \sqrt{\frac{2 \times 2 \times 10^6}{900}}$$

$$= 4 \times 10^{-5} \text{ m}^3/\text{s} = 2.4 \text{ L/min}$$

活塞杆运动速度：

$$v = \frac{q_1}{A_1} = \frac{4 \times 10^{-5}}{50 \times 10^{-4}} = 8 \times 10^{-3} \text{ m/s}$$

溢流阀溢流量：

$$q_y = q_p - q_1 = 0.6 \text{ L/min}$$

回路的效率有两种解法：

$$\eta = \frac{F_L v}{p_p q_p} = \frac{10000 \times 8 \times 10^{-3}}{4 \times 10^6 \times 3 \times 10^{-3}/60} = 40\%$$

或者

$$\eta = \frac{P - (p_y \Delta q + \Delta p q_1)}{p_p q_p} = \frac{4 \times 3 - 4 \times 0.6 - 2 \times 2.4}{4 \times 3} = 40\%$$

2. 回油节流调速回路

　　回油节流调速回路是将节流阀串联在液压缸的回油路上，以此控制进入液压缸的流量达到调速的目的。如图 6-13 所示，由于采用定量泵及节流阀，泵输出的流量一般大于液压缸所需流量，从而使多余流量通过溢流阀流回油箱。与进油节流调速回路类似，p_p 就是溢流阀的调定压力 p_s。

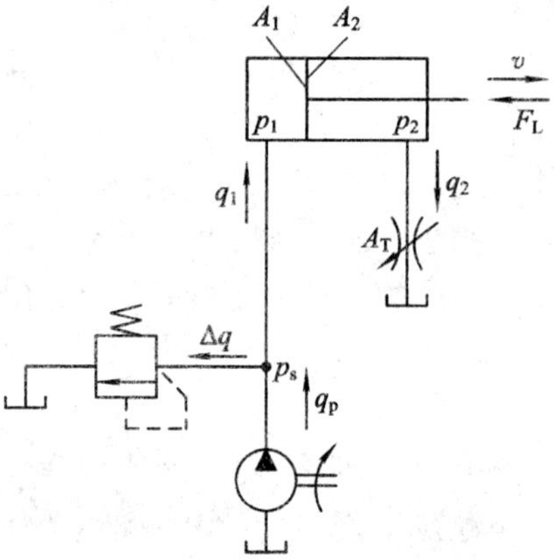

1) 速度-负载特性

　　图 6-13 中各变量与图 6-12 中的含义类似，只是新增了变量 q_2，为回油的流量。

　　缸在稳定工作时，其受力平衡方程式为

$$p_1 A_1 = F + p_2 A_2 \qquad (6-8)$$

但与进油节流调速回路不同，回油腔压力不为 0。

图 6-13　回油节流调速回路

　　根据回油路上的节流阀流量公式，得这种回路的速度与负载之间的关系为

$$v = \frac{q_2}{A_2} = \frac{K A_T}{A_2^{\frac{3}{2}}} (p_s A_1 - F_L)^{\frac{1}{2}} \qquad (6-9)$$

　　由式(6-9)可见，回油节流调速回路的速度负载特性方程与进油节流调速回路的方程式(6-2)很相似。因此回油节流调速回路的速度—负载特性曲线类似图 6-12(b)，呈现的特点也与进油节流调速回路的类似，即：

　　(1) 负载越大，曲线越陡。当 A_T 一定时，负载越小，速度刚性越大；负载越大，速度刚性越小。

　　(2) 在负载不变时，通流面积 A_T 开得越大，速度刚性越小；反之在通流面积 A_T 开得较

小时,速度刚性增大。

(3) 最大承载力 F_{Lmax} 与通流面积 A_{T} 无关。

2) 功率特性

回油节流调速回路与进油节流调速回路一样,都有溢流与节流损失,但在具体计算方面有一定差异。

回路的功率损失为

$$\Delta P = P_{\text{p}} - P_1 = p_{\text{p}}q_{\text{p}} - (p_1 q_1 - p_2 q_2) = p_{\text{s}}\Delta q + p_2 q_2 \tag{6-10}$$

式中:P_1 为液压缸输出的有效功率,在不计摩擦与泄漏损失下,液压缸左腔的输入液压能用于驱动负载,其余被节流阀耗掉,因此 $P_1 = p_1 q_1 - p_2 q_2$;$p_{\text{p}} = p_{\text{s}} = p_1$,$p_{\text{s}}\Delta q$ 为溢流损失;Δq 为溢流量;$q_{\text{p}} = q_1 + \Delta q$;$p_2 q_2$ 为节流损失;p_2 为回油腔的压力,也等于节流阀的压力损失。

回路的输出功率与输入功率之比被定义为回路效率。进油节流调速回路的效率为

$$\eta = \frac{P_{\text{p}} - \Delta P}{P_{\text{p}}} = \frac{F_{\text{L}}v}{p_{\text{s}}q_{\text{p}}} \tag{6-11}$$

3. 进油节流与回油节流调速回路的性能差异

(1) 运动平稳性。回油节流调速回路的回油路因节流阀而始终存在背压,使得液压缸的运动有阻尼,而起到了使运动更为平稳的效果。因为背压的存在,还使得空气不易渗入,进一步增加了运动平稳性。而进油节流调速回路的回油路无节流阀起阻尼作用,缸的运动平稳性相对差些。

(2) 承受负值负载的能力。在图 6-12 或图 6-13 中,负载作用方向与执行元件的运动方向相反,此时负载是正值;如负载作用方向与执行元件的运动方向相同,此时负载是负值,即非但起不到负载的作用,还助执行元件往前冲。对于回油节流调速回路,由于执行元件运动方向存在较大阻尼,可以承受负值负载,而不会使执行元件往前冲。但对于进油节流调速回路,因执行元件运动方向阻尼很小,负值负载会产生执行元件前冲不良现象。

(3) 启动性能。长期停车后液压缸油腔内的油液会流回油箱,当液压泵重新向液压缸供油时:对于回油节流调速回路,因进油路上没有节流阀控制流量,且回油路上不再充满油液,活塞会发生前冲;而对于进油节流调速回路,虽然整个回路也不充满油液,但由于进油路上有节流阀节制油流,故活塞前冲小。

(4) 发热与泄漏的影响。回油节流调速回路的油液在回油路的节流阀处才发热,然后立即回油箱,产生的热量很快散掉,因此发热对系统的影响小;而进油节流调速回路的油液在进油路的节流阀处产生热量,热量被带入液压缸,增加了缸的膨胀,从而使缸的泄漏增加。

(5) 实现压力控制的方便性。进油节流调速回路中,进油腔的压力随负载而变化,当工作部件碰到死挡块而停止后,其压力将升至溢流阀的调定压力,利用这一压力变化来实现压力控制是很方便的。然而对于回油节流调速回路,只有回油腔的压力才会随负载变化,当工作部件碰到死挡块后,其压力将降至零,利用此实现压力控制并不方便。因为压力继电器一般是高压跳变发出有效电信号,若根据零压发信号,可靠性变差,且需额外增

加传感模块。

4. 旁路节流调速回路

旁路节流调速回路是将节流阀装在与液压缸并联的支路上，以此控制进入液压缸的流量达到调速的目的，如图 6-14(a) 所示。若采用定量泵，泵的输出 q_p 一部分 q_1 进入液压缸，另一部分多余流量 Δq 通过节流阀流回油箱。泵出口处压力就是液压缸进油腔压力 p_1，而该压力取决于负载。因此，与进油、回油节流调速回路不同，泵出口处压力一般不取决于溢流阀的调定压力，泵出口处的溢流阀作为安全阀，通常处于关闭状态。

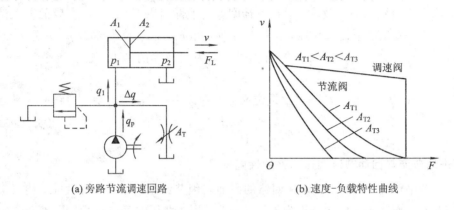

(a) 旁路节流调速回路　　　　　　　(b) 速度-负载特性曲线

图 6-14　旁路节流调速回路

1) 速度-负载特性

与进油、回油节流调速回路不同，旁路节流调速回路的泵工作压力与负载有着直接的关系，使得泵的泄漏也随负载而产生变化，因此在考察速度与负载关系时，不能完全忽略泵的泄漏量。液压缸有关速度表达式为

$$v = \frac{q_1}{A_1} = \frac{q_{Pt} - \Delta q_P - \Delta q}{A_1} = \frac{q_{Pt} - k_1(F_L/A_1) - KA_T(F_L/A_1)^{\frac{1}{2}}}{A_1} \qquad (6-12)$$

式中：k_1 为泵的泄漏系数。

式 (6-12) 即为旁路节流调速回路速度-负载特性方程。根据该方程，可得到不同 A_T 值下的一组速度负载特性曲线，如图 6-14(b) 所示。呈现的特点如下：

(1) 负载越大，速度越小。但在负载较小时，速度刚性更差；负载增大时，速度刚性逐渐增大。说明该回路在负载较小时有软特性，可应用于锯床，锯力小时速度加快，锯力大时速度自动减小。该回路也可应用于负载较大，稳定性有一定要求的场合，但此时节流阀消耗能量较多。因此总起来说，旁路节流调速回路优点不突出，相比进油、回油节流调速回路应用较少。

(2) 在负载不变时，通流面积 A_T 开得越大，速度刚性越小；反之在通流面积 A_T 开得越小，速度刚性越大。

(3) 最大承载力 F_{Lmax} 与通流面积 A_T 有关，而在负载为 0 时，各条曲线汇集于一点。

2) 功率特性

回路的功率损失为

$$\Delta P = P_p - P_1 = p_p q_p - p_1 q_1 = p_1 \Delta q \qquad (6-13)$$

式中：P_1为液压缸输出的有效功率，液压泵的实际输出功率为p_pq_p，考虑到泄漏，该值应小于泵的理论输出功率p_pq_{pt}。在简单计算下，仅使用式(6-13)计算损失及回路效率。因此，旁路节流调速回路的效率为

$$\eta = \frac{P_p - \Delta P}{P_p} = \frac{p_1 q_1}{p_1 q_p} = \frac{q_1}{q_p} \qquad (6-14)$$

由此可知，旁路节流调速回路只有节流损失，无溢流损失，因而效率比进油、回油节流调速回路高。

5. 节流调速回路调速性能的改进

使用节流阀的节流调速回路，速度刚性比较差。因为普通节流阀在负载发生变化时，不足以维持其流量的稳定，而调速阀具有在负载变化时仍然保持流量稳定的特性，因此用调速阀来替代节流阀可改善前述节流调速回路的速度刚性性能。

如图6-15(a)、(b)、(c)所示分别为采用调速阀的进油、回油、旁路节流调速回路。它们都能使节流阀处的工作压差在负载变化时基本上保持恒定，使回路的速度刚性大为提高，机械特性得以改善。然而，调速阀为保持调速特性，需要有0.5 MPa以上的压差，使

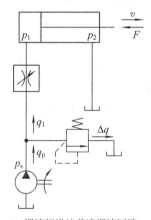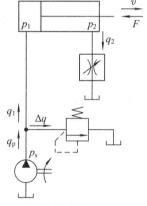

(a) 调速阀进油节流调速回路　　　　(b) 调速阀回油节流调速回路

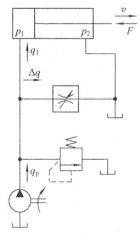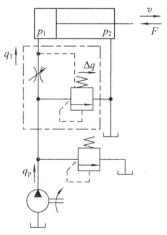

(c) 调速阀旁路节流调速回路　　　　(d) 溢流节流阀节流调速回路

图 6-15　采用调速阀、溢流节流阀的调速回路

得其比节流调速回路的压力能损失更大，因此回路效率有所降低。这类调速回路在机床的中低压小功率进给系统中得到了广泛的应用。

如图 6-15(d)所示，采用溢流节流阀（旁通型调速阀）只能用于进油节流调速回路。旁通型调速阀的流量稳定比调速阀稍差，在小流量时尤为明显，故不宜用在对低速稳定性要求较高的场合，比如精密机床调速系统中。而在功率较大且运动平稳性要求较高的主传动系统中有一定应用。

6.3.2　容积调速回路

节流调速回路的缺点是存在较大的溢流与节流损失，效率偏低。而容积调速回路是通过改变液压泵或液压马达的排量，根据实际需要供给相应的流量，达到调速的目的。因此，流量浪费小，无溢流、节流损失，发热小，效率高。

1. 变量泵和液压缸的容积调速回路

在图 6-16(a)中，改变变量泵的排量即可调节活塞的运动速度 v。若不考虑液压泵以外元件与管道的泄漏，活塞的运动速度为

$$v = \frac{q_p}{A_1} = \frac{q_{pt} - \Delta q_p}{A_1} = \frac{q_{pt} - k_l(F_L/A_1)}{A_1} \quad (6-15)$$

在不同 q_{pt} 下，得到一组平行的直线，如图 6-16(b)所示的机械特性。由图可见，由于泵的泄漏，活塞运动速度随负载 F_L 的加大而减小。在负载增大至某值时，速度将逐渐减小至零，即停止。另外由于是变量泵，若弹簧的预紧力偏小，则在负载增大时，定子的偏心量会因泵出口压力超过限定压力减小，从而使流量迅速降低，这虽然节省了能量消耗，但显示出较差的速度刚性。

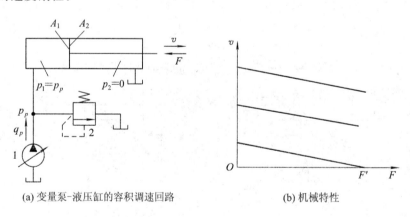

(a) 变量泵-液压缸的容积调速回路　　　　　　(b) 机械特性

图 6-16　变量泵-缸式的开式容积调速回路和机械特性

2. 变量泵和定量马达的容积调速回路

如图 6-17(a)所示为变量泵和定量马达组成的闭式容积调速回路。马达的转速 $n_M = q_M/V_M$，因此要调节马达的转速，可改变马达的输入流量。若不计管道损失，泵的输出流量等于马达的输入流量。由于泵是变量的，因此可通过调节泵的排量，达到改变流量，从而调节马达转速的目的，即：$n_M = V_p n_p/V_M$。在改变泵的排量过程中，泵的输出功率：

$P_{\mathrm{p}} = p_{\mathrm{p}}q_{\mathrm{p}} = p_{\mathrm{p}}V_{\mathrm{p}}n_{\mathrm{p}}$，马达的输出功率 $P_{\mathrm{M}} = T_{\mathrm{M}}2\pi n_{\mathrm{M}}$。若负载不变，不计管道损失，$P_{\mathrm{M}} = T_{\mathrm{M}}2\pi V_{\mathrm{p}}n_{\mathrm{p}}/V_{\mathrm{M}}$，其中 T_{M}、V_{M} 不变，因此得 P_{M}，T_{M}，n_{M} 随 V_{p} 变化的调速特性曲线如图 6-17(b)所示。

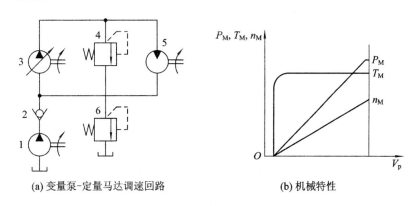

(a) 变量泵-定量马达调速回路   (b) 机械特性

图 6-17   变量泵-定量马达调速回路和机械特性

3. 定量泵和变量马达的容积调速回路

如图 6-18(a)所示是定量泵和变量马达组成的闭式容积调速回路。定量泵的排量不变，而马达 5 的排量可调，又马达的转速 $n_{\mathrm{M}} = q_{\mathrm{M}}/V_{\mathrm{M}}$，因此要调节马达的转速，即使输入流量不变，也可通过调节马达的排量达到调速的目的。泵的输出功率：$P_{\mathrm{p}} = p_{\mathrm{p}}q_{\mathrm{p}} = p_{\mathrm{p}}V_{\mathrm{p}}n_{\mathrm{p}}$，马达的输出功率 $P_{\mathrm{M}} = T_{\mathrm{M}}2\pi n_{\mathrm{M}}$。$T_{\mathrm{M}} = p_{\mathrm{M}}q_{\mathrm{M}}/2\pi n_{\mathrm{M}} = p_{\mathrm{M}}V_{\mathrm{M}}/2\pi$，不计管道损失，当泵 3 至马达的输出压力不变，则 T_{M} 与 V_{M} 成正比；而 $n_{\mathrm{M}} = q_{\mathrm{M}}/V_{\mathrm{M}}$，由于泵供给马达的流量是不变的，因此 n_{M} 与 V_{M} 成反比关系；此刻 $P_{\mathrm{M}} = P_{\mathrm{p}} = p_{\mathrm{p}}q_{\mathrm{p}}$ 与 V_{M} 无关，保持恒定。有关调速特性曲线如图 6-19(b)所示。这种回路常被称为恒功率调速回路。其呈现出排量越大，速度越低，但力矩增大。可用于需要增大驱动力矩的场合。

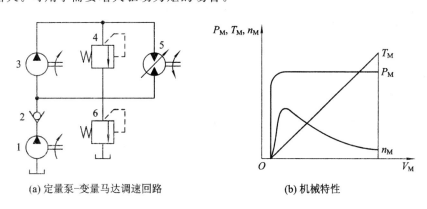

(a) 定量泵-变量马达调速回路   (b) 机械特性

图 6-18   定量泵-变量马达调速回路和机械特性

4. 变量泵和变量马达的容积调速回路

如图 6-19(a)所示是双向变量泵和双向变量马达组成的闭式容积调速回路。这种调速回路是上述两种调速回路的组合，其中单向阀 4 和 5 用于辅助泵 3 能双向补油；单向阀 6 和 7 使溢流阀 8 在两个方向对系统起安全保护作用。由于泵和马达的排量均可改变，故增大了调速范围，扩大了液压马达输出转矩和功率的选择余地。

如图 6-19(b)的调速回路特性曲线图,图中的横坐标与图 6-17、图 6-18 不同,是马达转速,该转速可通过改变泵或马达的排量而改变。一般先将液压马达的排量调得最大,可使马达获得转矩,刚开始泵的排量较小,然后逐渐增大,马达的转速随之增大,马达输出功率也线性增加,在此过程中回路处于恒转矩调速状态。在泵的排量达到最大值后,要进一步加大液压马达的转速,可使变量马达的排量由大到小,但转矩随之下降,这个过程液压回路的输出功率不变,处于恒功率调速状态。

一般工作部件都在低速时要求有较大的转矩,可使系统工作于图 6-19 的低速范围内。

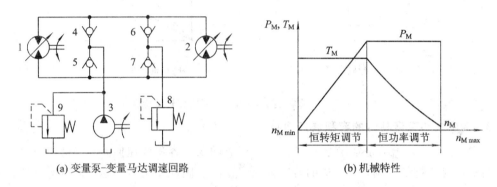

(a) 变量泵-变量马达调速回路　　　　　　(b) 机械特性

图 6-19　变量泵-变量马达容积调速回路

6.3.3　容积节流调速回路

容积调速回路相比于节流调速回路虽然效率提高,但速度刚性却大大下降。因此,人们常常将这两种回路相结合,取长补短,期望在提高效率的同时,保证速度稳定性,这种回路便是容积节流调速回路。该回路采用变量泵供油,通过节流阀或调速阀控制执行元件的流量来调节执行元件的运动速度,使变量泵的供油量与执行元件所需流量相适应。这种回路无溢流损失,效率高,速度负载特性比单纯的容积调速回路好,常用在调速范围大、中小功率的场合,例如组合机床的进给系统等。

1. 限压式变量泵与调速阀组成的容积节流调速回路

图 6-20 所示为限压式变量泵与调速阀组成的容积节流调速回路。通过调节调速阀通流面积的大小,就可以调节液压缸的工作速度。一旦开度对应的某流量确定下来,调速阀可以稳定其流量,保证执行元件的工作速度不随负载变化而发生波动。另一方面,当通流面积改变而使流入执行元件的流量发生相应的改变时,变化的流量以压力的形式形成负反馈,使变量泵的输出流量与液压缸的需求流量相适应,防止了不必要的溢流损失,提高了效率。以上就综合体现了容积节流调速回路的综合优点。图中的溢流阀 3 作为背压阀,使液压缸的排油腔存在一定背压,起到进一步稳定执行元件速度的作用。溢流阀 4 是防止泵工作压力过高,起到安全保护作用。

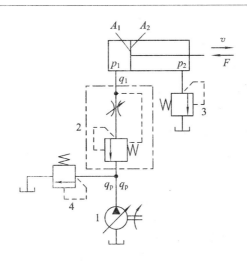

图 6 - 20　限压式变量泵与调速阀组成的容积节流调速回路

这种回路的效率在简单计算下为(即液压缸出口处无背压阀 3 的容积调速回路)

$$\eta = \frac{p_1 q_1}{p_p q_p} = \frac{p_1}{p_p} \qquad (6-16)$$

此式说明负载不宜过小,或泵的出口压力与液压缸正常工作压力差距不宜过大,因此这种回路在低速小负载时效率很低,也不适合在负载变化太大的场合。因为负载变化过大时,将使调速阀必须预先具备更高压降,以满足这种负载变化大的速度稳定要求,但造成节流损失大,泵的泄漏增加,所以使效率大大降低。如果这种回路使用背压阀 3,还会增加溢流损失,使效率进一步降低。因此使用这种调速回路应该考虑负载的适中程度,同时背压阀等易引起溢流损失的元件是否需要使用应综合考虑其副作用与正效应。

2. 差压式变量泵与节流阀组成的容积节流调速回路

图 6 - 21 所示为差压式变量泵和节流阀组成的容积节流调速回路。差压式变量泵的反馈回路可使定子与转子的偏心距随压力而自动调整,从而自动调节输出流量与节流阀控制的流量相适应。若负载变化,系统也能够自动调节,使通过节流阀的流量稳定,达到稳速的目的。

在该调速回路中,考虑作用在定子上的水平方向的力平衡:定子左边向右的力为 $p_p A_1$,定子右边向左的力为 $p_1 A_2 + F_S - p_p(A_2 - A_1)$,其中 p_p 为泵的输出压力,A_1 为泵左边柱塞 1 的截面积,也是泵右边活塞缸 2 的活塞杆截面积,活塞的面积为 A_2,也因此作用在活塞缸 2 的活塞上的液压力为 $p_p(A_2 - A_1)$。

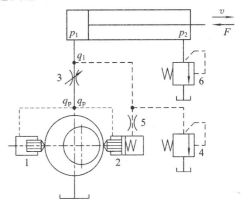

图 6 - 21　差压式变量泵和节流阀组成的容积节流调速回路

水平方向的力平衡方程

$$p_p A_1 = p_1 A_2 + F_S - p_p(A_2 - A_1) \qquad (6-17)$$

可得

$$\Delta p = p_{\mathrm{p}} - p_1 = \frac{F_{\mathrm{S}}}{A_2} \tag{6-18}$$

因此，节流阀前后压差 $\Delta p = p_{\mathrm{p}} - p_1$ 由作用在变量泵控制活塞上的弹簧力 F_{S} 确定。若选取的弹簧刚度大，则伸缩量会很小，可使 F_{S} 保持稳定。这一特点可使节流阀的流量不随负载而变化，与调速阀的工作原理类似，因此调速稳定性高。此外，其还能补偿由负载变化引起的泵的泄漏变化。因此这种回路可适应于低速小流量场合。在这种调速回路中，若除去背压阀 4 的少量溢流损失，主要是节流损失。若液压缸回油腔压力为零（即无背压），其回路效率为

$$\eta = \frac{p_1 q_1}{p_{\mathrm{p}} q_{\mathrm{p}}} = \frac{p_1}{p_1 + \Delta p} \tag{6-19}$$

由式(6-19)可知，回路此刻只有节流损失，回路效率较高。

这种回路可在负载变化大时而保持较高效率，因此可用在速度较低的中、小功率场合，如某些组合机床的进给系统中。

6.3.4 调速回路的要求及选用

1. 调速回路应满足的要求

(1) 能在规定的调速范围内调节执行元件的工作速度；

(2) 在负载变化时，已调好的速度应足够稳定，只在允许的很小范围内波动；

(3) 具有驱动执行元件所需的力或力矩；

(4) 应使功率损失尽量减小，尽可能提高系统工作效率，使功率损失降到最低。

2. 调速回路的性能比较及选用

三类调速回路的主要性能比较见表 6-1。

表 6-1 三类调速回路的主要性能比较

回路类型 主要性能		节流调速回路				容积调速回路	容积节流调速回路	
		用节流阀		用调速阀			限压式	差压式
		定压式	变压式	定压式	变压式			
机械特性	速度稳定性	较差	差	好	好	较好	好	好
	承载能力	较好	较差	好	好	较好	好	好
调速范围		较大	小	较大	较大	大	较大	较大
功率特性	效率	低	较高	低	较高	最高	较高	高
	发热	大	较小	大	较小	最小	较小	小
适用范围		小功率、轻载低速的中低压系统				大功率、重载高速的中高压系统	中、小功率的中压系统	

调速回路的选用与主机采用液压传动的目的有关，要综合考虑各种因素才能做出决定。

（1）在机械设备中，首先考虑的是执行元件的运动速度和负载性质。一般来说，速度低的采用节流调速回路；速度稳定性要求高的采用调速阀调速的节流调速回路；速度稳定性要求不高的采用节流阀调速的节流调速回路；负载小、负载变化小的采用节流调速回路，负载大、负载变化大的采用容积调速回路或容积节流调速回路。

（2）其次，要考虑功率的大小。一般情况下，3 kW 以下的用节流调速回路，3～5 kW 的容积节流调速回路或容积调速回路，5 kW 以上的用容积调速回路。

（3）还要综合考虑经济性。节流调速回路的费用较低，而容积节流调速回路或容积调速回路的费用较高。

6.4　快速运动回路及速度换接回路

6.4.1　快速运动回路

快速运动回路的功用是使执行元件获得更大的空载运行速度，以缩短等待时间，提高系统工作效率。下面介绍几种常见的快速运动回路。

1. 液压缸差动连接的快速运动回路

如图 6-22 所示的回路，利用二位三通电磁换向阀处于左位时实现液压缸差动连接，此时，液压缸有杆腔的回油和液压泵供油合在一起进入液压缸无杆腔，加快了活塞向右运动的速度。这种回路结构简单，可以在不增加泵供给量的情况下达到提高执行元件运行速度的目的，因此得到了广泛的应用。泵的流量与液压缸有杆腔排出的流量合在一起流过的阀和管路应按合成的流量来选择其规格，否则会使压力损失增大，造成泵的供油压力过高，使泵的部分压力油从溢流阀流失，达不到快进的目的，同时也造成能量浪费。

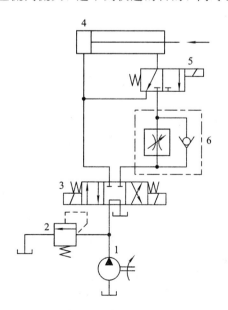

图 6-22　液压缸差动连接的快速运动回路

2. 双泵供油的快速运动回路

如图 6-23 所示，为双泵供油的快速运动回路。低压大流量泵 1 和高压小流量泵 2 组成的双泵供油快速运动回路，当负载压力较低时，换向阀 6 处于左位，使得外控顺序阀 3 的外控口达不到开启调定压力，顺序阀 3 处于关闭状态，大流量泵 1 的供油经单向阀 4 流向液压缸左腔，加上泵 2 的供油，使活塞快速向右运动。当负载压力升高，换向阀 6 处于右位时，节流阀 7 接入，此刻外控顺序阀 3 的外控口压力上升，至其开启的调定压力时，顺序阀 3 打开，低压大流量泵 1 通过阀 3 卸载，单向阀 4 自动关闭，只有小流量泵 2 向系统供油，活塞慢速向右运动。这种回路效率较高，且可实现较快的快进速度，因而应用也较为普遍。

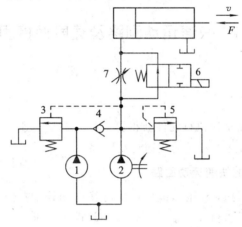

图 6-23 双泵供油的快速运动回路

3. 增速缸的增速回路

如图 6-24 所示，为采用增速缸的快速运动回路。增速缸由活塞缸与柱塞缸复合而成。当换向阀左位接入回路时，压力油经柱塞 1 的柱塞孔进入增速缸小腔 B，活塞的运动速度

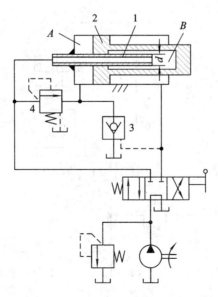

图 6-24 采用增速缸的快速运动回路

为 $4q_1/\pi d^2$，其中 d 为柱塞 1 的外径，且很小，使得活塞 2 可以快速右移。其中大腔 A 的油，是在活塞右移时，将产生真空性负压，可实现由单向阀 3 从油箱吸取。当活塞接触工件导致负载增加时，顺序阀 4 因进口压力增大而开启，向大腔 A 供油。同时因负载增加，原柱塞孔流入的液流，因柱塞截面积小，不足以产生足够的向右推力，而中止了快速供油，转而由大腔 A 产生的推力克服负载使活塞向右运动。由于大腔 A 截面积大，使得速度降低，推力增大，实现工进。换向阀 3 右位接入可实现快速退回。这种回路功率利用比较合理，能在机械上自动实现快进至工进的切换，控制简单，但增速缸结构复杂，制造成本偏高，且增速比受增速缸尺寸的限制，调速不方便，其大多用在空行程速度要求较快的卧式液压机上。

6.4.2　速度换接回路

速度换接回路用于执行元件实现一种运动速度变换到另一种运动速度，这种转换主要包括快速向慢速的换接和两种慢速之间的换接。这种回路应该具有较高的换接平稳性和换接精度。

1. 快速慢速换接回路

图 6-25 所示为用行程阀来实现快速慢速换接的回路。换向阀 1 处于下位时，液压缸的回油直接从该换向阀的下位流回油箱，而几乎不遇到任何阻碍，因此活塞杆可实现快速运动。而且活塞杆的末端挡块压下行程阀 1，行程阀切换至上位，液压缸的回油从行程阀的油路被切断，只能从节流阀 2 流回油箱，流量受到限制，所以使活塞的运动由快速转为慢速工进。当换向阀 4 左位接入可实现活塞杆的退回。这种回路采用纯机械式结构回路的切换，平稳性好，换接点位置准确，但行程阀的安装位置不能任意布置，管路需要布置在行程阀周围，比较繁琐。如果行程阀改为行程开关配合电磁阀来实现，阀的安装与管路连接简单方便，但速度换接的平稳性与精度有所下降。

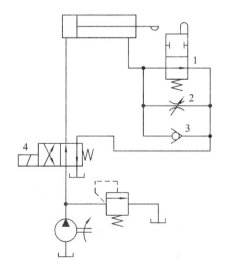

图 6-25　用行程阀来实现快速慢速换接的回路

2. 两种慢速的换接回路

在一些液压系统中，执行元件的工作行程需要两种进给速度。为实现两种工进速度，常调速阀串联或并联在油路中，用换向阀实现切换。一般来说第一进给速度大于第二进给速度。

图 6-26(a)所示的是两个调速阀串联实现两种进给速度的换接回路，它只能用于第二进给速度小于第一进给速度的场合。在换向阀 1 处于左位时，仅由调速阀 A 控制回路的效率。在换向阀 1 处于右位时，油液只能从调速阀 B 通过。要求调速阀 B 的开口比调速阀 A 小，则输入缸的流量主要由调速阀 B 控制。在这种回路中调速阀 A 一直处工作状态，它在速度换接时限制进入调速阀 B 的流量，因此速度换接平稳性较好，但油液在经过两个调速阀时，能量损失大。

图 6-26(b)所示的是两个调速阀并联实现不同工进速度的换接回路。在换向阀 1 处于左位时，油液只能从调速阀 A 通过，速度可由其调节。当换向阀 1 处于右位时，此刻油路从调速阀 B 通过，调速阀 A 的调整不影响调速阀 B，调速阀 B 的调速也不影响调速阀 A。但由于调速阀 A 无油流通过，其减压阀处于最大开口。若调速阀 B 突然切断，转而由调速阀 A 通过大量油流，会使执行元件产生前冲现象。因此它不宜在工作过程中进行速度切换，要切换也只能在很低速度下进行。故一般用于速度预选的场合。

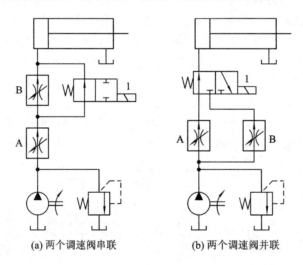

(a) 两个调速阀串联 　　　 (b) 两个调速阀并联

图 6-26　两种慢速的换接回路

6.5　方向控制回路

方向控制回路用于控制液压系统各油路、执行元件液流的接通、切断或变向，从而实现各执行元件的启动、停止或换向等一系列动作，总之其改变了液流的运动方向，因此其主要指换向回路。

6.5.1　采用换向阀的换向回路

1. 简单换向回路

简单换向回路一般通过标准普通换向阀实现。如采用二位三通、四通、五通，三位四通、五通换向阀可以使执行元件换向，或改变不同执行元件的执行动作顺序。这已在前面内容中有详细介绍。

交流电磁阀目前被广泛用于各生产企业，具有换向方便、动作灵敏，可靠性高、成本低等优点，近年来其噪声性能也得到了有效改善，但换向有一定冲击，且不宜进行频繁切换，以免线圈烧坏。使用电液换向阀，可通过调节单节流阀（阻尼器）来控制其液动阀的换向速度，换向冲击较小，但仍不能进行频繁切换。而采用机动阀换向，通过挡块与活塞杆的作用，使阀直接换向，可承受频繁切换，可靠性也比较高，但现场布置油路与管道不方便，安装与调整的灵活性下降。

2. 时间控制制动式换向回路

所谓时间控制的制动式换向回路指从发出换向信号，到实现减速并制动（停止），这一过程的时间基本上是恒定的。

如图6-27所示，活塞杆的挡块通过拨杆将先导阀1的阀芯向左移动实现油流切换时，将使主阀阀芯右端受液压力开始向左移动，由于主阀阀芯的控制口油路是经过单向节流阀，因此油流的流量受到限制，依此实现了慢速移动，直至活塞杆制动停止。整个过程通过流量控制了制动的时间。这种回路可用于工作部件运动速度大，换向频率高，要求换向平稳，但换向精度要求不高的场合，如平面磨床液压系统。在工作部件速度大，质量也较大时，可把制动时间调得长一些，以利于消除换向冲击。

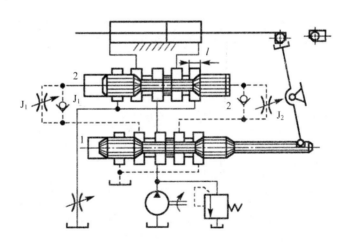

图6-27　时间控制的制动式换向回路

3. 行程控制制动式换向回路

所谓行程控制的制动式换向回路，指从发出换向信号，到实现减速并制动（停止），这一过程中工作部件所走过的行程基本上是恒定的。该回路如图6-28所示。

与时间控制的制动式换向回路类似,其主油路换向阀的阀芯控制口接单向节流阀,实现慢速移动,但与时间控制的制动式换向回路不同,其还受先导阀的控制,即在先导阀开始移动时,其锥面 e 逐渐关小了主阀回油的通道,使活塞杆减速,直至先导阀使主阀阀芯右端通高压油,推动阀芯左移,完成制动。整个过程与拨杆所处的位置有关。所以也就与活塞杆的行程有关,实现了行程控制。这种换向回路具有高的换向定位精度和良好的换向平稳性,因此宜用在工作部件运动速度不大,但换向精度要求较高的场合,如内圆、外圆磨床系统。如果工作部件运动速度高,则制动时间缩短,会造成换向冲击,应予以避免。

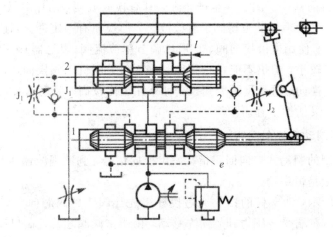

图 6-28　行程控制的制动式换向回路

6.5.2　采用双向泵的换向回路

除了通过换向阀可实现换向,也可通过双向泵变换供油方向实现执行元件的换向。如图 6-29 所示,此回路为闭式回路,进油腔的油直接来自回油腔,当活塞向右运动时,其左边进油腔流量大于右边回油腔流量,泵 1 未从油箱吸油,因此图中的泵 2 作为辅助泵向液

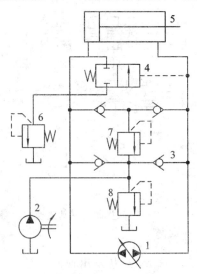

图 6-29　双向泵换向回路

压缸补充油。而当泵 1 往右供油，即使液压缸左移时，换向阀 4 外控制口压力增加，切换至右位，缸的左边回油腔通过换向阀 4 经溢流阀 6 回油箱。溢流阀 7 与溢流阀 8 对相应支路起到安全保护作用。这种回路适用于压力较高、流量较大的场合。

6.6　多执行元件回路

在液压系统中，如果一个油源给多个执行元件输送压力油，各执行元件会因回路中的压力与流量的彼此影响而在动作上相互牵制，需要针对实际压力、流量或执行元件的位置等设计相应的动作执行或切换方式实现预定动作的要求。这类回路主要有顺序动作回路、同步回路和互不干扰回路等。下面主要介绍前两种。

6.6.1　顺序动作回路

1. 压力控制顺的序动作回路

图 6 - 30(a)所示，为顺序阀控制的顺序动作回路。其为一钻床液压系统中的回路，两个执行元件分别为夹紧缸 1 和钻孔缸 2。为满足钻孔工艺要求，动作顺序为：① 夹紧工件 →② 钻头进给→③ 钻头退出→ ④ 松开工件。手动操作使换向阀 5 左位接入回路，油液分别流向单向顺序阀 3 和右边夹紧缸 1 无杆腔，因夹紧前夹紧缸 1 的活塞无负载，压力很低，低于左边顺序阀 3 的调定压力，因此左边油路暂不通，使得活塞向右运动；待夹紧工件后，夹紧缸 1 的进油腔压力升高至顺序阀 3 的调定压力，顺序阀 3 开启，钻孔缸 2 的活塞才开始向右运动进行钻孔；钻孔完毕，手动操作使换向阀 5 右位接入回路，钻孔缸 2 活塞的左腔回油路通过单向阀直通油箱，因此液阻很小，只需极小液压推动力，而与此同时，油液也流向右边，因液压低，无法达到顺序阀 4 的调定压力，钻孔缸 2 先退回到终点；待钻孔缸 2 退回至端点终了位置，压力逐渐升高，至使顺序阀 4 打开，则驱动夹紧缸 1 退回原位。

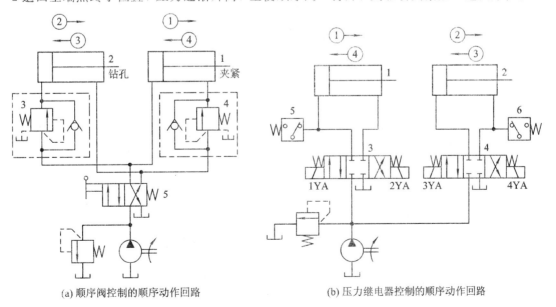

(a) 顺序阀控制的顺序动作回路　　　　(b) 压力继电器控制的顺序动作回路

图 6 - 30　压力控制的顺序动作回路

图 6-30(b)所示，为压力继电器控制的顺序动作回路，动作顺序为：① 夹紧工件→② 钻头进给→③ 钻头退出→④ 松开工件。按启动按钮，电磁铁 1YA 通电，换向阀 3 处于左位，夹紧缸 1 活塞向右运动至端点；回路压力升高，直至压力继电器 5 动作，使电磁铁 3YA 通电，换向阀 4 切换到左位，钻孔缸 2 活塞向右运动；当钻孔缸 2 活塞运动至右边端点时，按返回按钮，1YA、3YA 断电，4YA 通电，换向阀 3 处于中位，换向阀 4 处于右位，钻孔缸 2 活塞向左退回原位；而后钻孔缸 2 的有杆腔压力升高，使得压力继电器 6 动作，使 2YA 通电，夹紧缸 1 活塞向左退回原位。

2. 行程控制的顺序动作回路

图 6-31(a)所示，为行程阀控制的顺序动作回路，动作顺序为：①→②→③→④。按启动按钮，使换向阀 4 的电磁铁通电，左位接入回路，缸 1 活塞先向右运动；当缸 1 活塞杆的挡块压下行程阀 3 后，行程阀 3 上位接入回路，使得缸 2 的左腔与输入的压力油相通，缸 2 活塞向右运动；此后当缸 2 的活塞运动到右端终点，按返回按钮，使换向阀 4 的电磁铁断电，该阀恢复为右位状态，缸 1 活塞执行退回动作；当缸 1 的活塞杆挡块从行程阀 3 撤离后，阀 3 恢复为下位，缸 2 的右侧通压力油，则缸 2 的活塞执行退回动作。如此过程实现了设定的顺序动作。这种回路动作可靠，但要改变动作顺序比较难，且需要在现场布置更多管道，安装不方便。

为了避免行程阀带来的管道安装烦琐问题，一般使用行程开关以及配套的电磁换向阀替代。如图 6-31(b)所示，为行程开关控制电磁换向阀的顺序动作回路，动作顺序为：①→②→③→④。按启动按钮，使换向阀 3 的电磁铁 1YA 通电，阀 3 左位接入回路，缸 1 活塞先向右运动；当缸 1 活塞杆的挡块压下行程开关 2SQ 后，使换向阀 4 的电磁铁 2YA 通电，缸 2 活塞向右运动；此后当缸 2 的活塞运动到右端，压下行程开关 3SQ，使阀 3 的电磁铁 1YA 断电，缸 1 活塞执行退回动作；等到缸 1 的活塞杆退回并压下行程开关 1SQ，才使阀 4 的电磁铁 2YA 断电，然后缸 2 的活塞执行退回动作；如此完成一次工作循环。这种回路虽然动作响应精度略有下降，但通过行程开关控制电磁阀的动作，实现方便，且软件或硬件上方便调整，因此应用广泛。

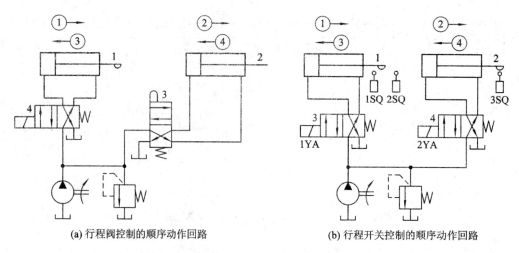

(a) 行程阀控制的顺序动作回路   (b) 行程开关控制的顺序动作回路

图 6-31 行程控制的顺序动作回路

6.6.2　同步回路

　　同步回路的功用是保证系统中两个或多个执行元件在运动中以相同的位移或相同的速度(或固定的速比)运动。一般应用在剪板机、冲模、模具铸塑等大型同步液压设备中。从理论上讲,对两个工作面积相同的液压缸同时输入等量的油液,即可使两液压缸同步。但泄漏、摩擦阻力不同、制造精度不统一、外部负载不恒定、系统结构发生不同程度的弹性变形,油液中含气量不均匀等都会使运动不同步。设计同步回路旨在克服或减少这些因素的影响。

1. 用流量控制阀的同步回路

　　图 6 - 32(a)所示为采用调速阀的同步回路。在两个并联液压缸的进油路上分别串接一个单向调速阀,通过调节调速阀的开口大小,控制进入两个液压缸或从两个液压缸流出的油液流量,可使它们在一个方向上实现速度同步。这种回路结构简单,成本低廉,但同步精度不高,调节比较麻烦,也容易受负载不均衡的影响,因此不宜用在偏载或负载变化频繁的场合。

　　图 6 - 32(b)所示为采用分流集流阀(同步阀)的同步回路。用分流集流阀代替调速阀,以控制两个液压缸的输入、输出流量,可使两液压缸在承受不同负载时仍能实现速度同步。其中液控单向阀 4 的作用是防止活塞停止时因两缸负载不同而使分流阀的两个节流孔发生窜油。这种回路使用方便,可承受不均衡负载,但因压力损失较大,效率低,不宜用于低压系统。

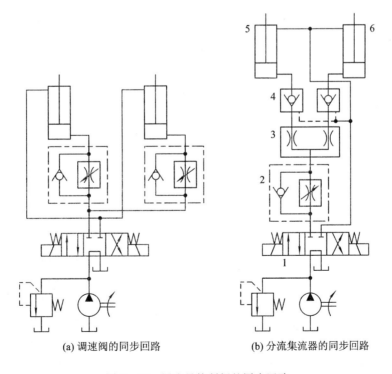

(a) 调速阀的同步回路　　　　　(b) 分流集流器的同步回路

图 6 - 32　用流量控制阀的同步回路

2. 用带补偿装置的串联液压缸同步回路

图 6-33 所示为带补偿装置的串联液压缸同步回路。液压缸 1 的有杆腔 A 的有效面积与液压缸 2 的无杆腔 B 的面积相等，因此从有杆腔 A 排出的油液进入无杆腔 B 后，两液压缸 1、2 便同步下降，从无杆腔 B 排出的油液进入有杆腔 A 后，两液压缸 1、2 便同步上升。由于执行元件的制造误差、内泄漏以及气体混入等因素的影响，运动一段时间后将使同步失调，累积为显著的位置上的差异。为此，回路中设有补偿措施来消除同步误差。其补偿原理是：当三位四通换向阀 6 右位工作时，两液压缸活塞同时下行，若液压缸 1 活塞先下行到终点，将触动行程开关 1SQ，使换向阀 5 的电磁铁通电，阀 5 处于右位，压力油经阀 5 和液控单向阀 3 向液压缸 2 的无杆腔 B 补油，推动缸 2 活塞继续下行至终点；反之，若液压缸 2 活塞先运动到终点，则触动行程开关 2SQ，使换向阀 4 的电磁铁通电，阀 4 处于上位，控制压力油经阀 4 打开液控单向阀 3，液压缸 1 的有杆腔 A 油液经液控单向阀 3 和 5 回油箱，使缸 1 的活塞继续下行至终点。这样，两液压缸活塞位置上的误差在每一次下行运行时即被消除。

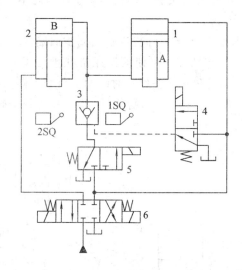

图 6-33　带补偿装置的串联液压缸同步回路

这种回路结构简单、效率高，但需要提高泵的供油压力，一般只适用于负载较小的液压系统中。

3. 用同步马达、同步液压缸的同步回路

图 6-34 所示为采用同步马达的同步回路。采用同步马达作为配油环节，同步马达是两个同轴等排量的双向液压马达，可保证两个需要同步的工作缸输出或输入相同的油流，由此实现两工作缸的同步运动。图中节流阀 4 用于行程端点消除两缸的位置误差。

图 6-35 所示为采用同步液压缸的同步回路。同步液压缸 3 是两个尺寸相同的缸体和活塞共用一个活塞杆的液压缸，保证了活塞做运动时输出或接受相等容积的油液，对需要同步的两个等有效面积的液压缸进行配流，实现同步运动。

采用同步马达或同步液压缸的同步回路，其同步精度高于采用流量控制阀的同步回路，但需使用专用的配流元件，使得成本增高，系统复杂性增加。

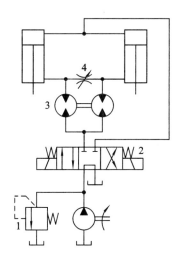

图6-34　同步马达同步回路

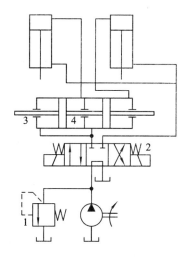

图6-35　同步液压缸同步回路

4. 用电液伺服阀、电液比例阀的同步回路

图6-36所示为采用电液伺服阀的同步回路。图中3、4为位移传感器，5为伺服放大器，6为电液伺服阀。伺服阀6根据两个位移传感器3和4的反馈信号持续不断地控制其阀口的开度，使通过的流量与通过换向阀2阀口的流量相同，从而使两缸同步运动。此回路可使两缸活塞任何时候的位置误差都不超过0.05～0.2 mm，但因伺服阀必须通过与换向阀同样大的流量，因此规格尺寸大，价格贵。此回路适用于两缸相距较远而同步精度要求很高的场合。

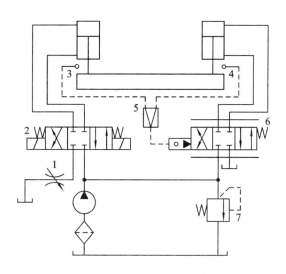

图6-36　电液伺服阀同步回路

电液伺服阀同步精度高，但造价昂贵。有时可用比例阀替代伺服阀，如图6-37所示，成本有所降低，但同步精度也相应下降。回路中使用一个普通调速阀1和一个电液比例调速阀2(它们各自装在由单向阀组成的桥式节流油路中)分别控制着液压缸3、4的运动。当3、4两缸的活塞出现位置误差时，检测装置就会发出信号，调节比例调速阀的开度，实现两缸的同步运动。

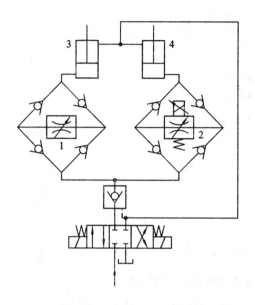

图 6-37 电流比例阀同步回路

近些年来，随着工业的不断发展，电液伺服阀与电液比例阀的技术得到了大大提升，同时成本也相对降低，使得越来越多企业倾向于使用电液伺服阀、比例阀以提高运动精度。在上述同步回路中，有时还可以把两需要同步的液压缸机械上强制连接起来。

<h1 align="center">6.7 其 他 回 路</h1>

在液压系统中，还有些回路用于实现一些特定功能以满足生产或工程作业的实际需求。典型的回路有锁紧回路、浮动回路。

6.7.1 锁紧回路

锁紧回路的功能是在液压执行元件不工作时切断其进出油液的通道，使执行元件准确地保持在既定位置上，并且在执行元件停止后或系统停止供油时也不会因外界因素干扰而发生窜动。

如图 6-38 所示，在液压缸的两侧油路上都串接一个液控单向阀（液压锁），成为一双向锁紧回路。两液控单向阀之间可相互控制，其入口处接 H 型或 Y 型中位机能的换向阀。当换向阀处于中位时，液控单向阀的控制口无压力，而使两个液控单向阀反方向可靠密封，保证了液压缸不工作时活塞迅速、可靠且长时间被锁住，不为外力所移动。该回路常用于汽车起重机的支腿油路和飞机起落架的收放上。

此外，利用三位换向阀的 M 或 O 型中位机能来封闭缸的两腔，是液压缸锁紧的最简单方法，可以使活塞在行程范围内任意位置停止，但由于滑阀的泄漏，不能长时间保持，锁紧精度不高。

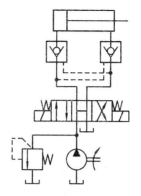

图 6-38　用液控单向阀的锁紧回路

6.7.2　浮动回路

浮动回路的作用是把执行元件的进、回油路直接连通或同时接通油箱，借助于负载的重力、惯性力或其他外力，使执行元件处于无约束的自由浮动状态，即使执行元件可自由改变当前所处的位置。

1. 用具有浮动中位机能的换向阀实现浮动回路

在选择换向阀时，合理选择其中位机能，可实现液压缸的浮动。常用的中位机能中，H型、Y型可使执行元件处于浮动状态。在起重设备的液压系统，有时要求回转台能够浮动，从而需要配备以液压马达为执行元件的浮动马达回路。另外，在卧式机床的工作台上，有时要求工作台能手动移动，此时可以采用以直线液压缸为执行元件的浮动回路。

2. 用二位二通阀实现浮动回路

在如图 6-39 所示的回路中，当二位阀处于常态位（上位）时，回路正常工作，并且当三位四通阀处于中位时，也可锁住重物。当二位阀切换到下位时，马达的进出油路互通，处于浮动状态，此刻起重机吊钩可在自重作用下不受约束地快速下降。该回路常用于工程机构要求能够"抛钩"的场合，即希望空钩能借自重快速自由下降。这种方案实现方便，结构简单。

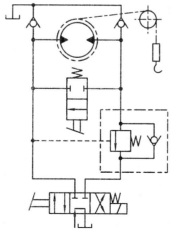

图 6-39　用二位二通阀实现浮动回路

6.8 工程实例：一种精巧的延时液压回路

图 6-40 所示的球阀阀门是某钻井装置的重要井控装备之一，也是防止井涌、井喷等钻井事故的重要保障，在下钻过程中关闭此阀门也能减少钻井液的漏失。通常此钻井装置标配液控阀门和手动阀门各一个，液控阀门通过其控制液压缸的伸缩变化实现阀门的打开和关闭。这里介绍的是应用于此液控阀门控制的一种精巧的延时液压回路。

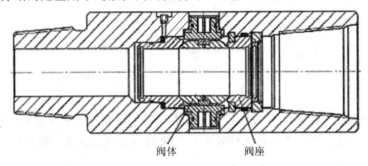

图 6-40 球阀阀门结构示意图

6.8.1 液控阀门的工作情况简介

此液控阀门主要由阀体和阀座组成，属于球阀的一种。其阀座通过销轴、曲柄、滑套连接到球阀的控制油缸上，通过控制油缸的伸缩，拖动滑套上下移动，带动曲柄旋转，同时销轴将曲柄的旋转运动传递到液控阀门的阀座上，完成阀门的打开和关闭动作，此液控阀门的控制机构如图 6-41 所示。阀的中心孔为泥浆通道，由于泥浆的组成成分复杂，有时存在较大的固体颗粒，造成阀体表面磨损、腐蚀或在阀门的打开关闭的过程中造成阀体的旋转阻力增大，此时就需要阀门控制油缸提供一较大的力作用在曲柄、销轴、阀座、阀体、滑套等零件上，如果此控制油缸长期处于带压工作状态，则曲柄、销轴、阀座、阀体和滑套等零件中相对受力较大的零件就会失效，为了解决长期带压造成的零件失效问题，对此系统的液压控制机构进行了改进设计。

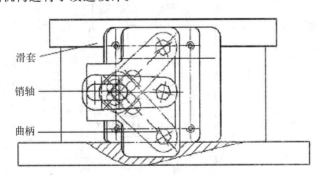

图 6-41 液控阀门控制机构

6.8.2　液压系统原理图及工作原理

1. 液压传动系统原理图

针对该液控阀门打开关闭过程中需要的压力高，而打开关闭后不需要较高压力的特点，对此液压控制系统进行了设计，如图 6－42 所示。

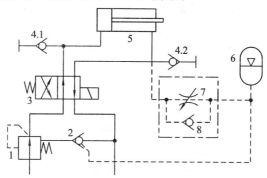

图 6－42　阀门控制机构液压原理图

如图 6－42 所示，液压系统主要包括减压阀 1、液控单向阀 2、换向阀 3、测压点 4、控制油缸 5、蓄能器 6、节流阀 7 和单向阀 8。控制油缸 5 直接连接到滑套上，为打开关闭阀门提供动力，换向阀 3 切换该阀门的打开关闭状态，减压阀 1 和液控单向阀 2 的组合实现了高压情况下打开关闭该阀门的过程，同时满足了低压情况下，保持阀门当前状态的要求，蓄能器 6 和节流阀 7 的组合实现了高压到低压切换过程中的时间控制。

2. 阀门打开状态下的液压原理分析

在钻井装备进行作业的过程中，此控制阀门始终处于打开状态，在此状态下的液压回路示意图如图 6－43 所示。

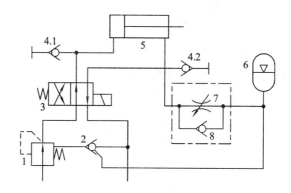

图 6－43　阀门打开情况下的液压原理图（静态）

在控制阀门打开状态下，阀门控制油缸始终处于伸出位置，此时减压阀 1 的设定压力为 3 MPa，也就是阀门油缸推出的 3 MPa 的压力作用在此阀门装置的一套控制机构上，此套控制机构整体处于一种低压维持当前状态的稳定情况下，液控单向阀 2、蓄能器 6、节流阀 7 等在此正常钻井工况下不起作用。

3. 阀门关闭过程中的液压原理分析

当此阀门需要关闭时，液压油工作原理如图 6-44 所示。换向电磁阀 3 的电磁铁通电，系统压力（通常设定为 16 MPa）通过减压阀 1 减压到 3 MPa 后作用到此阀门的控制油缸上，通常情况下，3 MPa 的作用力不足以推动该阀门控制油缸，但是，3 MPa 的液压油同时经单向阀 8 和节流阀 7 也流向了蓄能器 6 和液控单向阀 2，蓄能器的充气压力通常为 6 MPa，在初始 3 MPa 压力的液压油无法压缩蓄能器胶囊，但是 3 MPa 的压力作用在液控单向阀 2 上，关闭了减压阀 1 的外控泄油口，减压阀 1 将被动的提升二级压力回路的压力至最大值，提升压力的幅度取决于液控单向阀的面积比例，在此系统中减压阀 1 的二级减压回路最高压力可达到 13 MPa 左右，在此高压情况下，推动阀门控制油缸 5 关闭该阀门，切断了泥浆通道。

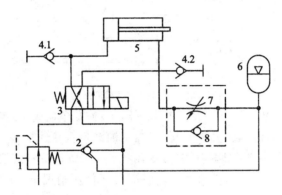

图 6-44　阀门关闭过程中的液压原理图

4. 阀门关闭状态下的液压原理分析

当此阀门关闭后，此时阀门控制油缸处于高压状态，同时该阀门的系列控制机构都处于承受 13 MPa 的高压和等效的作用力的状态，因此，此阀门不能长期处于关闭状态，否则将严重影响此阀门及其系列控制机构的寿命。

5. 阀门打开过程中的液压原理分析

打开该阀门时，其液压油的工作原理如图 6-45 所示。当电磁铁 3 断电复位后，由于蓄能器的蓄能保压作用，液控单向阀 2 仍然一直处于闭合状态，所以此阀门控制油缸的初

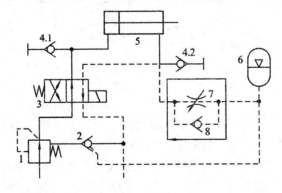

图 6-45　阀门打开过程中的液压原理图（动态）

始打开压力仍然为最大压力 13 MPa 左右，同时蓄能器压力经过节流阀 7 不断地泄漏，使之压力不断地降低，同时造成了施加在液控单向阀 2 上面的作用力不断降低，随之影响到减压阀 1 后的二级回路压力从最高状态缓慢向减压阀的初始设定值靠近，直至减压阀的泄油口压力完全打开液控单向阀 2，减压阀 1 恢复到最初的设定压力值。在此过程中，应当保证在此阀门控制油缸行程结束后，一小段时间内蓄能器卸压结束，以预防快速卸压造成阀门控制油缸在减压阀 1 的初始压力下无法运行的情况。

6.8.3　特点分析

此阀门装置是重要的井控设备之一，其动作通过其控制油缸和一系列的控制元件来完成，如果此控制油缸长期处于高压状态会造成此阀门及其一系列控制元件中的薄弱环节极易损坏，为了解决问题而设计的此液压控制回路能很大程度地减少阀门控制油缸的高压工况，对延长阀门及其控制机构的寿命起到显著作用。此液压回路的特点包括：

（1）通过对减压阀外控泄油口的控制实现减压阀控制压力的变化。

（2）通过蓄能器的蓄能作用，实现了换向一段时间内仍维持高压的效果。

（3）通过对节流阀 7 的调整，可以实现对降压过程时间方面的控制。

此液压系统具有鲜明的二级压力调整及延迟卸压等显著特点，可用于相关的有此需求的其他设备的设计中。

练　习　题

6-1　什么是液压基本回路？按其功能可分为哪几类基本回路？

6-2　如何调节液压执行元件的运动速度？常用的调速方法有哪些？分别叙述它们的工作原理。

6-3　在液压系统中为什么要设置快速运动回路？实现快速运动的方法有哪些？

6-4　锁紧回路的功能是什么？浮动回路的功能是什么？

6-5　在液压系统中为什么要设置卸荷回路？常用的卸荷回路有哪些？

6-6　简述回油节流阀调速回路与进油节流阀调速回路的不同点。

6-7　简述调压回路、减压回路的功用。

6-8　在图 6-46 所示容积调速回路中，如变量液压泵的转速 $n=1000$ r/min，排量 $V_P=40$ mL/r，泵的容积效率 $\eta_{vP}=0.8$，机械效率 $\eta_{mP}=0.9$，泵的工作压力 $p_P=6$ MPa，液压缸大腔面积 $A_1=100\times10^{-4}$ m²，小腔面积 $A_2=50\times10^{-4}$ m²，液压缸的容积效率 $\eta_v'=0.98$，机械效率 $\eta_m'=0.95$，管道损失忽略不计，试求：

（1）回路速度刚性。

（2）回路效率。

（3）系统效率。

6-9　如图 6-47 所示的回油节流调速回路，已知液压泵的供油流量 $q_P=25$ L/min，负载 $F=40\ 000$ N，溢流阀调定压力 $p_P=5.4$ MPa，液压缸无杆腔面积 $A_1=80\times10^{-4}$ m²，有杆腔面积 $A_2=40\times10^{-4}$ m²，液压缸工进速度 $v=0.18$ m/min，不考虑管路损失和液压

缸的摩擦损失,试计算:

(1) 液压缸工进时液压系统的效率。

(2) 当负载 $F=0$ 时,活塞的运动速度和回油的压力。

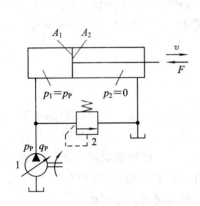 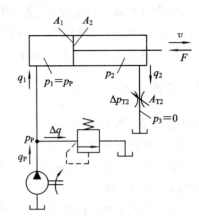

图 6-46　题 6-8 图　　　　　　　　　图 6-47　题 6-9 图

6-10　如图 6-48 所示的调速阀节流调速回路中,已知 $q_P=25$ L/min,$A_1=100\times10^{-4}$ m^2,有杆腔面积 $A_2=50\times10^{-4}$ m^2,F 由零增至 30 000 N 时活塞向右移动速度基本无变化,$v=0.2$ m/min,若调速阀要求的最小压差为 $\Delta p_{min}=0.5$ MPa,试求:

(1) 不计调压偏差时溢流阀调整压力 P_Y 是多少?液压泵的工作压力是多少?

(2) 液压缸可能达到的最高工作压力是多少?

(3) 回路的最高效率为多少?

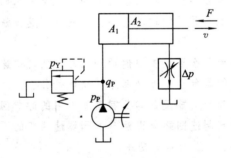

图 6-48　题 6-10 图

6-11　有一变量泵-定量马达调速回路,液压泵的最大排量 $V_{pmax}=115$ mL/r,转速 $n_p=1000$ r min,机械效率 $\eta_{mp}=0.9$,总效率 $\eta_p=0.84$,马达的排量 $V_M=148$ mL/r,机械效率 $\eta_{mM}=0.9$,总效率 $\eta_M=0.84$,回路最大允许压力 $p_c=8.3$ MPa,不计管路损失,试求:

(1) 液压马达最大转速及该转速下的输出功率和输出转矩。

(2) 驱动液压泵所需的转矩。

6-12　在如图 6-49 所示回路中,已知两节流阀通流截面分别为 $A_{T1}=1$ mm^2,$A_{T2}=2$ mm^2,流量系数 $C_d=0.67$,油液密度 $\rho=900$ kg/m^3,负载压力 $p_1=2$ MPa,溢流阀调整压力 $p_Y=3.6$ MPa,活塞面积 $A=50\times10^{-4}$ m^2,液压泵流量 $q_P=25$ L/min,如不计管道损失,试问:

（1）电磁铁通电和断电时，活塞的运动速度各为多少？

（2）将两个节流阀的通流截面大小对换一下，结果如何？

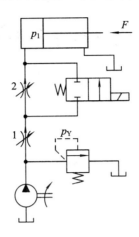

图 6-49　题 6-12 图

6-13　试用一个先导型溢流阀、两个远程调压阀组成一个三级调压且能卸载的多级调速回路，画出回路图并简述工作原理（换向阀任选）。

第7章 液压传动系统分析与设计

7.1 概 述

通常机械设备中的液压传送部分称为液压传动系统。按照油液的循环方式不同，可分为开式循环系统和闭式循环系统两大类。

液压传动系统的构成及原理因应用领域及主机不同而异。本章选择了不同控制目的及不同控制阀构成的几种典型液压传动系统，结合主机功能机构，使读者进一步熟悉各液压元件在系统中的作用和各种基本回路在系统中的工作原理，一方面加深对各类液压元件及回路综合应用的理解，增强综合应用能力，掌握液压传动系统的一般分析方法；另一方面为进行液压系统的设计与分析提供典型实例，并可举一反三，了解和掌握液压系统的调整、维护和故障分析方法。

7.1.1 开式循环系统

开式循环系统简称开式系统，如图 7-1 所示，为一种简单的开式系统。在开式系统中，液压泵自油箱吸油，经换向阀供给液压缸或液压马达对外作功；液压缸或液压马达的回油流回油箱。该系统的油箱是工作介质的吞、吐及储存场所。

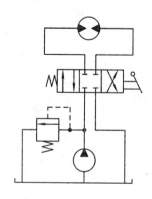

图 7-1 开式循环系统

开式循环系统的特点如下：

（1）油箱作为油液循环的起点和终点，结构简单。

（2）系统工作完的油液回油箱，可以发挥油箱散热、冷却及沉淀杂质的作用，因此需要有较大容积的油箱才能满足要求。

（3）因油液常与空气接触，使空气易于渗入系统，为了保证工作机构运动的平稳性，在系统的回路上将设置背压阀，这将引起附加的能量损失，使油温升高。

（4）采用的液压泵一般为定量泵或单向变量泵，考虑到泵的自吸能力和避免产生吸空现象，对自吸能力差的液压泵，通常将其工作转速限制在额定转速的 75% 以内，或增设一个辅助泵进行灌注。

（5）工作机构的换向借助于换向阀。换向阀换向时，除了产生液压冲击外，运动部件的惯性能将转变为热能，使液压油的温度升高。

（6）如果执行元件为液压马达，并且带有较大惯性负载时，在惯性负载的带动下，马达将呈泵工况运行，如果此时换向阀在中位，则原来的回油管中将产生很高的压力，使液压马达急剧制动，为了限制其产生过大的制动力，需在马达进出油管之间设置双向溢流阀。在换向或制动过程中惯性运动的能量消耗在节流发热中（能耗制动），特别是在起重机重物下放时，液压马达呈泵工况运行，为防止超速下降，必须在回油管设节流阀，进行能耗限速，这将造成大量的能量损失并使油液发热。

（7）当一个泵供多个执行元件同时动作时，因液压油首先向负载轻的执行元件流动，导致高负载的执行元件动作困难，因此，需要对负载轻的执行元件进行节流。

7.1.2　闭式循环系统

如图 7-2 所示，为闭式循环系统。变泵 A 和液压马达 B 的进出油管首尾相接，形成一个闭合回路。当操纵泵 A 的变量机构时，便可调节马达 B 的速度或使马达 B 换向。由阀 1、2、3、4、5 组成的双向安全阀，可防止液压系统过载，安全压力由溢流阀（安全阀）3 调定。定量泵 C 为系统辅助泵，可以补充闭式系统中的油液泄漏，其供油压力由溢流阀（恒压溢流阀）6 调定，调定压力应比液压马达所需背压略高，泵 C 的供油量应略高于系统的泄漏量。

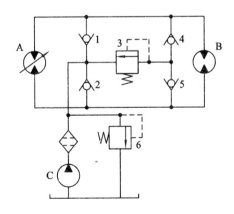

图 7-2　闭式循环系统

闭式循环系统比开式循环系统的结构复杂，一般需要采用双向变量泵，成本较高。闭式循环系统的特点如下：

（1）闭式系统中油液基本在闭合回路内循环，与油箱交换的流量仅为系统的泄漏量，因而补油系统的油箱容积较小，结构紧凑。由于闭式系统工作完的油液不回油箱，油液的散热和过滤的条件较开式系统差。

（2）马达的回油直接流到泵的入口，液压泵在回油压力下吸油，因而对泵的自吸能力要求低。而开式系统对泵的自吸能力要求较高。

（3）通过液压泵的变量机构来实现换向和调速的，因而调速和制动比较平缓，且调速与制动中能量消耗小。

（4）闭式系统回油有背压，因而空气不易渗入系统。又由于油箱容积小，油液与空气接触面小，从而使油中空气含量较小。因此，闭式系统运转平稳。

（5）补油系统不仅能在主泵的排量发生变化时保证容积式传动的响应，提高系统的动作频率，还能增加主泵进油口处压力，防止大流量时产生气蚀，可有效提高泵的转速和防止泵吸空，提高工作寿命；补油系统中装有过滤器，可提高传动装置的可靠性和使用寿命；另外，补油泵还能方便地为一些低压辅助机构提供动力。闭式循环系统仅有少量油液从油箱中通过补油系统汲取，减少了油箱的损耗。

（6）目前闭式循环系统变量泵均为集成式结构，补油泵及补油、溢流、控制等功能阀组集成于液压泵上，使管路连接变得简单，不仅缩小了安装空间，而且减少了由管路连接造成的泄漏和管道振动，提高了系统的可靠性，简化了操作过程。

（7）一般情况下，闭式系统中的执行元件若采用双作用单活塞杆液压缸时，由于大小腔流量不等，在工作过程中，会使功率利用率下降。所以闭式系统中的执行元件一般为液压马达。

7.1.3 阅读液压传动系统图的步骤

液压传动系统的所有元件的连接和控制情况，以及执行元件实现各种运动的工作原理等，均可通过液压传动系统图来表示。一张完整的系统图主要包括四部分：系统原理图、工作循环图、电磁铁动作顺序表和明细表。

阅读、分析一个复杂的液压系统图，大致可按以下步骤进行：

（1）了解机械设备的功用、设备工况和对液压系统的要求以及设备的工作循环，明确各执行机构所要实现的各项技术性能具体指标，如精度、调速方式、顺序等。

（2）初步阅读液压系统图，了解系统中包含哪些元件，且以执行元件为中心，将系统分解为若干个子系统，如主系统、进给系统等。

（3）分析各个元件的功用及其相互间的关系，逐步分析各子系统。先主要部分，后辅助部分；先主油路，后控制油路；先由缸到泵倒看，理解油路，再由泵到缸顺看；了解系统由哪些典型基本回路组成，分析特点，如差动、卸荷、背压等方面；找出特殊结构，分析特点；根据运动工作循环和动作要求，参照电磁铁动作顺序表和有关资料等，读懂液压系统，搞清液流的流动路线。

（4）进一步分析必需的主油路和控制油路，根据系统中对各执行元件间的互锁、同步、防干扰等要求，分析各个子系统之间的联系以及如何实现这些要求，不得相互干扰，产生矛盾。

（5）在全面读懂液压系统图的基础上，根据系统所使用的基本回路的性能，对系统作出综合分析，归纳总结出整个系统的特点，以加深对系统的理解，为系统的调整、维护、使用打下基础。

7.2　典型液压传动系统分析

7.2.1　组合机床动力滑台液压传动系统

组合机床是由通用部件和专用部件组成的高效、专用、自动化程度较高的机床，它能完成钻、扩、铰、镗、铣、攻丝等加工工序和工作台转位、定位，工件夹紧、输送等辅助动作。动力滑台是组合机床的通用部件，其上安装有各种旋转刀具，通过液压系统可使这些刀具按一定动作循环完成轴向进给运动。

图 7 - 3 所示为 YT4543 型组合机床动力滑台的液压系统图。

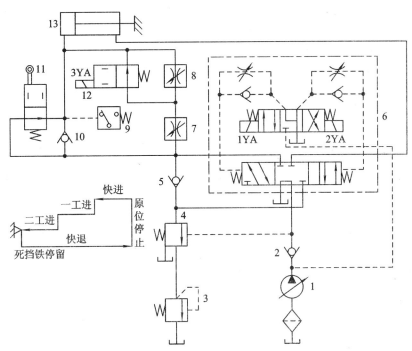

1—变量泵；2、5、10—单向阀；3—溢流(背压)阀；4—顺序阀；6—电液换向阀；
7、8—调速阀；9—压力继电器；11—行程阀；12—电磁阀；13—液压缸

图 7 - 3　YT4543 型组合机床动力滑台的液压系统图

该系统采用限压式变量叶片泵供油，电液换向阀换向，快进由液压缸差动连接实现，用行程阀实现快进与工进的转换，用二位二通电磁换向阀及两个串联的调速阀来实现两种工进速度之间的转换，为保证进给的位置精度，采用死挡铁停留来限位。

该系统根据工艺要求需要，可实现多种工作循环，各自动循环由控制系统控制电磁铁状态和行程阀相应的动作顺序来实现。这里以典型的"快进→一工进→二工进→死挡铁停留→快退→原位停止"动作循环为例，说明 YT4543 型组合机床动力滑台液压系统工作原理、过程及特点。

1. 工作原理及过程

(1) 快进。快进前，电液换向阀 6 的 1YA、2YA 均断电，其先导阀处于中位，则主阀也处于中位，变量泵 1 卸荷，外控式顺序阀 4 为关闭状态；按下启动按钮，使电磁铁 1YA 通电，进行"快进"；1YA 通电，电液换向阀 6 的先导阀处于左位，此时主阀右腔油液经节流器和先导阀的左位回油箱，则控制油液使得主阀左位接入系统，顺序阀 4 因动力滑台空载，系统压力低仍为关闭状态，这时液压缸 13 形成差动连接，变量泵 1 输出最大流量，因液压缸 13 活塞杆固定，因此滑台随缸体向左运动，实现快进。此时主油路如下：

进油路：油箱→过滤器→变量泵 1→单向阀 2→电液换向阀主阀 6 左位→行程阀 11 常位(下位)→液压缸 13 左腔。

回油路：液压缸 13 右腔→电液换向阀主阀 6 左位→单向阀 5→行程阀 11 常位(下位)→液压缸 13 左腔。

(2) 一工进。滑台随液压缸 13 缸体向左运动，到位后其行程挡块压下行程阀 11，行程阀 11 切换为上位状态，使原来通过行程阀 11 下位进入液压缸 13 左腔的油路切断。此时电磁阀 12 处于常位，即 3YA 为断电，则调速阀 7 接入系统，液压油进入液压缸 13 左腔，系统压力升高，进行"一工进"。系统压力升高一方面使液控顺序阀 4 打开(顺序阀 4 的调定压力略低于一工进的工作压力)，另一方面使限压式变量泵的流量减小，直到与经过调速阀 7 的流量相匹配，此时液压缸 13 的速度由调速阀 7 的开口决定。溢流阀 3 的调定压力低于或等于顺序阀 4 的出口压力，起到背压阀的作用，单向阀 5 有效地隔开了工进的高压腔与回油的低压腔。主油路如下：

进油路：油箱→过滤器→变量泵 1→单向阀 2→电液换向阀主阀 6 左位→调速阀 7→电磁阀 12 常位(右位)→液压缸 13 左腔。

回油路：液压缸 13 右腔→电液换向阀主阀 6 左位→液控顺序阀 4→背压阀 3→油箱。

(3) 二工进。当滑台一工进到一定位置时，挡块压下行程开关，使得 3YA 通电，电磁阀 12 切换至左位工作状态，经电磁阀 12 的通路被切断，压力油须经调速阀 7 和调速阀 8 才能进入液压缸 13 的左腔。由于调速阀 8 的开口比调速阀 7 小，所以滑台的运动速度减小，为"二工进"，速度大小由调速阀 8 的开口决定。主油路如下：

进油路：油箱→过滤器→变量泵 1→单向阀 2→电液换向阀主阀 6 左位→调速阀 7→调速阀 8→液压缸 13 左腔。

回油路：液压缸 13 右腔→电液换向阀主阀 6 左位→液控顺序阀 4→背压阀 3→油箱。

(4) 停留。当滑台二工进到碰上死挡铁后，滑台停止运动，在终端位置"停留"。液压缸左腔压力升高，直到压力继电器 9 动作，把压力信号变为电信号，给时间继电器发出信号，使滑台在停留一段时间后开始下一动作。"停留"阶段，泵的供油压力升高，流量减少，直到限压式变量泵流量减小到仅能满足补偿泵和系统的泄漏为止，系统处于保压和流量近似为零的状态。

(5) 快退。当滑台停留一定时间后，控制系统发出信号，使 1YA 断电，而 2YA 通电，电液换向阀 6 主阀处于右位，由于此时空载，系统压力很低，泵输出的流量很大，滑台向右"快退"。主油路如下：

进油路：油箱→过滤器→变量泵 1→单向阀 2→电液换向阀主阀 6 右位→液压缸 13 右腔。

回油路：液压缸 13 左腔→单向阀 10→电液换向阀主阀 6 右位→油箱。

（6）原位停止。当滑台快退到位，挡块压下原位行程开关，使得 1YA、2YA、3YA 都断电，电液换向阀 6 处于中位（常态）、电磁阀 12 处于右位（常态），滑台停止运动，滑台"原位停止"，此时变量泵 1 利用电液换向阀 6 中位的机能实现卸荷。

卸荷油路：油箱→过滤器→变量泵 1→单向阀 2→电液换向阀主阀 6 中位→油箱

表 7 - 1 给出了该系统电磁铁、压力继电器和行程阀的动作顺序表。

表 7 - 1　电磁铁、压力继电器和行程阀的动作顺序表

动　作	电磁铁工作状态			液压元件工作状态		
	1YA	2YA	3YA	顺序阀 4	压力继电器 9	行程阀 11
快进	＋	－	－	关闭	－	下位
一工进	＋	－	－	打开	－	上位
二工进	＋	－	＋		－→＋	
停留	＋	＋或－			＋	
快退	－	＋	－	关闭	－	上位→下位
原位停止	－	－	－		－	下位

2. YT4543 型组合机床动力滑台的液压系统的特点

该组合机床动力滑台液压系统主要有以下特点：

（1）采用了限压式变量泵和调速阀的容积节流调速回路，保证了稳定的低速运动，有较好的速度刚性和较大的调速范围。回油路上的背压阀使滑台能承受负值负载。

（2）采用了限压式变量泵和液压缸的差动连接实现快进，能量利用合理。

（3）采用了行程阀和顺序阀实现快进和工进的换接，不仅简化了电路线路，而且动作可靠，换接位置精度也高。至于两个工进之间的速度换接，由于两者的速度都较低，采用电磁阀完全可以保证换接精度。

（4）采用了三位五通 M 型中位机能的电液换向阀换向，在滑台停止时，使液压泵通过 M 型机能在低压下卸荷，降低了能量损耗。

7.2.2　注塑机液压系统

塑料注射成型机简称注塑机，它可以把颗粒状的塑料加热熔化到流动状态，再以高压快速地注入模腔，并保压一定时间，冷却后凝固成为相应的塑料制品。注塑机具有成型周期短，加工适应性强，可以制造外形各异、复杂、尺寸较精确或带有金属镶嵌件的制品，自动化程度高等优点，得到了广泛的应用。

XS - ZY - 250A 型注塑机属于中小型注塑机，每次最大注射容量为 250 ml。该机要求液压系统完成的主要动作有：合模和开模、注射座整体前移和后退、注射、保压及顶出等。XS - ZY - 250A 型注塑机主要有以下三大部分组成：

（1）合模部分。即安装模具用的成型部分，主要由定模板、动模板、合模机构、合模缸

和顶出装置等组成。

（2）注射部分。即注射机的塑化部分主要由加料装置、料筒、螺杆、喷嘴、预塑装置、注射缸和注射座移动缸等组成。

（3）液压传动及电气控制系统。它安装在机身内外腔上，是注塑机的动力和操纵控制部件，主要由液压泵、液压阀、电动机、电气元件及控制仪表等组成。

根据注射成型工艺，XS-ZY-250A 型注塑机的工作循环如图 7-4 所示，对液压系统的要求如下：

（1）足够的合模力。熔融的塑料通常以 4~15 MPa 的高压注入模腔，因此合模缸必须有足够的合模力，否则会使模具离缝而产生塑料制品的溢边现象。

（2）开模、合模的速度可调。在开、合模过程中，既要考虑缩短空行程时间提高生产效率，又要考虑缓冲问题以防损坏模具及保证产品质量，要求合模缸在工作中有可调节的多种速度。

（3）足够的注射座运动液压缸推力。这是为了适应各种塑料的加工需要，保证注射时喷嘴与模具浇口紧密接触。

（4）注射压力和注射速度可调。根据塑料的品种、制品的几何形状及模具浇注系统的不同，来调节合适的注射压力和注射速度，以满足工艺要求。

（5）保压功能。注射动作完成之后，为了使塑料能注满并紧贴模腔，获得精确的形状，并且能在制品冷却、凝固、收缩过程中熔融塑料可以不断补入模腔，以防充料不足而产生废品，需要进行一定时间的保压，要求保压压力可根据需要调节。

（6）预塑过程可调。在注塑成型加工中，通常将料筒每小时塑化的重量（称塑化能力）作为生产力指标。当料筒的结构尺寸确定后，随着塑料的熔点、流动性和制品不同，要求预塑阶段的螺杆转速可调，从而调节塑化能力。

（7）足够的顶出力和顶出速度平稳、可调。顶出制品时要求有足够的顶力，且顶出速度平稳、可调。

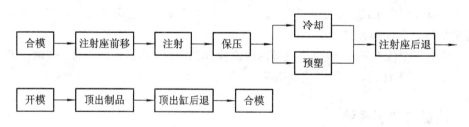

图 7-4 XS-ZY-250A 型注塑机的工作循环

1. XS-ZY-250A 型注塑机液压传动系统及其工作原理

图 7-5 所示为 XS-ZY-250A 型注塑机液压系统图。该注塑机采用了液压—机械式合模机构，合模液压缸通过对称五连杆机构推动模板进行开模和合模，连杆机构具有增力和自锁作用，依靠连杆弹性变形所产生的预紧力来保证所需的合模力，使模具可靠锁紧，并且使合模缸直径减小，节省功率。系统通过电液比例阀对多级压力（开模、合模、注塑座前移、注射、顶出、螺杆后退时的压力）和速度（开模、合模、注射时的速度）进行控制，液压油路简单，效率高，压力及速度变换时冲击小、噪声低，能实现远程控制或程控。

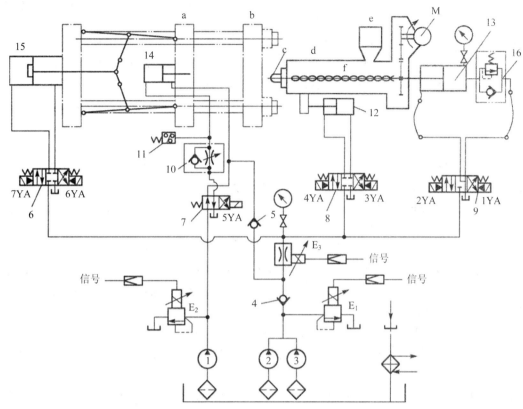

1、2、3—液压泵；4、5—单向阀；6、7、8、9—换向阀；10—单向调速阀；11—压力继电器；
12—注射座移动缸；13—注射缸；14—顶出缸；15—合模缸；16—单向顺序阀(背压阀)；
a—动模板；b—定模板；c—喷嘴；d—料筒；e—料斗；f—螺杆

图 7-5　XS-ZY-250A 型注塑机液压系统图

XS-ZY-250A 型注塑机液压系统的工作原理如下：

(1) 合模。通过控制，使得 7YA 通电，液压油进入合模缸 15 的左腔，进行"合模"。
① 慢速合模。电磁铁 7YA 通电，E_1 的设定压力为零，使泵 2、泵 3 卸荷，泵 1 的出口压力
由电液比例溢流阀 E_2 设定，此时只有单泵 1 供油，其压力油经换向阀 7 左位、单向阀 5 到
电液比例调速阀 E_3，经换向阀 6 的左位至合模缸 15 的左腔，推动活塞及连杆实现慢速合
模。② 快速合模。电磁铁 7YA 通电，泵 1 的出口压力由电液比例溢流阀 E_2 设定，其压力
油经换向阀 7 左位、单向阀 5 到电液比例调速阀 E_3，泵 2、泵 3 的出口压力由电液比例溢
流阀 E_1 设定，其压力油经单向阀 4 也到电液比例调速阀 E_3，与泵 1 的压力油汇合。③ 低压
合模。电磁铁 7YA 通电，E_1 的设定压力为零，使泵 2、泵 3 卸荷，E_2 设定为较低的压力值，
使泵 1 的出口压力降低，形成低压合模，这时合模缸的推力较小，即使在两个模板间有硬
质异物，继续进行合模动作也不致损坏模具表面。④ 高压合模。电磁铁 7YA 通电，E_1 的设
定压力为零，使泵 2、泵 3 卸荷，E_2 设定为较高的压力值，使泵 1 的出口压力升高，用来进
行高压合模。高压油使模具闭合并使连杆产生弹性变形，牢固地锁紧模具。

(2) 注射座前进。合模缸 15 合模到位，使电磁铁 7YA 断电，3YA 通电，缸 15 因换向
阀 6 的 O 型中位机能锁紧。此时 E_1 设定压力为零，泵 2、泵 3 卸荷，E_2 为泵 1 的设定压力，

泵 1 的压力油经换向阀 8 右位进入注射座移动缸 12 的右腔，推动注射座整体向前移动，使喷嘴和模具贴紧，缸 12 左腔的油经换向阀 8 回油箱。

（3）注射。注射座前进到位，使 3YA 断电，1YA 通电，同样缸 12 因换向阀 8 的 O 型中位机能锁紧。此时调节合适的 E_1、E_2 设定压力，泵 1～泵 3 的压力油一起经换向阀 9 右位及单向顺序阀 16 的单向阀进入注射缸 13 的右腔，注射缸 13 的活塞带动注射头螺杆 f 进行注射，注射速度可由 E_3 调节。注射螺杆 f 以一定的压力和速度将料筒前端的塑料注入模腔。

（4）保压。使 1YA 继续通电，进行"保压"。由于保压时只需要极少量的油液，所以泵 2、泵 3 卸荷，仅由泵 1 单独供油，压力由 E_2 设定，并将多余的油液溢回油箱，达到注射缸 13 对模腔内的熔融塑料保压并进行补塑的工艺需要。

（5）预塑。保压时间到，使 1YA 断电，3YA 再次通电，电动机 M 通过齿轮减速机构使螺杆旋转，料斗 e 中的塑料颗粒进入料筒，被转动的螺杆 f 带至前端，进行加热塑化。同时螺杆 f 向后退，注射缸 13 右腔的油液在螺杆 f 的反推力作用下，经单向顺序阀 16 的顺序阀（背压作用）、换向阀 9 的中位后，一部分进入注射缸 13 的左腔，一部分回油箱。当螺杆 f 后退到预定位置时电动机 M 停止转动，准备下次注射。与此同时，在模腔内的制品处于冷却成型的过程中。

（6）注射座后退。预塑完成后，使 3YA 断电，4YA 通电，并且泵 2、泵 3 卸荷，泵 1 的压力油经阀 7、5、E_3、阀 8 左位进入注射座移动缸 12 的左腔，缸 12 后退；缸 12 的右腔油液经阀 8 右位回油箱。

（7）开模。① 慢速开模。使 4YA 断电，6YA 通电，并且泵 2、泵 3 卸荷，泵 1 的压力油经阀 7、5、E_3、阀 6 右位进入缸 15 右腔，由于泵 1 单泵供油，所以缸 15 慢速后退，实现"慢速开模"。② 快速开模。使 4YA 断电，6YA 通电，若使得泵 1、泵 2、泵 3 的压力油同时经 E_3、阀 6 右位进入缸 15 右腔，则 3 个泵一起供油，所以缸 15 快速后退，实现"快速开模"。

（8）顶出。① 顶出缸 14 前进。使 6YA 断电、5YA 通电，并且泵 2、泵 3 卸荷，泵 1 的压力油经阀 7 右位、单向调速阀 10 进入顶出缸 14 的左腔，推动活塞顶出制品，其速度由阀 10 调节。② 顶出缸 14 后退。使 5YA 断电，并且泵 2、泵 3 卸荷，泵 1 的压力油经阀 7 左位进入顶出缸 14 的右腔，推动活塞后退缩回，此时缸 14 左腔的油液经阀 10 的单向阀、阀 7 回油箱。

（9）螺杆后退和前进。为了拆卸和清洗方便，有时需要螺杆后退，只要使 2YA 通电、1YA 断电即可完成。若使 2YA 断电、1YA 通电，则可使螺杆前进。

2. XS - ZY - 250A 型注塑机液压系统的主要特点

XS - ZY - 250A 型注塑机液压系统的主要特点有：

（1）为了保证有足够的合模力，防止高压注射时模具因离缝而产生塑料溢边，该注塑机采用了液压—机械增力合模机构，并且使模具锁紧可靠，减小了合模缸缸径尺寸。

（2）注塑机液压系统动作较多，并且各动作之间有严格的顺序，本系统采用以行程控制为主的方法来实现顺序动作，通过电气行程开关与电磁阀相配合来保证动作顺序可靠。

（3）注塑机液压系统中执行元件较多，是一种速度和压力变化较多的系统，本系统利用电液比例阀进行控制，使系统简单，并且大大减少元件数量。

（4）在系统保压阶段，多余的油液要经溢流阀流回油箱，所以有部分的能量损失。

7.2.3 汽车起重机液压传动系统

汽车起重机是一种使用广泛的工程机械，图 7-6 所示为汽车起重机的结构简图。这种机械能以较快速度行走，机动性好、适应性强、自备动力不需要配备电源、能在野外作业、操作简便灵活，因此在交通运输、城建、消防、大型物料场、基建、急救等领域得到了广泛的使用。在汽车起重机上采用液压起重技术，具有承载能力大，可在有冲击、振动和环境较差的条件下工作。由于系统执行元件需要完成的动作较为简单，位置精度要求较低，所以，系统以手动操纵为主，对于起重机械液压系统，设计中确保工作可靠与安全最为重要。

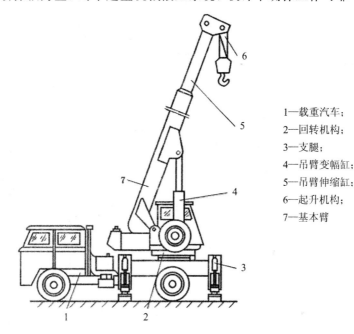

1—载重汽车；

2—回转机构；

3—支腿；

4—吊臂变幅缸；

5—吊臂伸缩缸；

6—起升机构；

7—基本臂

图 7-6 汽车起重机结构简图

汽车起重机是用相配套的载重汽车为基本部分，在其上添加相应的起重功能部件，组成完整汽车起重机，并且利用汽车自备的动力作为起重机的液压系统动力；起重机工作时，汽车的轮胎不受力，依靠四条液压支撑腿将整个汽车抬起来，并将起重机的各个部分展开，进行起重作业；当需要转移起重作业现场时，需要将起重机的各个部分收回到汽车上，使汽车恢复到车辆运输功能状态，进行转移。一般的汽车起重机在功能上有以下要求：

（1）整机能方便的随汽车转移，满足其野外作业机动、灵活、不需要配备电源的要求；

（2）当进行起重作业时支腿机构能将整车抬起，使汽车所有轮胎离地，免受起重载荷的直接作用，且液压支腿的支撑状态能长时间保持位置不变，防止起吊重物时出现软腿现象；

（3）在一定范围内能任意调整、平衡锁定起重臂长度和俯角，以满足不同起重作业要求；

（4）使起重臂在 360°内能任意转动与锁定；

（5）使起吊重物在一定速度范围内任意升降，并在任意位置上能够负重停止、负重启动时不出现溜车现象。

1. Q2－B 型汽车起重机液压系统及其工作原理

Q2－B 型汽车起重机为中、小型动臂式全回转液压汽车起重机，最大起重量为 8 吨。该起重机液压系统如图 7-7 所示。这种起重机的作业操作，主要通过手动操纵来实现多缸各自动作。起重作业时一般为单个缸动作，少数情况下有两个缸的复合动作，为简化结构，系统采用一个液压泵给各执行元件串联供油方式。在轻载情况下，各串联的执行元件可任意组合，使几个执行元件同时动作，如伸缩和回转，或伸缩和变幅同时进行等。

汽车起重机液压系统中液压泵的动力，都是由汽车发动机通过装在底盘变速箱上的取力箱提供。液压泵为高压定量齿轮泵，由于发动机的转速可以通过油门人为调节控制，因此尽管是定排量泵，但其输出的流量可以在一定的范围内通过控制汽车油门开度的大小来人为控制，从而实现无级调速；该泵的额定压力为 21 MPa，排量为 40 ml/r，额定转速为 1500 r/min；液压泵通过中心回转接头 9、开关 10 和过滤器 11 从油箱吸油；输出的压力油经回转接头 9、多路换向阀手动阀组 1 和 2 的操作，将压力油串联地输送到各执行元件，当起重机不工作时，液压系统处于卸荷状态。

Q2－B 型汽车起重机液压系统各部分工作原理具体情况如下：

（1）支腿缸收放回路。在起吊重物时，必须使轮胎架空，由支腿液压缸来承受负载，防止起吊时整机的倾倒或颠覆。该汽车起重机的底盘前后各有两条支腿，通过机构可以使每一条支腿收起和放下。在每一条支腿上都装着一个液压缸，支腿的动作由液压缸驱动。两条前支腿和两条后支腿分别由多路换向阀 1 中的三位四通手动换向阀 A 和 B 控制其伸出或缩回。换向阀均采用 M 型中位机能，且油路采用串联方式。确保每条支腿伸出去的可靠性至关重要，因此每个液压缸均设有双向锁紧回路，以保证支腿被可靠地锁住，防止在起重作业时发生"软腿"现象或行车过程中支腿自行滑落。此时系统中油液的流动情况如下：

① 前支腿。前支腿液压系统的进油路、回油路为

进油路：取力箱→液压泵→多路换向阀 1 中的阀 A→两个前支腿缸进油腔。

回油路：两个前支腿缸回油腔→多路换向阀 1 中的阀 A→阀 B 中位→旋转接头 9→多路换向阀 2 中阀 C、D、E、F 的中位→旋转接头 9→油箱。

② 后支腿。后支腿液压系统的进油路、回油路为

进油路：取力箱→液压泵→多路换向阀 1 中的阀 A 的中位→阀 B→两个后支腿缸进油腔。

回油路：两个后支腿缸回油腔→多路换向阀 1 中的阀 B 的中位→旋转接头 9→多路换向阀 2 中阀 C、D、E、F 的中位→旋转接头 9→油箱。

（2）吊臂回转回路。吊臂回转机构采用液压马达作为执行元件。液压马达通过蜗轮蜗杆减速箱和一对内啮合的齿轮传动来驱动转盘回转。由于转盘转速较低，每分钟仅为 1～3 转，故液压马达的转速也不高，因此没有必要设置液压马达制动回路。系统中用多路换向阀 2 中的一个三位四通手动换向阀 C 来控制转盘正、反转和锁定不动三种工况。此时系统中油液的流动情况为

进油路：取力箱→液压泵→多路换向阀 1 中的阀 A、阀 B 中位→旋转接头 9→多路换向阀 2 中的阀 C→回转液压马达进油腔。

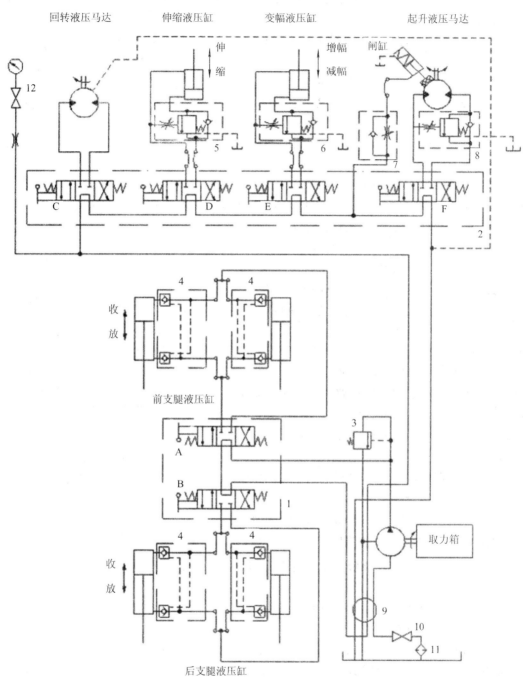

1、2—手动阀组；3—安全阀；4—双向液压锁；5、6、8—平衡阀；7—节流阀；9—中心旋转接头；
10、12—开关；11—过滤器、压力表；A～F—手动换向阀

图 7-7　Q2-B 型汽车起重机液压系统图

回油路：回转液压马达回油腔→多路换向阀 2 中的阀 C→多路换向阀 2 中的阀 D、E、F 的中位→旋转接头 9→油箱。

（3）伸缩回路。起重机的吊臂由基本臂和伸缩臂组成，伸缩臂套在基本臂之中，用一个由三位四通手动换向阀 D 控制的伸缩液压缸来驱动吊臂伸出和缩回。为防止因自重而使吊臂下落，油路中设有平衡回路。此时系统中油液的流动情况为

进油路：取力箱→液压泵→多路换向阀 1 中的阀 A、阀 B 中位→旋转接头 9→多路换向阀 2 中的阀 C 中位→换向阀 D→伸缩液压缸进油腔。

回油路：伸缩液压缸回油腔→多路换向阀 2 中的阀 D→多路换向阀 2 中的阀 E、F 的中位→旋转接头 9→油箱。

（4）变幅回路。吊臂变幅是用一个液压缸来改变起重臂的俯角角度。变幅液压缸由三位四通手动换向阀 E 控制。同样，为防止在变幅作业时因自重而使吊臂下落，在油路中设有平衡回路。此时系统中油液的流动情况为

进油路：取力箱→液压泵→阀 A 中位→阀 B 中位→旋转接头 9→阀 C 中位→阀 D 中位→阀 E→变幅液压缸进油腔。

回油路：变幅液压缸回油腔→阀 E→阀 F 中位→旋转接头 9→油箱。

（5）起降回路。起降机构是汽车起重机的主要工作机构，它由一个低速大转矩定量液压马达来带动卷扬机工作。液压马达的正、反转由三位四通手动换向阀 F 控制。起重机起升速度的调节是通过改变汽车发动机的转速从而改变液压泵的输出流量和液压马达的输入流量来实现的。在液压马达的回油路上设有平衡回路，以防止重物自由落下；在液压马达上还设有单向节流阀的平衡回路，设有单作用闸缸组成的制动回路，当系统不工作时通过闸缸中的弹簧力实现对卷扬机的制动，防止起吊重物下滑；当吊车负重起吊时，利用制动器延时张开的特性，可以避免卷扬机起吊时发生溜车下滑现象。此时系统中油液的流动情况为

进油路：取力箱→液压泵→阀 A 中位→阀 B 中位→旋转接头 9→阀 C 中位→阀 D 中位→阀 E 中位→阀 F→起升液压马达进油腔。

回油路：起升液压马达回油腔→阀 F→旋转接头 9→油箱。

2. Q2 - B 型汽车起重机液压系统的主要特点

从图 7 - 7 可以看出，该液压系统由调压、调速、换向、锁紧、平衡、制动、多缸卸荷等基本回路组成，其性能特点是：

（1）在调压回路中，采用安全阀来限制系统最高工作压力，防止系统过载，对起重机实现超重起吊安全保护作用。

（2）在调速回路中，采用手动调节换向阀的开度大小来调整工件机构（起降机构除外）的速度，方便灵活，充分体现以人为本，用人来直接操纵设备的思想。

（3）在锁紧回路中，采用由液控单向阀构成的双向液压锁将前后支腿锁定在一定位置上，工作可靠，安全，确保整个起吊过程中，每条支腿都不会出现软腿的现象，即使出现发动机死火或液压管道破裂的情况，双向液压锁仍能正常工作，且有效时间长。

（4）在平衡回路中，采用经过改进的单向液控顺序阀作平衡阀，以防止在起升、吊臂伸缩和变幅作业过程中因重物自重而下降，且工作稳定、可靠，但在一个方向有背压，会对系统造成一定的功率损耗。

（5）因作业工况的随机性较大，且动作频繁，所以大多采用手动弹簧复位的多路换向阀来控制各动作。其中的每一个三位四通手动换向阀的中位机能都为 M 型中位机能，当换向阀处于中位时，各执行元件的进油路均被切断，液压泵出口通油箱使泵卸荷，减少了功率损失。并且将阀在油路中串联起来使用，这样可以使任何一个工作机构单独动作；这种串联结构也可在轻载下使机构任意组合地同时动作；但采用 6 个换向阀串联连接，会使液压泵的卸荷压力加大，系统效率降低，但由于起重机不是频繁作业机械，这些损失对系统的影响不大。

（6）在制动回路中，采用由单向节流阀和单作用闸缸构成的制动器，利用调整好的弹簧力进行制动，制动可靠、动作快，由于要用液压缸压缩弹簧来松开刹车，因此刹车松开的动作慢，可防止负重起重时的溜车现象发生，能够确保起吊安全，并且在汽车发动机死火或液压系统出现故障时，能够迅速实现制动，防止被起吊的重物下落。

7.2.4　液压机液压传动系统

液压机是一种利用液体静压力来加工金属、塑料、橡胶、木材、粉末等制品的机械。它常用于压制工艺和压制成形工艺，如：锻压、冲压、冷挤、校直、弯曲、翻边、薄板拉伸、粉末冶金、压装等。

1. 液压机液压传动系统及其工作原理

液压机的典型工作循环如图 7-8 所示。一般主缸的工作循环要求有"快进→减速接近工件及加压→保压延时→泄压→快速回程及保持活塞停留在行程的任意位置"等基本动作，当有辅助缸时，如需顶料，顶料缸的动作循环一般是"活塞上升→停止→向下退回"；薄板拉伸有时还需要压边缸将料压紧。

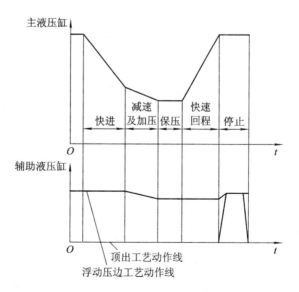

图 7-8　典型液压机工作循环图

图 7-9 所示为双动薄板冲压机的液压系统图，本机最大工作压力为 450 kN，用于薄板的拉伸成形等冲压工艺。系统采用恒功率变量柱塞泵供油，以满足低压快速行程和高压

慢速行程的要求，最高工作压力由电磁溢流阀4的远程调压阀3调定。

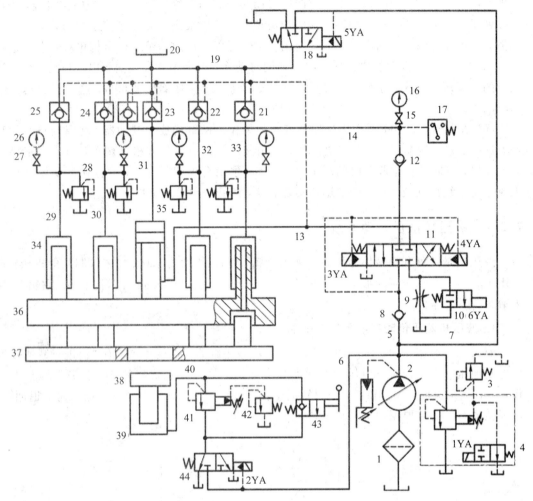

1—过滤器；2—变量泵；3、42—远程调压阀；4—电磁溢流阀；5、6、7、13、14、19、29、30、31、32、33、40—管路；
8、12、21、22、23、24、25—单向阀；9—节流阀；10—电磁换向阀；11—电液换向阀；15、27—压力表开关；
16、26—压力表；17—压力继电器；18、44—二位三通电液换向阀；20—高位油箱；28—安全阀；34—压边缸；
35—拉伸缸；36—拉伸滑块；37—压边滑块；38—顶出块；39—顶出缸；41—先导溢流阀；43—手动换向阀

图7-9　双动薄板冲压机液压系统图

双动薄板冲压机工作原理如下：

（1）启动。按启动按钮，电磁铁全部处于断电状态，恒功率变量泵2输出的油以很低的压力经溢流阀4溢流回油箱，泵2空载启动。

（2）拉伸滑块和压边滑块快速下行。使电磁铁1YA和3YA、6YA通电，溢流阀4的二位二通阀左位，泵2从卸荷状态转换为工作状态。同时三位四通电液换向阀11左位，泵2向拉伸缸（主缸）35上腔供油。因阀10的电磁铁6YA通电，其右位工作，所以回油经阀11和阀10直接回油箱，使其活塞组件快速下行。同时通过拉伸滑块36带动压边缸34柱塞快速下行，压边缸34上腔从高位油箱20补油。这时主缸35的主油路为

　　进油路：过滤器 1→变量泵 2→管路 5→单向阀 8→三位四通电液换向阀 11 左位→单向阀 12→管路 14→管路 31→主缸 35 上腔。

　　回油路：主缸 35 下腔→管路 13→电液换向阀 11 左位→换向阀 10→油箱。

　　拉伸缸（主缸）35 的活塞组件快速下行时，泵 2 始终处于最大流量状态，但仍不能满足其需要，因而其上腔形成负压，高位油箱 20 中的油液经单向阀 23 向主缸 35 上腔充油。同时压边缸 34 柱塞快速下行时其上腔也形成负压，从高位油箱 20 补油。

　　（3）减速、加压。在拉伸滑块 36 和压边滑块 37 与板料接触之前，首先碰到一个行程开关（图中未画出），发出电信号，使阀 10 的电磁铁 6YA 断电，处于左位工作位置，主缸 35 回油须经节流阀 9 回油箱，进行减速，实现慢进。当压边滑块 37 接触工件后，又一个行程开关（图中未画出）发出信号，使 5YA 通电，阀 18 右位，泵 2 输出的压力油经阀 18 向压边缸 34 加压。

　　（4）拉伸、压紧。当拉伸滑块 36 接触工件后，主缸 35 中的压力增加，单向阀 23 关闭，泵 2 输出的流量也自动减小。主缸 35 的活塞组件继续下行，完成拉伸工艺。在拉伸过程中，泵 2 输出的最高压力由远程调压阀 3 调定。

　　进油路：同上。

　　回油路：主缸 35 下腔→管路 13→电液换向阀 11→节流阀 9→油箱。

　　（5）保压。当主缸 35 上腔压力达到预定值时，压力继电器 17 发出信号，使 1YA、3YA、5YA 均断电，阀 11 回到中位，主缸 35 上、下腔以及压边缸 34 上腔均封闭，主缸 35 上腔短时保压。此时泵 2 经溢流阀 4 卸荷。保压时间由压力继电器 17 控制的时间继电器调整。

　　（6）快速回程。保压时间到，使 1YA、4YA 通电，阀 11 右位，泵 2 输出的压力油进入主缸 35 下腔，同时控制油路打开液控单向阀 21、22、23、24、25，主缸 35 上腔的油经阀 23 回到高位油箱 20，主缸 35 回程的同时，带动压边缸 34 快速回程，同时上腔的油也回到高位油箱 20 中。这时主缸 35 的主油路为

　　进油路：过滤器 1→变量泵 2→管路 5→单向阀 8→三位四通电液换向阀 11 右位→管路 13→主缸 35 下腔。

　　回油路：主缸 35 上腔→管路 31→阀 23→高位油箱 20。

　　（7）原位停止。当主缸 35 的拉伸滑块 36 上升到原位，触动行程开关 1SQ 时（图中未画出），电磁铁 4YA 断电，阀 11 回到中位，使主缸 35 下腔封闭，主缸 35 原位停止。

　　（8）顶出缸上升。在行程开关 1SQ 发出信号使 4YA 断电的同时，也使 2YA 通电，阀 44 处于右位状态，泵 2 输出的压力油经管路 6→阀 44 右位→手动换向阀 43 左位→管路 40→顶出缸 39 下腔，顶出缸 39 的顶出块 38 上升，完成顶出工作。顶出压力由远程调压阀 42 设定。

　　（9）顶出缸下降。在顶出缸 39 顶出工件后，行程开关 4SQ（图中未画出）发出信号，使 1YA、2YA 均断电，则阀 4 回到右位状态、阀 44 回到左位状态，则泵 2 卸荷。操纵手动换向阀 43 处于右位，则顶出块 38 在自重作用下下降，顶出缸 39 回油经阀 43 右位、阀 44 左位回油箱。

　　表 7-2 列出了双动薄板冲压机液压系统电磁铁动作顺序表。

表 7-2　电磁铁动作顺序表

拉伸滑块 (主缸 35)	压边滑块 (压边缸 34)	顶出缸 39	电磁铁						手动换向阀 43
			1YA	2YA	3YA	4YA	5YA	6YA	
快速下降	快速下降		+	−	+	−	−	+	
减速	减速		+	−	+	−	+		
拉升	压紧工件		+	−			+	+	
保压	压紧工件		+				+	+	
快速返回	快速返回		+	−		+			左位
		上升	+	+					右位
		下降	+						
液压泵卸荷			−	−	−	−	−	−	

2. 液压机液压传动系统的主要特点

液压机液压传动系统的主要特点如下：

（1）该系统采用高压大流量恒功率变量泵供油，利用拉伸滑块自动充油的快速运动回路，节省了能量。

（2）本系统采用液控单向阀的密封性和液压管路及油液的弹性来保压，结构简单，造价低，比用泵保压节省功率。但要求液压缸等元件密封性好。

（3）本系统采用充液筒（高位油箱）来补充快速下行时液压泵供油的不足，使得系统功率利用合理，而且比采用大流量泵来实现的成本低、功率损失小。

（4）顶出缸选用了柱塞缸，上升过程依靠变量泵驱动，下降过程依靠重力自行下落，简化了油路，同时也更为节能。

7.3　液压传动系统设计

本节中以液压传动系统设计计算为主，如无特殊说明均指对液压传动系统的设计计算，但其过程可推广到气压传动系统的设计计算。

液压传动系统的设计除了应符合主机动作循环和静、动态性能等方面的要求外，还应当满足结构简单、工作安全可靠、效率高、寿命长、经济性好、使用维护方便等条件。

7.3.1　液压传动系统的设计原则与策略

1. 液压系统绿色设计原则

液压系统绿色设计原则是在传统液压系统设计中通常依据的技术原则、成本原则和人机工程学原则的基础上纳入环境原则，并将环境原则置于优先考虑地位。

液压系统的绿色设计原则概括如下：

1）资源最佳利用率原则

少用短缺或稀有的原材料，尽量寻找其代用材料，多用余料或回收材料为原材料；提高系统的可靠性和使用寿命；尽量减少产品中材料的种类，以利于产品废弃后有效回收。

2）能量损耗最少原则

尽量采用相容性好的材料，不采用难以回收或不能回收的材料，在保证产品耐用的基础上，赋予产品合理的使用寿命，努力减少产品使用过程中的能量消耗。

3）零污染原则

尽量减少或不用有毒有害的原材料。

4）技术先进性原则

优化系统性能，在系统设计中树立"小而精"的思想，在同一性能的情况下，通过系统设计小型化尽量节约材料和资源的使用量，如采用轻质材料，去除多余的功能，避免过度包装，减轻产品重量；简化产品结构，提倡"简而美"的设计原则，如减少零部件数目，这样既便于装配、拆卸，又便于废弃后的分类处理；采用模块化设计，此时产品由各功能模块组成，既有利于产品的装配、拆卸，又便于废弃后的回收处理，在设计过程中注重产品的多品种及系列化；采用合理工艺，简化产品加工流程，减少加工工序，简化拆卸过程，如结构设计时采用易于拆卸的连接方式、减少紧固件用量、尽量避免破坏性拆卸方式等；尽可能简化产品包装且避免产生二次污染。

5）整体效益原则

考虑系统对环境产生的附加影响，提供有关产品组成的信息，如材料类型、液压油型号及其回收再生性能。

2. 液压系统绿色设计策略

1）工作介质污染控制

在产品设计过程中应本着预防为主、治理为辅的原则，充分考虑如何消除污染源，从根本上防止污染。

工作介质污染控制方法：

（1）合理选择液压系统元件的参数和结构。

（2）节流阀前后装上精过滤器。

（3）所有需切削加工的元器件，孔口必须有一定的倒角。

（4）组装前必须保持环境的清洁，所有元器件必须采用干装配方式。

2）液压系统噪声控制

液压系统噪声是对工作环境的一种污染，分机械噪声和流体噪声。

液压系统噪声产生的原因：

（1）电动机、液压泵和液压马达转动部件不平衡。

（2）机械零件缺陷和装配不合格而引起的高频噪声。

（3）油液的流速、压力的突变、流量的周期性变化以及泵的困油、气穴等引起。

（4）系统中的压力低于空气分离压时，油中的气体就迅速地大量分离出来，形成气泡，气泡遇到高压便被压破，产生较强的液压冲击。

液压系统噪声控制方法：

（1）严格保证制造和安装的质量，产品结构设计应科学合理。

（2）齿轮泵的齿轮模数应取小值，齿轮取最大数，卸荷槽的形状和尺寸要合理，以减小液压冲击。

（3）柱塞泵柱塞数的确定应科学合理，并在吸、压油配流盘上对称的开出三角槽，以防柱塞泵困油。

（4）为防止空气混入，泵的吸油口应足够大，而且应没入油箱液面以下一定深度。

（5）增大管径和使用软管，对减少和吸收振动都很有效。

3）液压元件的连接与拆卸的设计

液压系统设计应尽量提高液压系统的集成度，采用原则是对多个元件的功能进行优化组合，实现系统的模块化，并尽可能使液压回路的结构紧凑，如减小液压元件间的连接，设计易于拆卸的元件等。

为了使液压系统结构更紧凑，根据其安装形式的不同，阀类元件可制成各种结构形式：管式连接、法兰式连接、插装阀、板式阀、叠加阀等。

4）液压系统的节能设计

液压系统的节能设计不但要保证系统的输出功率要求，还要保证尽可能经济、有效的利用能量，达到高效、可靠运行的目的。

在元件的选用方面，应尽量选用那些效率高、能耗低的元件。

采用各种现代液压技术也是提高液压系统效率、降低能耗的重要手段。如压力补偿控制、负载感应控制及功率协调系统等，采用定量泵＋比例换向阀、多联泵（定量泵）＋比例节流溢流阀的系统，效率可以提高 $28\%\sim45\%$，采用定量泵增速液压缸的液压回路，系统中的溢流阀起安全保护作用，并且无溢流损失，供油压力始终随负载而变，这种回路具有容积调速以及压力自动适应的特性，能使系统效率明显提高。

7.3.2 液压传动系统的设计内容与步骤

液压传动系统设计的基本内容和一般步骤如下：

（1）明确对液压系统的要求。

（2）分析主机工况，确定液压系统的主要参数。

（3）进行方案设计，初拟液压系统原理图。

（4）计算和选择液压元件。

（5）验算液压系统的性能。

（6）绘制正式系统工作图，编制技术文件。

1. 明确对液压系统的设计要求

液压系统的设计必须能全面满足主机的各项功能和技术性能，因此，首先要了解主机对液压部分的要求。一般包括以下几点：

（1）主机的用途、类型、工艺过程及总体布局，要求用液压传动的动作和空间位置的限制。

（2）对液压系统动作和性能的要求。如工作循环、运动方式（往复直线运动或旋转运动、同步、顺序或互锁等要求)、自动化程度、调速范围、运动平稳性和精度、负载状况、工作行程等。

(3) 工作环境。如温度、湿度、污染、腐蚀及易燃等情况。

(4) 其他要求。如可靠性、经济性等。

2. 分析工况，确定液压系统的主要参数

明确了液压系统的设计依据后，对主机的工作过程进行分析即负载分析和运动分析，确定负载和速度在整个工作循环中的变化规律，然后即可计算执行元件的主要结构参数，以及确定液压系统的主要参数——工作压力和最大流量。

主机工作过程中，其执行机构要克服负载。各工作阶段的负载可按以下计算。

(1) 启动阶段：$F=F_{fs}\pm F_G$

(2) 加速阶段：$F=F_{fd}\pm F_m\pm F_G$

(3) 恒速阶段：$F=\pm F_t\pm F_{fd}\pm F_G$

(4) 制动阶段：$F=\pm F_t\pm F_{fd}\pm F_m\pm F_G$

上述公式中，F_G 为重力，若工作部件水平放置则 $F_G=0$；F_{fs} 为静摩擦力，$F_{fs}=f_sF_n$，F_n 为对支承面的正压力，f_s 为静摩擦系数，一般 $f_s\leqslant0.2\sim0.3$；F_{fd} 为动摩擦力，$F_{fd}=f_dF_n$，f_d 为动摩擦系数，一般 $f_d\leqslant0.05\sim0.1$；F_m 为惯性阻力，$F_m=ma$，m 为运动部件总质量，a 为加(减)速度；F_t 为切削阻力。

3. 确定液压系统的主要参数

执行元件的工作压力可以根据其最大负载(F_{max} 或 T_{max})来选取，也可根据主机的类型来确定，见表 7-3 和表 7-4。

表 7-3　按负载选择执行元件的工作压力

负载 F/kN	<5	5~10	10~20	20~30	30~50	>50
工作压力 p/MPa	<0.8~1.0	1.5~2.0	2.5~3.0	3.0~4.0	4.0~5.0	>5.0~7.0

表 7-4　各类主机常用工作压力

主机类型	精加工机床	半精加工机床	粗加工或重型机床	农业机械、小型工程机械	液压机、重型机械、大中型挖掘机械、起重运输机械
工作压力 p/MPa	0.8~2.0	3.0~5.0	5.0~10.0	10.0~16.0	20.0~32.0

最大流量由执行元件的最大速度计算出来，它与执行元件的结构参数有关。通常按最大负载和选取的工作压力 p 求出液压缸的有效工作面积 A 或液压马达的排量 V_M。

$$A=\frac{F_{max}}{p\eta_m} \tag{7-1}$$

$$V_M=\frac{2\pi T_{max}}{p\eta_m} \tag{7-2}$$

再根据式(7-3)计算出液压缸的最大流量或根据式(7-4)计算出液压马达的最大流量。

$$q_{max} = Av_{max} \qquad\qquad (7-3)$$

$$q_{max} = V_M n_{Mmax} \qquad\qquad (7-4)$$

对于要求工作速度很低的执行元件，在计算最大流量之前，需检验所求得的执行元件的主要结构参数能否在系统最小稳定流量 q_{min} 下使该执行元件获得要求的最低工作速度 v_{min} 或 n_{min}，即

$$A \geqslant \frac{q_{min}}{v_{min}} \qquad\qquad (7-5)$$

$$V_M \geqslant \frac{q_{min}}{n_{Mmin}} \qquad\qquad (7-6)$$

否则需要调整 A、V_M 或 p。在节流调速系统中，q_{min} 决定于流量阀的最小稳定流量，可由产品的性能表查出。在容积调速系统中，q_{min} 决定于变量泵的最小稳定流量。

由已确定的 A 值可以计算出液压缸的内径 D，再参考有关手册，根据系统工作压力或液压缸往复运动速度比或活塞杆的受力情况，计算活塞杆的直径 d，计算出的 D 和 d 最后还必须按国家标准选取为标准数值。

各液压执行元件的主要结构参数确定之后，即可根据负载变化情况、速度变化情况以及 A 和 V_M 作出各执行元件的工况图，然后再作出整个液压系统的工况图，作为后续设计中的依据。

7.3.3 液压系统原理图确定和液压元件的计算选择

1. 液压系统原理图的拟定

1）选择液压回路基本控制方案

根据对液压系统的各项要求，选择液压回路，进行方案设计。

（1）制订调速方案。液压执行元件确定之后，其运动方向和运动速度的控制是拟定液压回路的核心问题。

方向控制用换向阀或逻辑控制单元来实现。对于一般中小流量的液压系统，大多通过换向阀的有机组合来实现所要求的动作。对高压大流量的液压系统，现多采用插装阀与先导控制阀的逻辑组合来实现。

速度控制通过改变液压执行元件输入或输出的流量或者利用密封空间的容积变化来实现。相应的调整方式有节流调速、容积调速以及二者结合的调速方式。

（2）制订压力控制方案。液压执行元件工作时，要求系统保持一定的工作压力或在一定压力范围内工作，也有需要多级或者无级连续调节压力。一般在节流调速系统中，通常由定量泵供油，用溢流阀调节所需压力，并保持恒定。在容积调速系统中，用变量泵供油，用安全阀起安全保护作用。

在有些液压系统中，有时需要流量不大的高压油，这时可考虑用增压回路得到高压，而不用单设高压泵。液压执行元件在工作循环中，某段时间不需要供油，而又不便停泵的情况下，需考虑选择卸荷回路。在系统的某个局部，工作压力需低于主油源压力时，要考虑采用减压回路来获得所需的工作压力。

（3）制订顺序动作方案。主机各执行机构的顺序动作，根据设备类型不同，有的按固定程序运行，有的则是随机的或人为的。工程机械的操纵机构多为手动，一般用手动的多路换向阀控制。加工机械的各执行机构的顺序动作多采用行程控制，当工作部件移动到一定位置时，通过电气行程开关发出电信号给电磁铁推动电磁阀或直接压下行程阀来控制连接的动作。行程开关安装比较方便，而用行程阀需连接相应的油路，因此只适用于管路连接比较方便的场合。

另外，还有时间控制、压力控制等。例如，液压泵无载启动，经过一段时间，当泵正常运转后，延时继电器发出电信号使卸载阀关闭，建立起正常的工作压力。压力控制多用在带有液压夹具的机床、挤压机，压力机等场合。当某一执行元件完成预定动作时，回路中的压力达到一定的数值，通过压力继电器发出电信号或打开顺序阀使压力油来启动下一个动作。

（4）选择液压动力源。液压系统的工作介质完全由液压源来提供，液压源的核心是液压泵。节流调速系统一般用定量泵供油，在无其他辅助油源的情况下，液压泵的供油量要大于系统的需油量，多余的油经溢流阀流回油箱，溢流阀同时起到控制并稳定油源压力的作用。容积调速系统多数是用变量泵供油，用安全阀限定系统的最高压力。

2）初拟液压系统原理图

将选定的各液压回路组合、归并在一起，再加上一些辅助元件或回路，就初步形成了整机的液压系统原理图。在合成整机液压系统时应注意如下问题：

（1）合理调整系统，排除各回路间的相互干扰，注意各元件间的连锁关系，避免误动作发生，保证正常的工作循环安全可靠。

（2）组合时要合并或去掉重复多余的元件和管路，功能相近的元件应尽可能统一规格和类型，力求系统结构简单，元件数量和类型尽量少。

（3）合理布置各元件的安装位置，保证各元件能正常发挥作用。

（4）注意防止液压振动和液压冲击，必要时增加蓄能器、缓冲装置或缓冲回路。

（5）合理布置并预留测压点，以便系统调试，并在使用中对系统实施有效的监控。

（6）尽量选用标准元件。

（7）组合时要尽量减少能量损失环节，提高系统的效率。

2. 液压元件计算与选择

液压元件的选择通常是由诸多因素共同决定的：① 参考同类设备；② 系统所需要的最高压力和最大流量；③ 对稳态功率以及整个运动过程的考虑；④ 可供选用的液压元件及其成本。

1）液压泵及电动机的选择

首先根据设计要求和系统工况确定液压泵的类型，然后根据液压泵的最大供油量来选择液压泵的规格。

（1）确定液压泵的工作压力。液压泵的工作压力 p_P 必须大于等于执行元件最大工作压力 p_1 及同一工况下进油路上总压力损失 $\sum \Delta p_1$ 之和。即

$$p_P \geqslant p_1 + \sum \Delta p_1 \tag{7-7}$$

式中：p_1 为执行元件的最高工作压力；$\sum \Delta p_1$ 按经验和资料估计：一般节流调速和管路较简单的系统取 $\sum \Delta p_1 = 0.2 \sim 0.5$ MPa，进油路上有调速阀或管路复杂的系统取 $\sum \Delta p_1 = 0.5 \sim 1.5$ MPa。

（2）确定液压泵的流量。液压泵的流量 q_P 必须大于等于执行元件总流量的最大值 $(\sum q_i)_{max}$。这里，$\sum q_i$ 为同时工作的执行元件流量之和；q_i 为工作循环中某一执行元件在第 i 个动作阶段所需流量和回路的泄漏量之和。若回路的泄漏折算系数为 K（$K = 1.1 \sim 1.3$），大流量取小值，小流量取大值，则

$$q_P \geqslant K(\sum q_i)_{max} \tag{7-8}$$

对于节流调速系统，若最大流量点处于调速状态，则在泵的供油量中还要增加溢流阀的最小（稳定）溢流量 3 L/min。

如果采用蓄能器储存压力油，则泵的流量按一个工作循环中液压执行元件的平均流量估取。

（3）选择液压泵的规格型号。液压泵的规格型号按计算值在产品样本中选取。

为了使液压泵工作安全可靠，液压泵应有一定的压力储备量，通常泵的额定压力可比上述最大工作压力高 25% ~ 60%。

泵的额定流量则宜与相当，不要超过太多，以免造成过大的功率损失。

（4）选择驱动液压泵的电动机。驱动液压泵的电动机根据驱动功率和泵的转速来选择。

① 在整个工作循环中，泵的压力和流量在较多时间内皆达到最大值时，驱动泵的电动机功率 P 为

$$P_P = \frac{p_P q_P}{\eta_P} \tag{7-9}$$

式中：p_P 为液压泵的最高供油压力；q_P 为液压泵的实际输出流量；η_P 为液压泵的总效率，数值见产品样本，一般有上下限：规格大的取上限，变量泵取下限，定量泵取上限。

② 限压式变量叶片泵的驱动功率，可按泵的实际压力——流量特性曲线拐点处功率来计算。

③ 在工作循环中，泵的压力和流量变化较大时，可分别计算出工作循环中各个阶段所需的驱动功率，然后求其均方根值 P_{cP}

$$P_{cP} = \sqrt{\frac{P_1^2 t_1 + P_2^2 t_2 + \cdots + P_n^2 t_n}{t_1 + t_2 + \cdots + t_n}} \tag{7-10}$$

式中：P_1、$P_2 \cdots P_n$ 为一个工作循环中各阶段所需的驱动功率；t_1、$t_2 \cdots t_n$ 为一个工作循环中各阶段所需的时间。

在选择电动机时，应将求得的值与各工作阶段的最大功率值比较，若最大功率符合电动机短时超载 25% 的范围，则按平均功率选择电动机；否则应适当增大电动机功率，以满足电动机短时超载 25% 的要求，或按最大功率选择电动机。

2）液压控制阀的选择

各种液压阀类元件的规格、型号，按液压传动系统原理图和该阀所在支路最大工作压

力和通过的最大流量从产品样本中选取。各种阀的额定压力和额定流量，一般应与其工作压力和最大通过流量相接近，必要时，可允许其最大通过流量超过额定流量的 20%。

具体选择时，应注意溢流阀按液压泵的最大流量来选取；流量阀还需考虑最小稳定流量，以满足低速稳定性要求；单杆液压缸系统若无杆腔有效作用面积为有杆腔有效作用面积的 n 倍，当有杆腔进油时，则回油流量为进油流量的 n 倍，因此应以 n 倍的流量来选择通过该回油路的阀类元件。

3）液压辅件选择及计算

液压辅件的选择及计算主要包括蓄能器的选择、管道尺寸的确定、油箱容量的确定和过滤器的选择等。选择的依据及计算见第 5 章相关内容。

3. 液压系统性能验算及校核

1）液压系统压力损失计算

压力损失包括管路的沿程损失 Δp_1，管路的局部压力损失 Δp_2 和阀类元件的局部损失 Δp_3，总的压力损失为

$$\Delta p = \Delta p_1 + \Delta p_2 + \Delta p_3 \tag{7-11}$$

如果计算出的 Δp 比选泵时估计的管路损失大得多时，应该重新调整泵及其他有关元件的规格尺寸等参数。

2）液压系统的发热温升计算

（1）计算液压系统的发热功率。液压系统的功率损失主要有以下几种形式：液压泵的功率损失、液压执行元件的功率损失、溢流阀的功率损失和油液流经阀或管路的功率损失。

（2）计算液压系统的散热功率。液压系统的散热渠道主要是油箱表面，但如果系统外接管路较长，在计算发热功率时，也应考虑管路表面散热。

$$P_{hc} = (K_1 A_1 + K_2 A_2) + \Delta T \tag{7-12}$$

式中：K_1 为油箱散热系数，见表 7-5；K_2 为管路散热系数，见表 7-6；A_1、A_2 分别为油箱、管路的散热面积；ΔT 为油温与环境温度之差。

表 7-5　油箱散热系数（$\text{W/m}^2 \cdot \text{℃}$）

冷却条件	K_1
通风条件很差	8～9
通风条件良好	15～17
用风扇冷却	23
循环水强制冷却	110～170

表 7-6　管路散热系数 K_2（$\text{W/m}^2 \cdot \text{℃}$）

风速 /(m/s)	管路外径/m		
	0.01	0.05	0.1
0	8	6	5
1	25	14	10
5	69	40	23

（3）根据散热要求计算油箱容量。

最大温差 ΔT 是在初步确定油箱容积的情况下，验算其散热面积是否满足要求。当系统的发热量求出之后，可根据散热的要求确定油箱的容量。

4. 计算液压系统冲击压力

冲击压力是由于管道液流速度急剧改变或管道液流方向急剧改变而形成的。对系统影

响较大的冲击压力常为以下两种形式：

（1）当迅速打开或关闭液流通路时，在系统中产生的冲击压力。

（2）急剧改变液压缸运动速度时，由于液体及运动机构的惯性作用而引起的冲击压力。

计算出冲击压力后，此压力与管道的静态压力之和即为此时管道的实际压力。实际压力若比初始设计压力大得多时，要重新校核相应部位管道的强度及阀件的承压能力，如果不满足，则要重新调整。

7.4 工程实例：液压挖掘机液压系统设计

液压挖掘机是一种多功能机械，被广泛应用于水利工程、交通运输、电力工程和矿山采掘等施工中。液压挖掘机具有多品种、多功能、高质量及高效率等特点，受到了广大施工作业单位的青睐。

液压挖掘机的液压系统是由一些基本回路和辅助回路组成，包括限压回路、卸荷回路、缓冲回路、节流调速和节流限速回路、行走限速回路、支腿顺序回路、支腿锁止回路和先导阀操纵回路等，由这些基本环节构成具有各种功能的液压系统。通过管路把各种液压元件有机地连接起来，组合成为挖掘机的液压系统。

7.4.1 液压挖掘机液压系统的基本要求

根据作业需要，对液压挖掘机的要求有：

（1）保证挖掘机动臂、斗杆和铲斗可以各自单独动作，也可以互相配合实现复合动作。

（2）工作装置的动作和转台的回转既能单独进行，又能作复合动作，以提高生产率。

（3）履带式挖掘机的左、右履带分别独立驱动，使挖掘机行走方便、转向灵活，可就地转向，以提高灵活性。

（4）保证挖掘机的所有动作可逆，且可以进行无级变速。

（5）各执行元件（液压缸、液压马达等）有良好的过载保护；回转机构和行走装置有可靠的制动和限速；防止动臂因自重而快速下降和整机超速溜坡，确保挖掘机安全可靠。

因液压挖掘机的动作复杂，经常启动、制动、换向，负载变化大，冲击和振动频繁，一般在野外作业，温度和地理位置变化大。为此，设计的液压挖掘机液压系统应具备以下特点：

（1）有高的传动效率，以充分发挥发动机的动力性和燃料使用经济性。

（2）在负载变化大、急剧的振动冲击作用下，液压系统和液压元件有足够的可靠性。

（3）装备冷却器，使主机持续工作时液压油温不超过80℃，或温升不超过45℃。

（4）作业现场尘土多，要求液压系统的密封性能要好，液压元件对油液污染的敏感性低，整个液压系统要设置过滤器和防尘装置。

（5）采用液压或电液伺服操纵装置，以便设置自动控制系统，提高挖掘机技术性能，减轻工人劳动强度。

目前，液压挖掘机液压系统大致上有定量系统、变量系统和定量、变量复合系统等三种类型。在采用定量系统的液压挖掘机液压系统中，其流量不变，流量不随外载荷而变化，通常依靠节流来调节速度。根据定量系统中油泵和回路的数量及组合形式，分为单泵单回路定量系统、双泵单回路定量系统、双泵双回路定量系统及多泵多回路定量系统等。在采用变量系统的液压挖掘机液压系统中，通过容积变量来实现无级调速，其调速方式有三种：变量泵－定量马达调速、定量泵－变量马达调速和变量泵－变量马达调速。单斗液压挖掘机的变量系统多采用变量泵－定量马达的组合方式实现，采用双泵双回路。

7.4.2 YW－100 型单斗履带式挖掘机液压系统

YW－100 型单斗履带式挖掘机的工作装置、行走机构、回转装置等均采用液压驱动。图 7－10 所示为 YW－100 型单斗履带式挖掘机液压系统图。

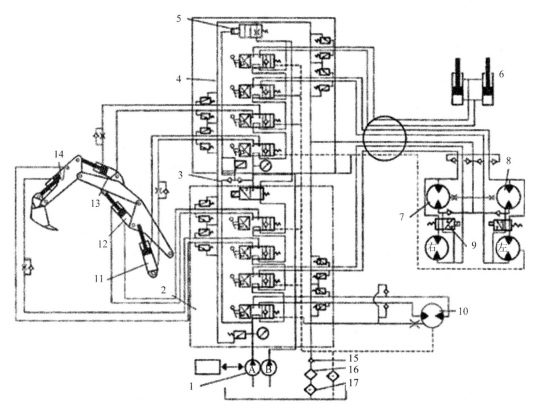

1—油泵；2、4—分配阀组；3—单向阀；5—限速阀；6—推土板油缸；7、8—行走马达；9—双速阀；
10—回转马达；11—动臂油缸；12—辅助油缸；13—斗杆油缸；14—铲斗油缸；
15—背压阀；16—冷却器；17—过滤器

图 7－10 YW－100 型单斗履带式挖掘机液压系统

该挖掘机液压系统采用双泵双向回路定量系统，由两个独立的回路组成。所用的油泵 1 为双联泵，分为 A、B 两泵。八联多路换向阀分为两组，每组中的四联换向阀组为串联油路。油泵 A 输出的压力油进入第一组多路换向阀，驱动回转马达 10、铲斗油缸 14、辅助油缸 12，并经中央回转接头驱动右行走马达 7。该组执行元件不工作时油泵 A 输出的压力油经第一组多路换向阀中的合流阀进入第二组多路换向阀，以加快动臂或斗杆的工作速度。

油泵 B 输出的压力油进入第二组多路换向阀，驱动动臂油缸 11、斗杆油缸 13，并经中央回转接头驱动左行走马达 8 和推土板油缸 6。

该液压系统中两组多种换向阀均采用串联油路，其回油路并联，油液通过第二组多路换向阀中的限速阀 5 流向油箱。限速阀 5 的液控口作用着由梭阀提供的 A、B 两油泵的最大压力，当挖掘机下坡行走出现超速情况时，油泵出口压力降低，限速阀 5 自动对回油进行节流，防止溜坡现象，保证挖掘机行驶安全。

在左、右行走马达内部除设有补油阀外，还设有双速电磁阀 9，当双速电磁阀 9 在图示位置时马达内部的两排柱塞构成串联油路，此时为高速；当双速电磁阀 9 通电后，马达内部的两排柱塞呈并联状态，马达排量大、转速降低，使挖掘机的驱动力增大。

为了防止动臂、斗杆、铲斗等因自重而超速降落，其回路中均设有单向节流阀。另外，两组多路换向阀的进油路中设有安全阀，以限制系统的最大压力，在各执行元件的分支油路中均设有过载阀，吸收工作装置的冲击；油路中还设有单向阀，以防止油液的倒流、阻断执行元件的冲击振动向油泵的传递。

WY - 100 型单斗液压挖掘机除了主油路外，还有如下低压油路：

（1）排灌油路。将背压油路中的低压油，经节流降压后供给液压马达壳体内部，使其保持一定的循环油量，及时冲洗磨损产物。同时回油温度较高，可对液压马达进行预热，避免环境温度较低时工作液体对液压马达形成"热冲击"。

（2）泄油回路。将多路换向阀和液压马达的泄漏油液用油管集中起来，通过五通接头和过滤器流回油箱。该回路无背压以减少外漏。液压系统出现故障时可通过检查泄漏油路过滤器，判定是否属于液压马达磨损引起的故障。

（3）补油油路。该液压系统中的回油经背压阀流回油箱，并产生 0.8～1.0 MPa 的补油压力，形成背压油路，以便在液压马达制动或出现超速时，背压油路中的油液经补油阀向液压马达补油，以防止液压马达内部的柱塞滚轮脱离导轨表面。

该液压系统采用定量泵，效率较低、发热量大，为了防止液压系统过大的温升，在回油路中设置强制风冷式散热器，将油温控制在 80℃ 以下。

练 习 题

7-1　怎样阅读、分析一个复杂的液压系统？

7-2　在图 7-3 中所示的 YT4543 动力滑台液压系统由哪些基本回路组成？各个单向阀在液压系统中起什么作用？顺序阀 4 和溢流阀 3 在液压系统中起什么作用？

7-3　在图 7-7 所示的 Q2 - B 型汽车起重机液压系统中，为什么采用弹簧复位式手动换向阀控制各执行元件动作？

7-4　试写出如图 7-11 所示液压系统的电磁铁动作表，并评述这个液压系统的特点。

7-5　图 7-12 所示的是组合机床动力滑台上使用的一种液压系统。简述其工作原理，试写出其电磁铁动作表并说明桥式油路结构的作用。

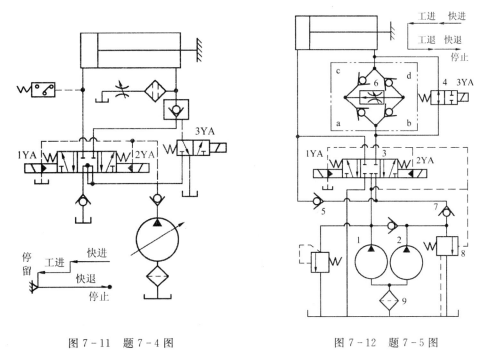

图 7-11 题 7-4 图   图 7-12 题 7-5 图

7-6 试以表格的形式列出如图 7-13 所示 YB32-200 型液压机的工作循环及电磁铁动作顺序表。

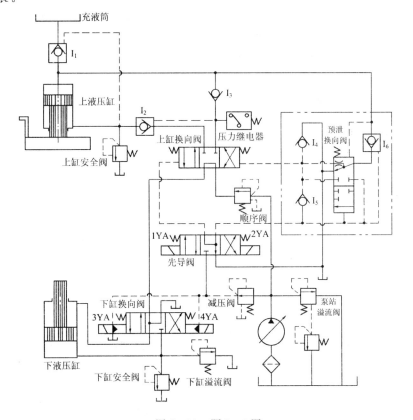

图 7-13 题 7-6 图

7-7 如图7-14所示液压系统，按动作循环表规定的动作顺序进行系统分析，完成该液压系统的工作循环表。

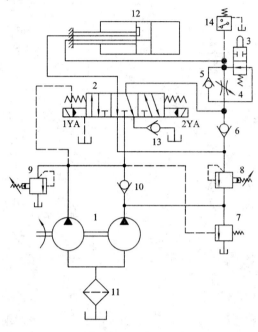

图7-14 题7-7图

7-8 认真分析如图7-15所示的液压系统，按电气元件的工作顺序和工作状态，试分析说明液压缸各动作的运动和工作状态。

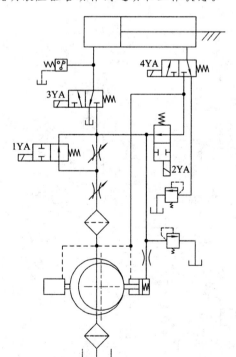

动作名称	电气元件状态			
	1YA	2YA	3YA	4YA
1	—	—	+	+
2	—	+	+	—
3	+	+	+	—
4	—	—	—	+
5				

图7-15 题7-8图

7-9 认真分析如图7-16所示的液压系统，按电气元件的工作顺序和工作状态，试分析说明液压缸各动作的运动和工作状态。（注：电气元件通电为"＋"，断电为"—"）

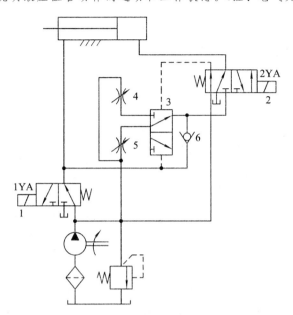

动作名称	电气元件	
	1YA	2YA
1	—	＋
2	＋	＋
3	＋	—
4	＋	＋
5	＋	—
6	—	—
7	＋	—

图 7-16 题 7-9 图

7-10 如图7-17所示系统能实现"快进→一工进→ 二工进→快退→停止"的工作循环。试画出电磁铁动作顺序表，并分析系统的特点。

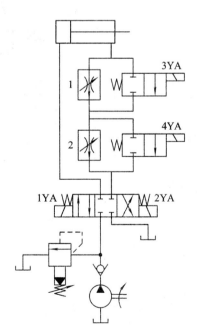

	1YA	2YA	3YA	4YA
快进				
一 工进				
二 工进				
快退				
停止				

图 7-17 题 7-10 图

7-11 如图 7-18 所示液压系统，完成如下动作循环：快进→工进→快退→停止、卸荷。试写出动作循环表，并评述系统的特点。

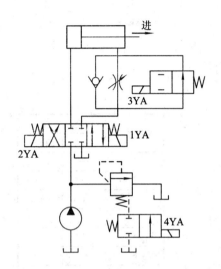

	1YA	2YA	3YA	4YA
快进				
工进				
快退				
停止、卸荷				

图 7-18 题 7-11 图

7-12 试分析并简述如图 7-19 所示两个回路的工作过程，并写出各元件的名称。

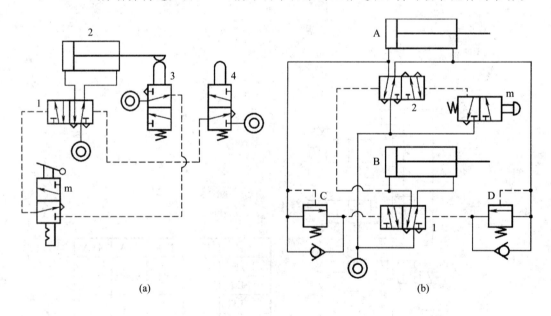

(a)   (b)

图 7-19 题 7-12 图

第二部分

气压传动篇

第8章　气压传动基础知识

气动(Pneumatic)是气压传动与控制的简称。气压传动技术是一门古老的技术,在生产技术高度发展的今天获得了新的发展,其发展的进程与人类的文明历史有着密切的联系。早在2000多年以前,埃及人首先扬帆远航,逆尼罗河而行舟。直至18世纪中叶末发明蒸汽机以前,江河湖泊的水运交通,几乎都直接依靠风力。现在英文气压传动技术一词的词根,就是来源于古代希腊的"风吹"(Pneuma)的意思。

利用空气的能量进行各种工作的历史可以追溯到远古,但作为气压传动技术应用的雏形,大约开始于1776年John Wilkinson发明的空气压缩机。1880年人们利用压缩空气可以快速驱动的特点,制造了机车的气压传动刹车制动装置,第一次显示了气压传动安全、可靠、简单和快速的优点。20世纪30年代初,成功地将气压传动技术应用于自动门的开闭及各种机械的辅助动作装置上。进入到60年代,尤其是70年代初,随着各国科技发展和经济繁荣,迫切需要提高生产机械化和自动化的水平,以提高劳动生产率,工业生产部门纷纷寻求高效、低耗、安全可靠又有较长使用寿命的自动化技术及相应的元件。由于气动元件能适应上述几方面的要求,且元件本身可采用压铸、注塑等高效工艺大批生产,气动执行机构可适应空间各种复杂动作,促使气压传动控制技术在各行各业开始得到广泛的应用。随着相关技术的发展,逐步形成现代气压传动技术,其应用领域也越来越广阔。

8.1　气压传动概述

气压传动是以空气压缩机为动力源,以压缩空气为工作介质,进行能量传递或信号传递的工程技术。气压传动技术是实现各种生产控制、自动控制的重要手段之一。

8.1.1　气压传动的特点

1. 各种传动与控制方式的比较

常用的各种传动与控制方式有气压方式、液压方式、机械方式、电气方式、电子方式等,表8-1为各种传动与控制方式的比较,它们各自有不同的特点及适用场合。在自动化、省力化设计时应对各种技术进行比较,选择最合适方式或组合运用,以做到更可靠、更经济、更安全、更简单。

表 8 - 1　各种传动与控制方式的比较

项　目＼主要方式	气压方式	液压方式	机械方式	电气方式	电子方式
驱动力	较大(可达数十 kN)	大(可达数百 kN 以上)	不太大	不太大	小
驱动速度	快	慢	慢	快	快
响应速度	较快	快	中等	快	快
受外负载影响	大	较小	几乎没有	几乎没有	几乎没有
构造	简单	稍复杂	普通	稍复杂	复杂
配线,配管	稍复杂	复杂	无	较简单	复杂
温度影响	小于 100℃普通	小于 70℃普通	普通	大	大
防潮性	排放冷凝水	普通	普通	差	差
防腐蚀性	普通	普通	普通	差	差
防振性	普通	普通	普通	差	特差
定位精度	稍不良	稍良好	良好	良好	良好
维护	简单	简单	简单	有技术要求	技术要求高
危险性	几乎没有问题	注意防火	没有特别问题	注意漏电	没有特别问题
信号转换	较难	难	难	易	易
远程操作	良好	较良好	难	很好	很好
动力源出现故障	有一定应付能力	若有蓄能器,可短时应付	不动作	不动作	不动作
安装自由度	有	有	小	有	有
承受过载能力	好	尚可	较难	不行	不行
无级变速	稍良好	良好	稍困难	稍困难	良好
速度调整	稍困难	容易	稍困难	容易	容易
价格	普通	稍高	普通	稍高	高

2. 气压传动的优点

气压传动与其他的传动和控制方式相比,其优点如下:

(1) 气压传动装置结构简单、轻便、安装维护简单。压力等级低,故使用安全。

(2) 工作介质是取之不尽、用之不竭的空气,空气本身不花钱。排气处理简单,不污染环境,成本低。

(3) 输出力及工作速度的调节非常容易。气缸动作速度一般为 50～500 mm/s,比液压和电气方式的动作速度快。

(4) 可靠性高,使用寿命长。电器元件的有效动作次数约为数百万次,而精良的气动元件寿命可达数千万次,有的甚至可达数亿次。

（5）利用空气的可压缩性，可贮存能量，实现集中供气；可短时间释放能量，以获得间歇运动中的高度响应；可实现缓冲；对冲击负载和过负载有较强的适应能力；在一定条件下，可使气压传动装置有自保持能力。

（6）全气压传动控制具有防火、防爆、耐潮的能力。与液压方式相比，气压传动方式可在高温场合使用。

（7）压缩空气流动损失小，可集中供应，进行远距离输送。

3. 气压传动的缺点

气压传动与其他的传动和控制方式相比，其缺点如下：

（1）空气的可压缩性大，使得气缸动作速度易受负载的变化而变化。

（2）气缸在低速下稳定能力不如液压缸。

（3）气缸的输出力比液压缸小。

改善气缸速度受负载变化影响的方法：气体的可压缩性，使得气缸动作速度易受负载变化的影响，不利于工作需要。可以通过采用气液联动方式来解决这个问题。

4. 气动元件的发展趋势

（1）高质量。电磁阀的寿命可达 1 亿次，气缸的寿命可达 $5000 \sim 8000$ km。

（2）高精度。定位精度可达 $0.5 \sim 0.1$ mm，过滤精度可达 0.01 μm，除油率可达 1 m³ 标准大气中的油雾在 0.1 mg 以下。

（3）高速度。小型电磁阀的最大动作频率可达 1000 Hz，气缸的最大速度可达 3 m/s。

（4）低功耗。电磁阀的功率可降至 0.1 W。各种环保、节能型气动元件已推向市场。

（5）小型化。元件制成超薄、超短、超小型。

（6）轻量化。元件采用铝合金及塑料等新型材料制造，零件进行等强度设计。

（7）无给油化。不供油润滑元件组成的系统不污染环境，系统简单，维护也容易，节省润滑油，且摩擦性能稳定，成本低、寿命长。适合食品、医药、电子、纺织、精密仪器、生物工程等行业的需要。

（8）复合集成化。减少配线（如串行传送技术）、配管和元件，节省空间，简化拆装，提高工作效率。

（9）机电一体化。典型的是"计算机远程控制＋可编程控制器＋传感器＋气动元件"组成的控制系统。

5. 气压传动技术的应用领域

（1）汽车制造行业。其中包括焊装生产线、夹具、机器人、输送设备、组装线、涂装线、发动机、轮胎生产装备等方面。

（2）生产自动化。机械加工生产线上零件的加工和组装，如工件的搬运、转位、定位、夹紧、进给、装卸、装配、清洗、检测等工序。

（3）机械设备。如自动喷气织布机、自动清洗机、冶金机械、印刷机械、建筑机械、农业机械、制鞋机械、塑料制品生产线、人造革生产线、玻璃制品加工线等许多场合。

（4）电子半导体家电制造行业。例如硅片的搬运、元器件的插入与锡焊，彩电、冰箱的装配生产线。

（5）包装自动化。如化肥、化工、粮食、食品、药品、生物工程等实现粉末、粒状、块状物料的自动计量包装；烟草工业的自动化卷烟和自动化包装等许多工序；黏稠液体（如油漆、油墨、化妆品、牙膏等）和有毒气体（如煤气等）的自动计量灌装。

（6）生命科学领域。如制药、医疗器械领域的相关设备，一般分析领域和环境分析领域等。

8.1.2 气压传动系统的组成

1. 气压传动系统的基本组成

气压传动系统的基本组成如图 8-1 所示。一个典型的气压传动系统是由各种控制阀、气动执行元件、各种气动辅助元件及气源净化元件所组成。

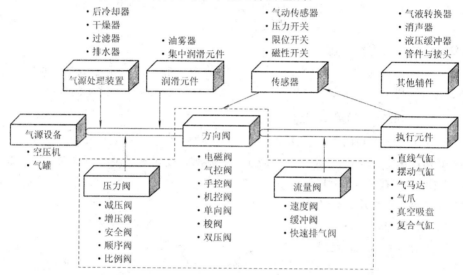

图 8-1　气压传动系统的基本组成

组成的气压传动回路是为了驱动用于各种不同目的的机械装置，其最重要的三个控制内容是：力的大小、运动方向和运动速度。气压传动系统中靠压力控制阀控制气缸输出力的大小，靠方向控制阀控制气缸的运动方向，靠速度控制阀控制气缸的运动速度。

2. 气动元件的基本品种

表 8-2 所列为气动元件的基本品种。

表 8-2　气动元件的基本品种

类别	品种	说明
气源设备	空气压缩机	作为气压传动与控制的动力源，常使用 1.0 MPa 压力等级
	后冷却器	清除压缩空气中的固态、液态污染物
	气罐	稳压和蓄能
气源处理元件	过滤器	清除压缩空气中的固态、液态和气态污染物，以获得洁净干燥的压缩空气。提高气动元件的使用寿命和气压传动系统的可靠性 根据不同的使用目的，可选择过滤精度不同的品种
	干燥器	进一步清除压缩空气中的水分（部分水蒸气）
	自动排水器	自动排除冷凝水

续表

类别	品　种		说　明
气动执行元件	气缸		推动工件作直线运动
	摆动气缸		推动工件在一定角度范围内作摆动
	气马达		推动工件作连续旋转运动
	气爪		抓起工件
	复合气缸		实现各种复合运动，如直线运动加摆动的伸摆气缸
气动控制元件	压力阀	减压阀	降压并稳压用
		增压阀	增压用
	流量阀	单向节流阀	控制气缸的运动速度
		排气节流阀	装在换向阀的排气口，用来控制气缸的运动速度
		快速节流阀	可使气动元件和装置迅速排气
	方向阀	电磁阀	能改变气体的流动方向或通断的元件。其控制方式有电磁控制、气压控制、人力控制和机械控制等
		气控阀	
		人控阀	
		行程阀	
		单向阀	气流只能正向流动，不能反向流动
		梭阀	两个进口中只要有一个有输入，便有输出
		双压阀	两个进口都有输入时才有输出
	比例阀		输出压力（或流量）与输入信号（电压或电流）成比例变化
气动辅助元件	润滑元件	油雾器	将润滑油雾化，随压缩空气流入需要润滑的部位
		集中润滑元件	可供多点润滑的油雾器
	消声器		降低排气噪声
	排气洁净器		降低排气噪声，并能分离掉排出空气中所含的油雾和冷凝水
	压力开关		当气压达到一定值，便能接通或断开电触点。用于确认和检测流体的压力
	管道及管接头		连接各种气动元件用
	气液转换器		将气体压力转换成相同压力的液体压力，以便实现气压控制液压驱动
	液压缓冲器		用于吸收冲击能量，并能降低噪声
	气动显示器		有气信号时予以显示的元件
	气动传感器		将待测物理量转换成气信号，供后续系统进行判断和控制。可用于检测尺寸精度、定位精度、计数、尺寸分选、纠偏、液位控制、判断有无等
	流量开关		用于确认（流量达一定值，指挥电触点通断）和检测（瞬时流量、累计流量）流体的流量
真空元件	真空发生器		利用压缩空气的流动形成一定真空度的元件
	真空吸盘		利用真空直接吸吊物体的元件
	真空压力开关		用于检测真空压力的电触点开关
	真空过滤器		过滤掉从大气中吸入的灰尘等，保证真空系统不受污染

8.2 气压传动工作介质

气压传动与控制系统的工作介质为压缩空气,要了解和正确设计气压传动系统,需对空气的物理性质做必要的了解。

8.2.1 空气的性质

1. 空气的组成

自然界的空气是由若干种气体混合而成,其主要成分是氮(N_2)和氧(O_2),其他气体占的比例极小。此外,空气中常含有一定量的水蒸气。完全不含水蒸气的空气称之为干空气。

标准状态下(即温度为 $t=0℃$、压力为 $p_{at}=0.1013$ MPa、重力加速度 $g=9.8066$ m/s^2、相对分子质量 $M=28.962$)干空气的组成如表 8-3 所示。

表 8-3 干空气的组成

成分 比值	氮(N_2)	氧(O_2)	氩(Ar)	二氧化碳(CO_2)	其他气体
体积分数/%	78.03	20.93	0.93	0.03	0.08
质量分数/%	75.50	23.10	1.28	0.045	0.075

2. 空气的基本状态参数

1)密度 ρ

单位体积 V 内所含气体的质量 m,称为密度,用 ρ 表示,单位为 kg/m^3。即

$$\rho = \frac{m}{V} \tag{8-1}$$

2)压力 p

压力是由于气体分子热运动而互相碰撞,在容器的单位面积上产生的力的统计平均值,用 p 表示。压力的法定单位是 Pa,较大的压力单位用 kPa 或 MPa。

压力可用绝对压力、相对压力(表压力)和真空度等度量。

(1)绝对压力。以绝对真空作为起点的压力值。一般在表示绝对压力的符号的右下脚标注 ABS,即 p_{ABS}。

(2)相对压力。高出当地大气压的压力值,又称为表压力,即是由压力表测得的压力值。

(3)真空度。低于当地大气压的压力值。

(4)真空压力。绝对压力与大气压之差。真空压力在数值上与真空度相同,但应在其数值前加负号。

绝对压力、表压力和真空度的相互关系如图 8-2 所示。

在工程计算中,常将当地大气压用标准大气压代替,即令 $p_a=101325$ Pa。

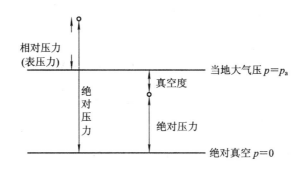

图 8-2　绝对压力、表压力和真空度的相互关系

各种压力单位的换算关系见表 8-4。

表 8-4　各种压力单位的换算

	Pa	bar	kgf/cm²	ibf/in²	mmHg	mmH₂O
Pa(N/m²)(帕)	1	10^{-5}	1.02×10^{-5}	1.45×10^{-4}	7.5×10^{-3}	0.102
bar(巴)	10^5	1	1.02	14.5	750	1.02×10^4
kgf/cm²(公斤力/厘米²)	0.981×10^5	0.981	1	14.22	735.6	10^4
ibf/in²(磅力/英寸²)	6.9×10^3	0.069	0.07	1	51.71	703
mmHg(毫米汞柱)	133.3	1.33×10^{-3}	1.36×10^{-3}	19.34×10^{-3}	1	13.6
mmH₂O(毫米水柱)	9.81	9.81×10^{-5}	10^{-4}	1.41×10^{-3}	7.36×10^{-2}	1

注：1 mmHg＝1 Torr(托)，1 kgf/cm² 称为一个工程大气压，760 mmHg 称为一个物理大气压。

3）温度

温度表示气体分子热运动动能平衡的统计平均值，有热力学温度、摄氏温度等。

热力学温度用 T 表示，在工程计算中常用热力学温度 T，其单位名称为开[尔文]，单位符号为 K，和我们生活中的摄氏温度（℃）换算关系为：$T=t-T_0$，$T_0=273.15$ K。

3. 黏度

空气质点相对运动时产生阻力的性质，称为空气的黏度。实际气体都具有黏度，由于黏度才导致在它流动时的能量损失。空气黏度的变化主要受温度变化的影响，且随温度的升高而增大。压力的变化对黏度的影响很小，且可忽略不计。

空气的黏度用运动黏度 ν、动力黏度 μ 等来表示，表 8-5 所示为运动黏度随温度的变化情况。

表 8-5　空气的运动黏度与温度的关系（压力为 0.1 MPa）

$t/℃$	0	5	10	20	30	40	60	80	100
$\nu/(10^{-4}\text{m}^2\cdot\text{s}^{-1})$	0.133	0.142	0.147	0.157	0.166	0.176	0.196	0.21	0.238

4. 可压缩性

一定质量的静止气体，由于压力改变而导致气体所占容积发生变化的现象，称为气体的压缩性。气体容易压缩，有利于气体的贮存，但难以实现气缸的平稳运动和低速运动。

5. 标准状态、基准状态、理想气体和完全气体

1）标准状态

标准状态指温度为 20℃、相对湿度为 65%、压力为 0.1 MPa 时的空气的状态。在标准状态下，空气的密度 $\rho = 1.185$ kg/m³。按国际标准 ISO 8778，标准状态下的单位后面可标注"（ANR）"。

2）基准状态

基准状态指温度为 0℃、压力为 101.3 kPa 的干空气的状态。在基准状态下，空气的密度 $\rho = 1.293$ kg/m³。

3）理想气体

没有黏性的气体称为理想气体（ideal gas）。在自然界中，理想气体是不存在的。假设成理想气体的目的是使解题简化，并可得到基本正确的结果。

4）完全气体

完全气体（perfect gas）是一种假想的气体，它的分子是一些弹性的、不占有体积的质点，分子间除相互碰撞外，没有相互作用力。它与没有黏性的理想气体是完全不同的两个概念。实际气体只要不处于很高的压力或很低的温度，都可当做完全气体。按完全气体状态方程计算，产生的误差不会太大。

8.2.2　湿度和含湿量

空气中含有水分的多少对系统的稳定性有直接影响。含有水蒸气的空气称为湿空气，其所含水分的程度用湿度和含湿量来表示。

1. 湿度

湿度的表示方法有绝对湿度和相对湿度之分。

1）绝对湿度

绝对湿度指每立方米湿空气中所含水蒸气的质量，即

$$x = \frac{m_s}{V} \qquad (8-2)$$

式中：m_s 指湿空气中水蒸气的质量，V 为湿空气的体积。

2）饱和绝对湿度

饱和绝对湿度是指湿空气中水蒸气的分压力达到该湿度下水蒸气的饱和压力时的绝对湿度，即

$$x_b = \frac{p_b}{R_s T} \qquad (8-3)$$

式中：p_b 为饱和空气中水蒸气的分压力（N/m²）；R_s 为水蒸气的气体常数[N·m/(kg·K)]；T 为热力学温度（K），$T = 273.1 + t$（℃）。

3）相对湿度

相对湿度指在某温度和总压力下，其绝对湿度与饱和绝对湿度之比，即

$$\varphi = \frac{x}{x_b} \times 100\% \approx \frac{p_s}{p_b} \times 100\% \tag{8-4}$$

式中：x、x_b 分别为绝对湿度与饱和绝对湿度；p_s、p_b 分别为水蒸气的分压力和饱和水蒸气的分压力。

2. 含湿量

空气的含湿量指每千克质量的干空气中所混合的水蒸气的质量，即

$$d = \frac{m_s}{m_g}d = \frac{\rho_s}{\rho_g} \tag{8-5}$$

式中：m_s、m_g 分别为水蒸气的质量和干空气的质量；ρ_s、ρ_g 分别为水蒸气的密度和干空气的密度。

3. 露点

不饱和空气保持水蒸气分压力不变而降低温度，使之达到饱和状态时的温度称为露点。温度降至露点温度以下时，湿空气中便有水滴析出。降温法清除湿空气的水分，就是利用此原理。

8.3　理想气体状态方程

8.3.1　理想气体状态方程

理想气体处于某一平衡状态时，其三个基本状态参数压力、温度和体积之间保持着一个简单的关系，称为气体的状态方程，即

$$pv = RT \quad \text{或者} \quad pV = mRT \tag{8-6}$$

式中：p 为气体的绝对压力（N/m^2）；v 为气体的质量体积（m^3/kg）；R 为气体常数，干空气 $R = 287.1\ N \cdot m(kg \cdot K)$；$T$ 为气体热力学温度（K）；m 为气体的质量（kg）；V 为气体的体积（m^3）。

由于实际气体具有黏性，因而严格地讲它并不完全依从理想气体状态方程。在气压传动技术中，气体的工作压力一般在 2.0 MPa 以下，可以将实际气体看做理想气体，由此引起的误差相当小。

8.3.2　气体状态变化过程*

1. 等温变化过程（波意尔法则）

一定质量的气体，若其状态变化是在温度不变的条件下进行的，则称为等温过程。例如，大气罐中的气体长时间的经小孔向外放气，气罐中气体的状态变化过程可看做是等温过程。图 8-3 为气体等温变化过程状态图。

等温变化过程中，有

$$p_1 v_1 = p_2 v_2 = 常数 \tag{8-7}$$

式(8-7)表明，在温度不变的条件下，气体压力上升时，气体体积被压缩，质量体积下降；

压力下降时，气体体积膨胀，质量体积上升。

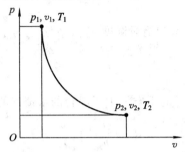

图 8-3　气体等温变化过程状态图

2. 等容变化过程（查理法则）

一定质量的气体，若其状态变化是在体积不变的条件下进行的，则称为等容过程。例如，密闭气罐中的气体，由于外界环境温度的变化，使罐内气体状态发生变化的过程可看作等容过程。图 8-4 为气体等容变化过程状态图。

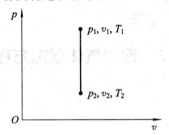

图 8-4　气体等容变化过程状态图

等容变化过程中，有

$$\frac{p_1}{T_1} = \frac{p_2}{T_2} = 常数 \tag{8-8}$$

式(8-8)表明，在体积不变的条件下，压力的变化与温度的变化成正比，当压力上升时，气体的温度随之上升。

3. 等压变化过程（盖—吕萨克法则）

一定质量的气体，若其状态变化是在压力不变的条件下进行的，则称为等压过程。例如，负载一定的密闭气罐，被加热或放热时，缸内气体便在等压过程中改变气缸的容积。图 8-5 为气体等压变化过程状态图。

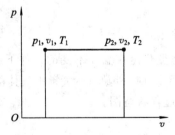

图 8-5　气体等压变化过程状态图

等压变化过程中，有

$$\frac{v_1}{T_1} = \frac{v_2}{T_2} = 常数 \tag{8-9}$$

式（8-9）表明，在压力不变的条件下，温度上升，气体膨胀，质量体积增大；温度下降，气体被压缩，质量体积减小。

4. 绝热变化过程

一定质量的气体，若其状态变化过程中，与外界完全无热量交换时，则称为绝热变化过程。例如，在气压传动中，快速动作可被认为是绝热变化过程。图 8-6 为气体绝热变化过程状态图。

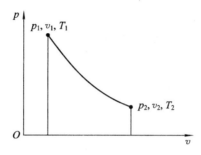

图 8-6　气体绝热变化过程状态图

绝热变化过程中，有

$$p_1 v_1^{\kappa} = p_2 v_2^{\kappa} = 常数 \tag{8-10}$$

式中：κ 为等熵指数，对于干空气 $\kappa = 1.4$，对饱和蒸气 $\kappa = 1.3$。

根据式（8-6）和式（8-10）可得

$$\frac{T_1}{T_2} = \left(\frac{v_2}{v_1}\right)^{\kappa-1} = \left(\frac{p_1}{p_2}\right)^{\frac{\kappa-1}{\kappa}} \tag{8-11}$$

在绝热过程中，气体状态变化与外界无热量交换，系统靠消耗本身的内能对外作功。需要说明的是，在绝热过程中，气体温度的变化很大。例如空气压缩机压缩空气时，温度可达 250℃，而快速放气时，温度可降至 −100℃。

5. 多变变化过程

在实际问题中，气体的变化过程往往不能简单地归属为上述某一单一过程。气体在其状态变化过程中，若不加以任何条件限制的过程，则称为多变变化过程。此时可用式（8-12）表示，即

$$p_1 v_1^{n} = p_2 v_2^{n} = 常数 \tag{8-12}$$

式中：n 为多变指数，在一定的多变变化过程中，多变指数 n 保持不变；对于不同的多变变化过程，多变指数 n 有不同的值。前述四种典型的状态变化过程均为多变变化过程的特例。

8.4　气体的流动规律 *

在气压传动中，气体在管内流动，可按一元定常流动来处理。当气体流速较低

$(v<5 \text{ m/s})$时,可视为不可压缩流体,气体流动规律和基本方程式形式与液体完全相同。因此,管路系统的基本计算方法可参照液压传动中有关方法。当气体流速较高$(v>5 \text{ m/s})$时,其密度和温度都会发生明显变化,对一元定常可压缩流动,除速度、压力变量外,还增加了密度和温度两个变量,在流动特性上与不可压缩流体有较大不同,气体的压缩性对流体运动产生影响,必须视其为可压缩性流体。下面介绍在这种情况下的气体流动基本规律和特性。

8.4.1 气体流动的基本方程

1. 连续性方程

根据质量守恒定律,当气体在管道中做稳定流动时,同一时间流过每一通流断面的质量为一定值,即为连续性方程。

$$q_m = \rho A v = 常数 \tag{8-13}$$

式中:q_m为气体在管道中的质量流量$(\text{kg} \cdot \text{m}^3/\text{s})$;$\rho$为流管的任意截面上流体的密度$(\text{kg/m}^3)$;$A$为流管的任意截面面积$(\text{m}^2)$;$v$为该截面上的平均流速$(\text{m/s})$。

对式(8-13)微分得

$$\frac{\mathrm{d}A}{A} + \frac{\mathrm{d}v}{v} + \frac{\mathrm{d}\rho}{\rho} = 0 \tag{8-14}$$

式(8-14)为连续性方程的另一表现形式。

2. 运动方程

根据牛顿第二定律或动量原理,可求出理想气体一元定常流动的运动方程为

$$v\mathrm{d}v + \frac{\mathrm{d}p}{\rho} = 0 \tag{8-15}$$

式中:v为气体平均流速(m/s);p为气体压力(Pa);ρ为气体密度(kg/m^3)。

3. 状态方程

根据式(8-9),可得排气状态方程的微分形式为

$$\frac{\mathrm{d}p}{p} = \frac{\mathrm{d}\rho}{\rho} + \frac{\mathrm{d}T}{T} \tag{8-16}$$

式中:p为绝对压力;ρ为气体密度;T为热力学温度(K)。

4. 伯努利方程(能量方程)

在流管的任意截面上,根据能量守恒定律,单位质量稳定的气体的流动满足下列方程,即伯努利方程

$$\frac{v^2}{2} + gH + \int \frac{\mathrm{d}p}{\rho} + gh_f = 常数 \tag{8-17}$$

式中:p为绝对压力;v为平均流速;H为位置高度;h_f为流动中阻力损失。

若不考虑摩擦阻力,且忽略位置高度的影响,则有

$$\frac{v^2}{2} + \int \frac{\mathrm{d}p}{\rho} = 常数 \tag{8-18}$$

因气体是可以压缩的，对于可压缩气体在绝热流动时的伯努利方程为

$$\frac{v^2}{2} + \frac{\kappa}{\kappa - 1} \frac{p}{\rho} = 常数 \qquad (8-19)$$

如果在所研究的管道两通流断面 1、2 之间有流体机械（如压气机）对气体作功供以能量 E_k 时，则绝热过程能量方程变为

$$\frac{v_1^2}{2} + \frac{\kappa}{\kappa - 1} \frac{p_1}{\rho} + E_k = \frac{v_2^2}{2} + \frac{\kappa}{\kappa - 1} \frac{p_2}{\rho}$$

即

$$E_k = \frac{\kappa}{\kappa - 1} \frac{p_1}{\rho_1} \left[\left(\frac{p_2}{\rho_1} \right)^{\frac{\kappa}{\kappa - 1}} - 1 \right] + \frac{v_2^2 - v_1^2}{2} \qquad (8-20)$$

式中：p_1、ρ_1、v_1 分别为通流断面 1 的压力、密度和速度；p_2、v_2 分别为通流断面 2 的压力和速度；κ 为绝热指数。

8.4.2 气动元件的通流能力

气动元件或气压传动回路都是由各种截面尺寸的管路或阀口组成，其通过的流量与截面积有关，气动元件和管路的通流能力可以用有效截面积 S 来表示，也可以用流量 q 来表示。

1. 有效截面积 S

气体流过节流孔如阀口时，由于实际流体存在黏性，其流束的收缩比节流孔口实际面积还小，此最小截面积称为有效截面积 S，它代表了节流孔的通流能力，如图 8-7 所示。

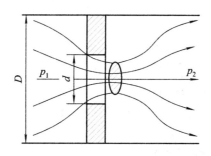

图 8-7 节流阀的有效截面积

节流阀、气阀等的有效截面积可采用下式简化计算：

$$S = \alpha \frac{\pi d^2}{4} \qquad (8-21)$$

式中：α 为收缩系数。

收缩系数 α 的值在确定节流孔直径 d 对节流孔上端直径 D 的比值二次方 $\beta = (d/D)^2$ 之后，可根据图 8-8 查出。

实际的气动元件的内部结构复杂，可设想有一截面积为 S 的薄壁节流孔，当节流孔与被测元件在相同压差条件下，通过的空气流量相等时，此设想节流孔的截面积 S 值即为被测元件的有效截面积。气动元件的有效截面积 S 可用声速排气法测量并计算得到。

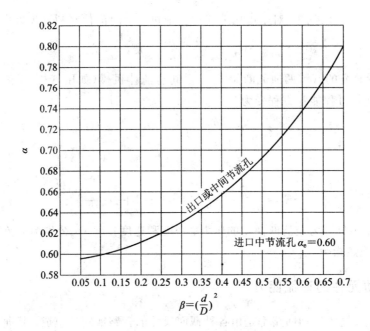

图 8-8　节流孔的收缩系数

2. 流量 q

气流通过气动元件，使元件进口压力 p_1 保持不变，出口压力 p_2 降低。如果当气流压力之比 $p_1/p_2 > 1.893$ 时，其流量公式为

$$q = 11.3 S p_1 \sqrt{\frac{273}{T}} \tag{8-22}$$

若 $p_1/p_2 < 1.893$ 时，其流量公式为

$$q = 22.7 S_1 \sqrt{p_1(p_1 - p_2)} \tag{8-23}$$

式(8-22)、式(8-23)中：S 为管路的有效截面积(mm^2)；p_1、p_2 为节流孔前后的压力($10^5 Pa$)；T 为节流孔前的温度(K)；q 为体积流量(L/min)。

8.4.3　充、放气温度与时间的计算

1. 充气温度与时间的计算

向气罐充气，其充气过程进行较快，热量来不及通过气罐与外界交换，可视为绝热充气。

向气罐充气时，气罐内压力从 p_1 升高到 p_2，气罐内温度从 T_1 升高到 T_2。充气过程中气源压力不变，则充气后的温度为

$$T_2 = \frac{\kappa T_s}{1 + \dfrac{p_1}{p_2}\left(\kappa \dfrac{T_s}{T_1} - 1\right)} \tag{8-24}$$

式中：T_s 为气源绝对温度(K)；κ 为绝热指数。

当 $T_s = T_1$，即气源与被充气罐均为室温时，则

$$T_2 = \frac{\kappa T_1}{1 + \dfrac{p_1}{p_2}(\kappa - 1)} \tag{8-25}$$

充气结束后，由于气罐壁散热，使罐内气体温度下降至室温，压力也随之下降，降低后的压力值为

$$p = p_2 \frac{T_1}{T_2} \tag{8-26}$$

充气所需时间为

$$t = \left(1.285 - \frac{p_1}{p_2}\right)\tau \tag{8-27}$$

$$\tau = 5.217 \times 10^3 \frac{V}{\kappa S} \sqrt{\frac{273}{T_s}} \tag{8-28}$$

式中：p_2 为气源绝对压力（MPa）；p_1 为气罐内初始绝对压力（MPa）；τ 为充、放气的时间常数（s）；V 为气罐容积（L）；S 为有效截面积（mm^2）。

2. 放气温度与时间的计算

气罐放气，气罐内气体初始压力为 p_1，温度为室温 T_1，经绝热快速放气后，温度降到 T_2，压力降至 p_2，放气后的温度为

$$T_2 = T_1 \left(\frac{p_2}{p_1}\right)^{\frac{\kappa-1}{\kappa}} \tag{8-29}$$

放气所需时间为

$$t = \left\{\frac{2\kappa}{\kappa - 1}\left[\left(\frac{p_1}{p^*}\right)^{\frac{\kappa-1}{2\kappa}} - 1\right] + 0.945\left(\frac{p_1}{0.1013}\right)^{\frac{\kappa-1}{2\kappa}}\right\}\tau \tag{8-30}$$

式中：p_1 为容器气体初始压力（MPa）；p^* 为临界压力，一般取 $p^* = 0.192$ MPa；τ 为时间常数，由式（8-28）决定。

8.5　工程案例：气体的状态方程应用

例 8-1　把绝对压力 $p = 0.1$ MPa，温度为 20℃ 的某容积 V 的干空气压缩为 $V/10$，试分别按等温、绝热过程计算压缩后的压力和温度。

解　（1）按等温过程计算。

因气体质量 m 一定时，其质量体积 $v = 1/\rho = V/m$，所以由式（8-7），得

$$p_2 = p_1 \frac{V_1}{V_2} = 0.1 \times \frac{V}{V/10} = 1.0 \text{ MPa}$$

$$t_2 = t_1 = 20℃$$

（2）按绝热过程计算。

由式（8-10）和式（8-11）可得

$$p_2 = p_1 \left(\frac{v_1}{v_2}\right)^{\kappa} = 0.1 \times \left(\frac{V}{V/10}\right)^{1.4} = 2.51 \text{ MPa}$$

$$T_2 = T_1 \left(\frac{v_1}{v_2}\right)^{\kappa-1} = (273.1 + 20) \times \left(\frac{V}{V/10}\right)^{0.4} = 736.2 \text{ K}$$

则

$$t_2 = T_2 - 273.1 = 463.1℃$$

例 8-2 往复式空压机将大气状态的空气（$p_a = 101.3$ kPa，$T_a = 293$ K)吸入压缩。若一次压缩至 1.0 MPa，空压机出口温度可达多少？若使用两级空压机压缩至 1.0 MPa，第一阶段压缩至 0.3 MPa，使用中间冷却器，使空气温度降至 313 K，第二级再压缩至 1.0 MPa，则空压机出口温度又是多少？

解 设空压机对空气的压缩过程是可逆绝热过程。对空气，等熵指数 $\kappa = 1.4$。

(1) 若一次压缩至 1.0 MPa，因 $p_a = 0.1013$ MPa，$T_a = 293$ K，$p_1 = (1.0 + 0.1013)$ MPa = 1.1013 MPa，由式(8-11)，得

$$\frac{T_1}{T_a} = \left(\frac{p_1}{p_a}\right)^{\frac{\kappa-1}{\kappa}}$$

$$T_1 = T_a \left(\frac{p_1}{p_a}\right)^{\frac{\kappa-1}{\kappa}} = 293 \times \left(\frac{1.1013}{0.1013}\right)^{\frac{1.4-1}{1.4}} \text{ K} = 579.4 \text{ K}$$

所以，一次压缩至 1.0 MPa，空压机出口温度为 306.4℃。

(2) 若是两级压缩，对第一级，$p_1 = (0.3 + 0.1013)$ MPa = 0.4013 MPa，则

$$T_1 = T_a \left(\frac{p_1}{p_a}\right)^{\frac{\kappa-1}{\kappa}} = 293 \times \left(\frac{0.4013}{0.1013}\right)^{\frac{1.4-1}{1.4}} \text{ K} = 434.2 \text{ K}$$

对第二级，$p_1 = 0.4013$ MPa，T_1 由 434.2 K 冷却至 313 K，$p_2 = 1.1013$ MPa，则

$$T_2 = T_1 \left(\frac{p_2}{p_1}\right)^{\frac{\kappa-1}{\kappa}} = 313 \times \left(\frac{1.1013}{0.4013}\right)^{\frac{1.4-1}{1.4}} \text{ K} = 417.6 \text{ K}$$

所以，若两级压缩至 1.0 MPa，空压机出口温度最高只有 144.6℃。

练 习 题

8-1 气压传动有何优缺点？

8-2 气压传动技术可以应用于哪些领域？

8-3 简述气压传动系统的基本组成。

8-4 设湿空气的压力为 0.1013 MPa，温度为 20℃，相对湿度为 50%，求：

(1) 绝对湿度。

(2) 含湿量。

8-5 在常温 $t = 20℃$ 时，将空气从 0.1 MPa(绝对压力)压缩至 0.7 MPa(绝对压力)，求温升 Δt 为多少？

8-6　空气压缩机向容积为 40 L 的气罐充压直至 $p_1 = 0.8$ MPa 时停止，此时气罐内温度 $t_1 = 40℃$，又经过若干小时罐内温度降至室温 $t = 10℃$，问：

（1）此时罐内压力为多少？

（2）此时罐内压缩了多少室温为 10℃ 的自由空气（设大气压力近似为 0.1 MPa）？

8-7　从室温（20℃）时把绝对压力为 0.65 MPa 的压缩空气通过有效截面积为 9.45 mm^2 的阀口，充入容积为 0.84 L 的气罐中，压力从 0.102 MPa（绝对压力）上升到 0.65 MPa（绝对压力）时，试求充气时间及气罐内的温度 t_2 为多少？当温度降至室温后罐内绝对压力为多少？

第9章　气源装置与气动元件

气压传动系统由气源装置、气动执行元件、气动控制元件、气动辅件等组成。气源装置为压缩空气的发生装置以及压缩空气的存储、净化的辅助装置，它为系统提供满足质量要求的压缩空气。气动执行元件是将压缩空气的压力能转换成机械能并完成做功动作的元件，如气缸、气马达。气动控制元件是气压传动系统中的重要元件，能实现气体压力、流量及运动方向的控制，如各种阀类；能完成一定逻辑功能，即气动逻辑元件；能感测、转换、处理气压传动信号，如气动传感器及信号处理装置。气动辅件是气压传动系统中的辅助元件，如消声器、管道、接头等。

9.1　气源装置

气源装置是保证气压传动和控制系统正常工作所不可缺少的动力源，为气压传动系统提供满足一定质量要求的压缩空气，是气压传动系统的重要组成部分。

9.1.1　气压传动系统对压缩空气品质的要求

气压传动系统利用压缩空气作为工作介质，所用的压缩空气具有一定压力和流量，同时也含有一定的水分、油分和灰尘等污染物，这些污染物主要来源如下：吸入的空气所包含的水分、粉尘、烟尘等；由系统内部产生的润滑油、元件磨损物、冷凝水、锈蚀物等；由安装、装配或维修时混入的湿空气、异物等。

要满足气压传动系统对空气质量的要求，必须对压缩空气进行干燥、净化和稳压等一系列处理。若压缩空气不经处理而直接进入管路系统时，可能会造成以下不良后果：

(1) 油液挥发的油蒸气聚集在储气罐中形成易燃易爆物质，可能会造成事故。

(2) 油液被高温汽化后形成有机酸，对金属器件起腐蚀作用。

(3) 油、水和灰尘的混合物沉积在管道内将减小管道内径，使气阻增大或管路堵塞。

(4) 在气温比较低时，水汽凝结后会使管道及附件因冻结而损坏，或造成气流不畅通以及产生误动作。

(5) 较大的杂质颗粒与气缸、气马达、气控阀等元件的运动件之间形成相对运动，而造成表面磨损，从而降低设备的使用寿命；或者堵塞控制元件的通道，直接影响元件的性能，甚至使控制失灵。

不同应用对象的气压传动系统对压缩空气质量的要求也不同，ISO 85731 标准根据对压缩空气中的固体尘埃颗粒度、含水率(以压力露点形式要求)和含油率的要求划分了压缩空气的质量等级。一般压缩空气的净化流程装置如图 9-1 所示。空气首先经过过滤器滤去部分灰尘、杂质后进入空压机 1,空压机输出的空气先进入后冷却器 2 进行冷却,当温度下降到 40～50℃时使油气与水气凝结成油滴和水滴,然后进入油水分离器 3,使大部分油、水和杂质从气体中分离出来;将得到的初步净化的压缩空气送入储气罐中(一般称为一次净化系统)。对于要求不高的气压系统即可从储气罐 4 直接供气。但对仪表用气和质量要求高的工业用气,则必须进行二次和多次净化处理,即将经过一次处理的压缩空气再送进干燥器 5 进一步除去气体中的残留水分和油。在净化系统中干燥器Ⅰ和Ⅱ交换使用,其中闲置的一个利用加热器 8 吹入的热空气进行再生,以备接替使用。四通阀 9 用于转换两个干燥器的工作状态,过滤器 6 的作用是进一步清除压缩空气中的颗粒和油气,经过处理的气体进入储气罐 7,可供给气压传动设备和仪表使用。

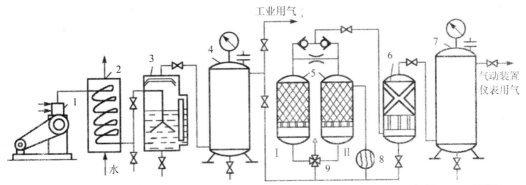

1—空压机;2—后冷却器;3—分离器;4、7—储气罐;5—干燥器;6—过滤器;8—加热器;9—四通阀

图 9-1　压缩空气净化流程示意图

9.1.2　气源装置的组成

气源装置的组成如图 9-2 所示。一般供气量大于 6～12 m^3/min 时,应独立设置空气压缩站(简称空压站);供气量低于 6 m^3/min 时,可将空气压缩机(简称空压机)直接与主机安装在一起。

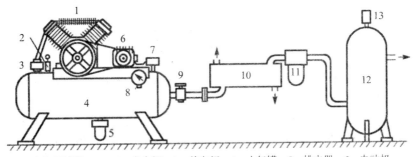

1—空气压缩机;2、13—安全阀;3—单向阀;4—小气罐;5—排水器;6—电动机;
7—压力开关;8—压力表;9—截止阀;10—后冷却器;11—油分离器;12—储气罐

图 9-2　气源装置的组成

气源装置一般由三部分组成：

(1) 产生压缩空气的气压发生装置，如空压机；

(2) 净化压缩空气的辅助装置和设备，如过滤器、油水分离器、干燥器等；

(3) 输送压缩空气的供气管道系统。

9.1.3 空气压缩机及其净化设备

空气压缩机(空压机)是气压发生装置，是把电动机输出的机械能转换为气体压力能的转换装置。

1. 空压机的类型

空压机的种类很多，常按工作原理、结构形式和性能参数等分类，见表 9-1。

表 9-1 空压机的分类

分类方式		分　　类
按工作原理分类		容积型空压机(其工作原理是压缩气体的体积，使单位体积内气体分子的密度增加以提高压缩空气的压力。)
		速度型空压机(其工作原理是提高气体分子的运动速度，以增加气体的动能，然后将分子动能转化为压力能以提高压缩空气的压力。)
按结构形式分类	容积型	往复式(活塞式、膜片式)和旋转式(滑片式、螺杆式、转子式)
	速度型	离心式、轴流式和混流式
按性能参数分类	输出压力	鼓风机($\leqslant 0.2$ MPa)、低压($0.2 \sim 1.0$ MPa)、中压($1.0 \sim 10$ MPa)、高压($10 \sim 100$ MPa)、超高压(>100 MPa)
	输出流量	微型(<1 m^3/min)、小型($1 \sim 10$ m^3/min)、中型($10 \sim 100$ m^3/min)、大型(>100 m^3/min)
按润滑方式分类		有油润滑型
		无油润滑型

2. 空压机工作原理

1) 活塞式空压机

活塞式空压机有单级活塞式空压机和两级活塞式空压机，活塞式空压机需设置气罐。

图 9-3 所示为单级单作用活塞式空压机工作原理图，它主要由排气阀 1、缸体 2、活塞 3、活塞杆 4、曲柄连杆机构(6、7)、吸气阀 8 等组成。其工作原理为：曲柄 7 由原动机(电动机)带动旋转，从而驱动活塞 3 在缸体 2 内往复运动。当活塞 3 向右运动时，缸体 2 内容积增大而形成部分真空，外界空气在大气压力下推开吸气阀 8 而进入缸体 2 中，这个过程称为"吸气过程"；当活塞反向运动时，吸气阀 8 关闭，随着活塞的左移，缸体 2 内空气受到压缩而使压力升高，这个过程称为"压缩过程"；当压力升至足够高(即略高于排气管路中的压力)时排气阀 1 打开，气体被排出，这个过程称为"排气过程"；然后经排气管输送到储气罐中。曲柄旋转一周，活塞往复行程一次，即完成一个工作循环。

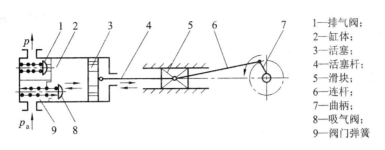

1—排气阀；
2—缸体；
3—活塞；
4—活塞杆；
5—滑块；
6—连杆；
7—曲柄；
8—吸气阀；
9—阀门弹簧

图 9-3　单级单作用活塞式空压机工作原理图

单级活塞式空气压缩机常用于压力范围为 0.3～0.7 MPa 的系统中。在单级空压机中若空气压力超过 0.6 MPa，产生的热量太大，空压机工作效率太低，因此，工业中使用的活塞式空气压缩机通常是两级活塞式空压机，即通过两个阶段将吸入的大气压空气压缩到最终的压力。图 9-4 所示为为两级活塞式空压机工作原理图，若最终压力为 1.0 MPa，则第一级通常压缩至 0.3 MPa，然后经过冷却，再输送到第二级中压缩到 1.0 MPa。压缩空气通过设置的中间冷却器后温度大大降低，再进入第二级气缸，相对于单级式空压机提高了工作效率。两级活塞式空压机最后的输出压力可达 30 bar，输出的温度可控制在 120℃左右。

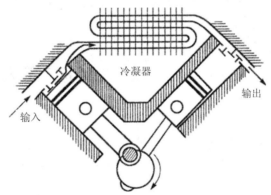

图 9-4　两级活塞式空压机工作原理图

活塞式空压机的优点是结构简单，使用寿命长，维修容易，活塞的密封性好，容易实现大容量和高压输出等优点；缺点是振动大、噪声大，排气为断续进行，输出有脉动，需要设置储气罐。工业上应用最普遍的是活塞式空压机。

2) 滑片式空压机

图 9-5 所示为滑片式空压机工作原理图。转子偏心地安装在定子内，一组滑片插在转子的放射状槽内。当转子旋转时，各滑片主要靠离心作用紧贴定子内壁。转子回转过程中，左半部(输入口)吸气；在右半部，滑片逐渐被定子内表面压进转子沟槽内，滑片、转子和定子内壁围成的容积逐渐减小，吸入的空气就逐渐地被压缩，最后从输出口排出压缩空气。

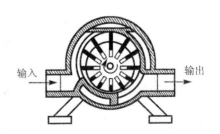

图 9-5　滑片式空压机工作原理图

由于在输入口附近向气流喷油，对滑片及定子内部进行润滑、冷却和密封，故输出的压缩空气中含有大量油分，所以一般需在输出口设置油雾分离器和冷却器，以便把油分从压缩空气中分离出来，冷却后循环再用。

滑片式空压机的优点是能连续排出脉动小的压缩空气，所以一般无须设置储气罐，并且结构简单、制造容易，操作维修方便，运转噪声小。缺点是叶片、转子和机体之间机械摩擦较大，产生较高的能量损失，因此效率也较低。

3）螺杆式空压机

螺杆式空压机压缩由壳体和两个互相啮合的螺杆转子组成空间内的气体，其工作原理图如图 9-6 所示。两个啮合的转子以相反方向运动时，它们逐渐啮合，转子的凹槽与气缸内壁所形成的工作容积在一端逐渐增大，在另一端逐渐减少。利用两螺杆表面上所特有的螺旋凹凸型的气道与气缸内壁之间形成的容积逐渐变化，来实现对气体的吸入、压缩和排出过程。由于压缩机的转速很高，气体的吸入和排出又是连续的，吸排气可看成是无脉动的，因此可以不设置储气罐。此类空压机连续输出流量可超过 400 m³/min，压力高达 10 bar 的气流。

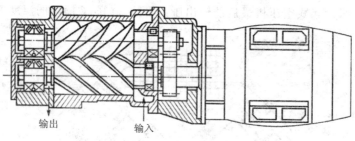

图 9-6 螺杆式空压机工作原理图

螺杆式空压机的优点是能输送出连续的脉动小的压缩空气，输出流量大，不需要设置储气罐，结构中无易损件，寿命长，效率高。缺点是制造精度要求高，运转噪声大。且由于结构刚度的限制，只适用于中低压范围使用。

4）膜片式空压机

膜片式空压机能提供 0.5 MPa 的压缩空气。由于它无需油润滑，无污染，因此广泛应用于食品、医药和相类似的工业中。其工作原理如图 9-7 所示，膜片使气室容积发生变化，在下行程时吸入空气，上行程时压缩空气。

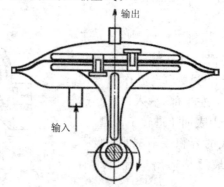

图 9-7 膜片式空压机工作原理图

3. 空压机的选用

首先按空压机的特性要求,选择空压机的类型。再根据气压传动系统所需要的工作压力和流量两个参数,确定空压机的输出压力 p_c 和吸入流量 q_c,最终选取空压机的型号。

1) 空压机的输出压力 p_c

$$p_c = p + \sum \Delta p \qquad\qquad (9-1)$$

式中:p_c 为空压机的输出压力(MPa);p 为气动执行元件的最高使用压力(MPa);$\sum \Delta p$ 为气压传动系统的总压力损失(MPa)。

2) 空压机的吸入流量 q_c

不设气罐

$$q_b = q_{max}$$

设气罐

$$q_b = q_{sa} \qquad\qquad (9-2)$$

式中:q_b 为空压机向气压传动系统提供的流量(m^3/min);q_{max} 为气压传动系统的最大耗气量(m^3/min);q_{sa} 为气压传动系统的平均耗气量(m^3/min)。

空压机的吸入流量

$$q_c = kq_b \qquad\qquad (9-3)$$

式中:q_c 为空压机的吸入流量(m^3/min);k 为修正系数,主要考虑气动元件、管接头等各处的漏损、气压传动系统耗气量的估算误差、多台设备不同时使用时的利用率以及增添新的气压传动设备的可能性等因素。一般 $k=1.5\sim2.0$。

3) 空压机的功率 P

$$P = \frac{(n+1)k}{k-1} \frac{p_1 q_c}{0.06} \left[\left(\frac{p_c}{p_1} \right)^{\frac{k-1}{(n+1)k}} - 1 \right] \qquad\qquad (9-4)$$

式中:P 为空压机的功率(kW);p_1 为空压机的绝对压力(MPa);p_c 为输出空气的绝对压力(MPa);q_c 为空压机的吸入流量(m^3/min);k 为等熵指数,对空气,$k=1.4$;n 为中间冷却器个数。

4) 常用压缩机技术性能及特点

常用压缩机技术性能及特点见表 9-2。

表 9-2　常用压缩机技术性能及特点

压缩机类型	排气压力/MPa	排气量/(m^3/min)	价格	振动	噪声	特　　点
活塞式 单级 两级 多级	 <0.7 <1.0 >1.0	一般在 100 以下	中	高	很高	适用的压力范围广,从低压到高压均可使用;排气量小于 100 m^3/min 时,损失小,热效率高于回转式;排气量范围广且不受压力高低的影响,适应性较强;机器零部件多由普通金属材料制成,工艺要求不太高;外形尺寸、重量大,结构复杂,维修量大;排气有脉动;排气中含有润滑油(无润滑压缩机除外)

续表

压缩机类型	排气压力/MPa	排气量/(m³/min)	价格	振动	噪声	特 点
滑片式 单级 两级	<0.5 <1.0	一般在6以下	中	转子平衡时振动低	低	运转平稳,排气连续、均匀、无脉动,可不装气罐稳压;工作机构易磨损(经技术处理后可提高耐磨性能),密封较困难,效率较低,适用于中低压范围
螺杆式 单级 两级	<0.5 <1.0	500以下	高	转子平衡时振动低	较低(经处理可很低)	轻便、可靠、高速、运转平稳,排气连续无脉动,可不装气罐稳压;制造复杂;效率较低;适用于中低压范围
膜片式 单级 两级	<0.4 <0.7	1以下	低	高	高	气缸不需润滑,密封性能好;排气中不含油;排气不均匀,有脉动;适用于小排量、对压缩空气的纯度要求较高的场合;压缩机的输出压力和寿命决定于膜片的材料和结构
离心式 单级 四级 多级	<0.4 <2.0 <10	16～6300	高	转子平衡时振动低	带消声过滤器时低	转速高,排气平稳无脉动;结构简单,维修方便;排气中不含油;热效率较低;运转状态欠稳定,工作性能随工作条件变化;适用于低压、大排量(排量小时不经济,排量大时能耗较低);机器体积较小,流量和压力变化由性能曲线决定
轴流式	<10	>400	高	转子平衡时振动低	带消声过滤器时低	

4. 空压机的使用与维护

(1) 空压机用润滑油。往复式空压机若冷却良好,排出空气温度约为70～180℃;若冷却不好,可达200℃以上。为防止高温下因油雾炭化变成铅黑色微细炭粒子,非常微细的油粒子高温下氧化,而形成焦油状的物质(俗称油泥),必须使用厂家指定的不易氧化和不易变质的压缩机油,并要定期更换。

(2) 空压机的安装地点。安装空压机的周围必须清洁、粉尘少、湿度小、温度低、通风好,以保证吸入空气的质量。回转部位要有防护措施。要留有维护保养的空间。同时,要严格遵守限制噪声的规定(见表9-3),可使用隔声箱(室)消声。若空压机的环境温度高,空压机活塞环及缸筒易磨耗,寿命降低;润滑油更易氧化生成炭末;且输出流量也会减少。

表 9 - 3　中国城市环境噪声标准[dB(A)]

适合区域	特殊住宅区	居民及文教区	一类混合区	二类混合区商业中心区	工业集中区	交通干线道路两侧
白天	45	50	55	60	65	70
晚间	35	40	45	50	55	55

（3）空压机启动前，应检查润滑油油位是否正常。

用手拉动传送带使活塞往复运动 1、2 次，尤其是冬季。启动前和停车后，都应将小气罐中的冷凝水排放掉。

（4）要定期检查吸入过滤器的阻塞情况。

5. 净化设备

压缩空气净化过程包括冷却、干燥和过滤三个部分。压缩空气净化设备可分为两类：一类为主管道净化设备，主要有后冷却器、各种大流量过滤器、各种干燥器、储气罐等；另一类为支管道净化处理装置，主要有各种小流量过滤器。

1）后冷却器

后冷却器安装在空压机的出口，其作用是将空压机产生的高温压缩空气由 120～170℃ 降低到 40～50℃，使压缩空气中的油雾和水汽达到饱和，使其大部分析出并凝结成油滴和水滴而分离出来，以便清除掉，达到初步净化压缩空气的目的。后冷却器主要有风冷式和水冷式两种。

图 9-8 所示为风冷式后冷却器，它是靠风扇产生的冷空气吹向带散热片的热气管道来降低压缩空气温度。它具有结构紧凑，重量轻，安装空间小，便于维修，运行成本低等优点。但处理气量较少。

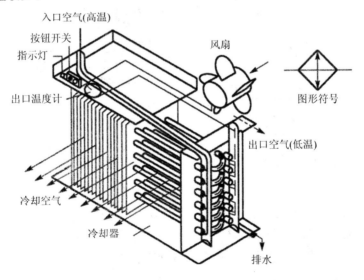

图 9-8　风冷式后冷却器

图 9-9 所示为水冷式后冷却器，它把冷却水与热空气隔开，强迫冷却水沿热空气反向流动，以降低压缩空气的温度。水冷式后冷却器出口空气温度约比冷却水的温度高 10℃。

水冷式后冷却器散热面积比风冷式大许多倍,热交换均匀,分水效率高。具有结构简单,使用和维修方便优点,使用较广泛。

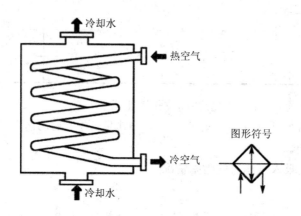

图 9-9 水冷式后冷却器

2) 储气罐

储气罐的作用是储存一定数量的压缩空气;消除压力脉动,保证输排气流的连续性;调节用气量或以备发生故障和临时需要应急使用;进一步分离压力空气中的水分和油分。一般气压传动系统中的气罐多为立式,它用钢板焊接而成,并装有放泄过剩压力的安全阀、指示罐内压力的压力表和排放冷凝水的排水阀。如图 9-10 所示为储气罐示意图。

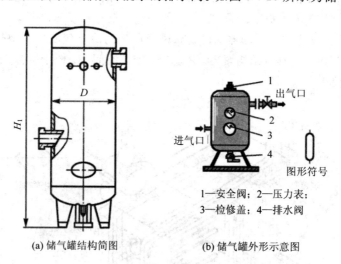

(a) 储气罐结构简图   (b) 储气罐外形示意图

图 9-10 储气罐示意图

对于活塞式空压机,应考虑在压缩机和后冷却器之间安装缓冲气罐,以消除空压机输出压力的脉动,保护后冷却器;而螺杆式空压机,输出压力比较平稳,一般不必加缓冲气罐。按空压机功率(对应空压机吸入流量),来选定储气罐的容积。

3) 空气干燥器

压缩空气中的水分,除了会对气动元件和配管产生腐蚀外,对油漆、电镀和塑料制品表面的变质,气泡的产生,润滑油的稀释,化学药品和食品的污染等也有很大的影响。空气干燥器的作用是用于除去压缩空气中的水分，得到干燥空气。它在气动元件中是属于大型、高价的元件，在考虑气源净化时，应尽量安装空气干燥器。

　　根据除去水分的方法不同，工业上常用的干燥器有冷冻式干燥器、吸附式干燥器和高分子膜隔膜式干燥器。冷冻式干燥器的工作原理如图9-11所示，是利用制冷设备将空气冷却到一定的露点温度，空气中水蒸气饱和析出水分，凝结成水滴并清除出去。吸附式干燥器工作原理如图9-12所示，它有两个填满吸附剂的相同容器，是利用硅胶、活性氧化铝、分子筛等吸附剂(干燥剂)表面能物理性吸附水分的特性来清除水分的。

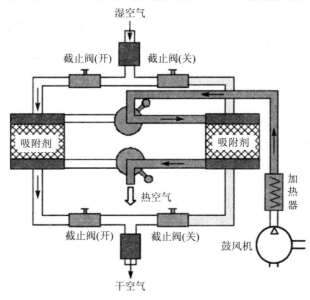

图9-11　冷冻式干燥器工作原理图

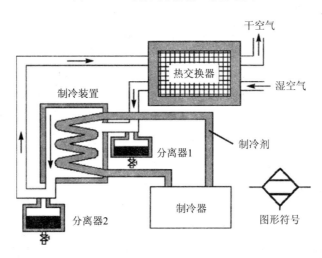

图9-12　吸附式干燥器工作原理图

　　冷冻式和吸附式干燥器工作时需要电力，成本高、体积大，安装也比较困难，所以国外新研究了一种高分子膜隔膜式干燥器。如图9-13所示为高分子膜隔膜式干燥器工作原理，采用中空的高分子膜隔，可使水蒸气很容易透过，而空气很难透过。高分子膜隔膜式干燥器具有无可动部件、维修量小、无需电源、重量轻、成本低、工作时不会产生冷凝水等优点。

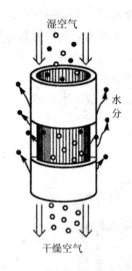 

图 9-13　高分子膜隔膜式干燥器工作原理图　　图 9-14　吸收式干燥器的工作原理图

另外，还有吸收式干燥器，其工作原理图见图 9-14。吸收式干燥器是利用不可再生的化学干燥剂来获得干燥空气的方法，压缩空气进入干燥器后，空气中的水分与干燥器内的干燥剂化合，形成化合物，并从容器底部的排出口流出，而干燥压缩空气从输出口供系统使用。

空气干燥器的选用注意事项如下：

（1）使用空气干燥器时，必须确定气压传动系统的露点温度，然后才能确定选用干燥器的类型和使用的吸附剂等。

（2）决定干燥器的容量时，应注意整个气压传动系统所需流量大小以及输入压力、输入端的空气温度。

（3）若用有油润滑的空气压缩机作气压发生装置，须注意压缩空气中混有油粒子，油能黏附于吸附剂的表面，使吸附剂吸附水蒸气能力降低，对于这种情况，应在空气入口处设置除油装置。

（4）干燥器无自动排水器时，需要定期手动排水，否则一旦混入大量冷凝水后，干燥器的效率就会降低，影响压缩空气的质量。

9.1.4　气动三联件

在气压传动技术中，将水分过滤器、减压阀和油雾器统称为气动"三大件"，它们虽然都是独立的气源处理元件，可以单独使用，但在实际应用时却又常常组合在一起作为一个组件使用，因此又称为"气动三联件"。

如图 9-15 所示为气动三联件示意图。其工作原理是：压缩空气首先进入空气过滤器，经除水滤灰净化后进入减压阀，经减压后控制气体的压力以满足气压传动系统的要求，输出的稳压气体最后进入油雾器，将润滑油雾化后混入压缩空气一起输往气压传动装置。

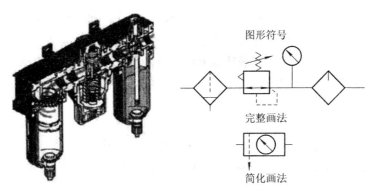

图 9-15　气动三联件

9.2　气动执行元件

气动执行元件是将压缩空气的压力能转换为机械能的装置，驱动机构作直线往复运动、摆动、旋转运动或冲击动作。气动执行元件分为气缸和气马达两大类，气缸用于提供直线往复运动或摆动，输出力和直线速度或摆动角位移；气马达用于提供连续回转运动，输出转矩和转速。

9.2.1　气缸

1. 气缸的结构及工作原理

1）气缸的工作原理

由于气缸的使用目的不同，气缸的构造也多种多样，但是使用最多的是单活塞杆双作用气缸。最常用的单杆双作用普通气缸的基本结构如图 9-16 所示，双作用气缸内部被活塞分成两个腔，有活塞杆腔称为有杆腔，无活塞杆腔称为无杆腔。

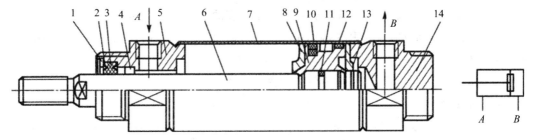

1、13—弹簧挡圈；2—防尘圈压板；3—防尘圈；4—导向套；5—杆侧端盖；6—活塞杆；7—缸筒；
8—缓冲垫；9—活塞；10—活塞密封圈；11—密封圈；12—耐磨环；14—无杆侧端盖

图 9-16　单杆双作用普通气缸

气缸一般由缸筒、前后缸盖、活塞、活塞杆、密封件和紧固件等零件组成，缸筒 7 与前后缸盖固定连接。有活塞杆侧的缸盖 5 为前缸盖，缸底侧的缸盖 14 为后缸盖。在缸盖上开有进排气通口，有的还设有气缓冲机构。前缸盖上设有密封圈、防尘圈 3，同时还设有导向套 4，以提高气缸的导向精度。活塞杆 6 与活塞 9 紧固相连。活塞上除有密封圈 10、11 防止活塞左右两腔相互漏气外，还有耐磨环 12 以提高气缸的导向性；带磁性开关的气缸，活塞上装有磁环。活塞两侧常装有橡胶垫作为缓冲垫 8。如果是气缓冲，则活塞两侧沿轴线方向设有缓冲柱塞，同时缸盖上有缓冲节流阀和缓冲套，当气缸运动到端头时，缓冲柱塞进入缓冲套，气缸排气需经缓冲节流阀，排气阻力增加，产生排气背压，形成缓冲气垫，起到缓冲作用。

其工作原理为：当从无杆腔输入压缩空气时，有杆腔排气，气缸两腔的压力差作用在活塞上所形成的力克服阻力负载推动活塞运动，使活塞杆伸出；当有杆腔进气，无杆腔排气时，使活塞杆缩回。通过控制使得有杆腔和无杆腔交替进气和排气，则活塞实现往复直线运动。

2）气缸的基本构造

(1) 缸筒。一般缸筒内表面的粗糙度应达 $Ra0.8~\mu m$，对于钢管缸筒，内表面还应镀硬铬，以减少摩擦阻力和磨损。其材质除了高碳钢外，还使用高强度铝合金、黄铜和不锈钢管。

(2) 端盖。端盖上设有进排气通口，有的还在端盖内设有缓冲机构。杆侧端盖上设有密封圈和防尘圈，以防止从活塞处向外漏气和防止外部灰尘混入缸内。过去端盖常用可锻铸铁制造，现常用铝合金压铸，微型缸有使用黄铜材质的。

(3) 导向套。导向套提高气缸的导向精度，承受活塞杆上少量的横向负载，减小活塞杆伸出时的下弯量，延长气缸的使用寿命。通常使用烧结含油合金、铅青铜铸件。

(4) 活塞。活塞是受压力零件，活塞上设有密封圈、耐磨环。耐磨环可提高气缸的导向性，减少活塞密封圈的磨耗，减少摩擦阻力，通常材料使用聚氨酯、聚四氟乙烯、夹布合成树脂等材质。活塞的材质通常用铝合金和铸铁，小型缸有用黄铜制成的。

(5) 活塞杆。活塞杆通常使用高碳钢、表面经镀硬铬处理，或使用不锈钢，提高密封圈的耐磨性。

3）气缸的安装形式

(1) 固定式气缸。气缸安装在机体上固定不动，有脚座式和法兰式。

(2) 轴销式气缸。缸体围绕固定轴可作一定角度的摆动，有 U 形钩式和耳轴式。

(3) 回转式气缸。缸体固定在机床主轴上，可随机床主轴作高速旋转运动。这种气缸常用于机床上气动卡盘中，以实现工件的自动装卡。

(4) 嵌入式气缸。气缸缸筒直接制作在夹具体内。

2. 气缸的分类及特点

气缸的种类很多，一般按气缸的结构特征、功能、驱动方式或安装方法等进行分类，分类的方法也不同。例如，按结构特征，气缸主要分为活塞式气缸和膜片式气缸两种。按运动形式，气缸分为直线运动气缸和摆动气缸两类。

1）普通气缸

普通气缸包括单作用式和双作用式气缸，常用于无特殊要求的场合。

(1) 单作用气缸。所谓单向作用气缸是指压缩空气仅在气缸的一端进气，推动活塞运动。而活塞的返回是借助于弹簧力、膜片张力、重力等，单作用气缸包括弹簧压回型、弹簧压出型，其原理见图 9-17 所示。单作用气缸的特点是：仅一端进气，结构简单，耗气量小；用弹簧或膜片复位，因需克服弹性力等，所以活塞杆的输出力小；缸内安装弹簧、膜片等，缩短了活塞的有效行程；复位弹簧、膜片的弹力是随其变形大小而变化的，因此活塞杆的推力和运动速度在行程中是有变化的。

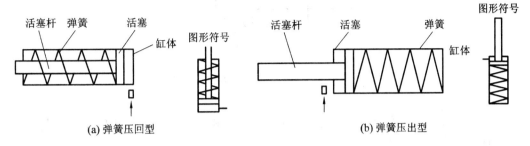

(a) 弹簧压回型　　　　　　　　　　　　　　　　(b) 弹簧压出型

图 9-17　单作用气缸示意图

　　由于上述原因，单作用气缸通常用于短行程及活塞杆推力、运动速度要求不高的场合，例如气吊、汽动夹紧等。

　　（2）双作用气缸。所谓双作用是指活塞的往复运动均由压缩空气来推动，活塞前进或后退都能输出力（推力或拉力）。其结构可分为双活塞杆式、单活塞杆式、双活塞等，还有带缓冲装置的气缸。双作用气缸结构简单，行程可根据需要选择，使用最为广泛。

　　图 9-18 所示为单活塞杆式双作用气缸示意图，图 9-19 所示为双活塞杆式双作用气缸示意图，图 9-20 为双活塞式双作用气缸结构示意图，图 9-21 为带缓冲装置的双作用气缸示意图。

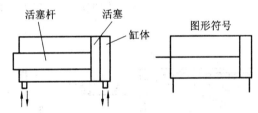

图 9-18　单活塞杆式双作用气缸示意图

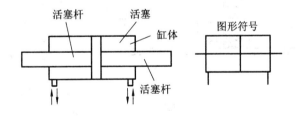

图 9-19　双活塞杆式双作用气缸示意图

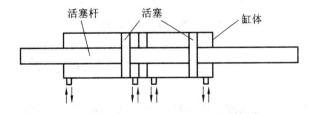

图 9-20　双活塞式双作用气缸示意图

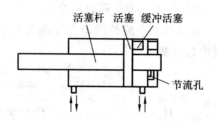

图 9-21　带缓冲装置的双作用气缸示意图

2）特殊气缸

为了满足不同的工作需要，在普通标准气缸的基础上，通过改变或增加气缸的部分结构，设计开发出多种特殊气缸。

（1）带磁性开关气缸。带磁性开关气缸是将磁性开关装在气缸的缸筒外侧，气缸可以是各种型号的气缸，但缸筒必须是导磁性弱、隔磁性强的材料，如硬铝、不锈钢、黄铜等。磁性开关用来检测气缸行程的位置，控制气缸往复运动。因此，就不需要在缸筒上安装行程阀或行程开关来检测气缸活塞位置，也不需要在活塞杆上设置挡块。

带磁性开关气缸的工作原理如图 9-22 所示。它是在气缸活塞上安装永久磁环，在缸筒外壳上装有舌簧开关。开关内装有舌簧片、保护电路和动作指示灯等，均用树脂塑封在一个盒子内。当装有永久磁铁的活塞运动到舌簧片附近，磁力线通过舌簧片使其磁化，两个簧片被吸引接触，则开关接通。当永久磁铁返回离开时，磁场减弱，两簧片弹开，则开关断开。由于开关的接通或断开，使电磁阀换向，从而实现气缸的往复运动。

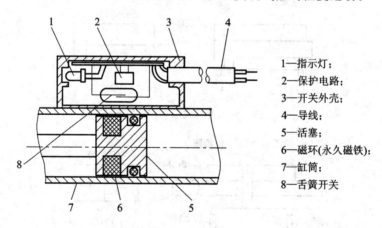

1—指示灯；
2—保护电路；
3—开关外壳；
4—导线；
5—活塞；
6—磁环(永久磁铁)；
7—缸筒；
8—舌簧开关

图 9-22　带磁性开关气缸的工作原理图

（2）薄膜式气缸。膜片有平膜片和盘形膜片两种，一般用夹织物橡胶、钢片或磷青铜片制成，厚度为 5～6 mm（有用 1～2 mm 厚膜片的）。图 9-23 为膜片式气缸的工作原理图，膜片式气缸的功能类似于弹簧复位的活塞式单作用气缸。工作时，膜片在压缩空气作用下推动活塞杆运动。它的优点是：结构简单、紧凑、体积小、重量轻、密封性好、不易漏气、加工简单、成本低、无磨损件、维修方便等，适用于行程短的场合。缺点是行程短，一般不超过 50 mm。

（3）省空间气缸。省空间气缸是指气缸的轴向或径向尺寸比标准气缸有较大减小的气缸。具有结构紧凑、重量轻、占用空间小等优点。

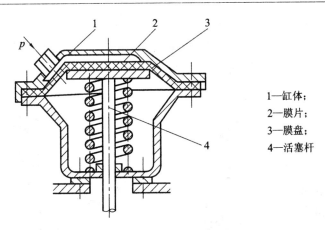

图 9-23　膜片式气缸工作原理图

1—缸体；
2—膜片；
3—膜盘；
4—活塞杆

图 9-24 为薄型省空间气缸，缸筒与无杆侧端盖压铸成一体，杆盖用弹性挡圈固定，缸体为方形，常用于固定夹具和搬运中固定工件等。

图 9-25 为自由安装型省空间气缸，其缸筒与杆盖压铸成一体，无杆侧端盖用弹性挡圈固定。特点是该种气缸可以从任意方向直接进行安装。

图 9-26 所示为椭圆形省空间气缸，气缸活塞的形状是椭圆形的，也称扁平气缸。其特点是可在狭窄空间安装，可保证活塞杆不回转，缸体为长方形。

图 9-24　薄型省空间气缸　　图 9-25　自由安装型省空间气缸　　图 9-26　椭圆形省空间气缸

（4）带阀气缸。带阀气缸是将气缸、换向阀和速度控制阀等组合在一起的气动执行元件。它省去了连接管道和管接头，减少了能量损耗，具有结构紧凑，安装方便等优点。带阀气缸的阀有电控、气控、机控和手控等各种控制方式。阀的安装形式有安装在气缸尾部、上部等几种。如图 9-27 所示，电磁换向阀 4 安装在气缸的上部，当有电信号时，则电磁阀被切换，输排气压可直接控制气缸动作。

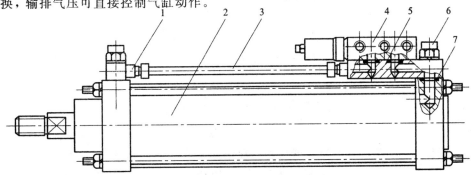

1—管接头；2—气缸；3—气管；4—电磁换向阀；5—换向阀底板；6—单向节流阀组合件；7—密封圈

图 9-27　带阀组合气缸

(5) 锁紧气缸。在气缸内气压释放完之前，将气缸锁定在行程的末端，防止负载拖动气缸出现事故，以确保安全的气缸称为端锁气缸。按锁紧位置分为行程末端锁紧型和任意位置锁紧型。图9-28所示为锁紧气缸工作原理图。锁紧气缸用于高精度的中途停止、异常事故的紧急停止和防止下落，以确保安全。

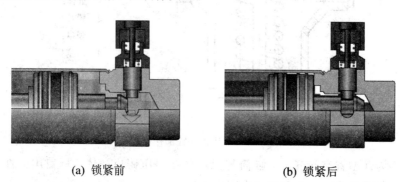

(a) 锁紧前　　　　　　　(b) 锁紧后

图9-28　锁紧气缸工作原理图

(6) 气-液阻尼缸。普通气缸工作时，由于以可压缩空气为工作介质，其速度稳定性差。当负载变化较大时，容易产生"爬行"或"自走"现象。另外，压缩空气的压力较低，因而气缸的输出力较小。为此，经常采用气缸和油缸相结合的方式，组成各种气液组合式执行元件，以达到控制速度或增大输出力的目的。

气-液阻尼缸是利用气缸驱动油缸，油缸除起阻尼作用外，还能增加气缸的刚性（因为油是不可压缩的），发挥了液压传动稳定、传动速度较均匀的优点。常用于机床和切削装置的进给驱动装置。

串联式气-液阻尼缸的结构如图9-29所示。它采用一根活塞杆将两活塞串在一起，油缸和气缸之间用隔板隔开，防止气体串入油缸中。当气缸右端B口进气时，气缸将克服负载阻力，带动油缸向左运动，调节节流阀开度就能改变阻尼缸活塞的运动速度。当气缸左端A口进气时，油缸右腔排油，此时因单向阀开启，活塞能快速返回原来位置。油杯的作用是补充油缸因泄露而减少的油量。

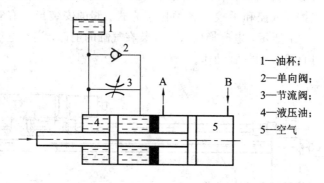

1—油杯；
2—单向阀；
3—节流阀；
4—液压油；
5—空气

图9-29　气-液阻尼缸

(7) 无杆气缸。无杆气缸没有活塞杆，利用活塞直接或间接地驱动缸筒上的滑块，实现往复运动。其占有的安装空间只有1.2L(L为滑块行程)，大大节省了安装空间，特别适用于小缸径、长行程的场合，而且运动精度高，与其他气缸组合方便。无杆气缸有磁性耦合式和机械接触式两种。

　　磁性耦合式无杆气缸重量轻、结构简单、占用空间小、无外泄漏,但外部限位器使负载停止时因惯性过大,活塞与外部移动滑块有脱开的可能。磁性耦合式无杆气缸结构如图9－30 所示,通过活塞上的内磁铁和缸筒外滑块上的外磁铁,在高强磁性的磁吸力作用下带动滑块运动。气缸活塞的推力必须与磁环的吸力相适应,实际使用中一般对滑块要加导向装置,提高承载能力。

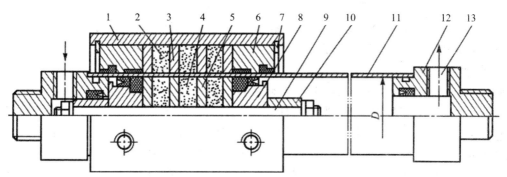

1—套筒；2—外磁环；3—外磁导板；4—内磁环；5—内磁导板；6—压盖；7—卡环；8—活塞；
9—活塞轴；10—缓冲柱塞；11—气缸筒；12—端盖；13—进、排气口

图 9 - 30　磁性耦合式无杆气缸结构图

　　机械接触式无杆气缸结构如 9－31 所示。在气缸缸管轴向开有一条槽,活塞与滑块在槽上部移动。为了防止泄漏及防尘需要,在开口部采用聚氨酯密封带和防尘不锈钢带固定在两端缸盖上,活塞架穿过槽,把活塞与滑块连成一体。活塞与滑块连接在一起,带动固定在滑块上的执行机构实现往复运动。这种气缸的特点是:与普通气缸相比,在同样行程下可缩小 1/2 安装位置;不需设置防转机构;适用于缸径 10～80 mm,最大行程在缸径≥40 mm 时可达 7 m;速度高,标准型可达 0.1～0.5 m/s;高速型可达到 0.3～3.0 m/s。其缺点是:密封性能差,容易产生外泄漏,在使用三位阀时必须选用中压式;受负载力小,为了增加负载能力,必须增加导向机构。

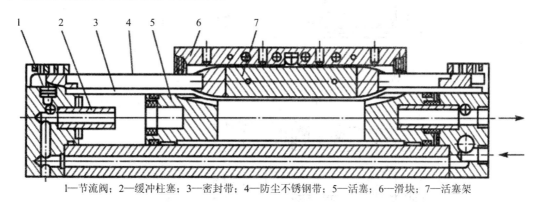

1—节流阀；2—缓冲柱塞；3—密封带；4—防尘不锈钢带；5—活塞；6—滑块；7—活塞架

图 9 - 31　机械接触式无杆气缸结构图

　　(8) 摆动气缸。摆动气缸是利用压缩空气驱动输出轴在一定角度范围内作往复回转运动的气动执行元件。用于物体的转位、翻转、分类、夹紧、阀门的开闭以及机器人的手臂动

作等。它是将压缩空气的压力能转换成机械能，输出力矩使机构实现往复摆动。摆动气缸按结构特点可分为叶片式和活塞式两种。

叶片式摆动缸是用内部止动块或外部挡块来改变其摆动角度。止动块与缸体固定在一起，叶片与转轴连在一起。气压作用在叶片上，带动转轴回转，并输出力矩。叶片式摆动气缸有单叶片式和双叶片式。双叶片式的输出力矩比单叶片式大一倍，但转角小于 180 度。如图 9-32 所示为单叶片式摆动气缸的结构原理图。它是由叶片轴转子（即输出轴）、定子、缸体和前后端盖等部分组成。定子和缸体固定在一起，叶片和转子联

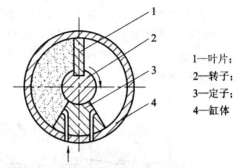

1—叶片；
2—转子；
3—定子；
4—缸体

图 9-32 单叶片式摆动气缸的结构原理图

在一起。在定子上有两条气路，当左路进气时，右路排气，压缩空气推动叶片带动转子顺时针摆动。反之，作逆时针摆动。叶片式摆动气缸体积小，重量最轻，但制造精度要求高，密封困难，泄漏是较大，而且动密封接触面积大，密封件的摩擦阻力损失较大，输出效率较低，小于 80%。因此，在应用上受到限制，一般只用在安装位置受到限制的场合，如夹具的回转，阀门开闭及工作台转位等。

活塞式摆动气缸是将活塞的往复运动通过机构转变为输出轴的摆动运动。按结构不同可分为齿轮齿条式、螺杆式和曲柄式等几种。齿轮齿条式摆动气缸是气压力推动活塞带动齿条作直线运动，齿条推动齿轮作回转运动，由齿轮轴输出力矩并带动外负载摆动。活塞仅作往复直线运动，摩擦损失少，齿轮传动的效率较高，此摆动气缸效率可达到 95% 左右。图 9-33 所示为齿轮齿条式摆动气缸结构原理图。

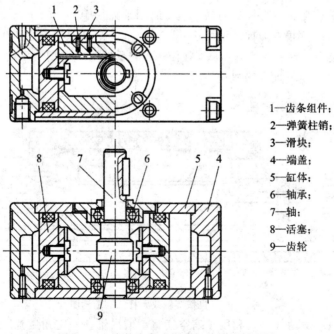

1—齿条组件；
2—弹簧柱销；
3—滑块；
4—端盖；
5—缸体；
6—轴承；
7—轴；
8—活塞；
9—齿轮

图 9-33 齿轮齿条式摆动气缸结构原理图

表 9-4 为叶片式摆动气缸和齿轮齿条式摆动气缸特点比较。

表 9-4　叶片式摆动气缸和齿轮齿条式摆动气缸特点比较

品种	体积	质量	改变摆动角方法	设置缓冲装置	输出力矩	泄漏	摆角范围	最低使用压力	摆动速度	用于中途停止状态
叶片式	较小	较小	调节止动块的位置	内部设置困难	较小	微漏	较窄	较大	不宜低速	不宜长时间使用
齿轮齿条式	较大	较大	改变内部或外部挡块位置	容易	较大	很小	可较宽	较小	可以低速	可适当时间使用

（9）气动手爪。气动手爪实质上是一种变型气缸，它可以用来抓起工件，实现机械手各种动作。气动手爪的开闭一般是通过由气缸活塞产生的往复直线运动带动与手爪相连的曲柄连杆、滚轮或齿轮等机构，驱动各个手爪同步作开、闭运动。在自动化系统中，气动手爪常应用在搬运、传送工件机构中抓取、拾放物体。

气动手爪有平行开合手指、肘节摆动开合手爪，有两爪、三爪和四爪等类型，其中两爪中有平开式和支点开闭式，驱动方式有直线式和旋转式。图 9-34 所示为几种气动手爪。

(a) 支点开闭式两爪　　　(b) 滑动导轨式两爪　　　(c) 旋转式三爪

图 9-34　气动手爪

3. 气缸的技术参数

1）气缸的特性

气缸的特性分为静态特性和动态特性。气缸的静态特性是指与缸的输出力及耗气量密切相关的最低工作压力、最高工作压力、摩擦阻力等参数。气缸的动态特性是指在气缸运动过程中气缸两腔内空气压力、温度，活塞速度、位移等参数随时间的变化情况。它能真实地反映气缸的工作性能。

2）气缸的速度特性

活塞在整个运动过程中，其速度是变化的。速度的最大值称为最大速度，记为 u_m。对非气缓冲气缸，最大速度通常在行程的末端。对气缓冲气缸，最大速度通常在进入缓冲前的行程位置。

气缸没有外负载，并假定气缸排气侧为声速排气状态，且气源压力不太低的情况下，求出的气缸速度 u_o 称为理论基准速度。

$$u_o = 1920 \frac{S}{A} \tag{9-5}$$

式中：u_o 为理论基准速度(mm/s)；1920 为系数(mm/s)；S 为排气回路的合成有效截面积(mm^2)；A 为排气侧活塞的有效面积(mm^2)。

理论基准速度 u_o 与无负载时气缸的最大速度 u_m 非常接近,故令无负载时气缸的最大速度等于 u_o。随着负载的加大,气缸的最大速度 u_m 将减小。

气缸的平均速度 v 是气缸的运动行程 L 除以气缸的动作时间 t。通常所说的气缸使用速度都是指平均速度。在粗略计算时,气缸的最大速度一般取平均速度的 $1.2 \sim 1.4$ 倍。

3) 气缸的输出力

气缸理论输出力是指气缸处于静止状态时,其使用压力作用在活塞有效面积上产生的推力或拉力。

(1) 单杆单作用气缸。单杆单作用气缸的输出力计算如下。

弹簧压回型气缸的理论输出推力:

$$F_o = \frac{\pi}{4} D^2 p - F_2 \tag{9-6}$$

弹簧压回型气缸的理论返回拉力:

$$F_o = F_1 \tag{9-7}$$

弹簧压出型气缸的理论输出拉力:

$$F_o = \frac{\pi}{4}(D^2 - d^2)p - F_2 \tag{9-8}$$

弹簧压出型气缸的理论返回推力:

$$F_o = F_1 \tag{9-9}$$

(2) 单杆双作用气缸。单杆双作用气缸的输出力计算如下。

理论输出推力(活塞杆伸出):

$$F_o = \frac{\pi}{4} D^2 p \tag{9-10}$$

理论输出拉力(活塞杆返回):

$$F_o = \frac{\pi}{4}(D^2 - d^2)p \tag{9-11}$$

(3) 双杆双作用气缸。双杆双作用气缸的输出力计算如下。

理论输出力:

$$F_o = \frac{\pi}{4}(D^2 - d^2)p \tag{9-12}$$

上述式中:F_o 为理论输出力(N);D 为缸径(mm);d 为活塞杆直径(mm);p 为使用压力(MPa);F_1 为安装状态时的弹簧力(N);F_2 为压缩空气进入气缸后,弹簧处于被压缩状态时的弹簧力(N)。

由于活塞等运动部件的惯性力以及密封等部分的摩擦力,实际使用中活塞杆的实际输出力小于理论推力,称这个推力为气缸的实际输出力。

气缸的效率是气缸的实际推力和理论推力的比值。气缸的效率取决于密封的种类、气缸内表面和活塞杆加工的状态及润滑状态。此外,气缸的运动速度、排气腔压力、外载荷状况及管道状态等都会对效率产生一定的影响。

4) 气缸的负载率 η

气缸的负载率 η 是气缸活塞杆受到的轴向负载力 F 与气缸的理论输出力 F_o 之比。即

$$\eta = \frac{F}{F_o} \times 100\% \qquad (9-13)$$

气缸的实际负载是由实际工况所决定的，若确定了气缸负载率 η，则由定义就能确定气缸的理论输出力，从而可以计算气缸的缸径。

对于阻性负载，如气缸用作气动夹具，负载不产生惯性力，一般选取负载率 η 为 0.8；对于惯性负载，如气缸用来推送工件，负载将产生惯性力，负载率 η 的取值如下：当气缸低速运动，$v < 100$ mm/s 时，取 $\eta < 0.65$；当气缸中速运动，$v = 100 \sim 500$ mm/s 时，取 $\eta < 0.5$；当气缸高速运动，$v > 500$ mm/s 时，取 $\eta < 0.35$。

5）气缸耗气量

气缸的耗气量可分为最大耗气量和平均耗气量。

最大耗气量是气缸以最大速度运动时所需要的空气流量，可表示成

$$q_r = 0.0462 D^2 u_m (p + 0.102) \qquad (9-14)$$

式中：q_r 为气缸的最大耗气量（L/min）；D 为缸径（mm）；u_m 为气缸的最大速度（mm/s）；p 为使用压力（MPa）。

平均耗气量是气缸在气压传动系统的一个工作循环周期内所消耗的空气流量。可表示为

$$q_{ca} = 0.0157(D^2 L + d^2 l_d) N(p + 0.102) \qquad (9-15)$$

式中：q_{ca} 为气缸的平均耗气量（L/min）；N 为气缸的工作额度，即每分钟内气缸的往复周数，一个往复为一周（周/min）；L 为气缸的行程（cm）；d 为换向阀与气缸之间的配管的内径（cm）；l_d 为配管的长度（cm）。

平均耗气量用于选用空压机、计算运转成本。最大耗气量用于选定空气处理元件、控制阀及配管尺寸等。最大耗气量与平均耗气量之差用于选定气罐的容积。

气缸的技术参数还包括使用压力范围、耐压性能、环境温度和介质温度、泄漏量、耐久性等方面。

4. 气缸的选用步骤

气缸的选用应根据工作要求和条件，正确选择气缸的类型。以单活塞杆双作用缸为例说明气缸的选用步骤。

（1）预选气缸的缸径。根据气缸的负载状态来确定气缸的轴向负载力，预选气缸的输出力；根据负载的运动状态，预选气缸的负载率；根据气源供气条件，确定气缸的使用压力；由此计算排气缸的缸径。

（2）预选气缸的行程。根据气缸的操作距离及传动机构的行程比来预选气缸的行程。为便于安装调试，对计算出的行程要留有适当余量。应尽量选择标准行程，可保证供货迅速，成本降低。

（3）选择气缸的品种。根据气缸承担任务的要求来选择气缸的品种。如要求气缸到达行程终端无冲击现象和撞击噪声，应选缓冲气缸；如要求重量轻，应选用轻型气缸；要求安装空间窄且行程短，可选薄型气缸；要求制动精度高，应选用锁紧气缸；不允许活塞杆旋转，可选用有杆不回转功能的气缸等。

（4）验算缓冲能力。预选了缸径和行程后，必须验算一下气缸的缓冲能力是否符合要求。

（5）选择安装方式。常见气缸的安装方式有基本安装型、脚座型、杆侧法兰型、无杆侧法兰型、单耳环型、双耳环型、杆侧耳轴型、无杆侧耳轴型、中间耳轴型等，根据安装需要选择合适的安装方式。

（6）活塞杆长度的验算。活塞杆端承受的横向负载大小与气缸行程有一定的关系。长活塞杆承受轴向负载，易引起活塞杆弯曲变形而失去稳定性，因此，在确定气缸的最大行程时，必须使受压杆的纵向弯曲变形在一定范围内。此最大行程与气缸的安装方式、使用压力和缸径等有关。

（7）计算气缸的空气消费量和最大耗气量。

（8）选择磁性开关。用于位置检测的磁性开关，其品种规格很多，也有多种接线方式和安装方式。选用时要注意验算磁性开关的最小动作范围是否满足气缸的速度要求。

（9）其他要求。如气缸工作在有灰尘等恶劣环境下，需在活塞杆伸出端安装防尘罩。要求无污染时需选用无给油或无油润滑气缸。

9.2.2　气马达

气马达也是一种气动执行元件，是将压缩空气的压力能量转换成机械能的能量转换装置，它输出力矩驱动机构作连续旋转运动。

1. 气马达的分类与特点

常见的气马达多为容积式气马达，靠改变空气容积的大小和位置实现工作。按结构形式可分为：叶片式气马达、薄膜式气马达、活塞式气马达和齿轮式气马达等，部分气马达特点见表9-5。

表9-5　各种气马达特点比较

种类	转矩	转速	功率/kW	每千瓦耗气量 $q/(m^3/min)$	特点及应用范围
叶片式	低转矩	高转速	≤3	小型：1.0~1.4 大型：1.8~2.3	制造简单，结构紧凑，但低速启动转矩小，低速性能差。适用于要求低或中等功率的机械，如风动工具、升降机、拖拉机、泵、矿山机械等
薄膜式	高转矩	低转速	<1	1.2~1.4	适用于控制要求很精确、启动转矩极高和速度低的机械
活塞式	中高转矩	低或中速	≤17	小型：1.0~1.4 大型：1.9~2.3	低速时有较大的功率输出和较好的转矩特性，启动准确，且启动和停止特性均比叶片式好。适用于载荷较大、低速、转矩较高的机械，如起重机、绞车、拉管机等

气马达与和它起同样作用的电动机相比，其特点是壳体轻，输送方便，又因其工作介质是空气，则不必担心引起火灾。气动马达过载时能自动停转，而与供给压力保持平衡状态。气动马达转动后，阻力减小，阻力变化往往具有很大柔性。因此气马达广泛应用于矿山机械和气动工具等场合。

2. 气马达的工作原理

图 9 - 35(a)所示为叶片式气马达的工作原理图，其主要结构和工作原理与叶片式液压马达相似。叶片式气马达中叶片数目一般有 3～10 片，径向安装在一个与定子偏心的转子沟槽中，转子两侧有前后盖板，叶片在转子的沟槽内可径向滑动，叶片底部通有压缩空气，转子转动是靠离心力和叶片底部气压作用而紧压在定子内表面上。定子内有半圆形切槽来提供压缩空气及排出废气。

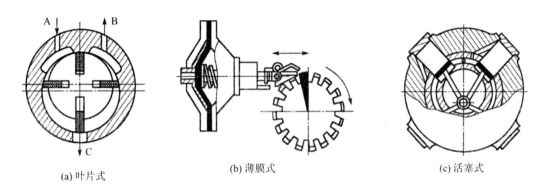

(a) 叶片式   (b) 薄膜式   (c) 活塞式

图 9 - 35 气马达工作原理图

当压缩空气从 A 口进入定子内，一路进入叶片底部槽中，使叶片从径向沟槽中伸出；另一路进入定子腔，叶片由于偏心，受力不同而产生旋转力矩，使叶片带动转子按逆时针方向旋转。废气从排气口 C 排出，而定子腔内残留的剩余气体则经 B 口排出。如需改变马达旋转方向，只需改变进、排气口，即压缩空气从 B 口进入即可。

图 9 - 35(b)所示为薄膜式气马达，它实际上是一个薄膜式气缸与棘轮机构的组合体，当薄膜式气缸往复运动时，经推杆端部的棘爪推动棘轮作间歇性转动，实现旋转动作。

图 9 - 35(c)所示为径向活塞式气马达的结构和工作原理图。压缩空气经进气口进入配气阀(又称分配阀)后进入气缸，推动活塞及连杆组件运动，再使曲柄旋转。在曲柄旋转的同时，带动固定在曲柄上的配气阀同步运动，使压缩空气随着配气阀角度位置的改变而进入不同的缸内，依次推动各个活塞运动，并由各活塞及连杆带动曲柄连续运转。与此同时，与进气缸相对应的气缸则处于排气状态。

9.2.3 真空元件

以真空吸附为动力源，作为实现自动化的一种手段，已在电子、半导体元件组装、汽车组装、自动搬运机械、轻工机械、食品机械、医疗器械、印刷机械、塑料制品机械、包装机械、锻压机械、机器人等许多方面得到了广泛的应用。对任何具有较光滑表面的物体，特别对于非铁、非金属且不适合夹紧的物体，如薄的柔软的纸张、塑料膜、铝箔，易碎的玻璃及其制品，集成电路等微型精密零件，都可使用真空吸附来完成各种作业。

1. 真空发生装置

要形成真空状态，气压传动系统中需要真空发生装置。真空发生装置有真空泵和真空发生器两种。真空泵是吸入口形成负压、排气口直接通大气，两端压力比很大的抽除气体的装置。真空发生器是利用压缩空气的流动而形成一定真空度的气压传动装置。

表9-6给出了两种真空发生装置的特点及其应用场合，以便选用参考。

表9-6　两种真空发生装置的特点及其应用场合

品　种 项　目	真空泵		真空发生器	
最大真空度	可达101.3kPa	能同时获得最大值	可达88 kPa	不能同时获得最大值
吸入流量	可很大		不大	
结构	复杂		简单	
体积	大		很小	
重量	重		很轻	
寿命	有可动件，寿命较长		无可动件，寿命长	
消耗功率	较大		较大	
价格	高		低	
安装	不便		方便	
维护	需要		不需要	
与配套件复合化	困难		容易	
真空的产生及解除	慢		快	
真空压力脉动	有脉动，需设真空罐		无脉动，不需真空罐	
应用场合	适合连续、大流量工作，不宜频繁启停，适合集中使用		需供应压缩空气，宜从事流量不大的间歇工作，适合分散使用。改变材质，可实现耐热、耐腐蚀	

图9-36所示为真空发生器的工作原理图，它是由先收缩后扩张的拉瓦尔喷管、负压腔和接收管等组成。有供气口、排气口和真空口。当供气口的供气压力高于一定值后，喷管射出超声速射流。由于气体的黏性，高速射流卷吸走负压腔内的气体，使该腔形成很低的真空度。在真空口处接上真空吸盘，靠真空压力便可吸起吸吊物。

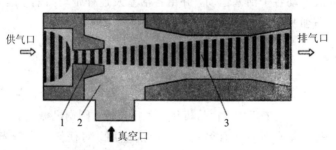

1—拉瓦尔喷管；2—负压腔；3—接收管

图9-36　真空发生器工作原理图

2. 真空吸盘

吸盘是直接吸吊物体的元件，通常是由橡胶材料与金属骨架制成的。橡胶材料如长时间在高温下工作,则使用寿命变短;硅橡胶的使用温度范围较宽,但在湿热条件下则工作性能变差。吸盘的橡胶出现脆裂,是橡胶老化的表现,除过度使用的原因外,大多由于受热或日光照射所致,故吸盘宜保管在冷暗的地方。

图 9-37 所示为各种形式的吸盘。常用品种有:平型吸盘,用于表面平整不变形的工件;带肋平型吸盘,用于易变形的工件;深凹型吸盘,用于呈曲面形状的工件;风琴型吸盘,用于没有安装缓冲的空间、工件吸着面倾斜的场合;薄型吸盘,采用薄型唇部,最适合吸着薄型工件;带肋薄型吸盘,用于纸、胶片等薄工件;重载型吸盘,适用于显像管、汽车主体等大型重物;重载风琴型吸盘,用于吸着面是弯曲的、斜面的重物及瓦楞板纸箱等的搬运;头可摆动型吸盘,适合倾斜(±15°)的工件。特殊情况下需要订制特殊结构形式的吸盘来满足需要。

图 9-37　各种形式的吸盘

表 9-7 给出了常用吸盘的吸盘直径规格参数。

表 9-7　常用吸盘的吸盘直径

吸盘直径/mm	2	4	6	8	10	13	16	20	25	32	40	50
平型吸盘	●	●	●	●	●	●	●	●	●	●	●	●
带肋平型吸盘					●	●	●	●	●	●	●	●
深凹型吸盘					●		●		●		●	
风琴型吸盘			●	●	●	●	●	●	●	●	●	●

真空吸盘的安装方式有螺纹连接(有外螺纹和内螺纹,无缓冲能力)、面板安装和用缓冲体连接等,见图 9-38。吸盘真空口的取出方向有轴向和侧向,见图 9-39。

图 9-38　吸盘的安装形式

图 9-39　真空口的取出方向

9.3 气动控制元件

在气压传动系统中,气动控制元件是用来调节压缩空气的压力、流量和方向等的元件,以保证执行机构获得必要的力、速度,按规定的程序正常进行工作。气动控制元件按功能可分为压力控制阀、流量控制阀和方向控制阀。

9.3.1 气动压力控制阀

气压传动系统中,调节和控制压缩空气压力大小的气动元件或依靠气压力来控制执行元件动作顺序的阀统称为压力控制阀。根据控制作用不同,压力控制阀可分为减压阀(调压阀)、溢流阀(安全阀)和顺序阀、压力比例阀、增压阀及组合阀等。

1. 减压阀

减压阀又称调压阀,用来调节或控制气压的变化,将较高的入口压力调节并降低到符合使用要求的出口压力,确保调节后的出口压力稳定。其他减压装置(如节流阀)虽能减压,但没有稳压能力。

1) 减压阀的分类

减压阀的种类繁多,可按压力调节方式、排气方式、调压精度等进行分类。

按压力调节方式分,有直动式减压阀和先导式减压阀两大类。

按排气方式可分为溢流式、非溢流式和恒量排气式三种。溢流式减压阀的特点是减压过程中从溢流孔中排出少量多余的气体,维持输出压力不变。非溢流式减压阀没有溢流孔,使用时回路中要安装一个放气阀,以排出输出侧的部分气体,它适用于调节有害气体压力的场合,可防止大气污染。恒量排气式减压阀始终有微量气体从溢流阀座的小孔排出,能更准确地调整压力,一般用于输出压力要求调节精度高的场合。

按调压精度可分为普通型和精密型。

2) 减压阀的结构及工作原理

(1) 直动式减压阀。直动式减压阀是利用手轮或旋钮直接调节调压弹簧的压缩量来改变减压阀输出压力。如图 9-40 所示为普通型直动式减压阀的结构原理。其工作原理是:当阀处于工作状态时,顺时针方向旋转手柄,经过调压弹簧推动膜片下移,膜片又推动阀杆下移,进气阀口被打开,使出口压力 P_2 增大。同时,输排气压经反馈通道在膜片上产生向上的推力。这个作用力总是企图把进气阀开度关小,使其输出压力降低。当作用在膜片上的反推力与弹簧力相平衡时,减压阀输出压力便保持稳定。当输入压力波动变化时,减压阀可自动调整阀口的开度大小以保证输出压力的稳定。精密型直动式减压阀的结构与普通型直动式减压阀相似,其主要区别是在上阀体上开有常泄式溢流孔,其稳压精度高,可达 0.001 MPa。溢流式减压阀的工作原理是:靠进气阀口的节流作用减压;靠膜片上的力平衡作用和溢流孔的溢流作用稳定输出压力;调节手柄可使输出压力在规定的范围内任意改变。

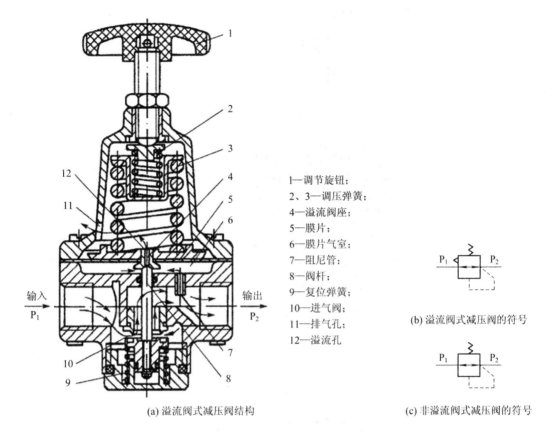

1—调节旋钮；
2、3—调压弹簧；
4—溢流阀座；
5—膜片；
6—膜片气室；
7—阻尼管；
8—阀杆；
9—复位弹簧；
10—进气阀；
11—排气孔；
12—溢流孔

(a) 溢流阀式减压阀结构

(b) 溢流阀式减压阀的符号

(c) 非溢流阀式减压阀的符号

图 9-40　直动式减压阀

（2）先导式减压阀。当减压阀的输出压力较高（在 0.7 MPa 以上）或配管直径很大（在 20 mm 以上）时，若用直动式减压阀，其调压弹簧必须较硬，阀的结构尺寸较大，调压的稳定性较差。为了克服这些缺点，此时一般宜采用先导式减压阀。先导式减压阀采用压缩空气的作用力代替调压弹簧力以改变出口压力，它调压时操作轻便，流量特性好，稳压精度高，压力特性也好，适用于通径较大的减压阀。

先导式减压阀调压用的压缩空气，一般是由小型的直动式减压阀供给，用调压气体的压力代替调压弹簧力来调整输出压力。先导式减压阀可分为内部先导和外部先导，若把小型直动式减压阀与主阀合成一体，来控制主阀输出压力的，称为内部先导式减压阀，如图 9-41 所示。若将其与主阀分离，装在外部，则称为外部先导式减压阀，它可实现远距离控制，如图 9-42 所示。

图 9-41 中的挡板、固定节流孔及气室组成喷嘴挡板环节，由于其调节部分采用了高灵敏度的喷嘴挡板机构，当喷嘴与挡板之间的距离发生微小变化时，就会使气室中压力发生很明显的变化，从而引起膜片较大的位移，并去控制阀芯的上下移动，使主阀阀口开度变大或变小，提高了对阀芯控制的灵敏度，故有较高的调压精度。

外部先导式减压阀作用在膜片上的力是靠主阀外部的一只小型直动溢流式减压阀供给压缩气体来控制膜片上下移动，实现调整输出压力的目的。外部先导式减压阀又称远距离控制式减压阀。

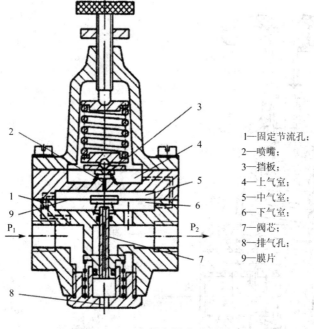

1—固定节流孔；
2—喷嘴；
3—挡板；
4—上气室；
5—中气室；
6—下气室；
7—阀芯；
8—排气孔；
9—膜片

图 9-41 内部先导式减压阀

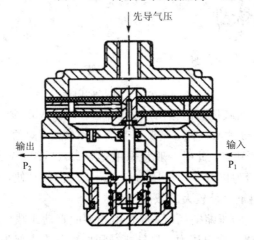

图 9-42 外部先导式减压阀的主阀

3）减压阀的选用

（1）根据功能要求选择阀的品种。如调压范围、稳压精度等要求，是否有其他特殊要求。若出口压力波动小时，要求波动不大于工作压力最大值±0.5%，则选用精密减压阀。

（2）根据系统控制的要求，选择是否需遥控式减压阀，若为遥控式，则应选用外部先导式减压阀。

（3）确定阀的类型后，根据通过减压阀的最大流量选择阀的规格（通径），决定阀的气源压力时应使其大于最高输出压力 0.1 MPa。

4）应用减压阀的注意事项

（1）普通型减压阀的出口压力不要超过进口压力的 85%；精密型减压阀的出口压力不要超过进口压力的 90%。输出压力不得超过设定压力的最大值。

（2）减压阀的连接配管要充分吹洗，安装时要防止灰尘、切屑末等混入阀内，也要防止配管螺纹切屑末及密封材料混入阀内。

（3）按阀上的箭头方向安装减压阀，使空气流动方向与箭头方向一致，不得装反。

（4）进口侧压力管路中，若含有冷凝水、油污及灰尘等，会造成常泄孔或节流孔堵塞，使阀动作不良，故应在减压阀前设置空气过滤器、油雾分离器，并应对它们定期维护。

（5）进口侧不得装油雾器，以免油雾污染常泄孔和节流孔，造成阀动作不良。若下游回路需要给油，油雾器应装在减压阀出口侧。

（6）在换向阀与气缸之间使用减压阀，由于压力急剧变化，需注意压力表的寿命。

（7）先导式减压阀前不宜安装换向阀。否则换向阀不断换向，会造成减压阀内喷嘴挡板机构较快磨耗，阀的特性会逐渐变差。

（8）在化学溶剂的雾气中工作的减压阀，其外部材料不要用塑料，应改为金属。

（9）使用塑料材料的减压阀，应避免阳光直射。

（10）要防止油、水进入压力表中，以免压力表指示不准。压力表应安装在易于观察的位置。

（11）若减压阀要在低温环境（-30℃以上）或高温环境（<80℃）下工作，阀盖及密封件等应改变材质。

（12）对常泄式减压阀，从常泄孔不断排气是正常的。若溢流量大，造成噪声大，可在溢流排气口装消声器。

（13）减压阀底部螺塞处要留出 60 mm 以上空间，以便于维修。

（14）减压阀应留出调节压力的空间，手轮要用手操作，不要用工具操作。压力设定应沿升压方向进行。压力调整完后应锁定。

2. 增压阀

工厂气路中的压力，通常不高于 1.0 MPa。但在下列情况下，却需要少量、局部高压气体。如：

（1）气路中个别或部分装置需使用高压。

（2）工厂主气路压力下降，在不能保证气压传动装置的最低使用压力时，利用增压阀提供高压气体，以维持气压传动装置正常工作。

（3）空间窄小，不能配置大口径气缸，但输出力又必须确保。

（4）气控式远距离操作，必须增压以弥补压力损失。

（5）需要提高气-液联用缸的液压力。

（6）希望缩短向气缸内充气至一定压力的时间。

为此，可通过增压阀，将工厂气路中的压力增加 2 倍或 4 倍，但最高输出压力小于 2 MPa。这样做与建立高压气源相比，可节省成本和能源。

3. 溢流阀（安全阀）

当储气罐或回路中的压力超过某设定值时，溢流阀（安全阀）把超过设定值的压缩空气排入大气，以保持输入压力不超过设定值。溢流阀（安全阀）在系统中起限制最高压力，起过压安全保护作用。

图 9-43 为溢流阀的工作原理图，它由调压弹簧、调节机构、阀芯和壳体组成。当气压

传动系统中气体压力在调定的范围内时，气压作用在阀芯 3 上的力小于调压弹簧 2 的弹簧力，阀门处于关闭状态。当气压传动系统压力升高，作用在阀芯 3 上的力超过了调压弹簧 2 的弹簧力时，阀芯 3 将向上移动，阀口开启，压缩空气由排气孔 T 排出，实现溢流，直到系统压力降至调定范围以下，阀口又重新关闭。开启压力的大小通过调整调压弹簧的预紧量来实现。

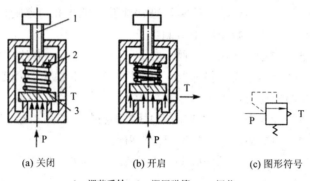

(a) 关闭　　　　　　(b) 开启　　　　　　(c) 图形符号

1—调节手轮；2—调压弹簧；3—阀芯

图 9-43　溢流阀的工作原理

　　与减压阀相类似，从结构上分，溢流阀有活塞式与膜片式两种。活塞式溢流阀结构简单，但灵敏性稍差，常用于储气罐或管道上。膜片式安全阀开启压力与关闭压力较接近，压力特性较好、动作灵敏；但最大开启量比较小，流量特性较差。

　　溢流阀按控制方式分，有直动式和先导式两种。图 9-44(a) 为直动式溢流阀，其开启压力与关闭压力比较接近，即压力特性较好、动作灵敏；但最大开启量比较小，即流量特性较差。图 9-44(b) 为先导式溢流阀，它由一小型的直动式减压阀提供控制信号，由减压阀减压后的空气从上部进入主阀上腔，代替了用弹簧控制安全阀。这样的结构方式能在阀门开启和关闭过程中，使控制压力保持基本不变，即阀的流量特性好。先导式溢流阀适用于管道通径大或远距离控制的场合。

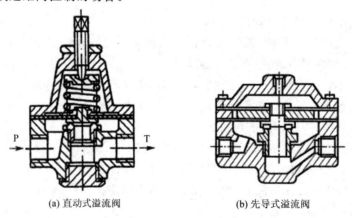

(a) 直动式溢流阀　　　　　　　　　　(b) 先导式溢流阀

图 9-44　溢流阀

4. 顺序阀与单向顺序阀

1）顺序阀

顺序阀是依靠气路中气体压力的作用来控制各种执行机构按顺序动作的压力控制阀。

图 9-45 为顺序阀工作原理图，它依靠调整调压弹簧压缩量来控制其开启压力的大小。压缩空气进入进气腔，作用在阀芯上，若气压力小于弹簧力，则阀为关闭状态，A 口无输出；而当作用在阀芯上的气压力大于弹簧力时，阀芯被顶起，阀则为开启状态，压缩空气由 P 口流入，A 口流出。

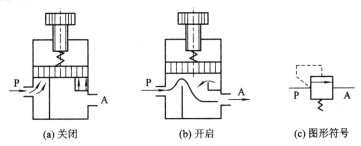

(a) 关闭　　　(b) 开启　　　(c) 图形符号

图 9-45　顺序阀工作原理图

2）单向顺序阀

顺序阀很少单独使用，常与单向阀并联组合一起使用，这称为单向顺序阀。其工作原理如图 9-46 所示。图 9-46(b)中，压缩空气从 P 口进入工作腔 4 后，当作用在阀芯 3 上的气压力大于弹簧 2 的弹簧力时，将阀芯 3 顶起，压缩空气从 P 口经腔 4、腔 6 到 A 口。当压缩空气从 A 口流入，流向 P 时，顺序阀处于关闭关闭状态，此时腔 6 内的压力高于腔 4 内压力，在压差作用下，单向阀 5 打开，压缩空气从 A 口经 P 口排出，如图 9-46(c)所示。

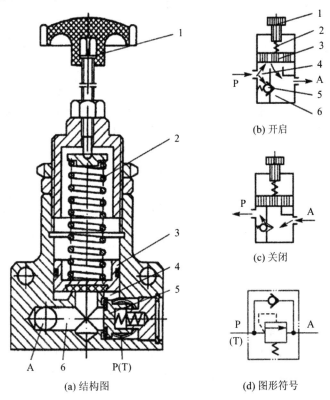

(a) 结构图　　　(b) 开启　(c) 关闭　(d) 图形符号

1—调节手轮；2—弹簧；3—阀芯；4、6—工作腔；5—单向阀

图 9-46　单向顺序阀工作原理

9.3.2 气动流量控制阀

在气压传动系统中，对气缸运动速度、信号延迟时间、油雾器的滴油量、缓冲气缸的缓冲能力等的控制，都是依靠控制流量来实现的。控制压缩空气流量的阀称为流量控制阀，是通过改变阀的流通面积来实现流量控制的。流量控制阀包括节流阀、单向节流阀和排气节流阀等。

1. 节流阀

节流阀是通过改变阀的流通面积来调节流量的。用于控制气缸的运动速度。

如图 9 - 47 所示为针形阀芯型节流阀。其工作原理为：压缩空气由 P 口进入，经过节流口，由 A 口流出。通过旋转阀芯螺杆，就可改变节流口开度，从而调节压缩空气的流量。此种节流阀结构简单，体积小，应用范围较广。

2. 单向节流阀

单向节流阀是由单向阀和节流阀并联组合而成的流量控制阀，常用于控制气缸的运动速度，故常称为速度控制阀。单向阀的功能是靠单向型密封圈来实现的。

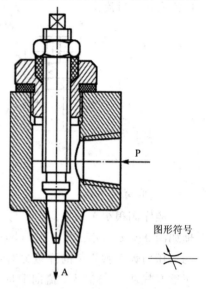

图形符号

图 9 - 47　针形阀芯型节流阀

图 9 - 48 所示为单向节流阀的工作原理。图 9 - 48(c)中，当压缩空气从 P 口流向 A 口时，经过节流阀实现节流；而反向流动时，(见图 9 - 48(d))，即从 A 口流向 P 口时，单向阀处于打开状态，气体不经节流阀节流直接从 P 口流出，仅为单向阀作用。单向节流阀常用于气缸的调速和延时回路中，使用时应尽可能直接安装在气缸上。单向节流阀又可分为进气节流型和排气节流型，在使用时应正确选择，并且要注意安装的方向。

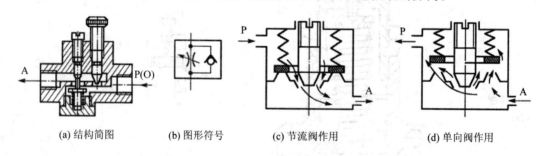

(a) 结构简图　　　(b) 图形符号　　　(c) 节流阀作用　　　(d) 单向阀作用

图 9 - 48　单向节流阀的工作原理

3. 带消声器的排气节流阀

带消声器的排气节流阀通常装在换向阀的排气口上，控制排入大气的流量，以改变气缸的运动速度。排气节流阀常带有消声器以减小排气噪声，可降低排气噪声 20 dB 以上，并能防止环境中的粉尘通过排气口污染元件。

图 9 - 49(a)所示为排气节流阀结构图，其工作原理和节流阀类似，靠调节节流阀芯 3

与阀体 9 之间的流通面积来调节排气流量,由消声套 7 减少排气噪声。排气消声节流阀只能安装在元件的排气口处,一般用于换向阀与气缸之间不能安装速度控制阀的场合及带阀气缸上。与速度控制阀的调速方法相比,由于控制容积增大,控制性能变差。

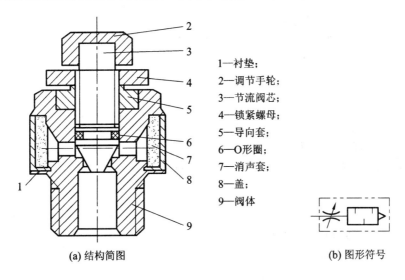

1—衬垫;
2—调节手轮;
3—节流阀芯;
4—锁紧螺母;
5—导向套;
6—O形圈;
7—消声套;
8—盖;
9—阀体

(a) 结构简图　　　　　　　　　　　　　　　　(b) 图形符号

图 9-49　排气节流阀

4. 应用流量控制阀的注意事项

应用气动流量控制阀对气缸进行调速,比液压系统调速要困难,因气体具有压缩性,必须注意以下几点,以防产生爬行现象。

(1) 管道不能漏气。

(2) 气缸中缸筒与活塞间的润滑状态要好。

(3) 气缸的负载变化小。

(4) 流量控制阀尽量安装在气缸附近。

(5) 速度太低(小于 40 mm/s)很难实现。

9.3.3　气动方向控制阀

能改变气体流动方向或通断的控制阀称为方向控制阀,它是气压传动系统中应用最广泛的一类阀。如向气缸一端进气,并从另一端排气,再反过来,从另一端进气,一端排气,这种流动方向的改变,便要使用方向控制阀。

1. 方向控制阀分类

方向控制阀的品种规格很多,了解其分类,以便于掌握它们的特征,以利于选用。

1) 按阀内气流的流通方向分类

按气流在阀内的作用方向,方向控制阀可分为单向型方向控制阀和换向型方向控制阀两类。只允许气流沿一个方向流动的方向控制阀称为单向型方向控制阀,如单向阀、梭阀、双压阀和快速排气阀等。快速排气阀按其功能也可归入流量控制阀。可以改变气流流动方向的方向控制阀称为换向型方向控制阀,简称换向阀,如二位三通阀、二位五通阀等。

2）按阀的控制方式分类

阀的控制方式主要有气压控制、电磁控制、人力控制和机械控制等类型。气压控制又可分成加压控制、泄压控制、差压控制和延时控制等。

3）按阀芯的工作位置数分类

阀芯的工作位置称为"位"，阀芯有几个切换工作位置的阀就称为"几位"阀。在不同的工作位，按图形符号，可实现不同的通断关系。经常使用的有"二位"阀和"三位"阀。阀在未加控制信号被操作时所处的位置称为零位。

4）按阀的接口数目分类

阀的接口（包括排气口）称为"通"，阀的接口包括入口、出口和排气口，但不包括控制口。常见的阀有两通阀、三通阀、四通阀、五通阀等。

根据阀的切换位置和接口数目，便可叫出阀的名称，如二位二通阀、三位五通阀等。

5）按阀芯结构形式分类

阀芯结构形式是影响阀性能的重要因素之一，常用的阀芯结构形式有截止式、滑柱式、滑柱截止式（平衡截止式）和滑板式等。

6）按控制信号数目分类

按控制信号数目可分为单控式和双控式。

单控式是指阀的一个工作位置由控制信号获得（控制信号可以是电信号、气信号、人力信号或机械力信号等），另一个工作位置是当控制信号消失后，靠其他力来获得（称为复位方式）。如靠弹簧力复位称为弹簧复位；靠气压力复位称为气压复位；靠弹簧力和气压力复位称为混合复位。混合复位可减小阀芯复位活塞直径，复位力越大，阀换向越可靠，工作越稳定。

双控式是指阀有两个控制信号。对二位阀采用双控，两个阀位分别由一个控制信号获得。当一个控制信号消失，另一个控制信号未加入时，能保持原有阀位不变的，称为具有记忆功能的阀。对三位阀，每个控制信号控制一个阀位。当两个控制信号都不存在时，靠弹簧力和（或）气压力使阀芯处于中间位置（简称中位或零位）。

7）按阀的动作方式分类

按阀的动作方式分类，可分为直动式和先导式。先导式又分为内部先导式和外部先导式。先导控制的气源是主阀提供的为内部先导式；先导控制的气源是外部供给的为外部先导式，外部先导式换向阀的切换不受换向阀使用压力大小的影响，故换向阀可在低压或真空压力条件下工作。

8）按安装连接方式分类

阀的连接方式有管式连接、板式连接、法兰连接和集成式连接等。板式连接需配专门的过渡连接板，管路与连接板相连，阀固定在连接板上，装拆时不必拆卸管路，对复杂气路系统维修方便。集装式连接是将多个板式连接气阀安装在集成块上。各气阀的气源口或排气口可以共用，各气阀的排气口也可单独排气。这种方式可节省空间、减少配管、装拆方便、便于维修。

9）按阀的密封方式分类

按阀的密封方式分类可分为弹性密封和间隙密封。弹性密封又称为软质密封，间隙密封又称为硬配密封或金属密封。

10）按阀的流通能力分类

按阀的流通能力分类可分为两种：一种是按连接口径分类，另一种是按有效截面积分类。按连接口径表示流通能力，较直观，但不科学。同一连接口径，通过流量差别很大，故用阀的有效截面积表示比较合理。

2. 换向型方向控制阀

1）电磁换向阀

电磁换向阀是气动控制元件中最主要的元件，品种繁多，结构各异，但原理基本相同。按动作方式分，有直动式和先导式；按密封形式分，有弹性密封和间隙密封；按所用电源分，有直流电磁换向阀和交流电磁换向阀；按功率大小分，有一般功率和低功率；按阀芯结构形式分，有滑柱式、截止式和滑柱截止式。

（1）直动式电磁换向阀。直动式电磁换向阀是利用电磁力直接推动阀芯换向的阀。按操纵线圈可分为单线圈和双线圈，分别称为单电控和双电控电磁换向阀；按使用电源电压分为直流（DC24V、DC12V 等）、交流（AC220V、AC110V 等）；按功率分为 2 W 以下的低功率电磁阀和一般功率电磁阀，低功率电磁阀可直接用半导体电路的输出信号来控制。

直动式电磁阀的特点是结构简单、紧凑，换向频率高，但当用于交流电磁铁时，如果阀杆卡死就有烧坏线圈的可能。阀杆的换向行程受电磁铁吸合行程的控制，因此只适用于小型阀。图 9 - 50 所示为单电控直动式电磁阀工作原理图。图 9 - 50(a) 中，电磁线圈断电时，弹簧力作用于阀芯，使阀芯处于上方，P 口与 A 口断开，A 口与 T 口相通；图 9 - 50 (b) 中，电磁线圈通电时，电磁铁 1 产生的电磁力克服弹簧力，通过阀杆推动阀芯向下移动，使 P 口与 A 口接通，T 口与 A 口断开。

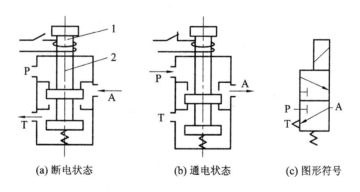

(a) 断电状态   (b) 通电状态   (c) 图形符号

图 9 - 50 单电控直动式电磁阀工作原理图

图 9 - 51 所示为双电控直动式电磁阀工作原理图，图中阀为二位五通阀。图 9 - 51(a) 为电磁铁 1 通电、电磁铁 3 断电时阀的状态，阀芯 2 被推至右侧，当 P 口进气，则 A 口有输出，而 B 口排气，经 T_2 排出。若电磁铁 1 断电，阀芯位置不变，仍保持为 A 口有输出，B 口排气状态，即该阀具有记忆功能；直到电磁铁 3 通电，阀芯 2 被推至左侧，阀状态才被切换，此时当 P 口进气，则 B 口有输出，而 A 口排气，经 T_1 口排出。同样，电磁铁 3 断电时，阀的输出状态保持不变，直到电磁铁 1 通电再次切换阀的状态。

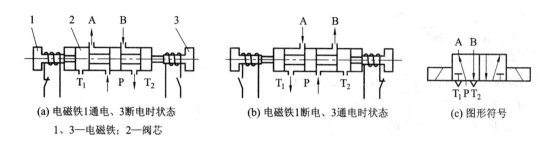

(a) 电磁铁1通电、3断电时状态

1、3—电磁铁；2—阀芯

(b) 电磁铁1断电、3通电时状态

(c) 图形符号

图 9-51　双电控直动式电磁阀工作原理图

双电控电磁阀在使用时应注意：两电磁铁不允许同时通电。

（2）先导式电磁换向阀。先导式是指电磁换向阀的主阀由气压力进行切换的一种动作方式。先导式电磁换向阀由小型直动式电磁阀和大型气控换向阀构成，由电磁先导阀输出先导压力，此先导压力再推动（气动）主阀阀芯换向。按电磁线圈数，先导式电磁换向阀有单电控和双电控之分；按先导压力来源，有内部先导式和外部先导式之分。

图 9-52 为单电控外部先导式电磁换向阀的工作原理图。图 9-52(a) 中，当电磁先导阀断电时，先导阀的 $A_1 - x$ 口断开，$A_1 - B_1$ 口接通，先导阀处于排气状态，即主阀的控制腔 A_1 处于排气状态。此时，主阀阀芯在弹簧和 x 口气压的作用下向右移动，将 $P - A$ 口断开，$A - R$ 口接通，即主阀处于排气状态。图 9-52(b) 中，当电磁先导阀通电时，先导阀的 $A_1 - x$ 口接通，$A_1 - B_1$ 口断开，先导阀处于进气状态，即主阀的控制腔 A_1 处于进气状态。由于 A_1 腔内气体作用于阀芯上的力大于 x 口气体作用在阀芯上的力与弹簧力之和，因此，主阀阀芯将被推向左端，使 $P - A$ 口接通，$A - R$ 口断开，即主阀处于进气状态。图 9-52(c) 为单电控外部先导式电磁换向阀的详细图形符号，图 9-52(d) 为其简化图形符号。

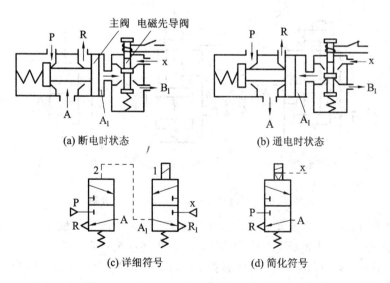

(a) 断电时状态

(b) 通电时状态

(c) 详细符号

(d) 简化符号

图 9-52　单电控外部先导式电磁换向阀的工作原理

2）气控换向阀

气控换向阀相当于去掉电磁换向阀的电磁先导阀部分，保留主阀部分。气控换向阀靠外加的气压信号为动力切换主阀，控制回路换向或开闭。由外部供给的外加气压称为控制压力。气压控制适用于易燃、易爆、潮湿和粉尘多的场合、操作安全可靠。

按照作用原理气控换向阀可分为加压控制、泄压控制和差压控制三种类型。加压控制是给阀开闭件上以逐渐增加的压力值，使阀换向的一种控制方式；卸压控制是给阀开闭件以逐渐减少的压力值，使阀换向的一种控制方式；差压控制是利用控制气压作用在阀芯两端不同面积上所产生的压力差，来使阀换向的一种控制方式。

图9-53所示是二位三通单气控加压截止式换向阀的工作原理图。图9-53(a)为气控口K口没有控制信号时阀的状态，此时阀芯在弹簧力与P口气压作用下，处于上方位置，使P-A口断开，A-O口接通，阀处于排气状态。图9-53(b)为当气控口K口有控制信号时阀的状态，此时，K口控制压力克服弹簧力和P口气压力之和，阀芯向下移动，使P-A口接通，A-O口断开，从A口进气。

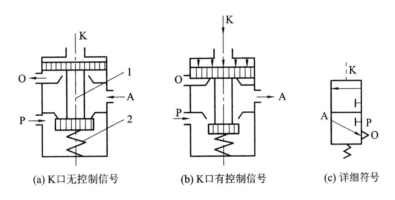

(a) K口无控制信号　　　　(b) K口有控制信号　　　　(c) 详细符号

图9-53　单气控加压截止式换向阀的工作原理

对双气控或气压复位的气控阀，如果阀两边气压控制腔所作用的操作活塞面积存在差别，导致在相同控制压力同时作用下，驱动阀芯的力不相等，而使阀换向，则该阀为差压控制阀。

对气控阀在其控制压力到阀控制腔的气路上串接一个单向节流阀和固定气室组成的延时环节就构成延时阀。控制信号的气体压力经单向节流阀向固定气室充气，当充气压力达到主阀动作要求的压力时，气控阀换向，阀切换延时时间可通过调节节流阀开口大小来调整。

3) 机控换向阀

靠机械外力使阀芯切换的阀称为机控换向阀。它利用执行机构或者其他机构的运动部件，碰撞阀上的凸轮、滚轮、杠杆或撞块等机构来操作阀杆，驱动阀换向。

基本型行程阀无外力时，阀芯复位；有外力时，推杆先接触阀芯，封住排气口，再推开阀芯，使供气口和工作口相通。直动式行程阀不能承受非轴向推力。滚轮式行程阀工作时撞块沿滚轮切向接触，再传力给推杆，杠杆滚轮式是借助杠杆以增大推杆的向下压力。

图9-54所示为机控换向阀常用的机械控制方式。

机控换向阀使用应注意：不能将行程阀当做停止器使用，机械操作时请不要超过动作极限。

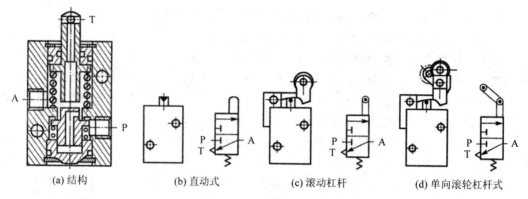

(a) 结构　　(b) 直动式　　(c) 滚动杠杆　　(d) 单向滚轮杠杆式

图 9-54　机控换向阀常用的机械控制方式

4）人力控制换向阀

靠手或脚使阀芯换向的阀称为人力控制换向阀。与行程阀结构的区别，仅操作机构有所不同。

人力控制换向阀的操作机构有按钮式（蘑菇形、伸出形、平形）、旋钮式、锁式、推拉式、肘杆式（拨叉式）、脚踏式和长手柄式等。旋钮式、锁式、推拉式、肘杆式和长手柄式都具有定位功能或自保持功能（有时也称为双稳态功能），即阀被切换后，撤除人力操作，能保持切换后的阀芯位置不变。要改变切换位置，必须反向施加操作力。按钮式无保持功能，除去操作力，阀芯靠弹簧复位，称为单稳态功能。图 9-55 所示为几种人力控制换向阀实物图。

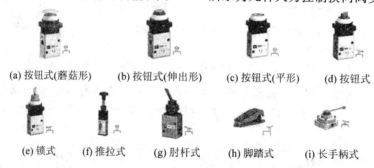

(a) 按钮式(蘑菇形)　(b) 按钮式(伸出形)　(c) 按钮式(平形)　(d) 按钮式

(e) 锁式　(f) 推拉式　(g) 肘杆式　(h) 脚踏式　(i) 长手柄式

图 9-55　几种人力控制换向阀实物图

手动阀和行程阀，常用来产生气信号用于系统控制，但其操作频率不能太高。

3. 单向型方向控制阀

单向型方向控制阀有单向阀、梭阀、双压阀和快速排气阀。

1）单向阀

有两个通口，气流只能向一个方向流动而不能反方向流动的阀称为单向阀。

图 9-56 为单向阀结构示意图。其工作原理为：当压缩空气从 A 口进入时，由于气压力和弹簧力同向，同时作用在阀芯 3 上，阀芯处于右端位置，使 A-P 口断开，即 A 口进入的气体不得从 P 口流出，此时单向阀处于关闭状态；而当压缩空气从 P 口进入时，由于气压力和弹簧力反向，气压力大于弹簧力时推动阀芯左移，使 P-A 口接通，即 P 口进入的气体可以从 A 口流出，此时单向阀处于开启状态。单向阀常与节流阀组合，用来控制执行元件的速度。

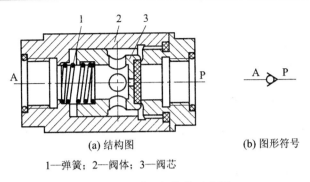

(a) 结构图　　　　　(b) 图形符号

1—弹簧；2—阀体；3—阀芯

图 9 - 56　单向阀结构示意图

2）梭阀

如图 9 - 57(a)所示为梭阀结构示意图，梭阀有两个进口，一个出口。当进口中的一个有输入时出口便有输出；若两个进口压力不等，则高压进口与出口相通；若两个进口压力相等，则先输入压力的进口与输出口相通。梭阀的作用相当于"或"门逻辑功能。从图示结构可以看出，阀在切换过程中存在短时间的路路通现象，应用中要注意防止。

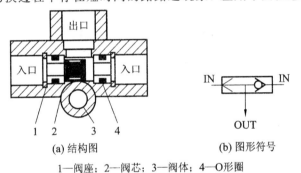

(a) 结构图　　　　　(b) 图形符号

1—阀座；2—阀芯；3—阀体；4—O 形圈

图 9 - 57　梭阀结构示意图

梭阀主要用于选择信号。例如，应用于手动和自动操作的选择回路，见图 9 - 58(a)。梭阀也可用于高低压转换回路，但必须在梭阀的高压进口侧加装一个二位三通阀，以免得不到低压，见图 9 - 58(b)。

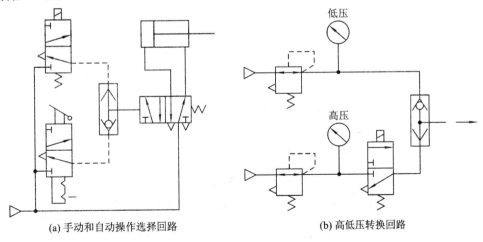

(a) 手动和自动操作选择回路　　　　　(b) 高低压转换回路

图 9 - 58　梭阀的应用回路

3）双压阀

图 9-59(a) 所示为双压阀结构示意图，双压阀也有两个进口，一个出口。当两个进口同时都有气信号时，出口才有输出。双压阀的作用相当于"与"门逻辑功能。

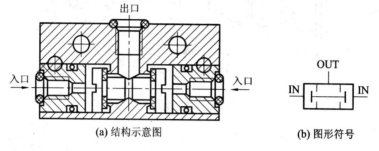

(a) 结构示意图   (b) 图形符号

图 9-59　双压阀

双压阀主要用于安全互锁回路中，如图图 9-60 所示。

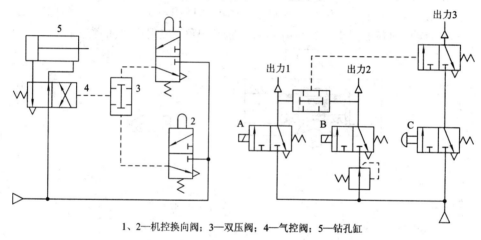

1、2—机控换向阀；3—双压阀；4—气控阀；5—钻孔缸

图 9-60　安全互锁回路

4）快速排气阀

当进口压力下降到一定值时，出口有气体自动从排气口迅速排气的阀，称为快速排气阀（快排阀）。

图 9-61(a) 所示为快速排气阀的一种结构形式。其工作原理为：当 P 口进气后，阀芯关闭排气口 T，P-A 口相通，A 口有输出；当 P 口无气输入时，A 口的气体使阀芯顶起，将 P 口封住，A-T 口接通，气体经排气口 T 快速排出，通口流通面积大、排气阻力小。

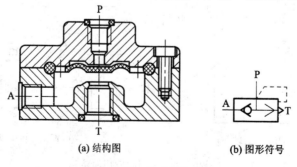

(a) 结构图   (b) 图形符号

图 9-61　快速排气阀

当气缸或压力容器需短时间排气时,在换向阀和气缸之间加上快速排气阀,这样气缸中的气体就不再通过换向阀而直接通过快速排气阀排气,加快气缸运动速度。尤其当换向阀距离气缸较远,在距气缸较近处设置快速排气阀,气缸内气体可迅速排入大气。

4. 方向控制阀的选择

合理地选用各种控制元件,是设计气压传动控制系统的重要环节,可保证气压传动系统正确、可靠、成本低、耗气量小、便于维护。

(1) 根据使用目的和使用条件,结构形式的选择见表 9-8。

表 9-8　结构形式的选择

结构形式		特　　点
阀芯结构形式	座阀式	换向行程小,密封性好,对空气清洁度要求低于滑柱式,换向力较大
	滑柱式	换向力小,通用性强,双控式易实现记忆功能,换向行程大,对空气清洁度要求较高
	滑板式	结构简单,易实现多位多通,换向力较大,对空气清洁度要求较高
动作方式	直动式	通径小,换向频率高,省电。若主阀芯粘住或动作不良,交流电磁线圈易烧毁
	先导式	通径大,换向频率低,省电。线圈烧毁事故少。内部先导式的使用压力不能太低,一般在 0.1~0.5 MPa 以上;外部先导式的使用压力可较低,有些可使用真空压力
密封形式	弹性密封	换向力较大,换向频率较低,密封性好,故泄漏少,对空气清洁度要求低于间隙密封
	间隙密封	换向力较小,换向频率高,有微漏,对空气清洁度要求高

(2) 根据控制要求,控制方式的选择见表 9-9。

表 9-9　控制方式的选择

控制方式	特　　点
电磁控制	适合电、气联合控制和远距离控制以及复杂系统的控制
气压控制	适合易燃、易爆、粉尘多和潮湿等恶劣环境下的控制和简单控制,也用于流体的流量放大和压力放大
机械控制	主要用作行程信号阀,可选用不同的操作机构
人力控制	可按人的意志改变控制对象的状态,可选用不同的操作机构,可用于自动或手动操作的选择,机械装置的启动和停止等。需要保持功能时,可选用具有定位功能的手动阀

(3) 根据工作要求,阀的机能的选择见表 9-10。有时为了减少元件的品种规格,或暂时选不到合适元件,可以选机能一致的替代品。

表 9 - 10　阀的机能的选择

阀的机能		特　　点	
二位式	单气、电控	控制信号撤除，阀芯复位。单电控只一个电磁先导阀，成本低	用于具有两个工作位置的场合
	双气、电控	具有记忆功能，从安全性考虑，选双控好。一旦停电，因具有记忆功能，气缸能保持原状	
三位式	中封式	两控制口都无电信号时，各通口都封闭。用于气缸在任意位置的停止或紧急停止。但停止精度不高（在几毫米以上）	
	中泄式	两控制口都无电信号时，进气口封闭，出口与排气口接通。气缸宜水平安装，一般用于急停时释放气压，以保证安全。或使气缸处于自由状态，以便于调整工作	
	中压式	两控制口都无电信号时，进气同时与两出口接通。在气缸无杆侧回路中装减压阀，实现中停比中封式快。有少量泄漏仍可维持中停。不适用于负载变动的场合	
	中止式	两控制口都无电信号时，两出口都被单向阀封闭，气缸两腔的压力可较长时间保持不变，实现气缸较长时间的中停	
阀的通口数	二位二通	控制气源的通断、紧急切断气源，紧急快速泄压	
	二位三通	可控制单作用气缸，控制容器的充排气，控制气动制动器，紧急情况下切断气源，高低压切换，做主阀的先导阀	
	二（三）位四、五通	可控制双作用气缸等	
	多位多通	用作气路分配阀	
阀的零位状态	常断式	无控制信号时，出口无输出	根据安全性及合理性来选择
	常通式	无控制信号时，出口有输出	
	通断式	流动方向不受限制	

（4）根据通流能力的要求或阀的有效截面积大小，预选阀的系列型号。对信号阀（手动阀、行程阀），应考虑到控制距离、要求的动作时间及被控制阀的数量等因素选定阀的通径。

（5）连接方式的选择见表 9 - 11。

表 9 - 11　连接方式的选择

连接方式	特　　点
管式	连接简单，价格低，装拆维修不便，用于简单系统
板式	装拆时，不拆下配管，维修方便，可避免接管错误。价格较高。用于复杂系统
集装式	节省空间，减少配管，便于维护

（6）按工作条件和性能要求，最终确定阀的型号。阀的工作条件应考虑是否需要油雾润滑、介质温度、环境温度、湿度、粉尘状况、振动情况、使用压力范围等。对电磁阀来说，应考虑阀的响应时间和最大动作频率；对气控阀来说，应考虑阀的最低先导压力。

（7）电气规格的选择。对电磁阀来说，应选择电源种类、电压大小、功率大小、导线引出方式、先导阀的手动操作方法、是否需要有指示灯和冲击电压保护装置等。见表 9 - 12。

表 9 - 12　电气规格的选择

连接方式	规格、特点
交流电磁铁	行程大时吸力较大。启动电流比保持电流大得多，故动铁芯不能吸合时，易烧毁线圈；电磁铁不宜频繁启动；易发生蜂鸣声
直流电磁铁	行程大时吸力小，行程小时吸力大。电流保持一定，与行程无关，故动铁芯不能吸合时，不会烧毁线圈。电磁铁可频繁启动，无蜂鸣声
交流电源	标准电压有 AC220 V、110 V；非标准电压有 AC240 V、200 V、100 V、48 V、24 V、12 V
直流电源	标准电压有 DC24V；非标准电压有 DC110V、100 V、48 V、12 V、6V、5V、3V

（8）标准化、通用化、系列化。元件选型要提高三化水平，尽量减少元件的品种规格，以利于降低成本和维修管理。

9.3.4　气动逻辑元件*

气动逻辑元件是一种，以压缩气体为工作介质，用内部可动件的动作改变气流的流动方向，从而在气压传动中实现逻辑和放大等功能的控制元件。

气动逻辑元件按结构形式可分为高压截止式逻辑元件、滑阀式逻辑元件、膜片式逻辑元件和射流元件。气动逻辑元件的特点有：气动逻辑元件可用在易燃、易爆、强磁、辐射、潮湿和粉尘等恶劣工作环境中。元件结构简单，对气源净化和稳压要求不高，但响应速度较慢，不宜组成复杂的控制系统。由于元件内有可动件，在强烈冲击和振动工作环境中，有产生误动作的可能。

1. 高压截止式逻辑元件

高压截止式逻辑元件的动作是依靠气压信号推动阀芯或通过膜片变形推动阀芯动作，改变气流通路来实现一定的逻辑功能。其特点有：阀芯的行程短，可通过较大的流量；可直接作为一般程序控制用逻辑系统元件，对气源清洁度要求低；一般都带有手动和显示装置，便于检查和维修；可组合使用。

1）与门元件

图 9 - 62(a)所示为与门元件结构原理图。当 A 口、B 口同时有气信号时，由于驱动膜片的面积大于阀芯的下面积，阀芯下移，封死上阀座 3，打开下阀座 2，使 B 口与 S 口相通，这样就有信号输出；当 A、B 口只有一个有气信号时，S 口均无信号输出。

与门元件逻辑表达式为：S ＝ A · B，图 9 - 62(b)为其逻辑符号。双压阀为与门元件。

2）是门元件

如果把图 9 - 62(a)所示的与门元件的信号孔 B 改为气源 P，则就成为一个是门元件。当无信号输入时，气源 P 气压力使阀芯上移，关闭输出通道；当有信号从 A 口输入时，阀芯下移，气源气流可从 S 口输出。

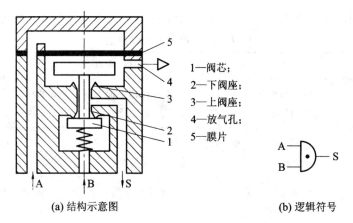

1—阀芯；
2—下阀座；
3—上阀座；
4—放气孔；
5—膜片

(a) 结构示意图　　　　　　　(b) 逻辑符号

图 9-62　与门元件结构原理图

是门元件逻辑表达式为：S＝A，图 9-63 为其逻辑符号。

图 9-63　是门元件逻辑符号

3）或门元件

图 9-64(a)所示为或门元件结构原理图。当输入口 A 有气信号时，阀板封闭下阀口，A 口与 S 口相通，输出口 S 有气信号输出；同样，输入口 B 口有气信号时，阀板封闭上阀口，B 口与 S 口相通，输出口 S 也有气信号输出；若 A、B 两口具有输入，则信号强者将关闭信号弱者的阀口，输出口 S 仍然有气信号输出。

或门元件逻辑表达式为：S ＝A＋B，图 9-64(b)为其逻辑符号。梭阀为或门元件。

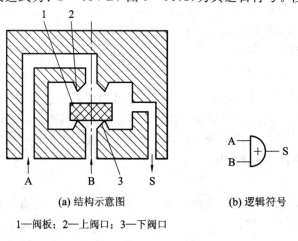

(a) 结构示意图　　　　　　　(b) 逻辑符号

1—阀板；2—上阀口；3—下阀口

图 9-64　或门元件结构原理图

4）非门元件

图 9-65(a)所示为非门元件结构原理图。当输入口 A 有气信号时，阀芯在膜片的作用下关住气源口 P，P 口与 S 口通路切断，输出口 S 无信号；输入口 A 无气信号时，阀芯在气源压力作用下上移，P 口与 S 口相通，输出口 S 有信号输出。这样就实现了逻辑"非"的功能。

非门元件逻辑表达式为：S ＝$\overline{A}$，图 9-65(b)为其逻辑符号。

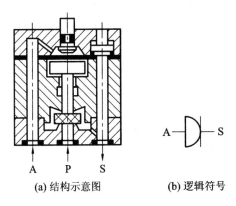

(a) 结构示意图　　　　(b) 逻辑符号

图 9 - 65　非门元件结构原理图

5）禁门元件

将图 9 - 65 中非门元件的气源口 P 改为信号口 B，则就变成了禁门元件的结构原理图，如图 9 - 66(a)所示。"禁"的含义为：有 A 信号则禁止 B 信号输出；无 A 信号则有 B 信号输出。

禁门元件逻辑表达式为：$S = \overline{A} \cdot B$，图 9 - 66(b)为其逻辑符号。

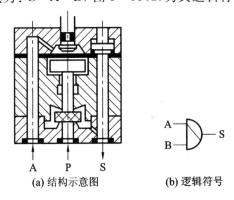

(a) 结构示意图　　　　(b) 逻辑符号

图 9 - 66　禁门元件结构原理图

6）或非门元件

图 9 - 67(a)所示为或非门元件结构原理图。该元件有三个输入口 A、B、C，一个输出口 S，一个气源口 P。三个输入口中任一个有气信号，阀芯都将下移，阀口关闭，P 口与 S 口通道切断，S 口无输出。利用或非门元件可以组成各种基本逻辑门。

或非门元件逻辑表达式为 $S = \overline{A + B + C}$，图 9 - 67(b)为其逻辑符号。

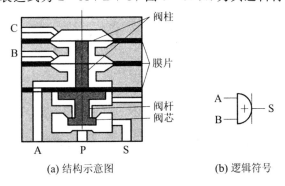

(a) 结构示意图　　　　(b) 逻辑符号

图 9 - 67　或非门元件结构原理图

7）记忆元件

"双稳"和"单稳"都是记忆元件，它们在逻辑回路中有很重要的作用。图 9-68(a)为双稳元件结构原理图。图示位置时阀芯 3 被 A 口的控制信号气压力推至右端，气源口 P 与输出口 S_1 相通，输出口 S_2 与排气口相通，此时输出口 S_1 有输出，输出口 S_2 无输出，撤除 A 口的控制信号，阀芯仍保持右位，输出口 S_1 保持有输出，也就是记忆了 A 口的控制信号；直到 B 口有控制信号输入，则阀芯移至左端，输出口 S_2 与气源口 P 相通，输出口 S_1 与排气口相通，则输出口 S_1 无输出，输出口 S_2 有输出，撤除 B 口的控制信号，阀芯仍保持左位，输出口 S_2 保持有输出，即记忆了 B 口的控制信号。图 9-68(b)为"双稳"逻辑符号，图 9-68(c)为"单稳"逻辑符号。

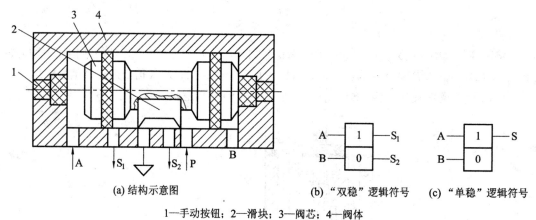

(a) 结构示意图　　　　　　(b) "双稳" 逻辑符号　　(c) "单稳" 逻辑符号

1—手动按钮；2—滑块；3—阀芯；4—阀体

图 9-68　记忆元件

2. 其他气动逻辑元件

其他气动逻辑元件还有高压膜片式逻辑元件和射流元件等。高压膜片式逻辑元件的可能部件是膜片，利用膜片因两侧受压面积有差别而变形，关闭或开启相应的孔口，起到逻辑控制功能，其基本单元是三门单元，其他逻辑元件都是由三门元件组合使用而派生出来的。射流元件是利用射流及其附壁效应实现控制的逻辑元件，其最大特点是元件内无可动部件，因此它的抗振动性能好、抗干扰能力强，不足之处在于抗污染能力弱，对气源质量要求高。

9.4　气　动　辅　件*

9.4.1　过滤器

过滤器的作用是滤除空气中含有的固体颗粒、水分、油分等各类杂质。

1. 空气过滤器

典型的空气过滤器如图 9-69 所示。其工作原理为：压缩空气由输入口进入过滤器内部后，由于旋风叶片的导向，在内部产生强烈的旋转，在离心力的作用下，空气中混有的大颗粒固体杂质、液态水滴和油滴等被甩到过滤器壳体内表面上，在重力作用下沿壁面沉降到底部，由手动或自动排水器排出。气体通过滤芯 5 进一步清除其中的固态粒子，洁净的空气便从输出口输出。挡水板可防止气流的旋涡卷起沉积的污水，造成二次污染。

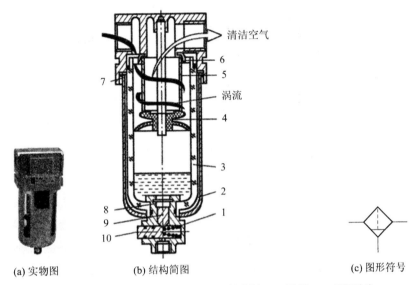

清洁空气

涡流

6
5
7
4
3
2
8
1
9
10

(a) 实物图　　　　(b) 结构简图　　　　　　　　　(c) 图形符号

1—复位弹簧；2—保护罩；3—水杯；4—挡水板；5—滤芯；6—旋风叶片；
7—卡圈；8—锥形弹簧；9—阀芯；10—手动放水按钮

图 9 - 69　空气过滤器的结构原理

空气过滤器的主要性能指标有流量特性、分水效率和过滤精度。流量特性表示在额定流量下其进出口两端压力差与通过该元件中的标准流量之间的关系。它是衡量过滤器阻力大小的标准，在满足过滤精度条件下，希望阻力越小越好。分水效率是衡量过滤器分离水分能力的指标。一般要求分水效率大于80%。过滤精度表示能够滤除灰尘最小颗粒的尺寸值，有 2、5、10、20、40、70、100 μm 等，标准过滤精度为 5 μm；过滤精度的高低与滤芯的通气孔大小有直接关系，孔径越大，过滤精度越低，但阻力损失也低。

2. 分水排水器

因为气状溶胶油粒子及微粒直径小于 2～3 μm 时已很难附着在物体上，通常使用的空气过滤器很难分离来自空压机的油雾。要分离这些微滴油雾，需要使用分水排水器。

分水排水器结构和工作原理如图 9 - 70 所示。压缩空气由输入口进入过滤器内滤芯的内表面，由于容积的突然扩大，气流速度减慢，形成层流进入滤层。空气在透过纤维滤层的过程中，由于扩散沉积、直接拦截、惯性沉积等作用，细微的油雾粒子被捕获，并在气流作用下进入泡沫塑料滤层。油雾粒子在通过泡沫滤层的过程中，相互凝聚，长大成颗粒度较大的液态油滴，在重力作用下沿泡沫塑料外表面沉降至过滤器底部，由自动排污器排出。

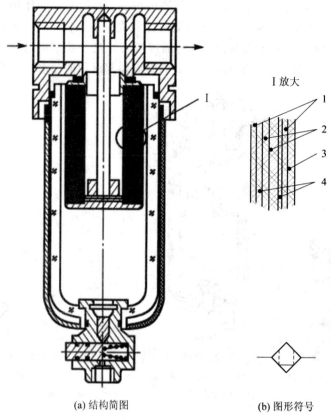

(a) 结构简图   (b) 图形符号

1—多孔金属筒；2—纤维层；3—泡沫塑料；4—过滤纸

图 9-70 分水排水器

9.4.2 油雾器

在气动元件中，气缸、气马达或气阀等内部常有滑动部分，为使其动作灵活、经久耐用一般需加入润滑油润滑。油雾器是一种特殊的注油装置，其作用是使润滑油雾化后注入空气流中，随着空气流动进入需要润滑的部件，达到润滑的目的。

图 9-71 所示为普通油雾器的结构原理图，在油雾器的气流通道中有一个立杆 1，立杆上有两个通道口，上面背向气流的是喷油口 B，下面正对气流的是油面加压通道口 A。其工作原理为：压缩空气从输入口进入后，一小部分进入 A 口的气流经加压通道至截止阀 2，在压缩空气刚进入时，钢球被压在阀座上，但钢球与阀座密封不严，有点漏气（将截止阀 2 打开），可使储油杯 3 上腔 C 的压力逐渐升高，使杯内油面受压，迫使储油杯内的油液经吸油管 4、单向阀 5 和节流阀 6 滴入透明视油器 7 内，然后从喷油口 B 被主气道中的气流引射出来，在气流气动力和油黏性力对油滴的作用下，润滑油雾化后随气流从输出口输出。节流阀 6 用来调节滴油量，滴油量可在 0～200 滴/分内变化。

油雾器的主要性能指标有流量特性、起雾空气流量和油雾粒度等。油雾器的选用主要根据气压传动系统所需气体流量及油雾粒径大小来确定。一次油雾器的油雾粒径约为 20～35 μm，二次油雾器油雾粒径可达 5 μm。

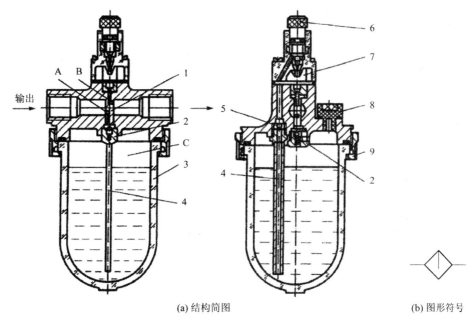

(a) 结构简图　　　　　　　　　　　　　　　(b) 图形符号

1—立杆；2—截止阀；3—储油杯；4—吸油管；5—单向阀；6—节流阀；7—视油器；8—油塞；9—螺母

图 9 - 71　普通油雾器结构原理图

9.4.3　消声器

气缸排气侧的压缩空气，通常是经换向阀的排气口排入大气的。由于余压较高，排气速度高，空气急剧膨胀，引起气体的振动，便产生了强烈的排气噪声，需要采取措施降低噪声。在气压传动系统的排气口，尤其是在换向阀的排气口，要装设消声器。

消声器是通过对气流的阻尼或增加排气面积等方法，来降低排气速度和排气功率，从而达到降低噪声的目的。常见的消声器有吸收型和膨胀干涉型。吸收型消声器让压缩空气通过多孔的吸声材料，靠气流流动摩擦生热，使气体的压力能部分转化为热能，从而减少排气噪声，吸收型消声器具有良好的消除中、高频噪声的性能，吸声材料大多使用聚氯乙烯纤维、玻璃纤维、烧结铜珠等；膨胀干涉型消声器直径比排气孔大，气流在里面扩散、碰撞反射，互相干涉，减弱了噪声强度，最后从孔径较大的多孔外壳排入大气，主要用于消除中、低频噪声。图 9 - 72 为几种阀用消声器的结构原理图。

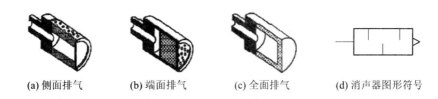

(a) 侧面排气　　　　(b) 端面排气　　　　(c) 全面排气　　　　(d) 消声器图形符号

图 9 - 72　阀用消声器的结构原理图

9.4.4　其他辅件

气压传动系统中还有一些其他辅件，如管件、磁性开关、压力开关、流量开关等。

1. 管件

管件在气压传动系统中相当于动脉，起着连接各元件的重要作用，通过它向各气动元件、装置和控制点输送压缩空气。管件包括管道和管接头，对它的主要要求是：有足够的强度，密封性好，压力损失小和装拆方便。管件材料有金属和非金属之分，金属管件多用于车间气源管道和大型气压传动设备；非金属管道多用于中小型气压传动系统元件之间的连接以及需要经常移动的元件之间连接（如气动工具）。

1）管道

气压传动装置中，连接各种元件的管道有金属管和非金属管。

金属管：有镀锌钢管、不锈钢管、拉制铝管和紫铜管等，适用于大型气压传动装置上，用于高温、高压和不动部位的连接。

非金属管：硬尼龙管、软尼龙管、聚氨酯管和极软聚氨酯管等。

2）管接头

管接头是连接管道的元件。要求连接牢固、不漏气、装拆快速方便、流动阻力小。图9-73 所示为几种常用的管接头实物图。

图 9-73 几种常用的管接头

2. 其他常用辅件

1）磁性开关

磁性开关用来检测气缸活塞位置的，即检测活塞的运动行程的。包括有触点式行程开关、无触点式行程开关。

2）压力开关

压力开关用于检测压力的大小和有无，并能发出电信号，反馈给控制电路，有时也称压力继电器。包括有触点式压力开关、无触点式压力开关。其中的气电转换器是将气压信号转换成电信号的压力开关，如图9-74所示。

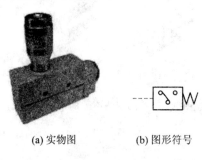

(a) 实物图   (b) 图形符号

图 9-74 气电转换器

3）流量开关

流量开关可用于流体流量的确认和检测，当流体（如水、空气等）的流量达到一定值时，其电触点便接通或断开，有数字式流量开关（见图 9 - 75）和机械式流量开关（见图 9 - 76）两种。

　　(a) 空气式　　　　　(b) 水用式　　　　　　　　　(a) 膜片式　　　　(b) 浆叶式

　图 9 - 75　数字式流量开关　　　　　　　　图 9 - 76　机械式流量开关

数字式流量开关又包括多种形式，其中空气式流量开关是将一个热敏电阻装在流道内，通过其电阻值的增大率与空气流速的关系来检测空气的流速。水用式流量开关是在流场中，放置一个细长体，在一定雷诺数 Re 范围内，在细长体的下游会产生一对交替出现的旋涡，此旋涡的频率与流体流速成比例，通过测量旋涡的频率便可测量出流体的流量。

机械式流量开关有两种形式：膜片式和浆叶式。膜片式流量开关的设定流量范围较小，用于一般工业机械的冷却水设备等各种装置上。浆叶式流量开关的设定流量范围很宽，适用于水及不腐蚀不锈钢的多种液体的流量的确认和检测，且防水等级有开放型、防滴、防雨型和防沫、防喷流型，可在配管口径为 3/4B 至 6B 的管道上安装。

9.5　工 程 实 例

9.5.1　气缸的基本选择及计算

1. 气缸的基本选择

如图 9 - 77 所示气压传动系统有四个气缸，缸 A 把工件放下，缸 B 夹紧工件，缸 C 将工件推至缸 D 的下方，再由缸 D 在工件上打字。请选择四个气缸的品种和安装形式，并说明安装形式的特点。

选择结果见表 9 - 13。

表 9 - 13　气缸选择结果

缸号	气缸品种	安装形式	特　点
A	单杆双作用	无杆侧法兰型	负载垂直于安装面
B	单杆单作用（弹簧压回）	杆侧法兰型	负载与轴线一致
C	单杆双作用	单耳环或双耳环	允许负载有点摆动
D	双杆双作用（杆不回转）	脚座型	负载与轴线一致

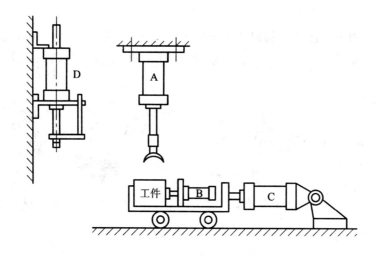

图 9 - 77 气压传动系统示意图

2. 气缸的缸径计算

气缸推动工件在水平导轨上运动。已知工件等运动件质量为 $m = 200\ kg$，工件与导轨间的摩擦系数 $f = 0.30$，气缸行程 l 为 $500\ mm$，经 2 s 时间工件运动到位，系统工作压力 $p = 0.6\ MPa$。采用单杆双作用气缸，试选定气缸缸径。

气缸实际轴向负载

$$F = f \cdot mg = 0.30 \times 200 \times 9.81 = 588.6\ N$$

气缸平均速度

$$v = \frac{l}{t} = \frac{500}{2} = 250\ mm/s$$

选定负载率

$$\eta = 0.5$$

则气缸理论输出力

$$F_{o} = \frac{F}{\eta} = \frac{588.6}{0.5} = 1177.2\ N$$

根据式(9 - 10)，得单杆双作用气缸理论推力

$$F_{o} = \frac{\pi}{4} D^2 p$$

气缸缸径

$$D = \sqrt{\frac{4F_{o}}{\pi p}} = \sqrt{\frac{4 \times 1177.2}{3.14 \times 0.6}} \approx 49.994\ mm$$

按标准选定气缸缸径为 50 mm。

9.5.2 流量开关的应用实例

图 9 - 78 中列出了流量开关的一些应用实例。

图 9 - 78(a)是对主管路及各个装置的支管路进行流量控制。利用流量开关，掌握每台

装置流过的流量状况，便可分析如何减少流量，采取必要的改善对策，达到节气的目的。利用脉冲计数器的累计脉冲输出功能，便可远距离检测累计流量。

图 9-78(b)是利用焊机进行焊接时，对加压冷却水进行流量管理。用流量开关测定冷却水的流量。若在冷却水进口侧设置二位二通阀，不焊接时切断该阀停止冷却水供应，则可大大节省冷却水。

图 9-78(c)是利用流量开关对氮气（N_2）进行流量控制，可防止半导体印制线路被氧化，也可防止由于空气扰动造成照相机成像的失真。在流量开关侧的配管途中应设置洁净气体过滤器，以提高氮气的洁净度。

图 9-78(d)是利用流量开关的累计流量功能，确认氮气等气瓶中已使用掉的气量和瓶内残存气量。

图 9-78(e)是利用流量开关上的流量控制阀，控制氩气（Ar）和二氧化碳（CO_2）达到不同的配比，利用这种混合气体进行焊接工作。

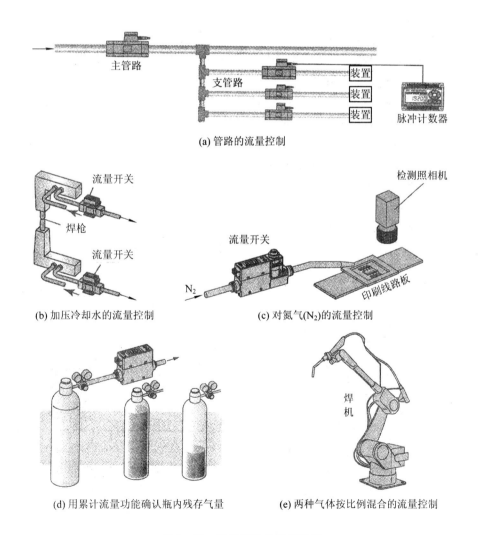

(a) 管路的流量控制

(b) 加压冷却水的流量控制　　　　　(c) 对氮气(N_2)的流量控制

(d) 用累计流量功能确认瓶内残存气量　　　(e) 两种气体按比例混合的流量控制

图 9-78　流量开关的应用实例

练 习 题

9-1　简述气源装置的组成及作用。

9-2　气压传动系统中气源为什么要进行净化处理？

9-3　简述活塞式空气压缩机的工作原理。

9-4　气压传动系统中储气罐的作用是什么？

9-5　目前常见的空气干燥方法有哪些？其原理如何？

9-6　气缸有哪些类型？与液压缸相比，气缸有哪些特点？

9-7　使用气缸时应注意哪些事项？

9-8　单杆双作用气缸内径 $D=150$ mm，活塞杆直径 $d=40$ mm，工作压力 $p=0.6$ MPa，气缸机械效率为 0.9，求该气缸前进和后退时的输出力各为多大？

9-9　简述气-液阻尼缸的工作原理。

9-10　气马达有哪些特点？

9-11　说明气压传动系统中减压阀的工作原理。

9-12　画出减压阀、油雾器、空气过滤器之间的正确连接顺序，说明为什么。

9-13　带消音器的排气节流阀一般应用在什么场合？有何特点？

9-14　气动方向控制阀与液压方向控制阀有何相同与相异之处？

9-15　二位四通电磁换向阀用作二位三通或二位二通阀时应如何连接实现？

9-16　快速排气阀为什么能快速排气？

9-17　气压传动系统中有哪些气动逻辑元件？画出它们的逻辑符号。

9-18　空气过滤器的工作原理是什么？

9-19　简述油雾器的工作原理。

9-20　试述气动真空吸盘在使用上有何特点？

第10章　气压传动基本回路

　　类似液压系统，气压传动系统一般也是由一个或多个基本回路组成的。随着基本回路的组合方式不同，得到的气动系统的性能也各不相同。分析一个气压传动系统应该从基本的回路着手，才能化繁为简，化整为零，达到最终掌握或设计各种气压传动系统的目的。

　　气压传动基本回路按其功能分为压力控制回路、速度控制回路、方向控制回路、位置控制回路、安全保护回路、气液联动回路及其他控制回路等。

10.1　压力控制回路

　　压力控制回路是利用压力控制阀等元件调节和控制整个气压系统或局部回路的压力，使指定部位的压力保持在规定的范围内，或者提供执行元件足够的压力完成规定动作。

10.1.1　一次压力控制回路

　　如图10-1所示的一次压力控制回路，其用于控制储气罐的输出压力稳定在一定压力范围内。电接触式压力表或压力继电器控制空气压缩机的转与停。图中的溢流阀起到安全保护作用，防止储气罐的压力因意外而过高。

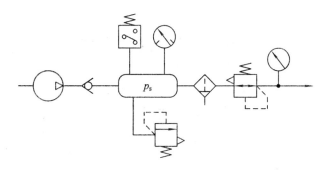

图 10-1　一次压力控制回路

10.1.2　二次压力控制回路

　　二次压力控制回路是通过溢流减压阀调节减压的输出压力，实现气源的压力二次调节与控制，如图10-2(a)所示。其中从压缩空气站出来的压缩空气，经过滤器、减压阀、油雾器气动三大件后输出所需工作压力的气体。

如果回路中需要多种不同的压力，可采用如图 10-2(b)所示的多减压阀的多级压力控制回路。

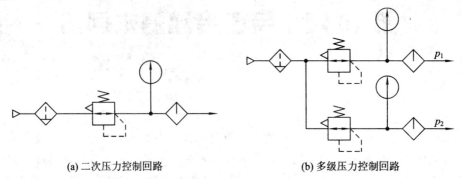

(a)二次压力控制回路　　　　　　　　(b)多级压力控制回路

图 10-2　压力控制回路

10.1.3　高低压切换控制回路

如图 10-3 所示，利用换向阀，实现高低压的切换，也称为高低压切换回路。

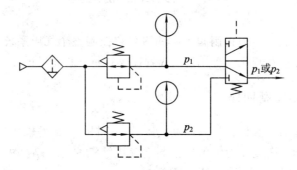

图 10-3　高低压切换控制回路

10.2　速度控制回路

在气压系统中，虽然气体容易被压缩，一般难以精确控制执行元件的速度，但一些工业应用却经常有快或慢等方面的粗略速度控制要求，因此对于气压系统，也需要设计基本的速度控制回路。

10.2.1　气缸调速回路

由于气动系统的功率不大，故调速方法常采用节流调速。

1. 单作用气缸调速回路

如图 10-4(a)所示，为采用节流阀与快速排气阀相组合的方式实现排气节流的速度控制回路。当二位三通阀处于下位时，进气通过节流阀实现流量控制，通过排气阀(此时该阀只相当于一个无阻力的通道)，使气体进入活塞杆上腔，实现活塞杆以调定的速度向下运动；活塞杆返回时，二位三通阀处于上位，此时气缸上腔压力减为 0 压，气体通过快速排气阀排出，实现向上快退。

如图 10-4(b)所示，为利用两个单向节流阀实现活塞杆伸出与退回速度都可调的控制回路。当气流从左往右流动时，左边的节流阀处于工作状态，起到控制活塞杆伸出速度的作用。当气流从右往右流动时，则是右边的节流阀起到控制活塞杆退回速度的作用。

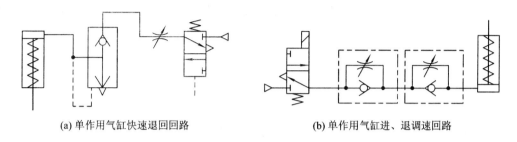

(a) 单作用气缸快速退回回路　　　　　　　(b) 单作用气缸进、退调速回路

图 10-4　单作用气缸调速回路

2. 双作用气缸调速回路

针对双作用气缸的特点，在气缸的进气口和排气口均设置节流阀，就构成了双向调速回路，可以控制气缸的双向运动速度，一般采用排气节流的方式，以提高执行件的运动平稳性。

如图 10-5(a)所示，两组单向节流阀设置在进气与排气的通道上，注意单向节流阀连接时的方向性。活塞杆向右伸出时，左边的单向节流阀表现为单向阀，其节流阀不工作，有杆腔的气体经右边单向节流阀的节流阀排出，如此控制活塞杆的速度；活塞杆向左退回时，原理类似，不同在是左边单向节流阀的节流阀起作用，控制活塞杆的速度。

如图 10-5(b)所示，在换向阀的排气口均设置了节流阀，通过它们控制活塞杆的速度，其优点是结构比前一种精简。

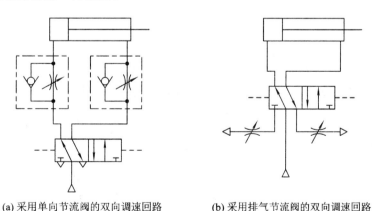

(a) 采用单向节流阀的双向调速回路　　　　(b) 采用排气节流阀的双向调速回路

图 10-5　双作用气缸调速回路

3. 速度缓冲回路

由于气动执行元件速度较快，有时为防止速度过快而产生冲击，常设计速度缓冲回路。如图 10-6 所示，当活塞杆向右运动时，开始时速度较快，有杆腔的气体经机动换向阀

的下位排气；当接近末端位置时，机动换向阀被压下，气体只能从节流阀排气，起到对活塞减速的作用，活塞低速运动到终点，减小了冲击。

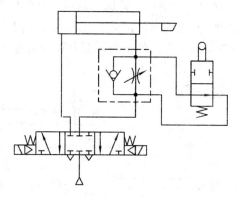

图 10 - 6　速度缓冲回路

10.2.2　快速往复动作回路和速度换接回路

如图 10 - 7 所示的是采用快速排气阀实现的快速往复动作回路。若想实现气缸的单向快速运动，则省去图中一个相应的快速排气阀即可。

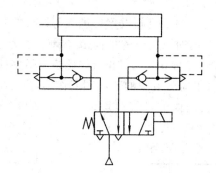

图 10 - 7　快速往复动作回路

如图 10 - 8 所示，当撞块压下行程开关时，发出电信号，使二位二通阀换向，改变排气通路，从而改变气缸的运行速度。行程开关的位置根据需要调定，也可以改用行程换向阀来实现。

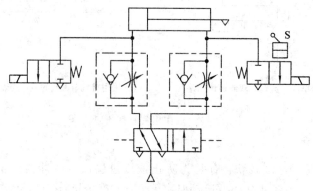

图 10 - 8　速度换接回路

10.2.3　气液联动调速回路

由于气体的可压缩性，使得运动速度不稳定，定位精度不高。在气动调速或定位不能满足要求的场合，或低速及传动负载变化大的场合可采用气液联动回路。这种控制方式不需要液压动力即可实现传动平稳、定位精度高、速度控制容易等目的，从而克服了气动难以实现低速控制的缺点，保证执行机构的速度稳定。

1. 用气液转换器的控制回路

如图 10 - 9 所示，用气液转换器将气压转变为液压，在利用液压油去驱动液压缸的速度控制回路。调节单向节流阀的节流口大小，可以改变液压缸运行的速度。需要注意的是，要求气液转换器的油量大于液压缸的容积，同时注意气液间的密封，避免气和液相混，引起不良现象。

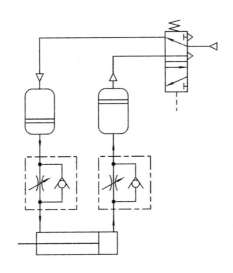

图 10 - 9　用气液转换器的控制回路

2. 用气液阻尼缸的控制回路

在机械加工中，常遇到快进刀、慢进给、快退刀的工作要求，采用带有调速元件的气液阻尼缸可以满足这一要求。

如图 10 - 10(a)所示，为采用气液阻尼缸的慢进快退回路。改变节流阀的开度，即可控制气液阻尼缸活塞的前进速度；活塞返回时，气液阻尼缸中液压缸的无杆腔的油液通过单向阀快速流入有杆腔，故返回速度较快。同样，高位油箱起到补充泄漏油的作用。但这种方法变速位置不能改变，不予推荐。

如图 10 - 10(b)所示，为采用气液阻尼缸和行程阀的变速回路。当气缸伸出运动，活塞杆上的撞块碰到行程阀后，行程阀换向，气缸开始慢进。通过改变行程阀的安装位置，可以改变开始变速的位置。这种变速回路原理可用于普通气缸及其他类型气缸的变速控制，特别是带开关气缸普遍采用。这样，用磁性开关实现气缸位置的行程控制，发信号来控制二位二通电磁阀换向，从而改变气缸运动的速度。另外，速度控制阀有多种连接方式，因此变速回路也是多样的。

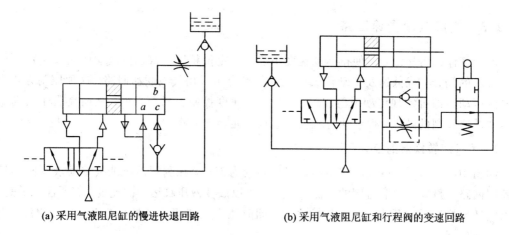

(a) 采用气液阻尼缸的慢进快退回路　　　　(b) 采用气液阻尼缸和行程阀的变速回路

图 10 - 10　气液阻尼缸控制回路

10.3　方向控制回路

类似液压系统，气压系统也广泛需要控制或改变活塞的运动方向，这既是气压传动系统的方向控制回路。

10.3.1　单作用气缸换向回路

图 10 - 11(a)所示为采用二位三通换向阀控制的单作用气缸升降的回路，图 10 - 11(b)所示为由三位五通换向阀控制的单作用气缸伸、缩、任意位置停止的回路。

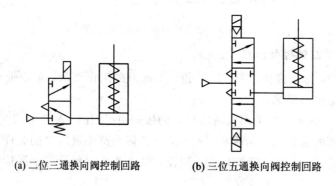

(a) 二位三通换向阀控制回路　　　　(b) 三位五通换向阀控制回路

图 10 - 11　单作用气缸换向回路

10.3.2　双作用气缸换向回路

图 10 - 12(a)所示为常见的采用二位五通换向阀控制双作用气缸伸缩的回路，图 10 - 12(b)所示为三位五通换向阀控制的双作用气缸伸、缩、任意位置停止的回路。

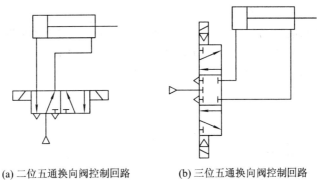

(a) 二位五通换向阀控制回路　　　　(b) 三位五通换向阀控制回路

图 10 - 12　双作用气缸换向回路

10.4　位置控制回路

气压传动系统中，也经常需要控制执行元件运动至指定位置，这一般由位置控制回路来实现。

10.4.1　多位置缸的位置控制回路

1. 采用串联气缸的位置控制回路

如图 10 - 13 所示，为采用串联气缸的位置控制回路。气缸由多个不同行程的双作用气缸串联而成，这些气缸相互间并非固连，而只是左右接触。

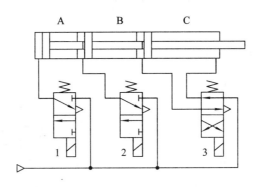

图 10 - 13　串联气缸的位置控制回路

当换向阀 1 通电时，气缸 A 的活塞杆右移，并同时推动右侧气缸 B、C 活塞右移，直至 A 缸活塞到达终点，使 C 缸输出活塞杆获得较短行程的位置点；当换向阀 2 通电时，A 缸活塞杆保持不动，B 缸活塞杆继续推动 C 缸活塞右移，直至 B 缸活塞到达终点，使 C 缸活塞杆获得较长行程的位置点；同理，当换向阀 3 通电时，C 缸继续右移使活塞杆获得最长行程的位置点。当三个换向阀同时断电时，靠 C 缸活塞依次推动 B、A 缸活塞退回原位。在这个位置控制回路中，依靠三个不同行程的气缸可获得四个不同的输出位置点。

2. 任意位置停止控制回路

如图 10-14 所示的控制回路,均可实现气缸停于任意位置。其中图 10-14(a)的气缸处于浮动状态,因此适合轻载;当气缸负载较大时,应选择图 10-14(b)所示回路,该回路左右腔不通,活塞杆即便有一定力的作用,也可保证定位基本不受影响。

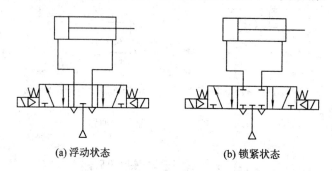

(a) 浮动状态　　　　　　　　(b) 锁紧状态

图 10-14　任意位置停止控制回路

3. 多位缸的位置控制回路

如图 10-15(a)所示,为左右缸共用一个缸筒、右缸活塞杆固定实现三个位置的控制回路。手动阀 1、2、3 经梭阀 6 和 7 控制换向阀 4 和 5,使气缸两个活塞杆缩回处于图示状态,为位置 I。当阀 2 切换时,两根活塞杆一伸一缩,得到位置 II;阀 3 切换时,两根活塞杆全部伸出,得到位置 III。

如图 10-15(b)所示的为两个气缸串联实现三个位置的控制回路,A、B 两缸串联,图示位置为 I 位。当电磁阀 2 通电时,A 缸活塞杆向左推出 B 缸活塞杆,使 B 缸活塞杆由 I 位移动到 II 位。当电磁阀 1 通电时,B 缸活塞杆由 II 位继续伸到 III 位。B 缸活塞杆有 I、II、III 三个位置。

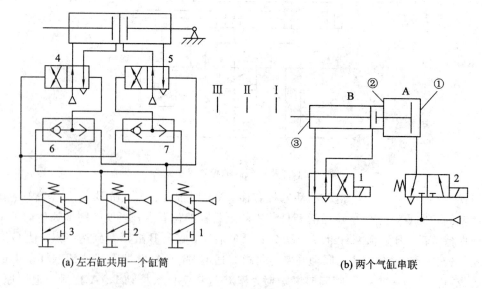

(a) 左右缸共用一个缸筒　　　　　　　　(b) 两个气缸串联

图 10-15　多位缸的位置控制回路

10.4.2 用缓冲装置的位置控制回路

如图 10-16 所示,由气马达带动小车运动,小车在碰到挡铁前,先碰到缓冲器,减速行进,然后才由挡铁定位。该回路较简单,调速方便,但小车与挡铁频繁碰撞、磨损,会使定位精度下降。

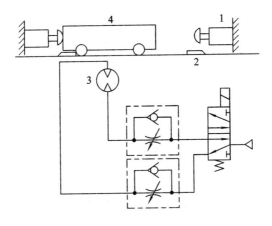

图 10-16 用缓冲器+挡铁的位置控制回路

10.5 安全保护回路

气压传动系统中安装过载保护是非常必要的,除采用常见的溢流阀外,常有如下的一些安全保护回路。

10.5.1 过载保护回路

图 10-17 所示是一种过载保护回路。当活塞杆伸出途中遇到某障碍或因其他原因使气缸过载时,左腔压力升高超过预定值时,顺序阀 1 打开,控制气流经检梭阀 2 将主阀 3 切换至右位,使活塞返回,气缸左腔气体经主阀 3 排出,从而防止系统过载,或防止活塞杆与障碍物发生严重磕碰或挤压。

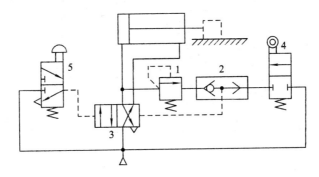

图 10-17 过载保护回路

10.5.2　双手操作回路

如图 10-18 所示的双手操作回路，如果只按下其中一个手动换向阀，控制气缸下降的二位五通阀并不会换向。只有同时按下两个手动换向阀，才能使二位五通阀的控制口得到足够的压力，使其换向，达到启动气缸下降的目的。这种回路应用在冲床、剪床、锻压机床上，起到确保操作人员安全的作用。

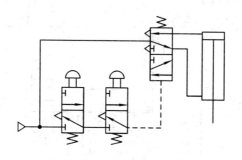

图 10-18　双手操作回路

10.5.3　互锁回路

如图 10-19 所示的回路，利用梭阀 1、2、3 和换向阀 4、5、6 实现互锁，防止各缸的活塞同时动作。当换向阀 7 气控口有信号，换至左位，控制换向阀换向，A 缸活塞杆向外伸出。与此同时，A 缸的进气管路气体经梭阀 1 使换向阀 6 锁住，又通过梭阀 2 使换向阀 5 锁住。此时即使换向阀 8、9 有信号，B、C 两缸也不会动作。如果要改换缸的动作，必须使前面动作的缸复位后才行。

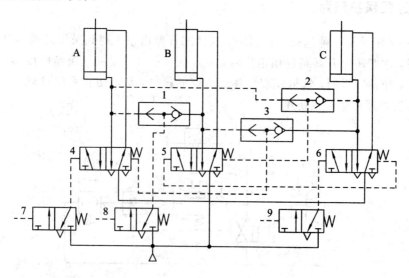

图 10-19　互锁回路

10.6　往复动作回路

气动系统中，各执行元件按一定程序完成各自的动作，一般可分为单往复和连续往复动作回路及多往复顺序动作回路等。

10.6.1　单缸单往复动作回路

图 10-20(a)所示是由行程阀控制的单缸往复动作回路。在按下手动阀 1 后，二位四通阀 3 的左边气控口产生有效信号，使其切换至左位，气缸向右伸出(手离开左边的手动阀开关后，该手动阀便复位了，但二位四通阀 3 并不复位，此称为双气控阀的"保持"功能，只有当阀 3 右侧的气控信号有效时才会切换至右位)；在活塞杆挡块压下二位三通机动行程阀 2 后，阀 2 上位接入，阀 3 的右边气控口产生有效信号，使其切换至右位，气缸缩回，完成一次往复运动。若再次按下手动阀，可重复完成上述往复动作回路。

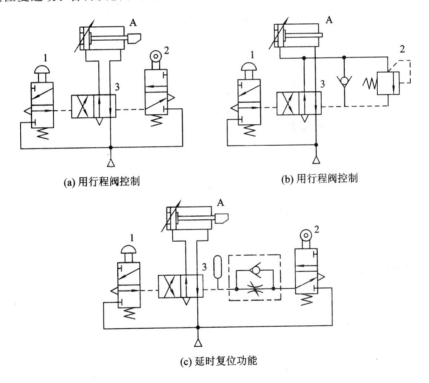

(a) 用行程阀控制　　　　　　　　(b) 用行程阀控制

(c) 延时复位功能

图 10-20　单缸单往复动作回路

如图 10-20(b)所示，是由单向顺序阀控制的单缸往复动作回路。其与图 10-20(a)动作过程类似，不同点在于：活塞杆到末端后，是通过进气腔的压力打开顺序阀 2，从而使主阀 3 切换至右位，实现气缸缩回，完成一次往复运动。该回路实质上是一种压力控制的往复动作回路。

如图 10-20(c)所示，为延时复位的单往复回路。按动阀 1，阀 3 换向，气缸活塞伸出，压下机动行程阀 2 后，需经一段时间延迟，待气源对气容充气后，主控阀才换向，使活塞返回，完成一次动作循环。这种回路结构简单，可用于活塞到达行程终点时需要有短暂停留的场合。

10.6.2 连续往复动作回路

图 10 - 21 所示是一种常见的连续往复动作回路。手动阀 1 带定位锁住功能，当按下手动阀 1 后，阀 1 切换为右位，高压气体使阀 3 上位并使二位五通阀 2 换至右位，活塞杆伸出向右运动，活塞杆上的挡块离开阀 3 的开关，使阀 3 复位为下位而将相关气路封闭，使得阀 2 的气控口气无法排出，阀 2 暂不能复位，活塞杆继续前进，直至压下行程阀 4，使阀 2 的控制口气路能排气，阀 2 此时在弹簧作用下复位，则气缸返回；行程阀 4 复位为上位，而后挡块又在起点处压下阀 3，手动阀 1 自锁仍处于右位，因此阀 2 的控制口通过阀 3 再次得到有效气控信号，使阀 2 切换至左位，活塞又再次伸出，如此反复，完成连续往复动作。直至操纵手动使阀 1 使其复位为左位，往复动作停止。

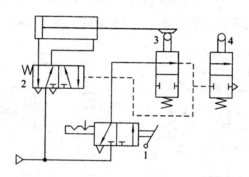

图 10 - 21　连续往复动作回路

10.7　其他回路

10.7.1　计数回路

图 10 - 22 所示为二进制计数回路。按下阀 1，阀 1 切换为上位，气源从阀 1 经阀 2 的右位使阀 4 的左位产生有效气控信号，从而使活塞缸无杆腔产生气压，推动活塞杆往右伸出，阀 5 暂时处于右位。按下阀 1 后，手松开开关，则阀 1 复位为下位，阀 2 不再产生气压流（经阀 1 排气），阀 4 左控制口失压，阀 5 复位至左位，活塞缸无杆腔的高气压经阀 5 使阀 2 的左控制口得到有效信号，阀 2 切换至左位，等待阀 1 的第二次信号。

阀 1 再次被按下后，由于阀 2 当前处于左位，将使得阀 4 的右控制口得到有效信号，从而使阀 4 切换至右位，活塞杆缩回；与此同时，阀 3 类似之前阀 5 的功能，即当手从阀 1 的开关处放开后，阀 4 右控制口失压，阀 3 复位至右位，阀 2 的右控制口得到有效信号，阀 2 切换至右位，等待阀 1 的下一次信号。

因此，如此反复，当阀 1 第 1、3、5……（奇数）次按下，气缸活塞杆伸出；当阀 1 第 2、4、6……（偶数）次按下，气缸活塞杆退回，形成计数功能。

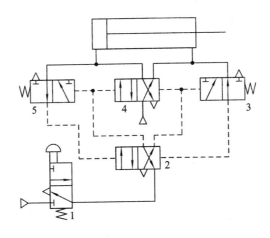

图 10 - 22　计数回路

10.7.2　延时回路

图 10 - 23(a)所示为延时接通回路。当阀 A 的控制口 K 有信号输入时，阀 A 上位接入，气流经单向节流阀的节流阀缓慢向气容 C 充气，经一段时间 t 延时后，气容 C 内的压力升高至预定值，使主阀 B 切换，左位接入，气缸活塞开始向右伸出。当阀 A 的控制口 K 信号消失后，气容 C 经单向节流阀的单向阀迅速排气，主阀 B 失去控制口压力而立即复位，气缸活塞返回。改变单向节流阀节流口的开度，可调节延时换向时间 t 的长短。

将单向节流阀反接，如图 10 - 23(b)所示，则为延时断开回路，其功能正好与上述回路相反。

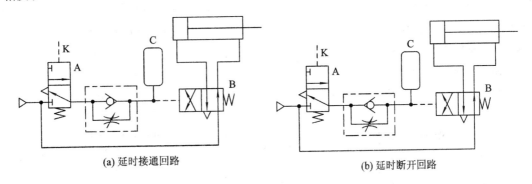

(a) 延时接通回路　　　　　　　　　　　　　　(b) 延时断开回路

图 10 - 23　延时回路

10.7.3　同步动作回路

图 10 - 24(a)是一种简单的同步动作回路，两个气缸的活塞杆一端采用刚性零件连接起来。即便如此，实际上仍然易产生不同步，导致活塞杆歪斜，所以一般需配合使用单向节流阀进行调节，这样带来的缺点是调试麻烦，且最终难以做到精确的同步。但这种方式结构简单，成本低廉，在要求不高的场合仍有一定应用。

如图 10 - 24(b)所示是一种采用气液组合缸的同步回路，可以保证负载 F_1、F_2 不相等时也能使工作台的上下运动同步进行。当三位五通双气控阀 3 处于中位时，蓄能器自动地通过补给回路对液压缸补充油液。当阀 3 切换至其他两个位置时，蓄能器的补给回路都被切断。

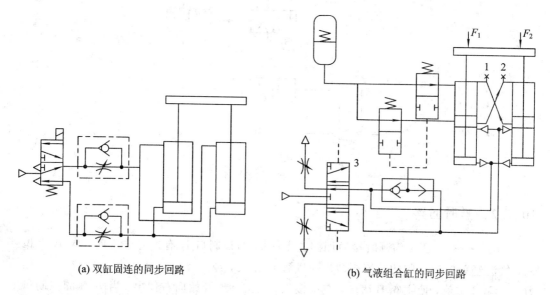

(a) 双缸固连的同步回路　　　　　　　(b) 气液组合缸的同步回路

图 10 - 24　同步动作回路

当三位五通双气控阀 3 切换处于上位时，气源的压力气体通过阀 3 进入气液缸下腔，克服负载 F_1、F_2 向上运动。此时，即便进入左右两个缸的气体体积不一样，缸 1 的活塞杆在上升过程中，把上腔的液压油送入缸 2 的液压缸下腔；缸 2 的活塞杆在上升过程中，把缸 2 上腔的液压油送入缸 1 的液压缸下腔；只要两缸的尺寸做得相同，则两缸的活塞杆将同步向上运动，从而保证了两缸动作同步。由此可见，这里的两缸同步是由相同体积的液体进、出确定的，与气体进入的体积与压力关系不大。同理，当阀 3 切换处于下位时，可实现两缸活塞杆同步下降。这种装置时间长了，液体会有泄漏，或气体混入液体腔中，因此图中设置有 1、2 两处的放气装置，以及通过蓄能器来自动补充回路的泄漏油液。

10.8　工程案例：一款电子气动搬运机器人系统

机电一体化技术能充分发挥微电子控制技术的优势，使设备结构简化，控制灵活、可靠、方便，且增加了柔性。将微电子控制技术的优势与气压传动技术的优点相结合，电子气动技术得以出现，在工业领域中得到广泛的成功应用，成为机电一体化技术重要组成部分。利用电子气动技术来构建简易实用工业机器人是行之有效的一种手段。

10.8.1　电子气动搬运机器人结构

设计完成的电子气动搬运机器人结构如图 10 - 25 所示，综合了圆柱坐标型和极（球）坐标型工业机器人的特点，能实现 5 个自由度：体旋转、体升降、臂旋转、臂伸缩、腕旋转。其中体旋转、臂旋转采用电驱动(步进电机)，满足多工位精确定位需要；体升降、臂伸缩、腕旋转由气压驱动(气缸)，实现工作范围内的作业任务；手爪部分则通过指夹持气缸实现，更换不同指部可实现不同物品搬运工作。

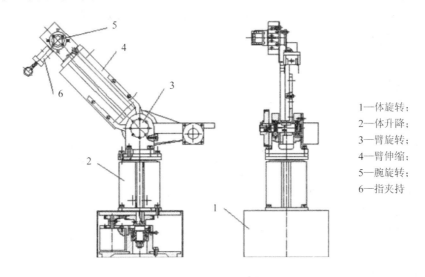

1—体旋转；
2—体升降；
3—臂旋转；
4—臂伸缩；
5—腕旋转；
6—指夹持

图 10-25　电子气动搬运机器人结构图

　　气动元件选用 SMC 公司产品，控制系统采用三菱公司的 PLC，并通过三菱人机界面进行操作，具有可编程、易操作等特点，集控制、检测、执行于一体，图 10-26 所示为实物样机。

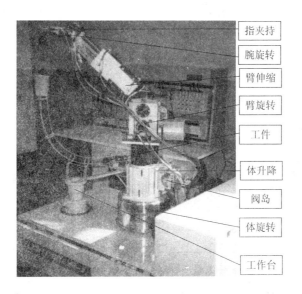

指夹持
腕旋转
臂伸缩
臂旋转
工件
体升降
阀岛
体旋转
工作台

图 10-26　电子气动搬运机器人样机

10.8.2　机器人本体设计

1. 机身

　　机器人的机座与机身做成一体。机身的回转运动(体旋转)由步进电机驱动，通过同步齿形带实现传动，同步带传动具有传动准确、效率高、吸振好、平稳等优点，能达到机器人体旋转较高精度的定位,满足不同的作业需求。

升降运动(臂升降)采用 SMC 公司的平台式导杆气缸,根据设计要求选定型号为 MGF40 - 100,该款气缸具有安装高度低、承受偏心负载能力强、无需另外设计导向装置、T 槽结构便于安装附件等特点。

2. 手臂

机器人通过臂部来改变手部在空间的位置,臂部结构与运动形式、抓取重量、自由度、运动精度等因素有关。设计时还需考虑到受力情况、气缸及导向装置的布置、内部管路与手腕的连接形式等因素。

搬运机器人包括臂旋转、臂伸缩 2 个自由度,整个臂部为极坐标型。臂旋转采用"步进电机+同步齿形带"驱动,同样具有精度高、任务适应能力强的特点。步进电机置于端部,一方面作为动力源,另一方面与臂伸缩部分构成力平衡,避免运动中各构件重力所引起的偏重力矩起伏过大影响机器人性能。

臂伸缩选用 MXF20 - 100 直线缸,该缸具有高度低、内置磁环定行程、凸轮轴承摩擦小寿命长、调行程装置、方便安装等特点。

臂旋转、臂伸缩的功能组合通过根据需要自行设计的连接板来组合实现,充分体现模块化组合式思路。

3. 其他部分

腕部的自由度主要是实现机器人的姿态变化,设计中采用回转气缸 MDSVB7,通过调整限块来满足实现搬运作业需要。

所设计的机器人要完成抓住、握持、释放等动作,根据功能分析,采用气动夹紧手爪,通过连接板安装于腕旋转的回转气缸上。通过计算,选用标准气动夹持气缸 MHQZ - 16D。

电子气动搬运机器人技术参数见表 10 - 1。

表 10 - 1　电子气动搬运机器人技术参数

自由度	驱动方式	工作范围
体旋转	电驱动	0°～300°
体升降	气压驱动	100 mm
臂旋转	电驱动	−60°～+120°
臂伸缩	气压驱动	200 mm
腕旋转	气压驱动	−90°、0°

10.8.3　气压传动系统原理图设计

为了结合电子控制技术的应用,机器人气动系统设计中选用了电磁换向阀。气动系统中采用了先进的阀岛技术,把多个电磁阀采用总线结构集成在一起,缩小了体积,减少了控制线,便于安装、综合布线和采用计算机控制,使结构紧凑、简化。如图 10 - 27 所示为机器人的气压传动系统原理图,各执行元件的进气口、出气口都装有单向节流阀,为出气节流式,便于执行元件的速度控制与调节,也有利于运动稳定性的改善。

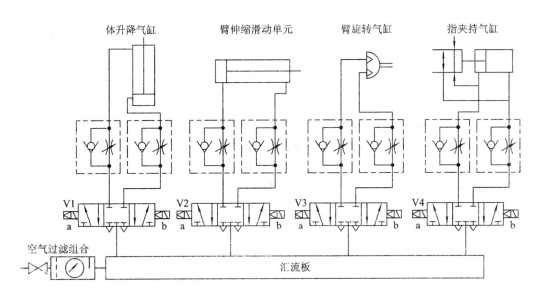

图 10 - 27 电子气动搬运机器人气压传动系统原理图

10.8.4 电子气动搬运机器人控制系统

1. 控制系统硬件

控制系统选用三菱公司的 PLC 作为控制核心,根据需要选型为 $FX_{2N}-64MR$, FX_{2N} 系列 PLC 运算速度快、存储容量大、抗干扰能力强,既可处理数字量,又可处理模拟量和实现定位控制。控制系统构成框图如图 10 - 28 所示。2 个定位模块 $FX_{2N}-1PG$ 分别控制 2 个步进电机,实现体旋转、臂旋转,步进电机的静态锁紧力矩确保机器人工作稳定性。

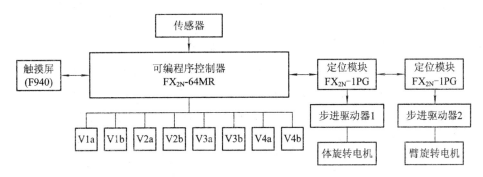

图 10 - 28 控制系统构成框图

2. 控制系统软件

控制软件采用状态转移图编程,包括初始化、回原点、手动操作、自动运行、故障检测及报警等功能。

初始化中包括运行状态初始化和定位模块初始化两部分。运行状态初始化通过功能指令 IST 实现回原点、手动及自动等运行模式选择;定位模块初始化主要是来设定 $FX_{2N}-1PG$ 工作时候的 BFM 参数,包括工作方式 BFM#3、点动速率 BFM#8 和 BFM#7、原点返回速率(高速)BFM♯10 和 BFM♯9、原点返回速率(爬行速度)BFM♯11、原点返回的零点信号数目 BFM♯12、原点位置 BFM♯14 和 BFM♯13、加减速时间 BFM♯15。

回原点是指在回原点模式下所执行的控制,启动原点复位信号,机器人各执行机构全部自动复位到原点状态,所有动作执行完成到位后,原点标志 M8043 置位,为自动运行作准备。

手动操作是指在手动模式下所执行的操作,用于调试或工作状态的调整。手动模式下按下各手动操作信号,可以分别控制各执行机构单独运转或同时运转。

自动运行是指在自动运行模式下执行的动作,可以实现连续、循环工作。当原点条件满足时,在自动运行模式下按下启动信号,将自动完成预定的搬运过程;若不在原点状态,则不能启动。除非急停情况下,程序保证只有一个完整动作完成后方停止运行。另外,程序设定了运行状态断电保持功能。

故障检测及报警程序可以检测出机器人的执行机构、工件送料系统等有无异常,一旦出现故障,机器人停止工作,通过灯光发出报警信号,并于触摸屏上显示故障点及提示信息,便于机器人系统的维护。

10.8.5 特点分析

所设计的电子气动工业机器人可以面对单元内相似件,适当调整参数或快速更换样机中某些可换件,实现不同物品的移置。与专用机器人相比具有柔性强、适应面宽等特点;与全功能通用机器人相比,具有成本低、性价比高、设计制造周期短等优点。

练 习 题

10-1 一次压力控制回路和二次压力控制回路有何不同?各用于什么场合?

10-2 气液转换控制回路有何特点?

10-3 气动速度控制回路中,常采用排气节流阀调速,为什么?

10-4 试设计一个双作用气缸动作之后单作用气缸才能动作的联锁回路。

10-5 设计一回路,使一单作用气缸实现慢进快退单往复运动。

10-6 试利用两个双作用气缸,一个气动顺序阀,一个二位四通单电控换向阀组成顺序动作回路。

10-7 试用两个梭阀组成一个能在三处不同场所均可操作的气动回路。

10-8 试利用双杆双作用气缸,设计一个既可使气缸在任意位置停止,又能使气缸处于浮动状态的气动回路,并说明工作原理。

第 11 章　气压传动系统分析与设计

气压传动系统在气动技术中是关键的一环，本章将对前面所学的气动知识加以应用，实现对气动系统的正确设计，并选用合适的气动元件。

11.1　概　　述

11.1.1　阅读和分析气压传动系统图的步骤与方法

阅读和分析气压传动系统图的方法、步骤与前述分析液压传动系统图的相似。

（1）了解设备的用途及对气压传动系统的要求。

（2）初步浏览各执行元件的工作循环过程，所含元件的类型、规格、性能、功用和各元件之间的关系。

（3）对与每一执行元件有关的子系统进行分析，搞清楚其中包含哪些基本回路，然后针对各元件的动作要求，参照动作顺序表读懂子系统。

（4）根据气压传动系统中各执行元件的互锁、同步和防干扰等要求，分析各子系统之间的联系，并进一步读懂在系统中是如何实现这些要求的。

（5）在全面读懂回路的基础上，归纳、总结整个系统有哪些特点，以便加深对系统的理解。阅读分析系统图的能力必须在实践中多学习、多读、多看和多练的基础上才能提高。

11.1.2　气压传动系统设计的主要内容及程序控制的分类

1. 气压传动系统设计的主要内容与步骤

气压传动系统设计的任务就是依据气压传动系统的工作要求与功能，明确应具有的基本回路，将各类气动元件进行恰当的组合，经过定量的计算来确定所需气动元件的规格，在相关气动元件、传感器与电气元件的样本手册中选择合适的产品，最终绘制气压传动系统图，并获得气压传动系统所需的标准元器件采购清单。气压传动系统设计的主要内容与步骤如下。

1）明确系统的工作要求

（1）运动和操作力的要求如主机的动作顺序、动作时间、运动速度及其可调范围、运动的平稳性、定位精度、操作力及联锁和自动化程序等。

（2）工作环境条件如温度、防尘、防爆、防腐蚀要求及工作场地的空间等情况必须调查清楚。

（3）和机、电、液控制相配合的情况，及对气动系统的要求。

2）设计气控回路

（1）列排气动执行元件的工作程序图。

（2）画信号动作状态线图或卡诺图、扩大卡诺图，也可直接写出逻辑函数表达式。

（3）画逻辑原理图。

（4）画回路原理图。

（5）为得到最佳的气控回路，设计时可根据逻辑原理图，作出几种方案进行比较，如对气控制、电-气控制、逻辑元件等控制方案进行合理的选定。

3）选择、设计执行元件

选择、设计执行元件包括确定气缸或气马达的类型、气缸的安装形式及气缸的具体结构尺寸（如缸径、活塞杆直径、缸壁厚）和行程长度、密封形式、耗气量等。设计中要优先考虑选用标准缸的参数。

4）选择控制元件

确定控制元件的类型和数目；确定控制方式及安全保护回路。

5）选择气动辅件

选择过滤器、油雾器、储气罐、干燥器、消声器等元件的容量及形式；确定管径、管长及管接头的形式；验算各种压力损失。

6）确定压缩机

根据执行元件的耗气量，确定压缩机的容量及台套数。

7）绘制气动系统图

综上所述，绘制出相应的气压传动系统图，并列出所需的标准元器件采购清单。

2. 气压传动系统程序控制的分类

程序控制是根据生产过程中的物理量，例如位移、时间、压力、温度、液位等的变化，使控制对象的各执行元件按照预先设定的程序有序协调的工作。一般可分为行程程序控制、时间程序控制和混合程序控制三种。

1）行程程序控制

行程程序控制一般是一个闭环程序控制系统，如图 11-1 所示。行程程序控制系统包括行程发信装置、执行元件、程序控制回路和动力源等部分。它是前一个执行元件动作完成并发出信号后，才允许下一个动作进行的一种自动控制方式。执行元件执行某一动作后，有程序发生器发出信号，此信号输入逻辑控制回路，由其做出逻辑运算发出有关执行信号，指挥执行元件完成下一步动作，此动作完成后，发出新的信号，直到完成运动的控制为止。

行程程序控制的优点是结构简单，维护容易，动作稳定，特别是当程序运行中某节拍出现故障时，整个程序动作就停止而实现自动保护。因此，行程程序控制方式在气动系统中被广泛采用。

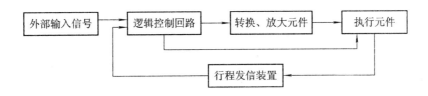

图 11-1　行程程序控制原理图

2）时间程序控制

图 11-2 所示为时间程序控制原理图，它是一种开环的控制系统。时间程序控制是指各执行元件的动作顺序按时间顺序进行的一种自动控制方式。时间信号通过控制线路，按一定的时间间隔分配给相应的执行元件，令其产生有顺序的动作。

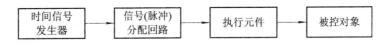

图 11-2　时间程序控制原理图

时间程序控制中，其动作与前后的动作完成与否无关。由于气体的可压缩性大，气压传动系统的传动刚度小，时间程序控制只能控制执行元件动作的时间和顺序，无法准确地控制执行元件运动的位移、速度及相互间的位置关系，故在气动设备中一般应用较少。

3）混合程序控制

混合程序控制通常是在行程程序控制系统中包含了一些时间信号，实质上是把时间信号看作行程信号处理的一种行程程序控制。

一般而言，在可靠性要求高的场合选用行程程序控制，而在一般要求的场合可选用时间程序控制。鉴于行程程序控制方式在气动系统中被广泛采用，这里主要对行程程序控制方式进行介绍。

11.2　行程程序控制回路设计

行程程序是根据对象的动作要求提出来的，即要依据执行元件及其所要完成的动作次序来获得。

图 11-3 所示为一带有三个执行元件（送料缸、夹紧缸和钻削缸）的钻床气压传动系统的动作顺序情况。以此为例来说明行程程序控制回路设计中信号—动作状态图及原理图绘制的有关内容。

图 11-3　钻床气压传动系统的动作顺序

11.2.1 图形符号的规定

图形符号的规定如下:

(1) 用大写字母 A、B、C 等表示执行元件,用下标 1 表示活塞杆处于伸出状态,用下标 0 表示活塞杆处于缩回状态。例如,A_1 表示 A 气缸的活塞杆处于伸出状态,A_0 表示 A 气缸的活塞杆处于缩回状态。

(2) 用带下标的小写字母 a_1、a_0、b_1、b_0 等分别表示与动作 A_1、A_0、B_1、B_0 等相对应的行程阀及其输出信号。例如,a_1 表示 A 气缸活塞杆伸出、压下行程阀 a_1 时发出的信号,a_0 表示 A 气缸活塞杆缩回、压下行程阀 a_0 时发出的信号,以此类推。

(3) 在工作程序图中,"→"箭头指向表示控制顺序,"$\xrightarrow{b_0} A_1$"表示信号(或行程阀)b_0 控制 A 气缸的伸出。

(4) 控制气缸等执行元件换向的主控阀,也用与其所控制的气缸等执行元件相对应的英文字母符号表示。例如,V_A、V_B 分别表示分别 A 气缸、B 气缸的主控阀。主控阀的输出,与其所控阀的气缸动作一致。例如,控制 A 气缸活塞杆伸出动作的主控阀输出端用符号 A_1 表示。

(5) q 表示启动阀,V_K 为辅助阀(中间记忆阀)。

(6) 主气路的连接用实线,控制气路的连接用虚线,但对太复杂的气压传动系统,可用细实线代替虚线,以避免虚线连接过乱。

(7) 气压传动系统中的主要元件应该用代号清楚地标注出。

M:原动机(电动机、内燃机等);P:泵和压缩机;V 或 F:阀;A、B 等:执行元件;S:传感器;Z:其他元件,或用除了以上所示的其他字母。

(8) 气动元件符号的布局原则上按由下到上、从左至右的顺序布置。

(9) 右上角带"＊"号的信号表示经过逻辑处理而排除障碍的执行信号。例如,a_1^*、a_0^* 等;而把不带"＊"号的信号称为原始信号,如 a_1、a_0 等。关于障碍信号的含义见后文。

(10) 各种气动元件的位置。例如,气缸活塞的位置、各种元件符号的外接管路(如气源、输出口和排气口),应按控制系统处于初始常态位置(即启动之前)时的状态绘制。

11.2.2 行程程序的表示方法

依据上述图形符号有关规定,图 11-3 所示的动作顺序可表示为如图 11-4 所示的动作流程示意图。

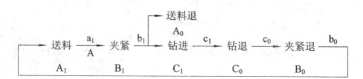

图 11-4 钻床气压传动系统的动作流程示意图

为了设计和书写方便,常将图 11-4 中的文字省略,简化为图 11-5 所示的形式。

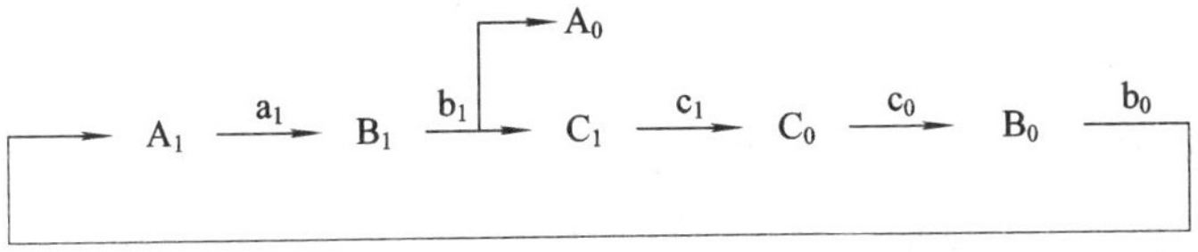

$$A_1 \xrightarrow{a_1} B_1 \xrightarrow{b_1} C_1 \xrightarrow{c_1} C_0 \xrightarrow{c_0} B_0 \xrightarrow{b_0}$$

(上方分支：A_0)

图 11-5　钻床气压传动系统的简化动作流程示意图

将图 11-5 中每个动作的先后次序进行编号，可进一步简化为图 11-6 所示，称为行程程序控制回路——动作状态图。每一个动作代表一个节拍，上述程序中共有 5 个节拍，其中 $\begin{bmatrix} A_0 \\ C_1 \end{bmatrix}$ 是同时进行的，故称为并列动作。一般把具有并列动作的程序称为并列程序。

A_0

| A_1 | B_1 | C_1 | C_0 | B_0 |
| 1 | 2 | 3 | 4 | 5 |

图 11-6　钻床气压传动系统行程程序控制回路——动作状态图

11.2.3　障碍信号

所谓障碍信号是指在同一时刻，主控阀的两端控制口会同时存在控制信号，妨碍主控阀按预定程序换向而影响原计划的动作顺序。为保证行程程序控制系统能按预先给定的程序协调地工作，就必须找出障碍信号并设法消除它。

如图 11-7 所示的回路，动作顺序为 $A_0 B_1 B_0 A_0$。一旦供气后，由于信号阀 b_0 一直受压，信号 b_0 就一直供给阀 A 的右侧（A_0 位），这样，即使操作启动阀 q，向阀 A 左侧（A_1 位）供气，阀 A 也不能切换。由此可见，信号 b_0 对 q 是个障碍信号。

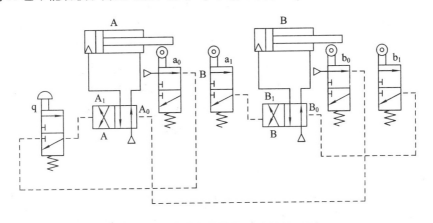

图 11-7　有障碍信号的 $A_0 B_1 B_0 A_0$ 回路

若没有 b_0 信号，则按 q 后，气流经 a_0 阀通过 q 阀进入阀 A 的左侧，使 A_1 位工作，活塞 A 伸出，发出信号给 a_1，给阀 B 的左侧（B_1 位）使阀 B 切换，活塞 B 伸出，再发出信号给阀 B 的右侧（B_0 位）。此时，由于活塞 A 仍在发出信号 a_1 给阀 B 的左侧 B_0 位，使 b_1 向阀 B 的 B_0 位信号输送不进，也就是说，信号 a_1 也妨碍了 b_1 信号的送入。

　　因此可见，在这个回路中，信号 b_0 和 a_1 都妨碍其他信号的输入，形成了障碍，致使回路不能正常工作，因而必须设法将其排除。

1. 多缸单往复行程程序控制回路障碍信号分析

　　多缸单往复行程程序控制回路，是指在一个循环程序中，所有的气缸，都只作一次往复运动。图 11-3 所示的钻床气压传动系统，按照动作程序 $\begin{bmatrix} A_0 \\ A_1 B_1 C_1 C_0 B_0 \end{bmatrix}$ 直接连接成图 11-8 所示的回路。

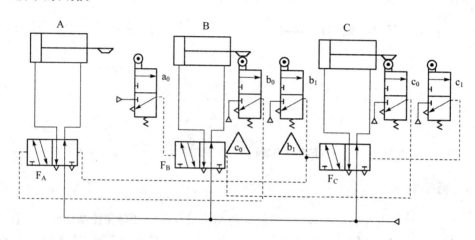

图 11-8　钻床气压传动系统行程程序控制回路

　　工件自动钻削的程序要求在接通气源后，A、B、C 三个气缸的活塞杆均处于缩回状态。由于图 11-8 中的夹紧工件用气缸 B 处于退回不夹紧的状态，故位于夹紧缸 B 下面的左边行程阀 b 处于压下的状态，因此有 b_0 信号输出。在 b_0 信号的控制下，位于送料缸 A 下面的主控阀 F_A 的右面控制腔和大气相通，其左面控制腔接通气泵压力口而换向处于左位，送料缸 A 的活塞杆向右伸出，当伸出过程中压下行程阀 a_1 时，发出 a_1 信号。该信号加在夹紧缸 B 的主阀 F_B 的左端控制腔，但此时因钻削缸 C 活塞杆处于缩回状态，钻削缸 C 右下方的行程阀 c_0 处于压下状态，即在夹紧缸 B 的主控阀 F_B 的右侧控制腔存在控制信号 c_0。因此，当输入 a_1 的控制信号欲使 F_B 换向时，在阀 F_B 的两侧都存在控制信号，使该阀处于不稳定状态。其中，c_0 影响着程序的正常运行，故它属于障碍信号（或干扰信号）。为便于区别信号的真伪，在障碍信号 c_0 上加上一个三角形符号，如图 11-8 中所示。

　　假设夹紧缸 B 的活塞杆完全伸出并夹紧了工件，从而压下行程阀 b_1，发出 b_1 信号，使送料缸 A 下面的主控阀 F_A 换向处于右位，钻削缸 C 的主控阀 F_C 处于左位，其输出使钻削缸 C 的活塞向右伸出，压下行程阀 c_1，发出 c_1 信号。此信号 c_1 加于钻削缸 C 的主控阀 F_C 右端，但此时因夹紧缸 B 活塞杆仍处于伸出状态，故在钻削缸 C 的主控阀 F_C 右端仍存在着信号 b_1。该信号 b_1 对钻削缸 C 活塞杆的缩回产生干扰。因此，b_1 也是障碍信号。同样，在障碍信号 b_1 上加上一个三角形符号，如图 11-8 中所示。

　　通过上面的分析可知，主控阀在同一时间内存在着两个控制信号而使主控阀（如图 11-8 中的 F_B、F_C）无法换向，此即为障碍信号（或干扰信号）。在多缸单往复程序系统中，经常会出现障碍信号。

2. 多缸多往复行程程序控制回路障碍信号分析

多缸多往复行程程序控制回路，是指在同一个动作循环中，至少有一个气缸往复动作两次或两次以上。设某机械设备上具有两个气缸 A 和 B，这两个气缸动作顺序为 $A_1 B_1 B_0 B_1 B_0 A_0$。依据该动作顺序，首先画出如图 11 - 9 所示的顺序图。

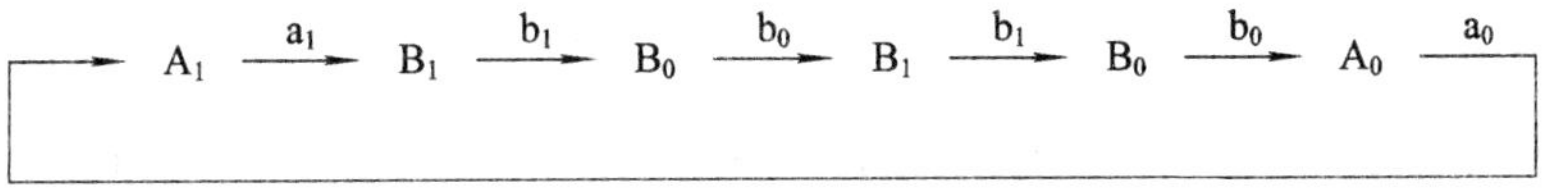

$$\rightarrow A_1 \xrightarrow{a_1} B_1 \xrightarrow{b_1} B_0 \xrightarrow{b_0} B_1 \xrightarrow{b_1} B_0 \xrightarrow{b_0} A_0 \xrightarrow{a_0}$$

图 11 - 9　某机械设备的行程程序控制顺序图

由图 11 - 9 可见，在一个工作循环中，气缸 B 要往复动作两次，故此系统属于多缸多往复控制系统。这种系统与多缸单往复系统相比，具有如下特点：

（1）在多往复系统中，同一个缸的同一动作可能受不同信号的控制（如第 2 节拍 B_1 受 a_1 控制，而在第 4 节拍中 B_1 受 b_0 控制）。

（2）在多往复系统中，同一行程信号在不同的行程里可能控制不同的动作（如信号 b_0 在第 4 行程和第 6 行程中，分别控制 B_1 和 A_0）。

正因如此，上述两种情况就会导致主控阀的动作受干扰或产生误动作，使系统无法按预定程序进行工作。这里，控制第 2 行程 B_1 的信号 a_1 是一个长信号，它存在于第 2、3、4、5 行程中，因而干扰了第 3 行程中 b_1 控制 B_0 的动作，B 无法换向，造成运行故障，应予排除。

这种一个信号妨碍另一个信号输入，使程序不能正常进行的信号，称之为Ⅰ型障碍信号，它经常发生在单往复程序回路中。而把由于信号多次出现而产生的障碍，称之为Ⅱ型障碍信号，这种障碍通常发生在多往复回路中。

11.2.4　X - D 状态图法及应用

行程程序控制回路设计的关键，就是要找出这种障碍信号和设法排除它们。常用的行程程序控制回路设计方法有信号—动作（X - D）状态图法和卡诺图图解法。X - D 状态图法是一种图解法，它可以把各个信号的存在状态和气动执行元件工作状态较清楚地用图线表出来，从图中能分析出障碍信号的存在状态，以及消除信号障碍各种可能性。用 X - D 状态图法设计行程程序控制回路，故障诊断和排除比较简单而又直观，由此而设计出的气动回路控制准确、回路简单、使用和维护方便。

1. X - D 状态图法的设计步骤

X - D 状态图法中的有关符号规定如前所述，其设计步骤如下：

（1）根据生产自动化的工艺要求，编制工作程序。

（2）根据行程程序绘制 X - D 状态图。

（3）由 X - D 状态图判别障碍信号，并消除障碍信号，列出逻辑表达式。

（4）绘制逻辑原理图。

（5）绘制气动回路原理图。

2. X - D 状态图法设计实例

现以由两缸组成的攻螺纹机的实例来说明 X - D 状态图法的设计方法。其自动循环动作顺序如图 11-10 所示。

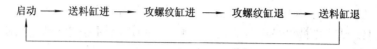

图 11-10　攻螺纹机自动循环动作顺序

1）编制工作程序

设 A 为送料缸，B 为攻螺纹缸，根据图 11-10 的动作顺序编制的工作程序如图 11-11 所示。

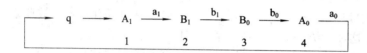

图 11-11　攻螺纹机工作程序

2）绘制 X-D 状态图

（1）画方格图。如图 11-12 所示，由左至右画方格，并在方格的顶上依次填上程序序号 1、2、3、4 等。在序号下面填上相应的动作状态 A_1、B_1、B_0、A_0，在最右边留一栏作为"执行信号表达式"。在方格图最左边纵栏由上至下填上控制信号及控制动作状态组的序号（简称 X-D 组）1、2…等。每个 X-D 组包括上下两行，上行为行程信号行，下行为该信号控制的动作状态。例如，$a_0(A_1)$ 表示控制 A_1 的动作信号是 a_0；$a_1(B_1)$ 表示控制 B_1 动作的信号是 a_1 等。下面的备用格可根据具体情况填入中间记忆元件（辅助阀）的输出信号、消障信号及联锁信号等。

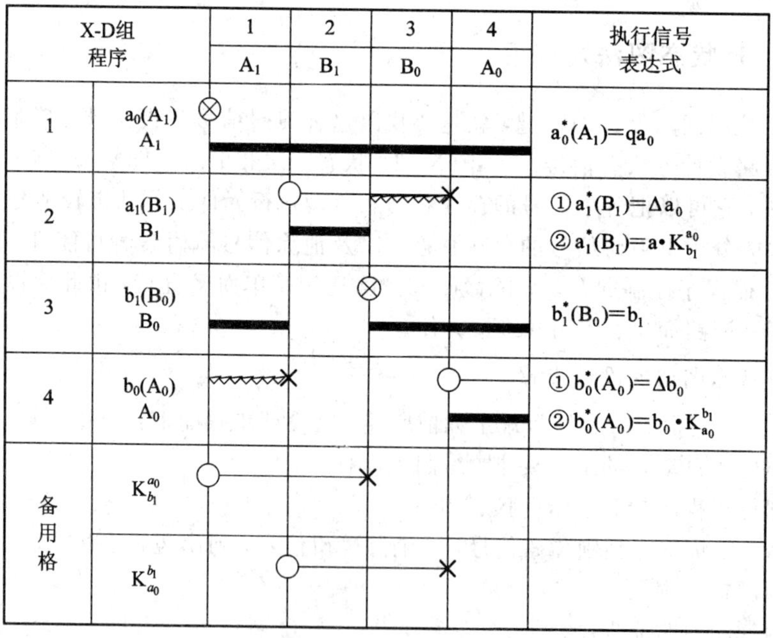

X-D组 程序		1	2	3	4	执行信号 表达式
		A_1	B_1	B_0	A_0	
1	$a_0(A_1)$ A_1	⊗				$a_0^\bullet(A_1)=qa_0$
2	$a_1(B_1)$ B_1	○	✕			① $a_1^\bullet(B_1)=\Delta a_0$ ② $a_1^\bullet(B_1)=a\cdot K_{b_1}^{a_0}$
3	$b_1(B_0)$ B_0		⊗			$b_1^\bullet(B_0)=b_1$
4	$b_0(A_0)$ A_0	✕		○		① $b_0^\bullet(A_0)=\Delta b_0$ ② $b_0^\bullet(A_0)=b_0\cdot K_{a_0}^{b_1}$
备用格	$K_{b_1}^{a_0}$	○	✕			
	$K_{a_0}^{b_1}$		○	✕		

图 11-12　X-D 状态图

　　(2) 画动作状态线(D 线)。如图 11－12 中所示，用横向粗实线画出各执行元件的动作状态线。动作状态线以行列中大写字母相同、下标也相同的列行交叉方格左端的格线为起点，起点是该动作程序的开始处；直画到字母相同但下标相反的方格，为动作状态线的终点。动作状态线的终点是该动作状态变化的开始处，例如缸 A 伸出状态 A_1，变换成缩回状态 A_0，此时 A_1 的动作线的终点必然是在 A_0 的开始处。

　　(3) 画信号线(X 线)。如图 11－12 中所示，用细实线画各行程信号线。起点是从行、列坐标符号相同(此符号不论大小写)的方格末端开始，用符号"○"表示；到行、列坐标符号相异的方格前端终止，用符号"×"表示。若终点和起点重合，用符号"⊗"表示。例如，a_1(B_1)的信号从行的坐标为 a_1 和列的坐标为 A_1 的方格的末端开始，到行的坐标为 a_1 和列的坐标为 A_0 的方格的前端终止，其余以此类推。

　　需要指出的是，若考虑到阀的切换及气缸启动等的传递时间，信号线的起点应超前于它所控制动作的起点，而信号线的终点应滞后于产生该信号动作线的终点。当在 X－D 图上反映这种情况时，则要求信号线的起点与终点都应伸出分界线，但因为这个值很小，因而除特殊情况外，一般不予考虑。

　　3) 分析并消除障碍信号

　　利用 X－D 状态图进行分析，可直接判别出存在的障碍(或干扰)信号。该方法如下：

　　(1) 判别有无障碍信号。通过分析 X－D 图，判别有无障碍(或干扰)信号。

　　① 若信号线比所控制的动作线短(或等长)，则由此信号控制的动作不存在障碍。也就是说，可以用它直接控制执行元件的动作。如本例中 a_0、b_1 信号为无障信号。为了便于区分，在其右上角加一个"＊"号，如 a_0^*、b_1^* 为执行信号。

　　② 若信号线比所控制的动作线长，则此信号属于有障信号。与动作线等长的部分为信号执行段，长出的部分为信号障碍段。在图 11－12 中，信号障碍段用锯齿形线"▽"表示。如图中的 a_1、b_0 信号为有障信号。对于有障信号，只有设法消除其障碍段以后，才能作为执行信号使用。

　　③ 若信号线与所控制的动作线基本等长，信号线仅比动作线长出一个"尾巴"，则这段"尾巴"部分也是信号障碍段。由于这个信号障碍段在一般情况下仅存在短暂时间，随即自行消失，故称为"滞消障碍"。根据回路的特点，滞消障碍有时要消去，有时可以不消去，但为了确保回路工作的可靠性，遇到滞消障碍时一般也进行消除。

　　(2) 排除障碍段(简称消障)。为了使各执行元件能按规定的动作顺序正常工作，设计时必须把有障碍信号的障碍段去掉，使其变成无障碍信号，再由它去控制主控阀。在 X－D 图中，障碍信号表现为控制信号线长于其所控制的动作状态存在时间，所以常用的排除障碍的办法就是缩短障碍信号的延续时间，即缩短信号线长度，使其短于此信号所控制的动作线长度，其实质就是要使障碍段失效或消失。一般情况下，缩短信号延续时间的方法可通过逻辑与运算，或把长信号转变成脉冲信号等。

　　① 机械法排障。机械法排障就是利用活络挡块或通过使行程阀发出脉冲信号的排障方法，把长信号变成脉冲信号。图 11－13(a)为利用活络挡块使行程阀发出的信号变成脉冲信号的示意图，当活塞杆伸出时行程阀发出脉冲信号，而当活塞杆缩回时，行程阀不发信号。图 11－13(b)为采用单向滚轮式行程阀使行程阀发出的信号变成脉冲信号的示意图，当活塞杆伸出时发出脉冲信号，而当活塞杆缩回时挡块通过行程阀但不发出信号。

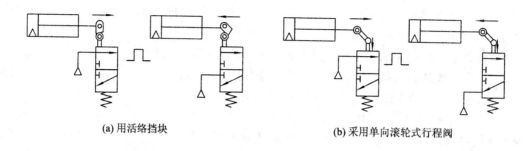

(a) 用活络挡块　　　　　　　　　　　(b) 采用单向滚轮式行程阀

图 11-13　机械法排障

② 脉冲回路法排障。就是利用脉冲回路或脉冲阀的方法将有障信号变为脉冲信号，图 11-14 所示为脉冲回路法排障原理图。

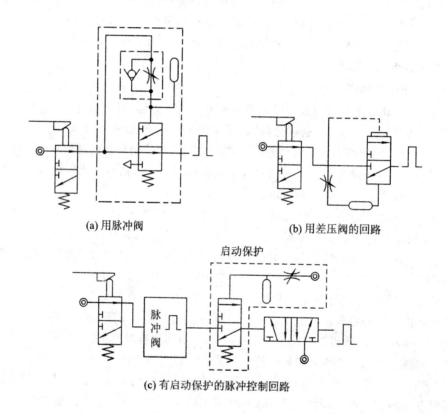

(a) 用脉冲阀　　　　　　　　　　　(b) 用差压阀的回路

(c) 有启动保护的脉冲控制回路

图 11-14　脉冲回路法排障

③ 逻辑"与"运算排障法。如图 11-15 所示，为了排除障碍信号 m 中的障碍段，可以引入一个辅助信号（称为制约信号），把 x 和 m 相"与"而得到消障后的无障碍信号 m*，图 11-15(a) 为逻辑原理图。这种逻辑"与"的关系，可以用一个单独的逻辑"与"元件来实现，也可用一个行程阀两个信号的串联或两个行程阀的串联来实现，见图 11-15(b)。制约信号 x 的选用原则是要尽量选用系统中某原始信号，这样可不增加气动元件，但原始信号作为制约信号 x 时，其起点应在障碍信号 m 开始之前，其长短应包括障碍信号 m 的执行段，但不包括它的障碍段，见图 11-15(c)。

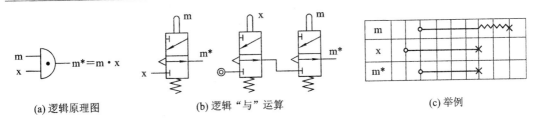

图 11 - 15　逻辑"与"运算排障法

④ 逻辑"非"运算排障法。如图 11 - 16 所示,是用原始信号经逻辑"非"运算得到反相信号排除障碍,原始信号做逻辑"非"(即制约信号 x)的条件是其起始点要在有障信号 m 的执行段之后、m 的障碍段之前,终点则要在 m 的障碍段之后。

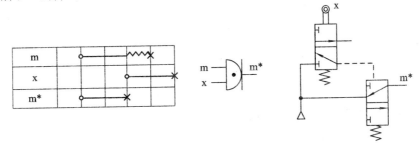

图 11 - 16　逻辑"非"运算排障法

若在逻辑运算法排障中,从 X - D 状态图上找不到可选用的制约信号时,可引入中间记忆元件,借用它的输出作为制约信号,如图 11 - 17 所示。

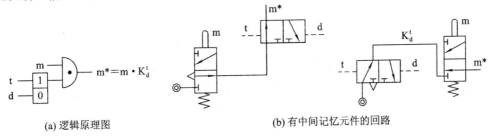

图 11 - 17　引入中间记忆元件消障

4) 绘制逻辑原理图

气控逻辑原理图是根据 X - D 状态图的执行信号表达式及考虑手动、启动、复位等所画出的逻辑方框图。当画出逻辑原理图后,就可以较快地画出气动回路原理图了,因此它是由 X - D 状态图画出气动回路原理图的桥梁。

(1) 气控逻辑原理图的基本组成及符号。

① 在逻辑原理图中,主要使用"是"、"或"、"与"、"非"、"记忆"等逻辑符号。其中任一符号可理解为逻辑运算符号,不一定总代表某一确定的元件,这是因为逻辑图上的某逻辑符号在气动回路原理图中可由多种方案表示,例如,"与"逻辑符号可以是一种逻辑元件,也可由两个气阀串联而成。

② 执行元件的输出由主控阀的输出表示,因为主控阀常具有记忆能力,因而可用逻辑记忆符号表示。

③ 行程发信装置主要是行程阀，也包括外部信号输入装置，如启动阀、复位阀等。这些符号加上小方框表示各种原始信号（简画时可不画小方框），而在小方框上方画相应的符号表示各种手动阀，如图 11-18 所示。

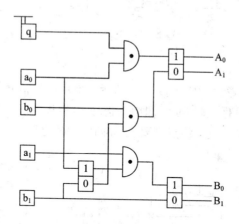

图 11-18　气控逻辑原理图

（2）气控逻辑原理图的画法。根据 X-D 图中执行信号栏的逻辑表达式，使用上述符号按下列步骤绘制。

① 把系统中每个执行元件的两种状态与主控阀相联后，自上而下一个一个地画在图的右侧。

② 把发信器（如行程阀）大致对应其所控制的元件，一个一个地列于图的左侧。

③ 在图上要反映出执行信号逻辑表达式中的逻辑符号之间的关系，并画出为操作需要而增加的阀（如启动阀）。

5）气动回路原理图的绘制

由图 11-18 气控逻辑原理图可知，这一自动程序需用一个启动阀、四个行程阀和三个双输出记忆元件（二位四通阀）。三个与门可由元件串联来实现，由此可绘出如图 11-19 所示的气动回路原理图。图中 q 为启动阀，K 为辅助阀（中间记忆元件）。

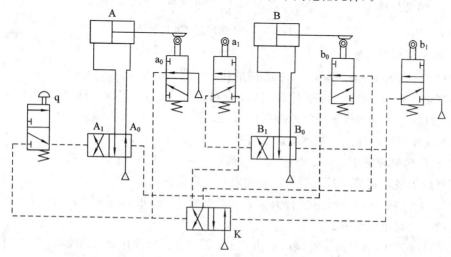

图 11-19　无障碍 $A_1 B_1 B_0 A_0$ 气动回路原理图

在具体画气动回路原理图时，特别要注意的是哪个行程阀为有源元件（即直接与气源相接），哪个行程阀为无源元件（即不与气源相连）。其一般规律是无障碍的原始信号为有源元件，如图 11 - 18 中的 a_0、b_1；而有障碍的原始信号，若用逻辑同路法排障，则为无源元件；若用辅助阀排障，则只需使它们与辅助阀、气源串接即可，如图 11 - 18 中的 a_1，b_0 信号。

11.3　典型气压传动系统分析

11.3.1　气动张力控制系统

在印刷、纺织、造纸等许多工业领域中，张力控制是不可缺少的工艺手段。带材或板材（纸张、胶片、电线、金属薄板等）的卷绕机，在卷绕过程中，为了保证产品的质量，都要求卷筒张力保持一定。由于气压制动器具有价廉、维修简单、制动力矩范围变更方便等特点，所以在各种卷绕机中得到了广泛的应用。如图 11 - 20 所示为采用比例压力阀组成的张力控制系统，它主要由卷筒 1、带材或板材 2、张力传感器 3、比例压力阀 4 和气压制动器 5 等组成。并反馈到控制器，控制器以张力反馈值与输入值的偏差为基础，采用一定的控制算法，输出控制量到比例压力阀，从而调整气压制动器的制动压力，以保证带材的张力恒定。在张力控制中，控制精度比响应速度要求高，应该选用控制精度较高的喷嘴挡板型比例压力阀。

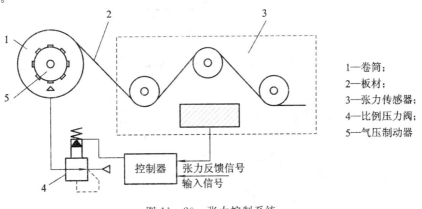

1—卷筒；
2—板材；
3—张力传感器；
4—比例压力阀；
5—气压制动器

图 11 - 20　张力控制系统

11.3.2　气压传动机械手

1. 概述

机械手是自动生产设备和生产线上的重要装置之一，它可以根据各种自动化设备的工作需要，按照预定的控制程序动作。因此，在机械加工、冲压、锻造、铸造、装配和热处理等生产过程中被广泛用来搬运工件，借以减轻工人的劳动强度；也可实现自动取料、上料、卸料和自动换刀的功能，气动机械手是机械手的一种，它具有结构简单、重量轻、动作迅速、平稳、可靠和节能等优点。

2. 冷挤压机上料用气压传动机械手的工作原理

冷挤压机采用冷挤压工艺直接把毛坯挤压成型。挤压机的两侧配备上、下料两台气压传动机械手。该冷挤压机上料用气压传动机械手采用行程开关式固定程序控制，气动控制系统与挤压机电气控制系统相配合，由上料机械手控制挤压机滑块的下压和原料补充，下料机械手则由挤压机滑块的回升来控制。

如图 11-21 所示，是用于冷挤压机设备上的上料用气压传动机械手的基本结构图。图 11-21 中，通过气缸 1 进气后使齿条 2 往复运动，带动立柱上的齿轮 3 旋转，从而实现气压传动机械手的立柱摆动，将料箱中的毛坯转动到挤压机的滑块模具的正下方。用气缸 6 实现机械手手臂的伸缩，使冷挤压毛坯的轴心线对准冷挤压用模具孔的中心线。当毛坯的轴心线对准模具中心线时，用气缸 10 实现压料，把毛坯压入模具孔，完成冷挤压的上料任务。最后各气缸反向动作复原，手臂伸缩气缸 6 伸出手爪夹紧工件并退回，完成一次工作循环。上料机械手的气压传动系统原理图如图 11-22 所示。

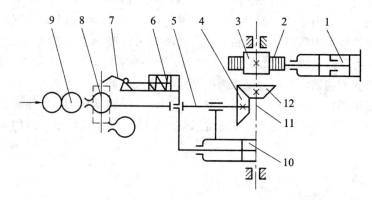

图 11-21 冷挤压机上料用气压传动机械手基本结构图

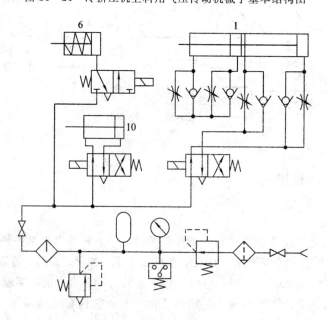

图 11-22 冷挤压机上料机械手气压传动系统原理图

　　下料机械手共有两个伸缩气缸，一个使手臂伸缩，另一个用于夹放料，放料时工件从料槽滑入料箱，该过程比较简单，不作赘述。

3. 系统的特点

该机械手气压传动系统有以下特点：

（1）不用增速机构即能获得较高的运动速度，使其能快速自动地完成上、下料动作。

（2）驱动立柱摆动的气缸 1 采用气-液联动缸，气压缸作动力，而液压缸起阻尼作用。系统中通过增设如蓄能器、压力继电器等元件，来保证机械手速度均匀、动作协调。

（3）空气泄漏对环境无污染，对管路要求低。

（4）结构简单，刚性好，成本低。

11.3.3　震压造型机的气压传动系统

1. 概述

铸造砂型结构复杂，需要一定密实度。为了保证铸件的质量，常采用震动的方式将砂型震实，使其具有足够的强度来满足高质量铸件的要求。经过震压造型工艺获得的砂型能够完美地达到要求。

2. 震压造型机的气压传动系统

如图 11-23 所示，为某震压造型机的基本结构图。在图 11-23 中，空砂箱 3 在滚道 2 上被砂箱推杆气缸 1 推入震压造型机的震压工作位置，空砂箱 3 推入的同时将震压造型好的砂型 4 推出。推杆气缸 1 复位后，接箱用气缸 10 上升，举起位于其上的工作台。该工作台将空砂箱 3 举离送料滚道 2，向上运动压住填砂框 8 后停止。砂斗推杆气缸 7 将定量砂斗 5 拉到填砂框 8 的正上方后，将砂子加入到位于其下方的空砂箱中，同时进行预震压。预震压一段时间后，砂斗推杆气缸 7 将定量砂斗 5 推回到原位，压头 6 随之进入工作位置。震压气缸 9（压实气缸与震击气缸为一复合气缸）将工作台连同砂箱继续举起，压向压头 6，同时进行震击，使砂型震压密实。当压实气缸上升时，接箱用气缸 10 返回原位。经过一定

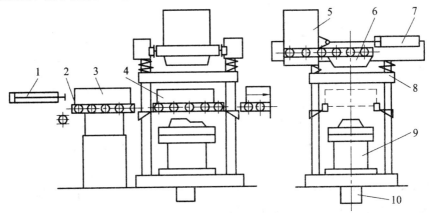

1—砂箱推杆气缸；2—滚道；3—空砂箱；4—砂型；5—定量砂斗；6—压头；7—砂斗推杆气缸；
8—填砂框；9—震压气缸；10—接箱用气缸

图 11-23　某震压造型机的基本结构图

时间震动压实，震压气缸 9 带动砂箱随工作台下降，当砂箱接近滚道 2 时减速，进行起模。砂型留在滚道之上，而工作台继续下降落回原位，为下一循环做好准备。如图 11-24 所示为相应的震压造型机气压传动系统原理图。

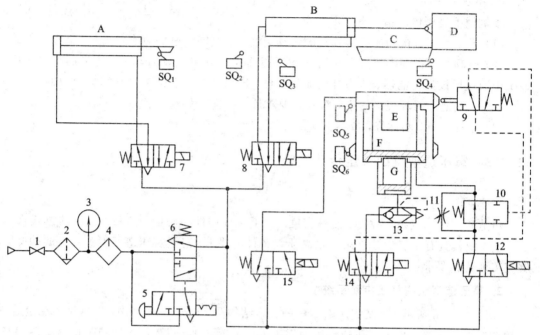

1—截止阀；2—分水过滤器；3—气压表；4—油雾器；5—启停阀；6、10—气动换向阀；
7、8、12、14、15—电磁换向阀；9—行程阀；11—节流阀；13—快速排气阀；SQ₁～SQ₆—行程开关；
A—砂箱推杆气缸；B—砂斗推杆气缸；C—压头；D—定量砂斗；E—震击气缸；F—压实气缸；G—接箱气缸

图 11-24 震压造型机气压传动系统原理图

震压造型机气压传动系统工作原理如下：压下启停阀 5，使气动换向阀 6 工作在下位，则整个系统接通气源，系统被启动。空砂箱放置到滚道上到位，控制系统发出信号使电磁换向阀 7 通电，阀 7 切换为右位，砂箱推杆气缸 A 的活塞杆伸出，向右推动空砂箱直到工作位置。空砂箱被砂箱推杆气缸 A 送进到位，行程开关 SQ₂ 被压下，发出信号使得电磁换向阀 14 通电，阀 7 断电，则砂箱推杆气缸 A 退回至原位停止，压下 SQ₁，为下一次工作作准备；而阀 14 切换为右位，使接箱气缸 G 的下腔进气，G 的活塞杆上升，举起工作台，至一定位置接住停在滚道上的空砂箱，继续上升使空砂箱上升到加砂位置。同时压下行程开关 SQ₅，使电磁换向阀 8 通电而切换为右位，砂斗推杆气缸 B 将定量砂斗 D 拉到填砂框的正上方，将砂加入到位于其下方的空砂箱之中。同时压合 SQ₃，使电磁换向阀 15 通电切换为右位，震击气缸 E 动作，进行预震压。与此同时，进行计时，到一定时间后电磁换向阀 8 和 15 断电，加砂和震击停止，砂斗 D 被砂斗推杆气缸 B 推回到原位。同时，压头 C 到达压实位置压合 SQ₄，使电磁换向阀 12 通电切换为右位，压实气缸 F 下腔进气而上升，此时使电磁换向阀 14 断电，接箱气缸 G 的下腔经快速排气阀 13 排气，快速落回原位。压实时间通过计时器计时，压实到一定时间后，电磁换向阀 12 自动断电，压实活塞下降。

为了满足起模和行程终点缓冲的要求，用行程阀 9、气动换向阀 10 和电磁换向阀 12 实现压实气缸 F 在其向上行程过程中的变速。当砂箱下落接近滚道时，撞块压合行程阀 9，使气动换向阀 10 和电磁换向阀 12 排气,活塞快速下降。当接近终点时,再次压合行程阀 9,活塞慢速回到原位并压合 SQ_6,发出信号使电磁换向阀 7 通电,为推杆气缸 A 活塞杆前进,把空砂箱推进机器并推出造好的砂型。在行程终点压合 SQ_2,使电磁换向阀 7 断电,砂箱推杆气缸 A 活塞杆返回,完成了整个震动压实的工作循环。如此周而复始。

3. 系统的特点

该震压造型机气压传动系统有以下特点:综合运用了电控和气动控制的特点,借助于电控实现各工序间的自动衔接和各动作间的联锁,使得该系统自动化程度高,结构简单,动作速度快,适应环境的能力强。

11.4 工 程 案 例

11.4.1 机械手电-气控气动系统

在气压传动系统中,一种以气压为动力驱动执行件动作,而控制执行件动作的各类换向阀又都是电磁-气动控制的系统,能充分发挥电、气两方面的优点,应用相当广泛。这类系统的分析和液压传动系统相类似,其信号与执行元件动作之间的协调连接(含逻辑设计)由电气设计完成。下面以一种在无线电元器件生产线上广泛使用的可移动式通用气动机械手为例子,说明其工作原理及特点。

1. 结构说明及工作循环

图 11-25 所示是这种机械手的结构示意图。它由真空吸头 1、水平缸 2、垂直缸 3、齿轮齿条副 4、回转机构缸 5 及小车等组成,一般可用于装卸轻质、薄片工件,若更换适当的手指部件,还能完成其他工作。它的基本工作循环是:垂直缸上升→水平缸伸出→回转机构缸置位→回转机构缸复位→水平缸退回→垂直缸下降。

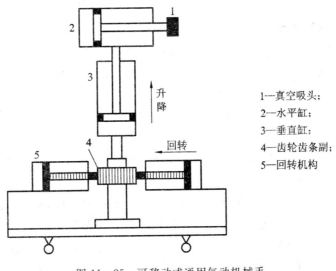

1—真空吸头;
2—水平缸;
3—垂直缸;
4—齿轮齿条副;
5—回转机构

图 11-25 可移动式通用气动机械手

其相应的气压传动系统原理图如图 11－26 所示。空气压缩机 1 输出的压缩空气进入贮气罐 3 后，经安全阀 2、压力继电器 5 的共同作用，获得压力等于压力继电器调定值的稳定压力(阀 2 用于限制气罐的最高压力)。储气罐内一定压力的压缩空气经由截止阀 6、水分离器 7 和分水滤气器 8 的过滤和净化，再经减压阀 9 减压获得系统所需的压力气源。只要相应的气路打开，具有一定压力的压缩空气便从该气源流出，途径油雾器 11 把润滑油雾化吸入气流中，分送至有关气缸。

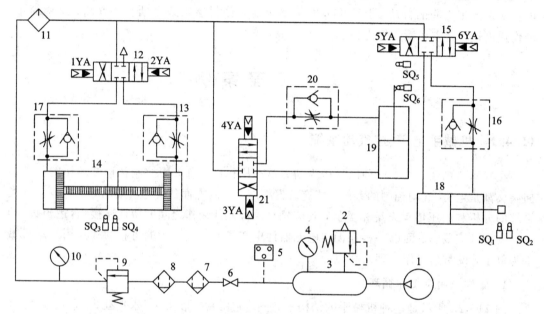

1—空压机；2—安全阀；3—气罐；4、10—压力表；5—压力继电器；6—截止阀；7—油水分离器；
8—分手滤气器；9—减压阀；11—油雾器；12、15、21—电气控换向阀；13—回转机构缸；
14、16、20—单向节流阀；17—真空吸头；18、19—水平垂直缸

图 11－26　机械手气压传动系统原理图

2. 工作原理及构成分析

根据上述的基本工作循环，系统的工作原理及过程如下。

(1) 垂直缸上升。按下启动按钮，使 4YA 通电，阀 21 切换处于上位状态，垂直缸 19 上升。其气路为

进气路：气源→油雾器 11→阀 21 上位→气缸 19 下腔。

回气路：气缸上腔→阀 20 节流口→阀 21 上位→大气。

垂直缸 19 活塞上升，在其挡块碰到行程开关 SQ$_5$ 时，4YA 断电，由于为 O 型机能，垂直缸 19 活塞停止、停留。

(2) 水平缸伸出。当行程开关 SQ$_5$ 被垂直缸 19 上挡块碰撞，发出信号使 4YA 断电，6YA 通电，于是阀 15 切换处于右位状态，水平缸 18 的活塞伸出。其气路为

进气路：气源→油雾器 11→阀 15 右位→气缸 18 左腔。

回气路：气缸 18 右腔→阀 16 节流口→阀 15 右位→大气。

当水平缸 18 活塞伸出至预定位置，挡块压下行程开关 SQ$_2$ 时，6YA 断电，由于为 O

型机能，水平缸 18 活塞停止、停留。

在该位置真空头吸取工件。

（3）回转机构缸置位。当行程开关 SQ_2 被压下，发出信号使 6YA 断电、1YA 通电，于是阀 12 切换处于左位状态，回转机构缸置位，其气路为

进气路：气源→油雾器 11→阀 12 左位→气缸 14 右腔。

回气路：气缸 14 左腔→阀 17 节流口→阀 12 左位→大气。

（4）回转机构缸复位。当齿条活塞到位时，行程开关 SQ_3 被压下发出信号使 1YA 断电，回转机构缸停止、停留，真空头在下料点把工件释放，经过一段时间后，使 2YA 通电，于是阀 12 切换处于右位状态，回转机构缸停止后又向反方向复位，其气路为

进气路：气源→油雾器 11→阀 12 右位→气缸 14 左腔。

回气路：气缸 14 右腔→阀 17 节流口→阀 12 右位→大气。

（5）水平缸退回。当齿条活塞到位时，行程开关 SQ_4 被压下发出信号使 2YA 断电，回转机构缸停止、停留，同时使 5YA 通电，阀 15 切换处于左位，水平缸 18 退回。其气路为

进气路：气源→油雾器 11→阀 15 左位→气缸 18 右腔。

回气路：气缸 18 左腔→阀 15 左位→大气。

（6）垂直缸下降。水平缸 18 退回到位，行程开关 SQ_1 被压下发出信号使 5YA 断电，3YA 通电，阀 21 切换处于下位，垂直缸 19 下降。其气路为

进气路：气源→油雾器 11→阀 21 下位→气缸 19 上腔。

回气路：气缸 19 上腔→阀 21 下位→大气。

垂直缸下降到原位时，压下行程开关 SQ_6，使 3YA 断电，结束整个工作循环。如再给启动信号，将进行上述同样的工作循环。

完成整个工作循环的电磁铁动作顺序表见表 11 - 1。

表 11 - 1　电磁铁动作顺序表

动作顺序电磁铁	1YA	2YA	3YA	4YA	5YA	6YA	信号来源
垂直缸上升	—	—	—	+	—	—	按钮
水平缸伸出	—	—	—	—	+	—	行程开关 SQ_5
回转机构缸置位	+	—	—	—	—	—	行程开关 SQ_2
回转机构缸复位	—	+	—	—	—	—	行程开关 SQ_3
水平缸退回	—	—	—	—	+	—	行程开关 SQ_4
垂直缸下降	—	—	+	—	—	—	行程开关 SQ_1
原位停止	—	—	—	—	—	—	行程开关 SQ_6

3. 系统特点

（1）本系统采用行程控制式多缸顺序动作回路，发讯元件是行程开关等。因本系统对动作的位置精度要求不高，故只采用行程开关，否则应采用死挡铁和压力继电器。

（2）本系统采用单向节流阀出口节流调速方式控制各气缸活塞的动作速度，气缸的速度稳定性好。

11.4.2　多缸多往复行程程序回路设计

以某装置中双气缸的多往复行程程序控制回路为例。该回路的行程程序为 $A_1B_1B_0B_1$ B_0A_0，每个气缸动作之后都要发出相应的行程信号，例如气缸 B_1 伸出后就会发出 b_1 的行程动作的信号。

1. 编制工作顺序

根据工作循环程序，编制工作顺序，如图 11-27 所示。

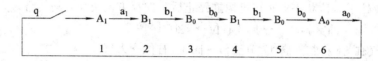

图 11-27　工作顺序图

2. 绘制 X-D 状态图

从该回路的行程程序 $A_1B_1B_0B_1B_0A_0$ 中可以看出，两个气缸中的 B 缸为多次连续往复运动。由图 11-27 可以得到该系统中的信号－动作状态有 $a_0(A_1)$、$a_1(B_1)$、$b_1(B_0)$、$b_0(B_1)$、$b_1(B_0)$、$b_0(A_0)$，分析可知，信号 b_0 既控制 A_0 动作，又控制 B_1 动作；而 B_1 动作既受 b_0 信号控制，又受 a_1 信号控制。

经上述分析，绘制相应的 X-D 状态图。如图 11-28 所示。

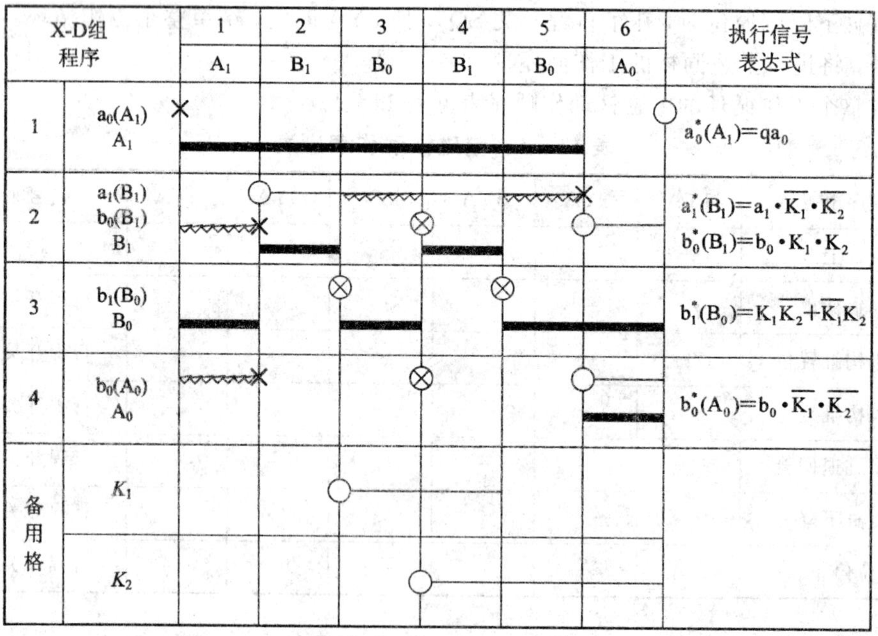

X-D组 程序		1	2	3	4	5	6	执行信号 表达式
		A_1	B_1	B_0	B_1	B_0	A_0	
1	$a_0(A_1)$ A_1	✕					○	$a_0^{\bullet}(A_1)=qa_0$
2	$a_1(B_1)$ $b_0(B_1)$ B_1		○		⊗	✕ ○		$a_1^{\bullet}(B_1)=a_1 \cdot \overline{K_1} \cdot \overline{K_2}$ $b_0^{\bullet}(B_1)=b_0 \cdot K_1 \cdot K_2$
3	$b_1(B_0)$ B_0			⊗		⊗		$b_1^{\bullet}(B_0)=K_1\overline{K_2}+\overline{K_1}K_2$
4	$b_0(A_0)$ A_0	✕			⊗	○		$b_0^{\bullet}(A_0)=b_0 \cdot \overline{K_1} \cdot \overline{K_2}$
备用格	K_1		○					
	K_2			○				

图 11-28　工作顺序为 $A_1B_1B_0B_1B_0A_0$ 的 X-D 状态图

3. 分析和消除障碍信号

在判断障碍信号时，在 X-D 状态图中，凡是信号线长于动作线的信号被称之为 I 型障碍；而有信号线而无动作线或信号线重复出现而引起的障碍则称为 II 型障碍信号。a_1 信号存在 I 型障碍，b_0 信号既存在 I 型障碍，又存在 II 型障碍。因而在多缸多往复行程程序回路的设计中其障碍信号有其本身的特点，排除障碍信号的方法与前述也不完全相同。

（1）不但有 I 型障碍信号还有 II 型障碍信号。消除 I 型障碍信号的方法与前述方法相同，例如 a_1 信号的排障。

（2）不同节拍的同一动作，由不同信号控制。这样仅需用"或"元件对两个信号进行综合就可解决。

（3）重复出现的信号在不同节拍内控制不同动作，这也就是 II 型障碍信号的实质。排除 II 型障碍的根本方法是对重复信号给以正确的分配。

由图 11 - 28 可知，信号 $a_1(B_1)$、$b_0(B_1)$ 和 $b_0(A_0)$ 都二次出现信号障碍段。由工作程序可知，第一个 b_0 信号应是动作 B_0 的主令信号，而第二个 b_0 信号应是动作 A_0 的主令信号，为了正确分配重复信号 b_0，需要在两个 b_0 信号之前确定两个辅助信号 a_0 和 b_1 信号，a_0 信号是出现在第一个 b_0 信号前的独立信号，而 b_1 虽然是非独立信号，它却是两重复信号 b_0 间的唯一信号，借助这些信号组成分配回路，如图 11 - 29(a) 所示，图中"与"门 Y_3 和单输出记忆元件 R_1 是为提取第二个 b_1 信号作制约信号而设置的元件。

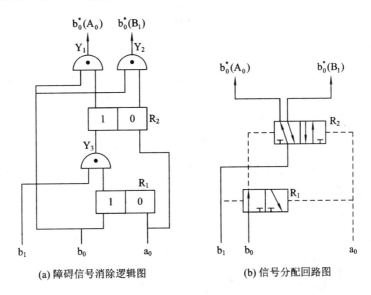

(a) 障碍信号消除逻辑图　　　　　　(b) 信号分配回路图

图 11 - 29　障碍信号的消除

信号分配的原理是：a_0 信号首先输入，使双输出记忆元件 R_2 置 0，为第一个 b_0 信号提供制约信号；同时也使单输出记忆元件 R_1 置零，使它无输出。当第一个 b_0 输入后，"与"门 Y_3 无输出（R_1 置零），而第一个 b_0 输入后，"与"门 Y_2 输出执行信号 $b_0^*(B_1)$，去控制 B_1 动作；同时使 R_1 置 1，为第二个 b_0 信号提供制约信号。在第二个 b_0 到来时，"与"门 Y_3 输出使 R_2 置 1，为第二个 b_0 提供制约信号，第二个 b_0 输入后，"与"门 Y_1 输出执行信号 $b_0^*(A_0)$。至此完成了重复信号 b_0 的分配。图 11 - 29(b) 是信号分配回路图，按此原理也可组成多次重复信号分配原理图，但回路变得很复杂，因此可采用辅助机构和辅助行程阀或定时发信装置完成多缸多次重复信号的分配。它们的特点是在多往复缸行程终点设置多个行程阀或定时发信装置，使每个行程阀只指挥一个动作或根据程序定时给出信号，这样就排除了 II 型障碍。

为便于解决问题，在对行程程序特征分析基础上，引入记忆元件 K_1 和 K_2，记忆元件 K_1 和 K_2 的输出状态如图 11-28 所示。把消障后的表达式填入图中相应栏。从图 11-28 中又可以看出，在 $b_0^*(B_1) = b_0 \cdot K_1 \cdot K_2$ 中省去 b_0 后仍是等效的，即 $b_0^*(B_1) = K_1 \cdot K_2$ 也成立。

4. 绘制逻辑原理图

根据行程程序 $A_1 B_1 B_0 B_1 B_0 A_0$、图 11-28 的 X-D 状态图，可画出 $A_1 B_1 B_0 B_1 B_0 A_0$ 的逻辑原理图，如图 11-30 所示。

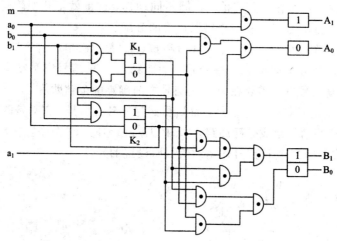

图 11-30　行程程序 $A_1 B_1 B_0 B_1 B_0 A_0$ 逻辑原理图

5. 绘制气压传动系统原理图

根据图 11-30 中行程程序 $A_1 B_1 B_0 B_1 B_0 A_0$ 的逻辑原理图，综合 I 型、II 型排障的方法就可绘出 $A_1 B_1 B_0 B_1 B_0 A_0$ 的气压传动系统原理图，如图 11-31 所示，该回路能准确地完成 $A_1 B_1 B_0 B_1 B_0 A_0$ 的动作程序。

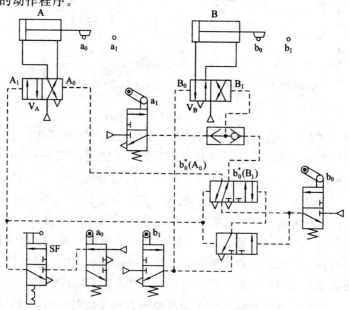

图 11-31　行程程序 $A_1 B_1 B_0 B_1 B_0 A_0$ 的气压传动系统原理图

练 习 题

11-1 什么是气压传动行程程序控制回路中的障碍信号？典型的障碍信号有哪几类？如何判断与消除这些障碍信号？

11-2 设计一种可实现"快进—工进—工进—快退"的气压传动系统。

11-3 利用 X-D 状态图法，设计下列气压传动行程程序控制回路图。

(1) $C_1 C_0 B_1 A_1 A_0 B_0$　　　　　　　　(2) $A_0 C_0 B_0 A_1 B_1 C_1$

(3) $A_0 C_0 A_1 B_1 C_1 B_0$　　　　　　　　(4) $A_1 B_1 C_1 A_0 C_0 B_0$

11-4 图 11-32 所示为某锻造用气动机械手的结构示意图，它由夹紧缸 A、伸缩缸 B、立柱升降缸 C 和立柱回转缸 D 等气缸组成。A 缸活塞杆缩回时夹紧工件，伸出时松开工件。D 缸有两个，分别装在带齿条的活塞杆两端，齿条往复运动时，带动立柱上的齿轮转动，从而实现立柱的回转运动。该气动机械手的动作程序如图 11-33 所示。

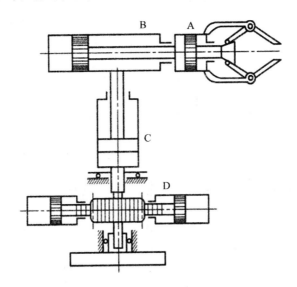

图 11-32　题 11-4 图一

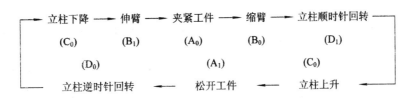

图 11-33　题 11-4 图二

该动作程序的控制要求是：启动手动阀 q 后，机械手的立柱下降，手臂伸出，从感应加热炉中抓取工件。当抓取并夹紧工件后，手臂缩回，顺时针回转一个角度，立柱上升，松开并放下工件，进行热锻加工。同时，立柱逆时针回转一个角度至原始位置，等待抓取下一个工件。试写出该机械手的动作程序的简化形式，并画出其 X-D 状态图。

附　录

附录1　常用液压与气压传动图形符号

表1　基本符号、管路及连接

名　称	图形符号	名　称	图形符号
工作管路	——	管端连接于油箱底端	
控制管路	- - - -	密闭式油箱	
连接管路		直接排气	
交叉管路		带连接排气	
柔性管路		带单向阀快换接头	
组合元件线	- · - · -	不带单向阀快换接头	
管口在液面以上油箱		单通路旋转接头	
管口在液面以下油箱		三通路旋转接头	

表2　控制机构和控制方法

名　称	图形符号	名　称	图形符号
按钮式人力控制		单作用电磁控制	
手柄式人力控制		双作用电磁控制	
踏板式人力控制		比例电磁铁	
顶杆式机械控制		液压二级先导控制	
弹簧控制		气-液先导控制	
单向滚轮式机械控制		内部压力控制	
电动机旋转控制		外部压力控制	
加压或卸压控制		电-液先导控制	
滚轮式机械控制		电-气先导控制	
电反馈控制		气压先导控制	
差动控制		液压先导汇压控制	

表 3 泵、马达和缸

名　称	图形符号	名　称	图形符号
单向定量液压泵		单作用弹簧复位缸	
双向定量液压泵		单作用伸缩缸	
单向变量液压泵		双作用伸缩缸	
双向变量液压泵		双作用单活塞杆缸	
单向定量马达		双作用双活塞杆缸	
双向定量马达		单向缓冲缸（可调）	
单向变量马达		双向缓冲缸（可调）	
双向变量马达		增压缸	
液压整体式传动装置		齿轮齿条缸	
定量液压泵-马达		柱塞式液压缸	
摆动马达		增力液压缸（串联液压缸）	

表 4　控 制 元 件

名　称	图形符号	名　称	图形符号
直动型溢流阀		直动型顺序阀	
先导型溢流阀		先导型顺序阀	
先导型比例电磁溢流阀		单向顺序阀	
卸荷溢流阀		压力继电器	
双向溢流阀		直动卸荷阀	
直动型减压阀		不可调节流阀	
先导型减压阀		可调节流阀	
定比减压阀		截止阀	
定差减压阀		可调单向节流阀	

名　称	图形符号	名　称	图形符号
普通型调速阀		单向阀	
温度补偿型调速阀		液控单向阀	
旁通型调速阀		梭阀	
单向调速阀		双压阀	
分流阀		快速排气阀	
集流阀		二位二通换向阀	
分流集流阀		二位四通换向阀	
减速阀		三位四通换向阀	
滚轮控制可调减速阀		三位五通换向阀	

表 5　辅 助 元 件

名　称	图形符号	名　称	图形符号
过滤器		分水排水器	
磁芯过滤器		空气过滤器	
污染指示过滤器		除油器	
压力计		冷却器	
压差计		油雾器	
液面计		加热器	
蓄能器		流量计	
飞罐		液压源	
消音器		气压源	

附录 2 液压与气压传动中英文专业词汇表

1. 液压传动基本知识

液压传动	hydraulic power
液压技术	hydraulics
液力技术	hydrodynamics
气液技术	hydropneumatics
运行工况	operating conditions
额定工况	rated conditions
极限工况	limited conditions
瞬态工况	instantaneous conditions
稳态工况	steady-state conditions
许用工况	acceptable conditions
连续工况	continuous working conditions
实际工况	actual conditions
旋转方向	direction of rotation
公称压力	nominal pressure
工作压力	working pressure
进口压力	inlet pressure
出口压力	outlet pressure
压降	pressure drop
背压	back pressure
启动压力	breakout pressure
充油压力	charge pressure
开启压力	cracking pressure
峰值压力	peak pressure
运行压力	operating pressure
耐压试验压力	proof pressure
冲击压力	surge pressure
静压力	static pressure
系统压力	system pressure
控制压力	pilot pressure
充气压力	pre-charge pressure
吸入压力	suction pressure
调压偏差	override pressure
额定压力	rated pressure
耗气量	air consumption
泄漏	leakage
内泄漏	internal leakage
外泄漏	external leakage
层流	laminar flow
紊流	turbulent flow
气穴	cavitation
流量	flow rate
排量	displacement
额定流量	rated flow
供给流量	supply flow
流量系数	flower factor
滞环	hysteresis
图形符号	graphical symbol
液压气动元件图形符号	symbols for hydraulic and pneumatic components
流体逻辑元件图形符号	symbols for fluid logic devices
逻辑功能图形符号	symbols for logic functions
回路图	circuit diagram
压力—时间图	pressure time diagram
功能图	function diagram
循环	circle
自动循环	automatic cycle
工作循环	working cycle
循环速度	cycling speed
工步	phase
停止工步	dwell phase
工作工步	working phase
快进工步	rapid advance phase
快退工步	rapid return phase
频率响应	frequency response
重复性	repeat ability
复现性	reproducibility
漂移	drift
波动	ripple
线性度	linearity
线性区	linear region
液压锁紧	hydraulic lock

液压卡紧	sticking	角速度	angular velocity
刚度	stiffness	密度	density
中位	neutral position	遮盖	lap
零位	zero position	零遮盖	zero lap
自由位	free position	正遮盖	over lap
噪声等级	noise level	负遮盖	under lap
放大器	amplifier	开口	opening
模拟放大器	analogue amplifier	阀压降	valve pressure drop
数字放大器	digital amplifier	分辨率	resolution
传感器	sensor	频率响应	frequency response
阈值	threshold	幅值比	amplitude ratio
液压放大器	hydraulic amplifier	相位移	phase lag
颤振	dither	传递函数	transfer function
阀极性	valve polarity	操作台	control console
面积	area	控制屏	control panel
加速度	acceleration	避震喉	compensator
阻尼系数	resistance coefficient	含水量	water content
宽度	wiyah	闪点	flash point
直径	diameter	防锈性	rust protection
动能	kinetic energy	抗腐蚀性	anti-corrosive quality
势能	potential energy	便携式颗粒检测仪	portable particle counter
摩擦系数	friction coefficient	磷酸甘油酯	phosphate ester (HFD-R)
静摩擦系数	static friction coefficient	水-乙二醇	water-glycol (HFC)
动摩擦系数	dynamic friction coefficient	乳化液	emulsion
重力加速度	acceleration due to gravity	缓蚀剂	inhibitor
惯性矩	moment of inertia	合成油	synthetic lubricating oil
长度	length		

2. 动力元件

质量	mass	液压泵	hydraulic pump
转速	speed	空气压缩机	air compressor
压力	pressure	液压泵站	power station
总压力	total pressure	容积式液压泵	positive-displacement pump
静压力	static pressure	定量泵	fixed displacement pump
流量	flow	变量泵	variable displacement pump
雷诺数	reynold's number	齿轮泵	gear pump
临界雷诺数	critical reynold's number	外啮合齿轮泵	external gear pump
时间	time(celsius)	内啮合齿轮泵	internal gear pump
温度	temperature(kelvin)	螺杆泵	screw pump
转矩	torque	叶片泵	vane pump
体积	volume	限压式变量叶片泵	
质量体积	mass volume		limited pressure variable vane pump
平均速度	velocity	双作用叶片泵	double-acting vane pump
运动黏度	kinetic viscosity	单作用叶片泵	single-acting vane pump
动力黏度	dynamic viscosity		

双极叶片泵	double stage vane pump
双联叶片泵	double vane pump
定子	stator
转子	rotor
叶片	vane
配油盘	oil distribution casing
柱塞泵	plunger pump/ram pump
轴向柱塞泵	axial piston pump
径向柱塞泵	radial piston pump
法兰安装	flange mounting
底座安装	foot mounting
工作压力	working pressure
额定压力	rated pressure
排量	displacement
理论流量	theoretical flow
实际流量	actual flow
效率	efficiency
容积效率	volumetric efficiency
机械效率	mechanical efficiency

3. 执行元件

液压缸	hydraulic cylinder
液压马达	hydraulic motor
叶片式液压马达	vane-type motor
径向柱塞式液压马达	
	radial piston-type motor
齿轮马达	gear-type motor
液压缸	hydraulic cylinder
有杆端	rod end
无杆端	rear end
外伸行程	extend stroke
内缩行程	retract stroke
缓冲	cushioning
工作行程	working stroke
负载压力	induced pressure
输出力	force
实际输出力	actual force
单作用缸	single-acting cylinder
双作用缸	double-acting cylinder
柱塞缸	plunger-type cylinder
摆动缸	oscillating cylinder
增压缸	booster cylinder
伸缩缸	telescopic cylinder
齿轮缸	gear cylinder

差动缸	differential cylinder
活塞式液压缸	piston cylinder
双杆式柱塞缸	double-rod cylinder
活塞式气缸	piston cylinder
薄膜式气缸	film type cylinder
伸缩式气缸	telescopic cylinder
固定式气缸	fixed cylinder
回转式气缸	rotary cylinder
嵌入式气缸	embedded cylinder

4. 控制调节元件

液压阀	hydraulic valve
阀芯	valve element
阀芯位置	valve element position
板式阀	sub-plate valve
叠加阀	superimposed valve
插装阀	cartridge valve
滑阀	slide valve
锥阀	poppet valve
梭阀	shuttle valve
球阀	global(ball)valve
针阀	needle valve
闸阀	gate valve
膜片阀	diaphragm valve
蝶阀	butterfly valve
方向控制阀	directional control valve
单向阀	check valve
液控单向阀	pilot-controlled check valve
压力控制阀	pressure relief valve
溢流阀	pressure relief valve
顺序阀	sequence valve
减压阀	pressure reducing valve
平衡阀	counterbalance valve
卸荷阀	unloading valve
压力继电器	pressure switch
直动式	directly operated type
先导式	pilot-operated type
电磁阀	solenoid valve
比例阀	proportional valve
机械控制式	mechanically controlled type
手动式	manually operated type
液控式	hydraulic controlled type
流量控制阀	flow control valve
节流阀	throttle valve

固定节流阀	fixed restrictive valve	工作管路	working line
可调节流阀	adjustable restrictive valve	回油管路	return line
单向节流阀	one-way restrictive valve	补液管路	replenishing line
调速阀	speed regulator valve	控制管路	pilot line
分流阀	flow divider valve	泄油管路	drain line
集流阀	flow-combining valve	放气管路	bleed line
截止阀	shut-off valve	接头	fitting/connection
比例流量控制阀	proportional flow control valve	焊接式接头	welded fitting
比例方向控制阀	proportional direction control valve	扩口式接头	flared fitting
安全阀	safety valve	快换接头	quick release coupling
先导阀	pilot valve	法兰接头	flange connection
三通阀	three-way valve	卡套式管接头	bite type fittings
底板	sub-plate	接管接头	tube to tube fittings
油路块	manifold block	直通接管接头	union
手动换向阀	manual reversing valve	直角管接头	union elbow
机动换向阀	motorized reversing valve	三通管接头	union tee
电磁换向阀	solenoid reversing valve	四通管接头	union cross
液动换向阀	hydraulic reversing valve	端直通管接头	mal stud fittings
电液换向阀	electro hydraulic reversing valve	长直通管接头	bulkhead fittings
伺服阀	servo valve	变径管接头	reducers extenders
动态频响	dynamic response	铰接式管接头	banjo fittings
直动式伺服阀	DDV-direct drive valve	旋转接头	adjustable fittings/swivel nut
相位滞后	phase lag	弯头	elbow
喷嘴挡板阀	nozzle flapper valve	异径接头	reducer fitting
射流管阀	servo-jet pilot valve	流道	flow pass
颤振电流	dither	油口	port
线圈阻抗	coil impedance	闭式油箱	sealed reservoir
流量饱和	flow saturation	油箱容量	reservoir fluid capacity
线形度	linearity	气囊式蓄能器	bladder accumulator
对称性	symmetry	空气污染	air contamination
滞环	hysterics	固体颗粒污染	solid contamination
灵敏度	threshold	液体污染	liquid contamination
滞后	lap	空气过滤器	air filter
压力增益	pressure gain	油雾气	lubricator
零位	null	热交换器	heat exchanger
零偏	null bias	冷却器	cooler
零飘	null shift	加热器	heater
频率响应	frequency response	温度控制器	thermostat
曲线斜坡	slope	消声器	silencer

5. 液压辅助元件

管路	flow line	双筒过滤器	duplex filter
硬管	rigid tube	过滤器压降	filter pressure drop
软管	flexible hose	有效过滤面积	effective filtration area
		公称过滤精度	nominal filtration rating

压溃压力	collapse pressure
填料密封	packing seal
机械密封	mechanical seal
径向密封	radial seal
旋转密封	rotary seal
活塞密封	piston seal
活塞杆密封	rod seal
防尘圈密封	wiper seal/scraper
组合垫圈	bonded washer
复合密封件	composite seal
弹性密封件	elastomer seal
丁腈橡胶	nitrile butadiene rubber/NBR
聚四氟乙烯	polytetrafluoroethene/PTFE
压力表	pressure gauge
压力传感器	electrical pressure transducer
压差计	differential pressure instrument
液位计	liquid level measuring instrument
流量计	flow meter
压力开关	pressure switch
脉冲发生器	pulse generator
空气处理单元	air conditioner unit
管路布置	pipe-work
管卡	clamper
联轴器	drive shaft coupling

6. 基本回路

液压回路	hydraulic circuit
压力控制回路	pressure control circuit
速度控制回路	speed control circuit
方向控制回路	directional control circuit
安全回路	security circuit
差动回路	differential circuit
调速回路	flow control circuit
进口节流回路	meter-in circuit
出口节流回路	meter-out circuit
同步回路	synchronizing circuit
开式回路	open circuit
闭式回路	closed circuit
减压回路	decompression circuit
增压回路	boost circuit
调压回路	pressure regulating circuit
保压回路	pressure retaining circuit
平衡回路	balance circuit
速度控制回路	speed control circuit
容积调速回路	volume control circuit
顺序动作回路	sequence circuit
锁紧回路	locking circuit

参 考 文 献

[1] 何存兴，张铁华. 液压传动与气压传动[M]. 武汉：华中科技大学出版社，2000.

[2] 贾铭新. 液压传动与控制[M]. 北京：国防工业出版社，2001.

[3] 陈启松. 液压传动与控制手册[M]. 上海：上海科学技术出版社，2006.

[4] 王春行. 液压控制系统[M]. 北京：机械工业出版社，1999.

[5] 王积伟，章宏甲，黄谊. 液压与气压传动[M]. 2版. 北京：机械工业出版社，2008.

[6] 左健民. 液压与气压传动[M]. 4版. 北京：机械工业出版社，2010.

[7] 许福玲，陈尧明. 液压与气压传动[M]. 北京：机械工业出版社，2008.

[8] 毛好喜. 液压与气动技术[M]. 北京：人民邮电出版社，2009.

[9] 欧阳毅文，文红民. 液压与气动技术[M]. 天津：天津科学技术出版社，2008.

[10] 盛永华. 液压与气压传动[M]. 武汉：华中理工大学出版社，2005.

[11] 王守城，容一鸣. 液压传动[M]. 北京：中国林业出版社，2006.

[12] 章宏甲，周邦俊. 金属切削机床液压传动[M]. 南京：江苏科学技术出版社，1985.

[13] 宋锦春，苏东海，张志伟. 液压与气压传动[M]. 北京：科学出版社，2006.

[14] 张利平. 液压传动与控制[M]. 西安：西北工业大学出版社，2005.

[15] SMC(中国)有限公司. 现代实用气动技术[M]. 3版. 北京：机械工业出版社，2008.

[16] 陈尧明，许福玲. 液压与气压传动学习指导与习题集[M]. 北京：机械工业出版社，2004.

[17] 姜继海. 液压与气压传动[M]. 北京：高等教育出版社，2009.

[18] 芮延年. 液压与气压传动[M]. 苏州：苏州大学出版社，2005.

[19] 王积伟. 液压与气压传动习题集[M]. 北京：机械工业出版社，2006.

[20] 王占林. 近代电气液压伺服控制. 北京：北京航空航天大学出版社，2005.

[21] 刘延俊. 液压与气压传动[M]. 北京：机械工业出版社，2007.

[22] 刘延俊. 液压与气压传动[M]. 北京：清华大学出版社，2010.

[23] 盛小明，刘忠，张洪. 液压与气压传动[M]. 北京：科学出版社，2014.

[24] 张奕. 液压与气压传动[M]. 北京：电子工业出版社，2015.

[25] 刘忠. 液压传动与控制实用技术[M]. 北京：北京大学出版社，2009.

[26] 张元越. 液压与气压传动[M]. 成都：西南交通大学出版社，2014.

[27] 中国液压网：http://www. yeyawang. com

[28] 百度网：http://www. baidu. com

[29] 中国机械社区：http://bbs. cmiw. cn

[30] 齐建雄，谢宏峰，李美华. 一种精巧的延时液压回路设计[M]. 液压与气动，2014(3)，38-40.